电路测试实验基础教程

岳昊嵩 张 静 徐 萍 编著

北京航空航天大学出版社

内 容 简 介

电路测试实验是一门实验性质的课程，是基础课“电工技术”和“电子技术”的后续课。其主要内容包括电路基础实验、模拟电子技术实验、数字电子技术实验以及电机类实验等。

本书既可作为高等学校本科生电子电路实验课程的教材，也可作为从事电子技术工作的工程技术人员的参考书。

图书在版编目(CIP)数据

电路测试实验基础教程 / 岳昊嵩，张静，徐萍编著. -- 北京 ：北京航空航天大学出版社，2020.8
ISBN 978-7-5124-3345-8

Ⅰ. ①电… Ⅱ. ①岳… ②张… ③徐… Ⅲ. ①电路测试－实验－高等学校－教材 Ⅳ. ①TM13-33

中国版本图书馆CIP数据核字(2020)第160973号

电路测试实验基础教程
岳昊嵩 张 静 徐 萍 编著
责任编辑 杨 昕
*
北京航空航天大学出版社出版发行
北京市海淀区学院路37号(邮编100191) http://www.buaapress.com.cn
发行部电话:(010)82317024 传真:(010)82328026
读者信箱:goodtextbook@126.com 邮购电话:(010)82316936
艺堂印刷（天津）有限公司印装 各地书店经销
*
开本:710×1 000 1/16 印张:19.75 字数:421千字
2020年8月第1版 2020年8月第1次印刷 印数:3 000册
ISBN 978-7-5124-3345-8 定价:59.90元

若本书有倒页、脱页、缺页等印装质量问题，请与本社发行部联系调换。联系电话:(010)82317024

前　　言

《电路测试实验基础教程》是根据工科高等学校本科电工电子技术课程的教学要求，适应研究型大学的发展和独立设课的需要，在参考了国内外相关电工电子类实验的基础上进行编写的。本书主要内容包括电路基础实验、模拟电子技术实验、数字电子技术实验以及电机类实验等。

本书立足于航空航天各非电类专业的特点，强调以实验验证和单元实验为基础，突出综合应用和研究型实验的指导思想。书中比较系统地阐述了电工电子技术的实验理论和实验方法，具体地介绍了电工仪表、电子元器件、电机、电器以及电子仪器的使用和选择方法。实验内容的安排则采用模块化结构，便于学生预习，在掌握理论知识的情况下，提高自己的实践操作能力。

作者在编写的过程中，以基础知识和实验方法为基础，注重实验内容的基础性、应用性、综合性、研究性相互结合，并引入了一些新技术，使学生在完成实验的同时，还能够具有一定的分析问题、解决问题的能力，树立起工程实践的观念，进一步提高学生对实验的兴趣。比如在“工业控制器件应用基础”实验中，将传统的继电控制与现代的PLC控制进行了比较；在“简易温度控制系统实验”中，利用一个测体温的控制系统将运算放大器的线性应用与非线性应用结合到一起；在“可编程逻辑器件FPGA实验”中，将最新的可编程逻辑器件的应用介绍给学生。

本书共有21个实验，参考学时为80学时。本书在编写的过程中得到了北京航空航天大学电工电子中心的李莉、申文达、范昌波、吴星明、黄亚玲、吴冠、孙丹、肖瑾、张秀磊等老师的帮助和支持，在此向他们表示衷心的感谢。

因作者水平有限，书中难免存在疏漏或不足之处，恳请广大读者批评指正。

作　者

2020年4月

本书为读者免费提供书中FPGA实验示例及扩展应用的程序源代码和部分FPGA电机实验的原理图（高清版），请关注微信公众号“北航科技图书”，回复“3345”，获得百度网盘的下载链接。

如使用中遇到任何问题，请发送电子邮件至goodtextbook@126.com，或致电010-82317738咨询处理。

目　　录

绪　论

电路测试是一门实验性质的课程，是“电工技术”和“电子技术”的后续课。其主要内容包括电路基础实验、模拟电子技术实验、数字电子技术实验以及电机类实验等。在工科大学生的培养过程中，实验是一项重要的实践性环节，要求大学生毕业后能独立地研究问题、解决问题，以及解决在研究和开发过程中的许多新问题。解决这些问题在相当程度上要依赖于他们的实验能力以及相应的工作经验。所以实验教学的目的不仅要帮助学生巩固和加深对所学理论知识的理解，更重要的是要训练学生的实验技能，树立工程实践的观念和严谨的科学作风；还要通过实验设计、验证和研究探讨，从中获得新的知识和实践经验，养成创新意识和习惯。

实验课的安排与基本要求

一、实验课的安排

本实验课的安排如下：

1. 课前根据每次实验要求和给出的参考原理电路，运用学过的理论知识，对具体的电路细节进行分析或进行部分电路的设计，形成可实际操作的实验电路图。

2. 接线或安装组成实验电路。

3. 检验及调试电路，使之正常工作。

4. 测定电路中信号的大小或波形，观察实验现象。

5. 对实验结果进行分析、总结。

其中第1步和第5步安排在课外完成，课前应做充分的预习，课后应进行细致的总结。每次实验过程中，需要使用多种测量仪表、仪器（如万用表、示波器、函数信号发生器等），采用恰当的测量方法对电路进行测量，如测量电压、电流的大小，观测信号的波形，测量电路的特性等。然后还要对实验数据、现象进行分析，对实验结果做出结论，编写实验报告。

二、实验课的基本要求

依据教学大纲，本实验课的基本要求如下：

1. 熟悉数字万用表、功率表、电流表、交流毫伏表等常用仪表的性能及使用。

2. 熟悉直流稳压电源、函数信号发生器、电子示波器等常用电子设备的性能及使用，同时还要学会应用一些新设备，如变频器、可编程控制器（PLC）等。

3. 掌握测量电压、电流、功率等电路参数，以及信号的波形、频率、相位差，电路的输入电阻、输出电阻、放大倍数、频率特性、传输特性的方法。

4. 能独立对简单实验进行设计和调试。

5. 能把较复杂的电路按功能分解为若干个相对简单的电路进行调试和综合。

6. 能对实验数据进行有效的分析和处理。

7. 能编写出简洁明了的实验报告。

上述各项要求贯穿于各次实验之中，希望实验者在每次实验中按照基本要求进行准备和操作，课后及时进行总结，以期取得更大的收获。

怎样上好实验课

实验课的大部分内容是在老师的指导下，学生自己独立动手操作完成的。为了在实验课上有较大收获，希望同学们做好以下三个方面的工作：课前做好预习；实验过程中做好安排，认真观测和思考；课后做好总结积累。现分述要求如下：

一、预　习

上实验课之前一定要预习与实验内容有关的理论内容，认真阅读实验指导书，思考预习要求中的问题，明确实验目的，熟悉实验电路、内容与步骤及实验中的注意事项，并写出预习报告。

1. 明确实验目的和任务，仔细研讨实验原理。

2. 按要求认真准备实验内容，了解所用仪器设备的使用说明及有关原理，熟悉电路的构成和测试方法。

3. 拟定实验步骤，预估实验结果。

4. 整理出实验预习报告。

二、实验前期准备

上实验课时，先仔细听老师的简明介绍和引导，然后做好以下几方面的工作。

1. 检查所用仪器设备是否齐全完好，记下它们的规格型号，熟悉它们的使用方法和主要性能(特别是额定值)；选好仪表量程，看明白仪表刻度盘每格代表多少量值等，要把有疑问的地方弄清楚。

2. 布局和接线。

① 设备布局。实验前必须首先摆放好仪器和设备，使它们之间连线短，调节顺手，读数和观察方便，还应考虑减少它们之间的相互影响。

② 接线。接线通常采用“回路接线法”，即对照电路图从电源开始按顺序一个回路一个回路地接线，直至完成整个电路。较复杂的电路应按照功能划分为若干个独立子电路，分步完成。

接线时一定要仔细认真，否则不仅不能顺利地完成实验，还可能损坏仪器设备，严重时还可能发生人身事故。因此接好线路是做电路实验的基本功。

线路接好后，还要自己进行仔细的检查，如有必要可请老师复查，以免因接线错误而造成事故。

如果实验中需要改换线路或拆线，则首先要切断电源，不要带电拆线或换线。

三、实验操作

实验时必须严肃、认真、有条不紊。

实验中应注意的事项如下：

1. 测量点的数目和间隔要选得合适。例如，如果要测的是一条曲线，那么曲线较弯曲的地方要多测几个点，平滑处可少测几个点。

2. 用仪表读取数据时，要注意有效数字读得是否准确。一般指针式仪表（0.5级的表）可读三位有效数字，末位数是从指针在度盘上的位置估计的。数字表也要根据表的精度取舍所显示的位数。

3. 实验数据要记在表格中，不要涂改，重新测量的数据可写在原数据的旁边，以便分析比较。表格要事先列好，并写明实验条件。

4. 随身携带计算工具和坐标纸，最好能在课堂上计算和画曲线，以便发现可疑的数据，重新进行测量。

5. 实验过程中，除做好读取数据、观看现象外，对实验中出现的异常现象，如发热、发光、声音、气味等也要特别注意，如有异常，应立即断电检查原因，以防事故扩大。

6. 测完数据后要认真检查所得结果有无误差和遗漏，然后向老师汇报，等老师签字后再拆线。

7. 最后，将仪器设备放回原处，导线整理成束，清理实验桌面，搞好实验室卫生。

四、实验课后

实验课后要及时认真总结，把实验课上的收获加以巩固和提高，即使实验失败，也要认真总结，分析失败的原因，吸取教训。因此，要求每一位同学独立写出有条理、整洁的实验报告。实验报告的内容包括：实验名称、目的、原理和方法、实验线路、实验设备、实验步骤、数据整理和分析、总结和问题讨论等。

在进行数据整理时应根据实验的原始记录整理成数据表格、曲线、波形和计算的数据等。曲线波形要画在坐标纸上，比例尺要适当；坐标轴上要注明物理量的单位和分度，曲线要写明名称；曲线要光滑均匀，不必强求通过所有的测定点。计算时要注意有效数字。如果所做的计算有重复性，那么只举一个计算示例即可。

总结和问题讨论应根据实验结果，得出明确的结论；对一些问题可进行分析，如分析误差的原因，或解释一些现象，提出进一步改进的意见，等等。

实验室规则

为了创造良好的学习条件，保证人身和设备安全，特制定本规则，规则如下：

1. 实验前要充分做好预习准备,未预习者或预习不足者,停止实验。
2. 实验时要严肃认真,保持安静,不准喧哗。
3. 注意安全,发生事故立即断电,保持现场,报告老师。损坏设备要酌情赔偿。
4. 实验完毕,全部实验设备、元器件整理归位,严禁私自带出实验室。
5. 保持室内卫生,实验完毕,清扫实验室。

实验报告格式

实验报告的格式如下:

实验序号　　　　实验名称

实验日期
报 告 人

一、目　的

根据实验指导书提供的参考目的,并结合自己的实际提出确切的目的,要求简明扼要。

二、原理和方法

简单地写出本次实验相关的主要原理和方法。

三、实验线路

根据原理图,加上测试工具,注明测试点,注明器件的连接关系,形成实验线路。

四、实验设备

列出本次实验用到的所有设备和重要元器件,要注明型号、数量、主要性能参数等。

五、实验步骤

根据实验内容,列出操作的完整步骤,包括电路构成后的初步检查、电路工作的条件、测量工具、测量位置、结果的记录方式等。

六、数据整理和分析

对原始数据进行有效的处理,进行必要的分析、计算,得出定量结果或定性结论。图要用方格纸画。

七、总结和问题讨论

写出本次实验的收获和存在的问题,提出改进的措施或建议。

第1章　仪器仪表使用

1.1　电工电子常用元器件及设备介绍

一、常用元器件

1. 电阻器

电阻器(简称电阻)是电子设备中应用最多的元件之一,在电路中常用来分压、分流、滤波(与电容组合)、阻抗匹配等,如图1-1所示。电阻器的种类很多,常用的分立电阻器或轴向引线(axial lead)电阻器的类型有三种:碳膜电阻器、金属膜电阻器和线绕电阻器。碳膜电阻器成本低,性能稳定,阻值范围宽,温度系数和电压系数低,是目前应用最广泛的电阻器,例如常用于晶体管偏置电路中集电极或发射极的负载电阻,数字逻辑电路中的上拉电阻或下拉电阻。金属膜电阻比碳膜电阻的精度高,稳定性好,噪声、温度系数小,在仪器仪表及通信设备中大量采用。线绕电阻器用高阻合金线绕在绝缘骨架上制成,外面涂有耐热的釉绝缘层或绝缘漆,优点是:具有较低的温度系数,阻值精度高,稳定性好,耐热耐腐蚀,主要用作精密大功率电阻;缺点是:高频性能差,时间常数大。另外,还有贴片、热敏、光敏等电阻器。

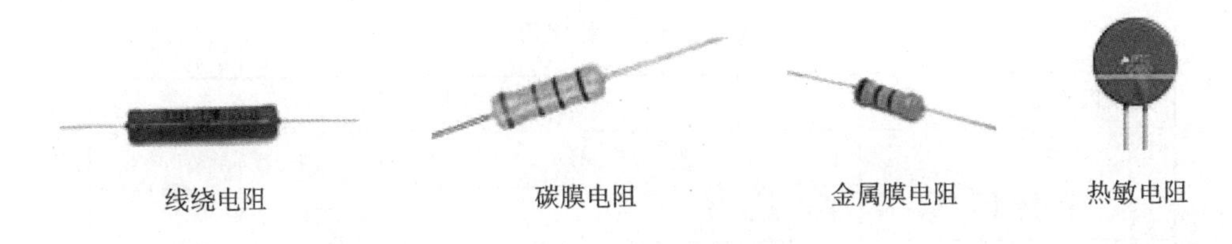

图1-1　电阻器的外形

(1) 电阻器的型号命名方法

电阻器的型号表示如图1-2所示,非线绕电阻器的型号和名称如表1-1所列,线绕电阻器的型号和名称如表1-2所列。

表1-1　非线绕电阻器的型号和名称

型　号	RS	RT	RTX	RJ	RJX	RY	RTL	RTL-X
名　称	实心炭质电阻	碳膜电阻	小型碳膜电阻	金属膜电阻	小型金属膜电阻	氧化膜电阻	测量用碳膜电阻	小型测量用碳膜电阻

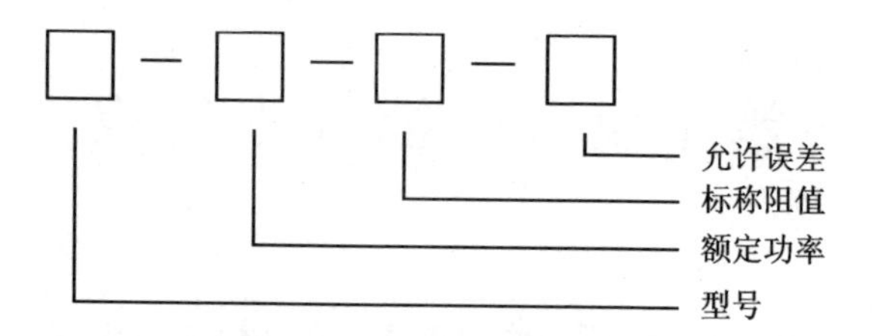

图 1-2 电阻器的型号表示

表 1-2 线绕电阻器的型号和名称

型 号	RXQ	RXQ-T	RXY	RXYC	RXYC-T
名 称	酚醛涂料管形线绕电阻(固定式)	酚醛涂料管形线绕电阻(可调式)	被釉固定式线绕电阻	被釉耐潮线绕电阻(固定式)	被釉耐潮线绕电阻(可调式)

例如:RTX-0.125 W-51 kΩ-±10%,表示该非线绕电阻器为额定功率0.125 W、阻值51 kΩ、允许误差±10%的小型碳膜电阻器。

(2) 电阻器的性能参数

在电阻器的使用中,必须正确应用电阻器的参数。电阻器的性能参数包括标称阻值、允许误差、额定功率、极限工作电压、电阻温度系数、频率特性和噪声电动势等。对于普通电阻器,最常用的参数是标称阻值、额定功率和允许误差。

1) 标称阻值

标称阻值是指电阻器上标示的阻值。固定电阻器的标称阻值如表1-3所列。表中所列“系列值”乘以 10^n 为标称阻值,n 为正整数。

表 1-3 标称阻值

允许误差/%	系列代号	系列值											
±5	E24	1.1	1.2	1.3	1.5	1.6	1.8	2.0	2.2	2.4	2.7	3.0	3.3
		3.6	3.9	4.3	4.7	5.1	5.6	6.2	6.8	7.5	8.2	9.1	
±10	E12	1.0	1.2	1.5	1.8	2.2	2.7	3.3	3.9	4.7	5.6	6.8	8.2
±20	E6	1.0	1.5	2.2	3.3	4.7	6.8						

2) 额定功率

额定功率是指在标准大气压和一定的温度下,电阻器能长期连续负荷而不改变其性能时的允许功率。当超过额定功率时,电阻器的阻值会发生变化,严重的还会烧毁。额定功率分为1/20、1/8、1/4、1/2、1、2、…、500等19个等级,单位为瓦(W)。

3) 允许误差

允许误差是指电阻器的实际阻值对于其标称阻值的最大允许偏差范围,用来表示产品的精度。电阻器的允许误差一般分为六级,如表1-4所列。非线绕电阻器的允许误差一般小于20%,线绕电阻器的允许误差一般小于10%。

表1-4 电阻器的允许误差等级

级 别	0.05	01	02	Ⅰ	Ⅱ	Ⅲ
允许误差/%	±0.5	±1	±2	±5	±10	±20

电阻器标称阻值和允许误差的常用表示方法有直标法和色标法两种。

直标法是将电阻的种类及主要参数的数值标注在电阻器表面上，如图1-3所示。又如，5.1 kΩ标为5K1，5.6 kΩ标为5K6，这样可以防止出现因小数点面积小而不易看清的问题。

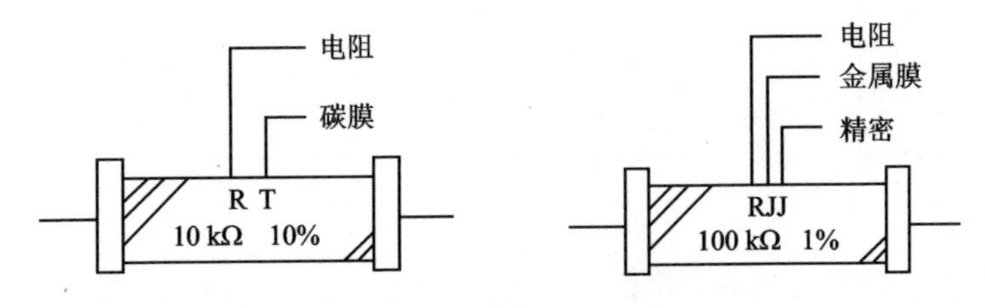

图1-3 电阻器的直标法

色标法是将电阻的类型及主要技术参数的数值用颜色(色环)标注在电阻器表面上。色标法有两种形式，一种是4道色环表示法，另一种是5道色环表示法，如图1-4所示。例如，4道色环的电阻器，前两道色环分别为红色和紫色，对应的数字为2和7，第3道色环为橙色表示乘以10^3，第4道色环为金色，表示允许误差±5%，因此该电阻器的数值为$27\times10^3(1\pm5\%)\Omega$。电阻器的色环所表示的含义如表1-5所列。

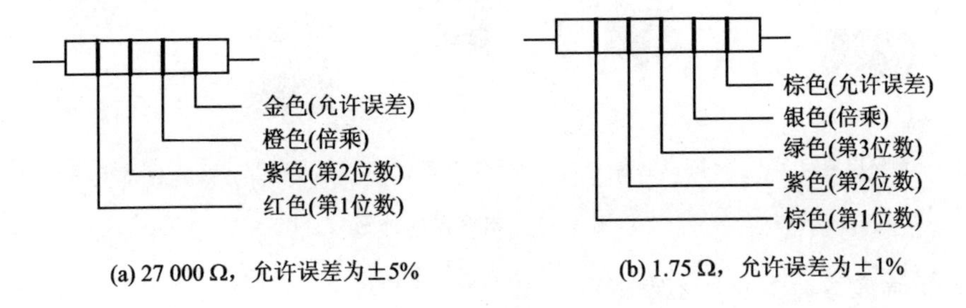

(a) 27 000 Ω，允许误差为±5%

(b) 1.75 Ω，允许误差为±1%

图1-4 电阻器的色标法

表1-5 电阻器的色环表示

颜 色	有效数字	乘以10的次方数	允许误差/%	工作电压/V
银色	—	−2	±10	—
金色	—	−1	±5	—
黑色	0	0	—	4
棕色	1	1	±1	6.3

续表 1-5

颜 色	有效数字	乘以10的次方数	允许误差/%	工作电压/V
红色	2	2	±2	10
橙色	3	3	—	16
黄色	4	4	—	25
绿色	5	5	±0.5	32
蓝色	6	6	±0.2	40
紫色	7	7	±0.1	50
灰色	8	8	—	63
白色	9	9	+5～-20	—
无色	—	—	±20	—

2. 电容器

电容器通常简称为电容,用字母 C 表示。电容器是由两个金属电极,并在中间夹一层介质构成的。在一般的电子电路中,常用电容器来实现旁路、耦合、滤波、振荡、相移以及波形变换等,这些作用都是其充电和放电功能的演变。电容器的分类方法繁多,如按结构分类、按电解质分类、按用途分类、按制造材料分类等。常用的电容器有电解电容、瓷介电容、薄膜电容、独石电容、纸介电容、云母电容、陶瓷电容等,如图 1-5 所示。

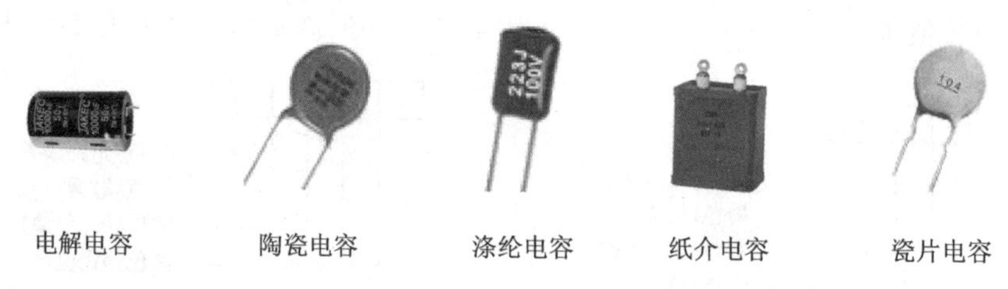

图 1-5 电容器的外形

(1) 电容器的型号命名方法

电容器的型号表示如图 1-6 所示。电容器的"型号"部分由四项组成,依次分别代表名称、材料、分类和序号。"名称"用字母表示,电容器用 C。"材料"用字母表示:A 表示钽电解,B 表示聚苯乙烯等非极性薄膜,C 表示高频陶瓷,D 表示铝电解,E 表示其他材料电解,G 表示合金电解,H 表示复合介质,I 表示玻璃釉,J 表示金属化纸,L 表示涤纶等极性有机薄膜,N 表示铌电解,O 表示玻璃膜,Q 表示漆膜,T 表示低频陶瓷,V 表示云母纸,Y 表示云母,Z 表示纸介。"分类"一般用数字表示,个别用字母表示:1、2 表示非密封,3、4 表示密封,W 表示微调,J 表示金属化,X 表示小型。例如:CJZX-250-0.033-±10%表示小型金属化纸介电容器,额定工作电压为250 V,标称容量为 0.033 μF,允许误差为±10%。

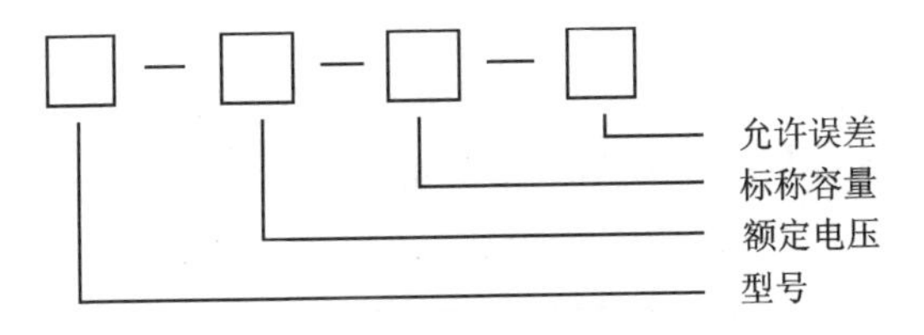

图1-6　电容器的型号表示

(2) 电容器的主要特性指标

电容器的主要性能参数有:标称容量、允许误差、耐压强度、绝缘强度、损耗、温度系数和固有电感等。在选择电容时,主要考虑电容量、额定电压、精度、尺寸等。

1) 标称容量

标称容量是指标示在电容器上的电容量。电容器容量标示方法有直标法、文字符号法、色标法和数学计数法。电容器的标称容量如表1-6所列。

表1-6　电容器的标称容量

名　称	允许误差/%	容量范围	标称容量系列(或系列代号)
纸介电容 金属化纸介电容 纸膜复合介质电容 低频(有极性)有机薄膜介质电容	±5 ±10 ±20	100 pF~1 μF	1.0、1.5、2.2、3.3、4.7、6.8
		1~100 μF	1、2、4、6、8、10、15、20、30、50、60、80、100
高频(无极性)有机薄膜介质电容 瓷介电容 玻璃釉电容	±5 ±10 ±20		E24 E12 E6
云母电容	±20		E6
钽、铝、铌、钛电解电容	±10 ±20 +50~-20 +100~-10		1、1.5、2.2、3.3、4.7、6.8 (容量单位为 μF)

注:标称容量为表中数值或表中数值乘以 10^n,其中 n 为正整数或负整数。

直标法是用数字和单位符号直接标出。如1 μF表示1微法,有些电容用“R”表示小数点,如R56表示0.56 μF。

文字符号法是用数字和文字符号有规律地组合来表示容量。如p10表示0.1 pF,1p0表示1 pF,6P8表示6.8 pF,2μ2表示2.2 μF。

色标法是用色环或色点表示电容器的主要参数。电容器的色标法与电阻相同。

数学计数法,如瓷介电容,标值272,容量就是27×100 pF=2 700 pF,如果标值473,则容量为47×1 000 pF=0.047 μF。标值后面的2、3表示 10^n 中的 n 值。又如:332表示33×100 pF=3 300 pF。

2）允许误差

允许误差是指电容器实际电容量与标称容量的误差，允许的误差范围称为精度。精度等级与允许误差的对应关系如表 1-7 所列。

表 1-7　电容器的允许误差等级

级　别	01	02	Ⅰ	Ⅱ	Ⅲ
允许误差/%	±1	±2	±5	±10	±20

3）额定电压

额定电压是指在额定环境温度下可连续加在电容器的最高直流电压有效值。一般直接标注在电容器外壳上，如果工作电压超过电容器的耐压，那么电容器就会被击穿，造成不可修复的永久损坏。常用固定电容器的直流工作额定电压有 6.3 V、10 V、16 V、25 V、40 V、50 V、63 V、100 V、160 V、250 V、400 V 等。

3. 晶体二极管

晶体二极管简称二极管，如图 1-7 所示。二极管是内部具有一个 PN 结、外部具有两个电极的半导体器件。二极管有多种类型，按制作的材料不同可分为硅二极管和锗二极管。按用途不同可分为整流二极管、检波二极管、稳压二极管、发光二极管以及光敏二极管等。对二极管进行检测，主要是鉴别它的正负极及其单向导电性。二极管在正向电压作用下，正向电阻较小，通过的电流较大；在反向电压作用下，反向电阻很大，通过的电流很小，这就是二极管（实际上为 PN 结）的单向导电性。用二极管进行整流、检波就是利用它的这种单向导电性。

图 1-7　二极管的外形

二极管的参数是用来表示二极管的性能好坏和适用范围的技术指标，不同类型的二极管有不同的特性参数。常用的参数有以下几种。

（1）最大整流电流

最大整流电流是指二极管长期连续工作时允许通过的最大正向电流值，其值与 PN 结面积及外部散热条件等有关。因为电流通过管子时会使管芯发热，温度上升，当温度超过允许限度（硅管为 140 ℃左右，锗管为 90 ℃左右）时，管芯会因为过热而损坏。所以在规定散热条件下，二极管使用中不要超过最大整流电流值。例如，常用的 IN4001～IN4007 型锗二极管的额定正向工作电流为 1 A。

(2) 最高反向工作电压

当加在二极管两端的反向电压高到一定值时，会将管子击穿，失去单向导电能力。为了保证使用安全，规定了最高反向工作电压值。例如，IN4001 二极管反向耐压为 50 V，IN4007 二极管反向耐压为 1 000 V。

(3) 反向电流

反向电流是指在规定的温度和最高反向电压作用下，流过二极管的反向电流。反向电流越小，管子的单向导电性越好。值得注意的是，反向电流与温度有着密切的关系，温度大约每升高 10 ℃，反向电流增大 1 倍。例如 2AP1 型锗二极管，若在 25 ℃时反向电流为 250 μA，则温度升高到 35 ℃时，反向电流将上升到 500 μA，以此类推，在 75 ℃时，它的反向电流已达 8 mA，不仅失去了单向导电性，还会使管子过热而损坏。又如，2CP10 型硅二极管，在 25 ℃时反向电流仅为 5 μA，当温度升高到 75 ℃时，反向电流也不过为 160 μA。故硅二极管比锗二极管在高温下具有更好的稳定性。

(4) 最高工作频率

最高工作频率为二极管工作的上限频率。超过此值时，由于结电容的作用，二极管将不能很好地体现单向导电性。

4. 晶体三极管

晶体三极管简称三极管，如图 1-8 所示。三极管是内部含有两个 PN 结、外部具有三个电极的半导体器件。由于它的特殊构造，在一定条件下具有放大作用，被广泛用于收音机、录音机等各种电子设备中。三极管的种类较多，按 PN 结组合的方式不同，三极管有 PNP 和 NPN 型两种；按使用的材料不同，可分为锗三极管和硅三极管两种；按功率不同可分为小功率管、中功率管和大功率管；按工作频率不同，可分为低频、高频和超高频管；按用途不同，可分为放大管和开关管。另外，每一种三极管中，又有多种型号以区别其性能。三极管的主要参数有：特征频率、工作电压、工作电流、电流放大倍数 h_{FE}、反向击穿电压等。

图 1-8　三极管的外形

二、常用仪表和设备

1. 怎样选用测量仪表

在实际测量时，主要根据以下几项来选择仪表：

(1) 作用原理与电流种类

作用原理是选择磁电系、磁电系整流式、电磁系或电动系仪表。电流种类是选择测量直流、交流、正弦或非正弦。测量直流一般选用磁电式仪表，其指针的偏转角与所测电流的平均值成正比，读数是电流的平均值，刻度均匀且灵敏度高。测量工频范围内的交流可用电磁系或电动系仪表，其指针的偏转角与所测电流有效值的平方成正比，读数是有效值。这种仪表既可测正弦、非正弦的有效值，也可测稳恒直流，刻度不均匀。磁电系整流式仪表指针的偏转角与半波(或全波)整流后电流的平均值成正比，读数是正弦电流的有效值，只能用于测量正弦交流。对于频率响应范围，除磁电系整流式仪表可用在数千赫兹的频率以外，电动系、电磁系只能用在工频范围；对于仪表的输入阻抗，除磁电系整流式仪表电压表内阻稍高外，电动系、电磁系都不高。

(2) 测量对象

测量对象是指测量电压、电流或功率，测量时分别选择相应的仪表。

(3) 准确度等级

我国生产的直读仪表准确度分为七级：0.1 级、0.2 级、0.5 级、1.0 级、1.5 级、2.5 级和 5.0 级。准确度是指在正常条件(包括仪表的工作位置正常，周围的温度是 20 ℃±5 ℃，没有地磁以外的磁场影响等)下，仪表在测量时可能出现的最大基本误差的百分数值，称为仪表的准确度等级，以 K 表示它的准确度等级。

$$\pm K\% = \frac{\Delta A_{\mathrm{m}}}{A_{\mathrm{m}}} \times 100\%$$

式中：ΔA_{m} 为以绝对误差表示的最大基本误差；A_{m} 为最大读数(即量限)。

绝对误差：是指进行测量所得的值 A_x 与实际值 A_0 之间的差值，用 ΔA 表示，即测量的绝对误差 $\Delta A = A_x - A_0$(ΔA 为±值)，该误差可能出现在 0～满量程之间的各个电压上。

0.1 级和 0.2 级仪表用于较精密的测量，实验室中的一般测量用 0.5 级～2.5 级的仪表。例如，500 型万用表直流电压挡的准确度等级为 2.5 级，交流电压挡的准确度等级为 4.0 级。

(4) 量　限

在选择量程时，不仅要考虑被测量值应小于量限，而且还要考虑减小测量的相对误差 γ。

$$\gamma = \frac{\text{最大绝对误差}}{\text{被测量值}} \times 100\%$$

用准确度等级高的表测量小电压，其测量的相对误差不一定小。当仪表的准确度等级相同时，测量值越接近于仪表的量限，测量的相对误差越小。因此，为了减小相对误差，选择量限时，要使被测量的数值尽量在量程的一半以上。

(5) 仪表本身所消耗的功率

在测量时，仪表本身要消耗一部分功率。若仪表消耗功率太大，将使被测电路工作情况改变，引起误差，因此，所选仪表本身所消耗的功率要小。

(6) 其　他

希望受外界因素影响小；有良好的读数位置（如刻度是否均匀）；有足够高的绝缘电阻和耐压能力，以保证使用安全。

合理地选择了仪表，还必须正确地使用它。首先要求仪表有正常的工作条件，包括指针是否在零位，仪表要远离外磁场，仪表的放置位置是否合乎规定等；对于交流仪表，电流的波形是否为正弦波，电流频率是否在仪表的允许范围内等，如不符合条件，都会引起附加误差。在进行测量时，还要注意正确的读数：当刻度盘有几条刻度尺时，应先根据被测量的种类、量限，选好应读哪一条刻度尺。读数时，视线要与刻度尺的平面垂直，以消除读数误差。若指针指在两条分度线之间时，则可估计一位数字，估计的位数太多，超出仪表准确度的范围，就没有意义了。反之，读数位数不够，不能达到所选仪表的准确度，也是不对的。

2. 数字万用表

万用表又叫多用表、三用表、复用表。一般万用表可测量直流电流、直流电压、交流电压、电阻和音频电平等，是一种多功能、多量程的测量仪表。数字万用表（数字多用表）由于具有测量功能较全、读数方便等优点，深受使用者喜爱，近些年得到广泛应用。数字万用表的种类、形式较多，但使用方法大致相同。实验室中常用的有手持式数字万用表和台式数字万用表，功能和用法大同小异。

(1) UT2003 型手持式数字万用表

UT2003 型大屏幕数字万用表是一种读数精确、性能稳定可靠、输入阻抗高、功能齐全的手持式 4 位半数字万用表，如图 1－9 所示。其可按各种规格测量交直流电压和电流、电阻、电容、频率、二极管正向压降、三极管 h_{FE} 及电路通断等。数字万用表的原理框图如图 1－10 所示。

图 1－9　UT2003 型数字万用表

虚线框内表示直流数字电压表(DVM)，它由 RC 滤波器、A/D 转换器和 LCD 显示器组成。在数字电压表的基础上再增加交流—直流(AC—DC)、电流—电压(A—V)、电阻—电压(Ω—V)转换器，就构成了数字万用表。

1) 基本技术性能

① 显示位数：5 位数字，最高位只能显示 1 或不显示数字，算半位，所以称 4 位

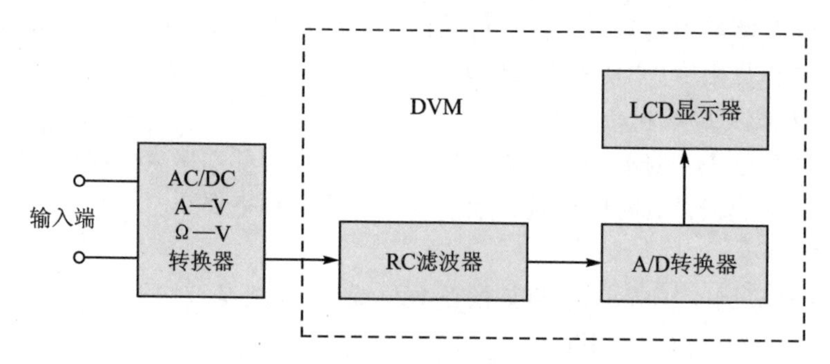

图 1-10　数字万用表的原理框图

半。最大显示数为 19 999 或-19 999。

② 调零和极性:具有自动调零和显示正、负极性的功能。

③ 超量程显示:超过量程显示“1”或“-1”。

④ 读数显示率:2～3 次/s。

⑤ 电源:9 V 叠层电池供电。

2) 主要技术规范

主要技术规范如表 1-8 所列。

表 1-8　主要技术规范

<table>
<tr><th>标记符号</th><th colspan="2">测量范围</th><th>输入阻抗/MΩ</th><th>精　度</th><th>备　注</th></tr>
<tr><td rowspan="2">DCV</td><td rowspan="2">直流电压共五挡</td><td>200 mV、2 V、20 V、200 V</td><td rowspan="2">10</td><td>±(0.05%读数+3 个字)</td><td rowspan="2"></td></tr>
<tr><td>1 000 V</td><td>±(0.1%读数+5 个字)</td></tr>
<tr><td rowspan="2">ACV(显示为正弦波有效值)</td><td rowspan="2">交流电压共五挡</td><td>200 mV、2 V、20 V、200 V</td><td rowspan="2">≥2</td><td>±(0.8%读数+10 个字)</td><td rowspan="2">200 V 以下量程,频率响应为 40～400 Hz,750 V 时频率响应为 40～200 Hz</td></tr>
<tr><td>750 V</td><td>±(1%读数+15 个字)</td></tr>
<tr><td rowspan="2">DCA</td><td rowspan="2">直流电流共五挡</td><td>2 mA、20 mA、200 mA、2 A</td><td rowspan="2"></td><td>±(0.8%读数+10 个字)</td><td rowspan="2"></td></tr>
<tr><td>10 A</td><td>±(2%读数+10 个字)</td></tr>
<tr><td rowspan="2">ACA(显示为正弦波有效值)</td><td rowspan="2">交流电流共五挡</td><td>2 mA、20 mA、200 mA</td><td rowspan="2"></td><td>±(1%读数+10 个字)</td><td rowspan="2">频率响应为 40～400 Hz</td></tr>
<tr><td>2 A、10 A</td><td>±(2%读数+10 个字)</td></tr>
<tr><td rowspan="2">Ω</td><td rowspan="2">电阻共六挡</td><td>200 Ω、2 kΩ、20 kΩ、200 kΩ、2 MΩ</td><td rowspan="2"></td><td>±(0.2%读数+1 个字)</td><td rowspan="2"></td></tr>
<tr><td>20 MΩ</td><td>±(0.5%读数+5 个字)</td></tr>
</table>

续表1-8

标记符号	测量范围		输入阻抗/MΩ	精　度	备　注
F	电容 共4挡	20 nF、200 nF、 2 μF、20 μF		±(2.5%读数+10个字)	频率为400 Hz，电压为40 mV
20 kHz	测频率			±(1.5%读数+10个字)	
h_{FE}	NPN、PNP晶体管				基流为10 μA，V_{ce}约为3 V
—▶|—	测量二极管的正向导通电压				
•)))	检查线路通断				

3）数字式万用表的使用方法及注意事项

数字式万用表测量电压、电流、电阻等的方法与指针式万用表类似，不再介绍。下面仅就UT2003型数字万用表使用时的注意事项加以说明。

① 测试输入插座：黑色表笔插在“COM”(为接地端)的插座里不动。红色表笔有以下两种插法：(a) 在测电阻和电压时，将红色表笔插在“VΩF”的插孔里。(b) 在测量小于或等于200 mA的电流时，将红色表笔插在“mA”插孔里；在测量大于200 mA的电流时，将红色表笔插在“10 A”插孔里。

② 根据被测量的性质和大小，将面板上的转换开关旋到适当的挡位。

③ 将电源开关打开，即可用测试笔直接测量。当测量电阻、电压或电容时，如果被测量大于所选量程，电子蜂鸣器会发出响声。当测量200 mA以内的电流时，如果被测电流超过量程会烧坏内装保险丝，应按原装规格更换后再继续使用。10 A电流输入插口内无保险丝保护。

④ 测量电容时，不用测试笔，直接插在面板上测量电容的插孔里。

⑤ 测量完毕，将电源开关关闭。该表有自动关机功能，开机后约15 min会自动切断电源。

⑥ 当显示器显示“[+ -]”符号时，表示电池电压低于9 V，需更换电池后再使用。

⑦ 测三极管h_{FE}时，需注意三极管的类型(NPN或PNP)和表面插孔E、B、C(e、b、c)所对应的引脚，直接将管子插在对应的插孔里。当不知道三极管的极性时，可以使用以下方法进行判断：先测出b极后，将三极管随意插到插孔中(b极是必须插准确的)，测一下h_{FE}值；然后将管子倒过来再测一遍，两次测得的h_{FE}值中比较大的一次，说明各引脚插入的位置是正确的，从而可以确定三极管的极性。

⑧ 检查二极管时，若显示0则表示管子短路，若显示“1”则表示极性接反或管子内部已开路。正常显示时，是二极管的正向导通电压。

⑨ 欧姆挡不能测带电电阻。检查线路通断时，若电路通(电阻＜300 Ω)则电子

蜂鸣器发出响声。

⑩ 该表可以直接测量小于 20 kHz 的频率，分辨率为 1 Hz。

(2) SDM3055X－E 型台式数字万用表

SDM3055X－E 型数字万用表是一种读数较精确、性能稳定、输入阻抗（内阻）高、功能齐全的台式 5 位半数字多用表。其可测量交流电压、电流，直流电压、电流，二线或四线电阻、二极管、电路通断、电容、频率、温度，直流阻抗、短路电阻、导通电压等。台式数字万用表一般内部嵌有微处理器，功能相对要强大得多，测量精度一般比手持便携的数字表做得更高，但测量功能基本相同。基本操作根据面板信息指示进行即可，特殊功能应用参照相应的说明书。

1) 操作面板

SDM3055X－E 型数字万用表的前面板如图 1－11 所示，面板上的功能选择采用国际通用的图形和字母符号。使用时只需选择测量功能和合适的量程（量程可手动或自动设置），以及选择相应的表笔插孔，然后采用合适的测量方法即可。

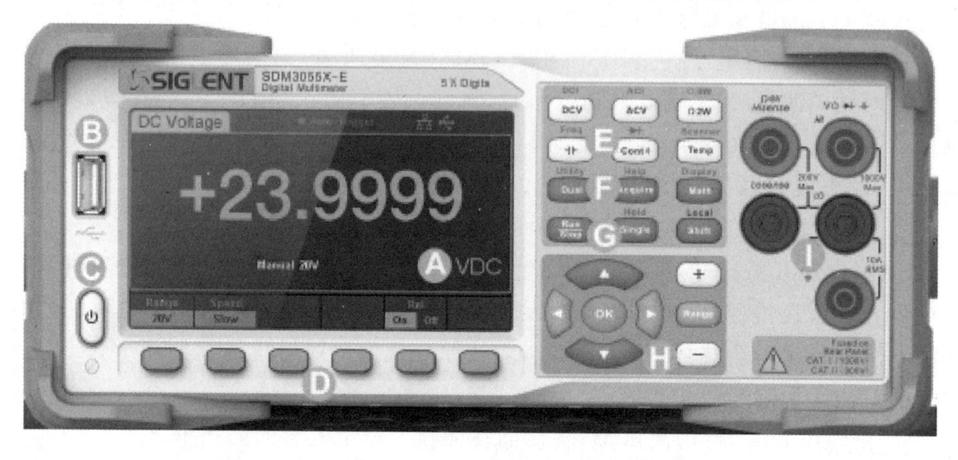

图 1－11　SDM3055X－E 型数字万用表的前面板图

A 为 LCD 显示屏；B 为 USB Host 接口；C 为电源键；D 为菜单操作键；E 为基本测量功能键；F 为辅助测量功能键；G 为使能触发键；H 为挡位选择及方向键；I 为信号输入端。

2) 主要技术参数

SDM3055X－E 型数字万用表的主要技术参数如下：

① 5½读数分辨率。

② 三种测量速度：5 reading/s、50 reading/s、150 reading/s。

③ 双显功能：可同时显示同一输入信号的两种特性。

④ 200 mV～1 000 V 直流电压量程，200 μA～10 A 直流电流量程。

⑤ True－RMS，200 mV～750 V 交流电压量程，20 mA～10 A 交流电流量程。

⑥ 200 Ω～100 MΩ 电阻量程，2、4 线电阻测量。

⑦ 2 nF～10 000 μF 电容量程。

⑧ 20 Hz～1 MHz 频率测量范围。

⑨ 电路通断和二极管测试、管压降测试。

⑩ 温度测试，内置热电偶冷端补偿。

⑪ 具有丰富的数学运算：最大值、最小值、平均值、标准偏差，通过/失败、dBm、dB、相对测量、直方图、趋势图、条形图。

⑫ 标配 USB、LAN 接口，选配 USB－GPIB 接口。

3）使用方法和注意事项

① 正确选择被测对象所用的测试插孔。

② 测量功能选择分第一功能、第二功能。直接按键为第一功能；Shift＋直接按键为第二功能。

③ 测试不同被测对象时，切记在改换功能按键之前最好拔掉一个测试笔，不能直接操作按键来达到测试的目的，这样有可能会损坏数字万用表的某些功能。

（3）UT804 型台式数字万用表

目前，实验室还配有 UT804 型台式数字万用表，它是一种读数较精确、性能稳定、输入阻抗（内阻）高、功能齐全的台式 4 位半数字多用表。通过切换“开关”，可以用于测量交直流电压和电流、电阻、二极管正向压降、电路通断、电容、频率、占空比、温度，以及最大、最小值等。

1）面　板

UT804 的面板图如图 1－12 所示，面板上的功能选择采用国际通用的图形和字母符号，量程选择采用自动方式。使用时只要选择测量功能、相应的表笔插口，采用合适的测量方法即可。

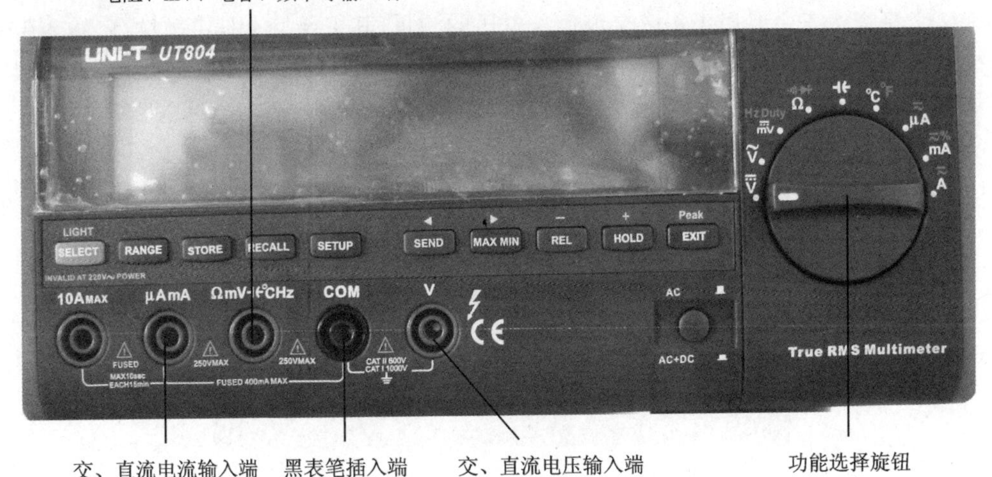

图 1－12　UT804 型台式数字万用表面板图

2）主要技术参数

UT804 型台式数字万用表的主要技术参数如表 1－9 所列。

表 1－9　UT804 型台式数字万用表的主要技术参数

标记符号	测量范围		精　度	备　注
DCV	直流电压共五挡	4 V、40 V、400 V、1 000 V	±(0.05%读数+5 个字)	
		400 mV	±(0.025%读数+5 个字)	
ACV(正弦波有效值)	交流电压共四挡	4 V、40 V、400 V	±(0.4%读数+30 个字)	45 Hz～1 kHz
		1 000 V	±(1%读数+30 个字)	
DCA	直流电流共四挡	400 mA	±(0.15%读数+15 个字)	
		10 A	±(0.5%读数+30 个字)	
		2 A、10 A	±(2%读数+10 个字)	
Ω	电阻共六挡	400 Ω、4 kΩ、40 kΩ、400 kΩ、4 MΩ	±(0.3%读数+40 个字)	
		40 MΩ	±(1.5%读数+40 个字)	

3）数字万用表的使用方法

数字万用表的使用方法如下：

➢ 正确选择被测对象所用的测试插孔。

➢ 测试对象的选择通过最右边的旋转开关来实现。

➢ 在测试过程中，不能随意转动旋转开关来达到改变被测对象的目的，否则会烧坏数字表。

3. 交流毫伏表

交流毫伏表主要用于正弦交流信号电压的测量，其主要特点是灵敏度高、输入阻抗高、频带宽。目前实验室中配备的有 YB2173F 双路智能数字交流毫伏表，其面板如图 1－13 所示。智能数字交流毫伏表的使用相对简单，用法与测量普通电压基本相同。

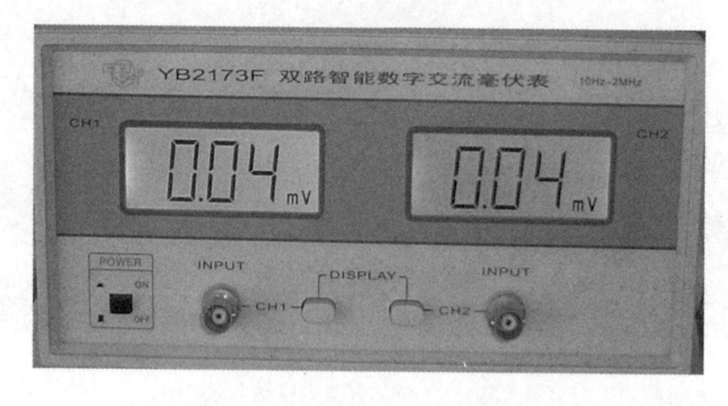

图 1－13　交流毫伏表面板图

YB2173F 双路智能数字交流毫伏表每通道测量的输入电压不大于 500 V(DC+ AC_{pp})。其测量的交流电压范围为 300 μV~300 V,频率范围为 10 Hz~2 MHz。

4. 直流稳压电源

晶体管直流稳压电源是提供直流电压的电源设备,当电网电压或负载在一定范围内变化时,能使输出电压稳定不变。在使用时可以近似将其看作一个理想的电压源。各实验室使用的直流稳压电源型号各异,但其原理及构成基本相同。下面以 MPS-3003LK-3 系列为例,说明其使用方法。

MPS-3003LK-3 系列可调式直流稳压电源是一种具有输出电压与输出电流均连续可调、稳压与稳流自动转换的高稳定度、高可靠性和高精度的多路直流电源。MPS-3003LK-3 电源输出显示为 LED 显示,同时显示输出电压和输出电流,且具有固定5 V、3 A 输出。另外,两路可调电源可进行串联或并联使用,并由一路主电源进行电压或电流跟踪。串联时最大输出电压可达两路电压额定值之和;并联时最大输出电流可达两路电流额定值之和。

(1) 规格和技术指标

1) 可调整电源

输入电压:220×(1±10%)V,50 Hz±2 Hz;

输出电压:两路 0~30 V 可调;

输出电流:两路 0~3 A 可调;

保护方式:电流限制及短路保护;

电压指示精度:三位 A/D 转换数字显示±(0.5%+2 个字);

电流指示精度:三位 A/D 转换数字显示±(1%+2 个字)。

2) 固定电源

额定输出电压:5 V±0.25 V;

最大额定输出电流:3 A;

保护方式:电流限制及短路保护。

(2) 面板说明

面板上各开关旋钮的位置和功能如图 1-14 所示。

(3) 使用方法

1) 双路可调电源独立使用

将两个串并联控制开关按键分别置于弹起位置。

作为稳压源使用时,先将两路的电流调节旋钮顺时针调至最大,开机后,分别调节两路电压调节旋钮,使主、从路电源的输出电压至需求值。

作为恒流源使用时,开机后先将两路电压调节旋钮顺时针调至最大,同时将主、从路的电流调节旋钮逆时针调至最小,接上所需负载,调节两路电流调节旋钮,使主、从路的输出电流分别至所需电流值。

限流保护点的设定:开启电源,将主、从路的电流调节旋钮逆时针调至最小,并顺

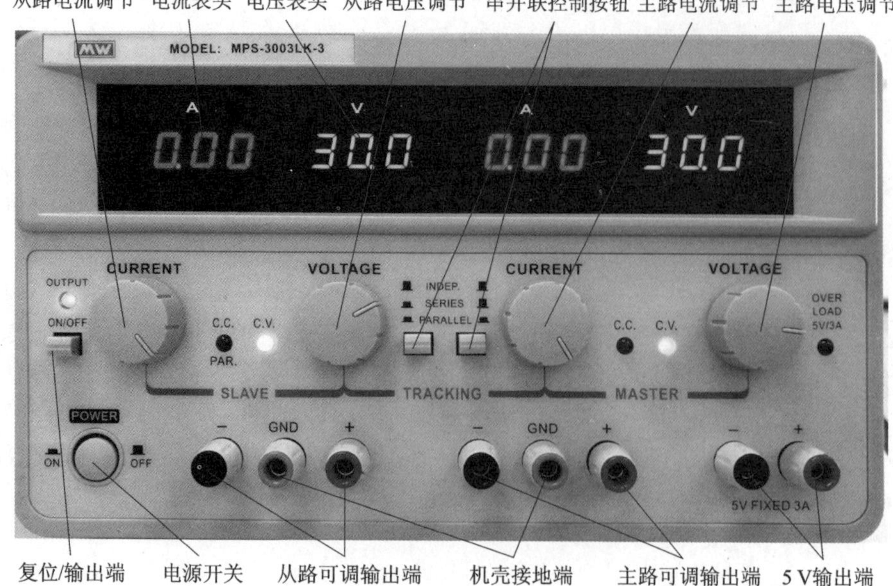

图 1-14　MPS-3003LK-3 系列可调式直流稳压电源面板图

时针适当调节两路电压调节旋钮，分别将主路输出正端与主路输出负端短接，从路输出正端与从路输出负端短接，顺时针调节两路电流调节旋钮，使主、从电源的输出电流等于所要求的限流保护点电流值，此时保护点就设定好了。

2）双路可调电源串联使用

将串并联控制开关左边的按键按下，右边按键弹起，将两路电流调节旋钮顺时针调至最大，此时调节主电源电压调节旋钮，从路的输出电压将跟踪主路的输出电压，输出电压为两路输出电压之和，最高可达 60 V。

在两路电源串联时，两路的电流调节仍然是独立的，如从路电流旋钮不在最大而在某个限流点，则当负载电流到达该限流点时，从路的输出电压将不再跟踪主路调节。

当两路电源串联时，如负载较重有功率输出，则应用粗导线将主路输出负端与从路输出正端可靠连接，以免损坏机器内部开关。

3）双路可调电源并联使用

将两个串并联控制开关按键分别按下，两路输出处于并联状态。调节主路电压调节旋钮，两路输出电压变化一致，同时从路稳流指示灯亮。

在并联状态时，从路的电流调节旋钮不起作用，只需调节主路电流调节旋钮，即能使两路电流同时受控，其输出电流为两路电流相加，最大输出电流可达两路额定值之和。

当两路电源并联使用时，如负载较重，有功率输出，则应用粗导线将主路输出正端与从路输出正端、主路输出负端与从路输出负端分别短接，以免损坏机内切换开关。

(4) 注意事项

① 本电源具有完善的限流保护功能，当输出端发生短路时，输出电流将被限制在最大限流点而不会再增加，但此时功率管上仍有功率损耗，故一旦发生短路或超负荷现象，应及时关掉电源并排除故障，使机器恢复正常工作。

② 本电源属于大功率仪器，因此在满负荷使用时应注意电源的通风及散热，且电源外壳和散热器温度较高，请注意切忌用手触摸。

③ 三芯电源线的保护接地端必须可靠接地，以确保使用安全。

④ 当电源放置时间过长而重新使用时，应先通电预热 15～20 min，待仪器运行稳定后方可投入使用。

5. 函数信号发生器

函数信号发生器作为激励信号发生装置普遍地成为实验室标配。各种型号的函数信号发生器的基本使用方法大致相同，下面以 SDG2082X 型和 TFG1920A 型函数信号发生器为例进行介绍。

(1) SDG2082X 型函数信号发生器

1) 基本性能

SDG2082X 型函数信号发生器采用 DDS 技术，能产生正弦波、方波(矩形波波)、三角波、高斯白噪声、DC 以及一些复杂波形信号。输出信号的频率为 1 μHz～80 MHz(正弦波)、25 MHz(矩形波)、1 MHz(三角波)，信号幅度(峰峰值)在 0～20 V 连续可调。输出阻抗为 50 Ω，负载值为 50 Ω 或高阻可选，或者在 50 Ω～100 kΩ 间具体设置。直流输出在高阻负载下为±10 V，50 Ω 负载下为±5 V。该仪器还具有频率计功能，测量范围为 0.1 Hz～200 MHz。

2) 操作前面板

如图 1-15 所示为 SDG2082X 型函数信号发生器的前面板图，面板上各旋钮、按键的作用介绍如下：

① 电源开关(POWER)：按下接通电源。

② USB Host 接口：支持 U 盘存储和固件升级。

③ 触摸屏显示区：4.3 in(1 in＝2.54 cm)触摸屏，显示通道相关设置信息和波形图。

④ 数字键盘：用于编辑波形参数值的设置，直接键入数值并在菜单确认后可改变参数值。

⑤ 多功能旋钮：用于改变波形参数中某一数位的值的大小，旋钮顺时针旋转一格，递增 1；旋钮逆时针旋转一格，递减 1。

⑥ 方向键：使用旋钮设置参数时，用于移动光标以选择需要编辑的位；使用数字键盘输入参数时，用于删除光标左边的数字；文件名编辑时，用于移动光标选择文

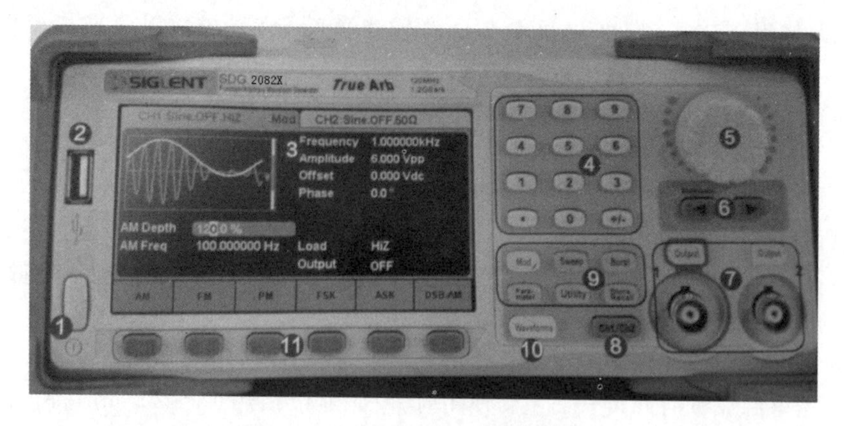

图 1-15 函数信号发生器前面板图

件名输入区中指定的字符。

⑦ CH1/CH2 通道输出控制键：每个通道有独立的 Output 按键，将开启/关闭前面板的输出接口的信号输出，按下按键，灯亮表示打开输出，灯灭表示关闭输出。

⑧ CH1/CH2 通道切换键：用于切换 CH1 或 CH2 为当前选中通道。开机时，仪器默认选中 CH1，用户界面中 CH1 对应的区域高亮显示，且通道状态栏边框显示为绿色；此时按下此键可选中 CH2，用户界面中 CH2 对应的区域高亮显示，且通道状态栏边框显示为黄色。

⑨ 参数/调制/扫频/脉冲串/辅助功能键：Parameter 键用于设置基本波形参数；Utility 键用于对辅助系统功能进行设置，包括频率计、输出设置、接口设置、系统设置等；Store/Recall 键用于存储、调出波形数据和配置信息；Mod 键用于改变调制输出波形；Sweep 键用于正弦波、方波、三角波和任意波的扫频波形输出；Burst 键用于正弦波、方波、三角波和任意波的脉冲串输出。

⑩ 波形选择键(Waveforms)：用于选择基本波形。

3）操作后面板

如图 1-16 所示为 SDG2082X 型函数信号发生器的后面板图，为用户提供了丰富的接口，包括频率计输入接口、10 MHz 时钟输入/输出端、多功能输入/输出端、USB Device 接口、LAN 接口、AC 电源插口和专用接地端子等。

4）使用方法

① 接通工频电源(220 V)，按下电源开关按钮，仪器初始化完成后即可使用。

② 按下波形选择按键(Waveforms)设置波形类型，如正弦波等。

③ 当需要脉冲或锯齿波时，可设置 DUTY 参数项，调节占空比。

④ 根据所需信号频率和幅度大小，通过选择单位类型，可设置信号频率值、幅值、峰峰值、有效值。

⑤ 可以将外部负载值告知仪器，使仪器显示的信号参数(如幅值和偏移量)与期望值一致。

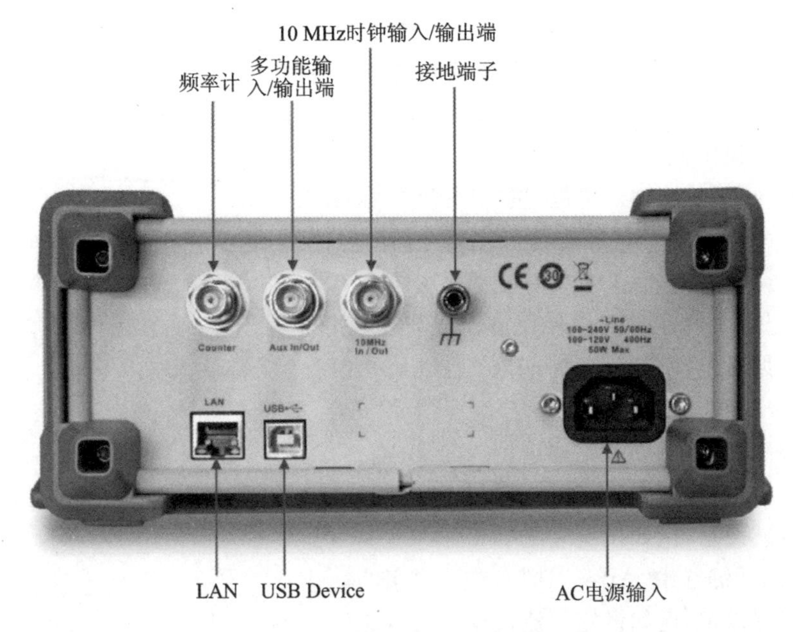

图 1-16　函数信号发生器后面板图

5）使用注意事项

① 输出电缆有黑、红两根线，黑为地线，红为信号线，即使输出交流信号，红、黑也不能颠倒。

② 使用过程中应避免输出端发生短路或倒灌直流电，否则容易烧坏输出电路。

（2）TFG1920A 系列函数/任意波形发生器

目前，实验室还常配有 DDS（直接数字合成）型函数信号发生器，它除了具有普通函数发生的功能外，还具有任意波形发生功能和扫频功能等。例如，具有双通道信号输出的 TFG1920A 系列函数/任意波形发生器，其面板如图 1-17 所示。

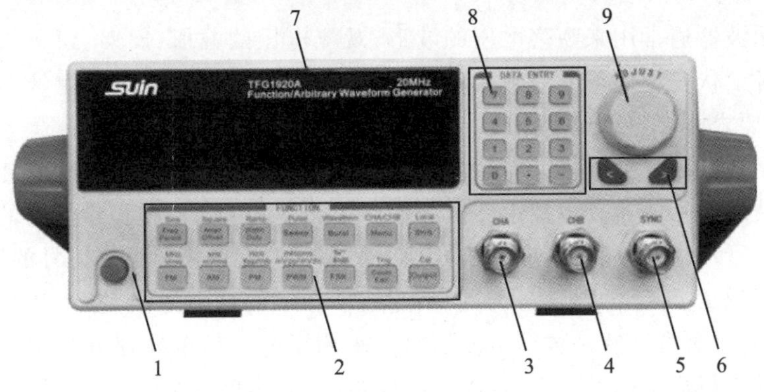

1—电源开关；2—功能键；3—CHA输出；4—CHB输出；5—同步输出；
6—方向键；7—显示屏；8—数字键；9—调节旋钮

图 1-17　TFG1920A 系列函数/任意波形发生器前面板

下面举例说明A路输出单一频率的稳态连续信号的基本操作方法，可满足用户一般使用的需要，如果遇到疑难问题或较复杂的使用，可以仔细阅读使用说明书。

① 按Shift＋CHA/CHB键，选中“CHA”选项，可以设定通道A的参数。

② 频率设定：例如设定频率值为3.5 kHz。

按Freq键选中“Hz”单位，按“3”“.”“5”“kHz”。

频率调节：按“<”或“>”键可移动光标闪烁位，转动旋钮可使光标闪烁位的数字增大或减小，并能连续进位或借位。光标向左移动可以粗调，光标向右移动可以细调。其他选项数据也都可以使用旋钮调节，以后不再重述。

③ 周期设定：例如设定周期值2.5 ms。

按Period键选中“s”单位，按“2”“.”“5”“ms”。

④ 幅度设定：例如设定幅度值为“1.5 Vpp”。

按Ampl键选中“Vpp”单位，按“1”“.”“5”“Vpp”。

⑤ 衰减设定：例如设定衰减0 dB。

按Menu键选中“Atten”选项，按“0”“dB”。

⑥ 偏移设定：例如设定直流偏移“－1 Vdc”。

按Offset键选中“Vdc”单位，按“－”“1”“Vdc”。

⑦ 常用波形选择：例如选择方波。

按Shift＋Square键。

⑧ 占空比设定：例如设定方波占空比20％。

按Duty键，按“2”“0”“％”。

⑨ 输出模式选择：例如输出信号与同步信号反相。

按Menu键选中“Mode”选项，按“1”“＃”。

6. 示波器

(1) 示波器的原理与使用

电子示波器通常用来观察电压的波形，观测电压的幅值、周期、频率、相位等，也可测绘元件的伏安特性等。它是一种用途广泛的电子仪器，是电子测量不可缺少的常用仪器，要求能够熟练地使用它。

电子示波器的种类很多，功能也不完全相同，但其基本工作原理和组成部件类似。目前使用的示波器有模拟示波器和数字示波器两大类。模拟示波器的组成框图如图1－18所示，全部采用模拟电路处理方法和示波管来显示被测信号的波形，在操作上需要实现X与Y两路信号的同步，才能使显示的波形稳定，操作基本上依靠人工，所以相对难掌握一些。数字示波器由于采用了先进的微处理器控制的数据采集技术和液晶平板显示技术，所以智能化程度很高，操作也相对简单、容易，一般数字示波器还扩展了大量的实用功能和信号处理功能。下面简单介绍实验用的数字示波器，详细操作请参阅相应的用户手册。

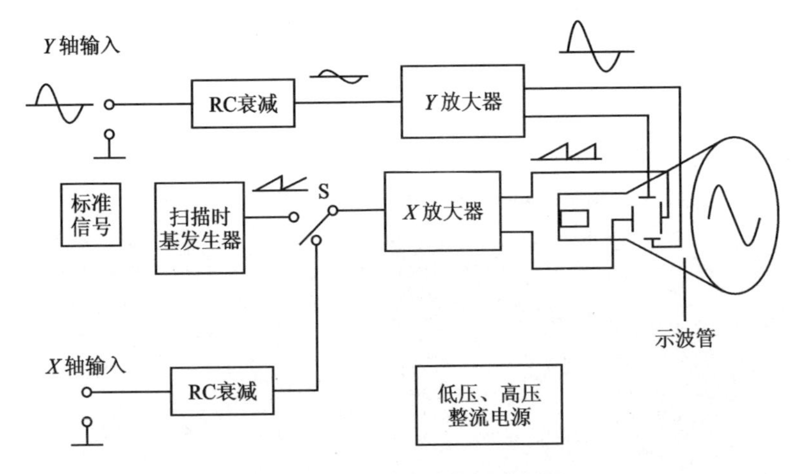

图1-18 模拟示波器组成框图

(2) NDS202X型数字示波器介绍

数字示波器的组成框图如图1-19所示。示波器中被测信号的输入端口称作输入通道，它的波形显示是通过处理器控制采集电路，先把从输入通道采集的电压信号转换为一组相应的数据序列，存储在存储器中，因此有时又称作存储示波器；然后由处理器控制液晶显示驱动电路把数据序列按设定的时间间隔在屏幕上显示出来。数据采集的起始点由"触发"电路决定，它决定了显示波形的初相位。

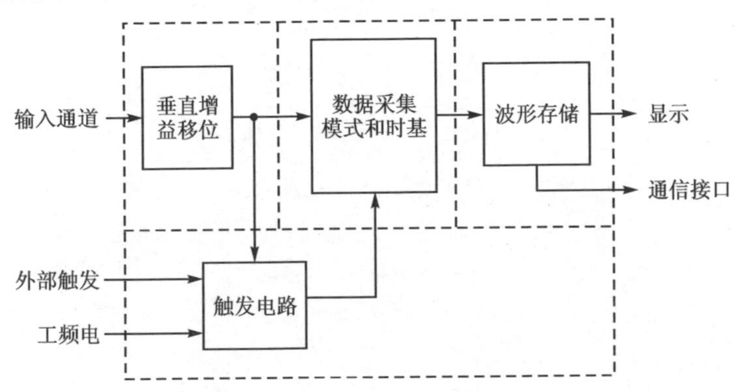

图1-19 数字示波器组成框图

使用示波器时要把被测信号的波形高矮和疏密调合适并稳定地显示在屏幕上适当的位置，便于从中读出信号的幅值、周期(频率)、相位等。波形显示的位置可以通过调节垂直"位置"旋钮和水平"位置"旋钮来控制；波形的高矮可以通过调节垂直"灵敏度"旋钮来控制，每个垂直通道有各自独立的"灵敏度"旋钮；波形的疏密可以通过调节水平"扫描时间"旋钮来控制；波形的稳定可以通过"触发"来实现，通过选择合适的"触发源""触发电平""触发模式"来保证触发的同步，也就是每次显示波形的初相位相同，每次扫描显示的波形在屏幕上是重叠的，人眼看上去是稳定的，否则波形是在屏幕上移动的。所以示波器的使用主要是熟练掌握以上几个旋钮或按钮的使用。

1）NDS202X 型示波器面板按键、旋钮的功能

NDS202X 型示波器面板如图 1-20 所示，把“垂直”“水平”“触发”和功能菜单按钮放大后如图 1-21 所示。

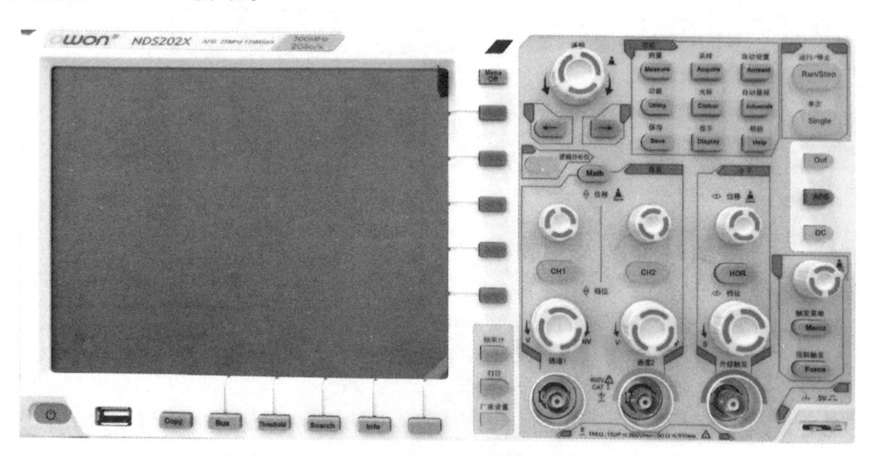

图 1-20　NDS202X 型示波器

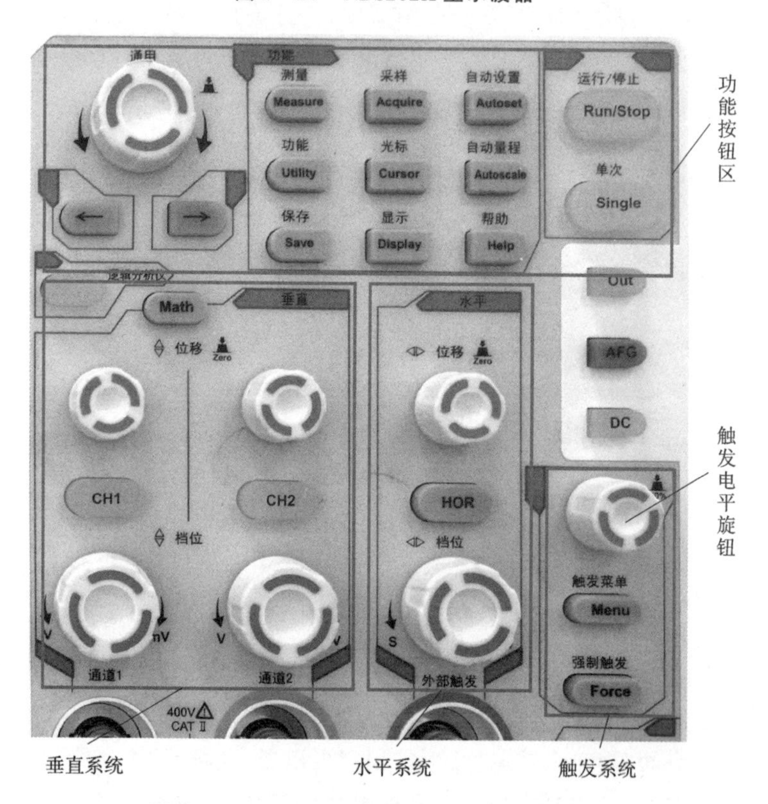

图 1-21　NDS202X 型示波器操作旋钮和按钮

2）操作简介

① 输入连接器。面板上有 3 个 BNC(Bayonet Nut Connector)连接器，“通道 1”和“通道 2”分别是“垂直”输入通道 1 和通道 2 的连接器，用于被显示波形信号的输入连接，信号通过测试探头与之相连。“外部触发”是外部触发信源的输入连接器，当在“触发菜单”中选择使用“EXT” 或“EXT/5”时，触发源信号由此输入。

② 垂直控制。垂直方向有两个通道，“CH1”和“CH2”按钮用于显示“垂直”菜单选择项并打开或关闭相应通道的波形显示。每个通道的“位移”旋钮用于调节各自信号波形在垂直方向的位置，按下该旋钮可将垂直位置设置为 0。每个通道的“档位”旋钮用于调节“垂直灵敏度”，也就是选择波形在垂直方向占一大格刻度代表的电压值，用于调节波形的高矮，可调挡位有：2 mV/div、5 mV/div、10 mV/div、20 mV/div、50 mV/div、100 mV/div、200 mV/div、500 mV/div、1 V/div、2 V/div 和 5 V/div 等系数值。“Math”按钮用于显示通道 1 和通道 2 的数学运算菜单，并打开或关闭对两通道信号作相应运算得到的结果的波形，因此该两通道示波器在屏幕上最多可显示 3 个波形。

③ 水平控制。水平方向的“位移”旋钮用于调整波形的水平位置，按下该旋钮可将水平位置设置为 0。“HOR”按钮用于显示水平菜单，在屏幕上出现水平控制选择项。水平方向“档位”旋钮用于调节“扫描时间”标度，也就是选择波形在水平方向占一大格刻度代表的时间值，可用来调整波形的疏密程度，可调挡位有：200 ns/div、500 ns/div、1 μs/div、2 μs/div、5 μs/div、10 μs/div、20 μs/div、50 μs/div、100 μs/div、200 μs/div、500 μs/div、1 ms/div、2 ms/div、5 ms/div、10 ms/div、20 ms/div、50 ms/div、100 ms/div、200 ms/div 和 500 ms/div 等系数值。

④ 触发控制。“触发电平”旋钮用于调节“边沿触发”或“脉冲触发”时的触发电平，触发电平值在屏幕相应的位置上显示并有箭头线在垂直方向指定当前触发电平的位置。当该旋钮设置的电平值与触发源信号大小相同时可产生触发信号，启动数据采集，选定显示波形的初始相位。按下该旋钮可将触发电平设置为触发信号峰值的垂直中点。“Menu”按钮用于调出触发菜单作选择用。“Force”按钮用于选择“强制触发”，不管触发源信号与触发电平是否有交点，都发出触发信号完成数据采集。

⑤ 菜单和控制按钮。

“通用”旋钮：调节它可改变显示的菜单或选定的菜单中的选项。当屏幕菜单中出现“M”标志时，表示该旋钮可用。表 1-10 列出了部分基本功能。

功能菜单控制区包括 8 个功能菜单按键：测量、采样、功能、光标、自动量程、保存、显示、帮助，以及 3 个立即执行按键：自动设置、运行/停止、单次。

Measure(测量)：显示“自动测量”菜单。

Acquire(采样)：显示采样菜单。

Autoset(自动设置)：自动设置示波器控制状态，以产生适用于输出信号的显示图形。

表 1-10 “通用”旋钮的使用

活动菜单或选项	旋钮功能	说 明
垂直探头电压衰减	值项	对于某个通道菜单设置示波器中的衰减系数
触发	单触类型	当“触发类型”选项设置为“单触”时，选择单触类型
	指定行	当“单触类型”选项设置为“视频”时，设置在指定的视频行上触发同步
	脉宽条件	当“单触类型”选项设置为“脉宽”时，设置脉宽条件
Math(数学运算)	位置	定位数学波形
	垂直刻度	改变数学波形的刻度
Measure(测量)	类型	选择每个信源的自动测量类型
光标	光标 a 或光标 b	移动选定光标的位置
帮助	滚动	选择索引项、选择主题链接、显示主题的下一页或上一页

Utility(功能)：显示辅助功能菜单。

Cursor(光标)：显示光标菜单，离开光标菜单后，光标保持可见(在显示光标菜单状态下再次按下该按钮可关闭光标)，但不可调整。

Autoscale(自动量程)：显示“自动量程”菜单，激活或禁用自动量程功能。

Save(保存)：显示设置和波形的保存/调出菜单。

Display(显示)：调出显示菜单。

Help(帮助)：显示帮助菜单。

Run/Stop(运行/停止)：控制连续采集波形或停止采集。

Single(单次)：(单次序列)采集单个波形，然后停止。

3) 屏幕显示

显示屏中除显示信号波形外，还含有很多关于波形和示波器控制设置的详细信息，屏幕显示内容的布局如图 1-22 所示。

图 1-22 中数字编号说明如下：

1：波形显示区。

2：运行/停止(触摸屏可直接点击)。

3：触发状态指示，有以下信息类型：

➢ Auto：示波器处于自动方式并正采集无触发状态下波形。

➢ Trig：示波器已检测到一个触发，正在采集触发后的信息。

➢ Ready：所有预触发数据均已被获取，示波器已准备就绪，接收触发。

➢ Scan：示波器以扫描方式连续地采集并显示波形数据。

➢ Stop：示波器已停止采集波形数据。

4：点击可调出触摸主菜单(仅限于触摸屏)。

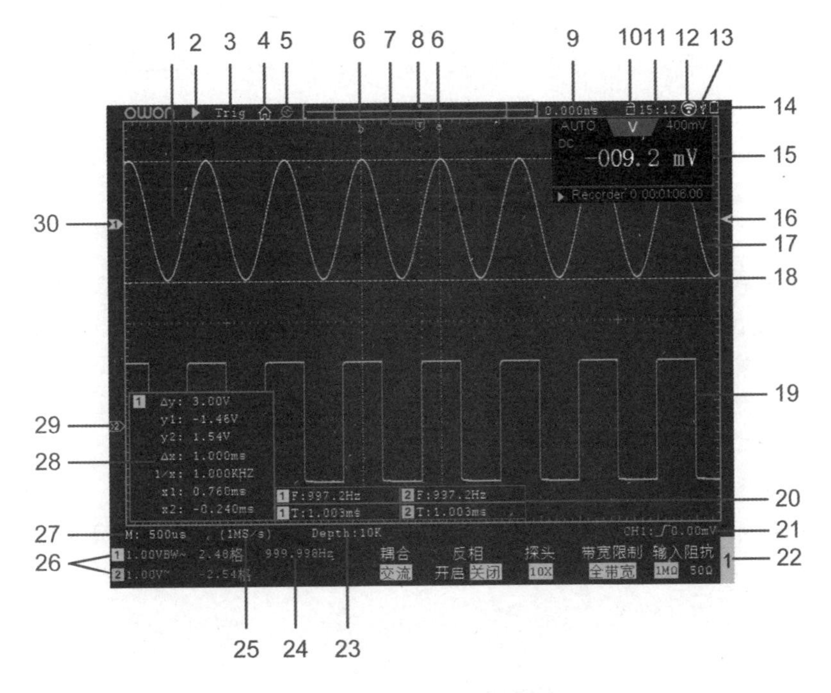

图1-22 屏幕显示界面说明

5:开启/关闭放大镜功能。(仅适用于选配触摸屏的NDS102UP/NDS202U)

6:两条垂直蓝色虚线指示光标测量的垂直光标位置。

7:T指针表示触发水平位移,水平位移控制旋钮可调整其位置。

8:指针指示当前存储深度内的触发位置。

9:指示当前触发水平位移的值。显示当前波形窗口在内存中的位置。

10:触摸屏是否已锁定的图标,可单击图标。锁定时(🔒),屏幕不可进行触摸操作。(仅限于触摸屏)

11:显示系统设定的时间。

12:已开启Wi-Fi功能。

13:表示当前有U盘插入示波器。

14:指示当前电池电量。

15:万用表显示窗。

16:指针表示通道的触发电平位置。

17:通道1的波形。

18:两条水平蓝色虚线指示光标测量的水平光标位置。

19:通道2的波形。

20:显示相应通道的测量项目与测量值。其中T表示周期,F表示频率,V表示平均值,Vp表示峰峰值,Vr表示均方根值,Ma表示最大值,Mi表示最小值,Vt表示顶端值,Vb 表示底端值,Va 表示幅度,Os 表示过冲,Ps 表示预冲,RT 表示上升时间,FT 表示下降时间,PW 表示正脉宽,NW 表示负脉宽,+D 表示正占空比,-D 表示负占空比,PD 表示延迟 A→B 卐,ND 表示延迟 A→B 卍,TR 表示周均方根,CR 表示游标均方根,WP 表示屏幕脉宽比,RP 表示相位,+PC 表示正脉冲个数,-PC 表示负脉冲个数,+E 表示上升沿个数,-E 表示下降沿个数,AR 表示面积,CA 表示周期面积。

21:图标表示相应通道所选择的触发类型,例如,⌠ 表示在边沿触发的上升沿处触发,读数表示相应通道触发电平的数值。

22:下方菜单的通道标识。

23:当前存储深度。

24:触发频率显示对应通道信号的频率。

25:当前采样率。

26:读数分别表示相应通道的电压挡位及零点位置。BW 表示带宽限制。

图标指示通道的耦合方式如下:

➢ "—"表示直流耦合;

➢ "~"表示交流耦合;

➢ "⏚"表示接地耦合读数表示。

27:读数表示主时基设定值。

28:光标测量窗口,显示光标的绝对值及各光标的读数。

29:蓝色指针表示 CH2 通道所显示波形的接地基准点(零点位置)。如果没有表明通道的指针,则说明该通道没有打开。

30:黄色指针表示 CH1 通道所显示波形的接地基准点(零点位置)。如果没有表明通道的指针,则说明该通道没有打开。

4) 屏幕菜单

示波器的用户界面设计用于通过菜单结构方便地访问特殊功能。按下前面板按钮,示波器将在屏幕下方显示相应的菜单,按下菜单下方对应按钮可对相应选项进行更改,或在屏幕右侧显示下一级子菜单。该子菜单显示直接按下屏幕右侧未标记选项的按钮时可用的选项。示波器使用下列 4 种方法显示菜单选项:

① 页面(或子菜单)选择:对于某些菜单,可使用屏幕底部的选项按钮来选择两个或三个子菜单。每次按下底部按钮时,选项都会随之改变。例如,按下"触发"菜单中的底部按钮时,示波器会循环显示"单独""交替""逻辑""总线"触发子菜单。

② 循环列表:每次按下选项按钮时,示波器都会将参数设为不同的值。例如,按下 CH1(通道 1 菜单)按钮,然后按下屏幕底部的选项按钮,即可在"耦合"各选项间切换。在某些列表中,可以使用多用途旋钮来选择选项。使用多用途旋钮时,屏幕菜单中会出现"M"标志。

③ 动作:示波器显示按下动作选项按钮时立即发生的动作类型。例如,如果在

出现帮助“目录”时按下“下一页”选项按钮，示波器将立即显示下一页索引项。

④ 单选按钮：示波器的每一选项都使用不同的按钮。当前选择的选项高亮显示。例如，按下 Acquire(采样)按钮以及屏幕下方第一个选项按钮时，屏幕右侧会显示不同的采集模式选项。要选择某个选项，可按下相应的按钮。

(3) DS2102A 型示波器

实验室还配有 DS2102A 型数字示波器，它的面板如图 1－23 所示，它是一款四通道的示波器，虽然面板布局和功能与 TDS2012 有明显的不同，但它们的基本功能和操作方法基本一样，所以不再赘述。

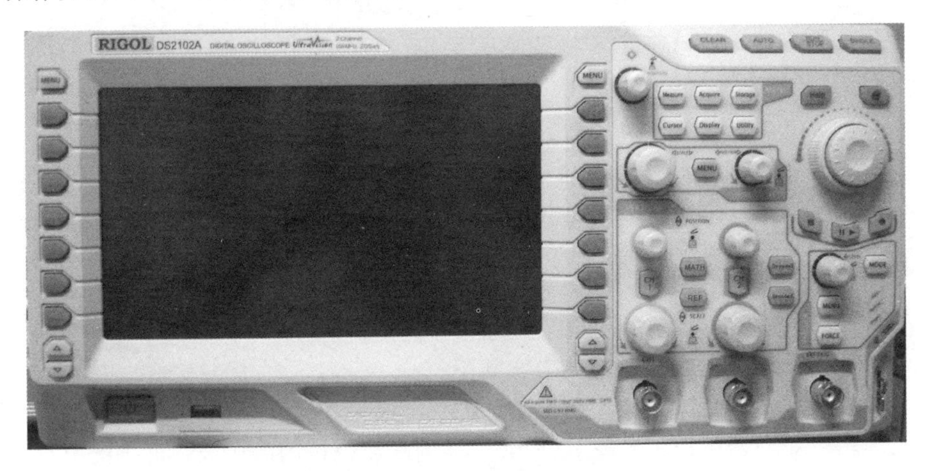

图 1－23　DS2102A 型示波器局部面板图

(4) 使用示波器的测量方法

把信号波形在示波器显示屏中稳定显示出来后，可以对信号电压的幅值、周期(时间)、频率、相位等参数进行测量。对于数字示波器有 3 种测量方法，即刻度直读法、光标法或自动测量法。

刻度直读法：使用屏幕上的刻度和灵敏度系数或扫描时间系数算出电压的幅值或时间，此方法能快速、直观地对所测的量做出估计。例如，图 1－24 所示的电压波形，其峰峰值对应的刻度为 3.8 div(格)，垂直灵敏度为 100 mV/格，则可计算出峰峰值电压：3.8 格×100 mV/格＝380 mV。波形的一个周期占 5.0 格，此时扫描时间设在 200 μs/格，所以其周期为：5.0 格×200 μs/格＝1.0 ms，故该信号的频率为 1 kHz。

光标法：光标是在屏幕上显示的一对虚线，如图 1－24 中的两条虚线。光标的位置可以通过“光标”的选择和“通用”旋钮来移动。光标有两类：垂直方向的“电压”光标和水平方向的“时间”光标。“电压”光标用于测量垂直参数，例如，下光标线与波形底部相切，上光标线与波形顶部相切，则两条光标线对应读数的差值为波形的峰峰值。“时间”光标在显示屏上以垂直线出现，可测量水平参数，如时间(频率)和相位。

自动测量法：按下“测量”按钮可以实现 30 种参数的自动测量，包括：周期、频率、平均值、峰峰值、上升时间、相位等。屏幕左下方最多能显示 8 种测量类型，且只有当

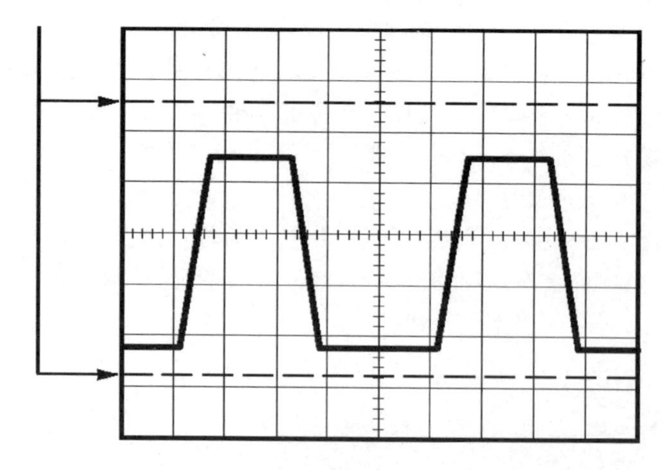

图 1-24　波形测量示例

波形通道处于开启状态时才能进行测量。

(5) 示波器的使用

示波器可以用于电压、时间、频率、相位差等的测量。

1) 交流电压的测量

相关按钮、旋钮的位置和观测方法如下：

① 耦合方式置“交流”。频率很低时，置“直流”。

② 将波形调到屏幕中心位置，调节灵敏度旋钮使被测波形处在屏幕的有效工作面积内。

③ 当使用带衰减器的探头测量时，应把探头的衰减量(1/10)计算在内。(用1×挡时不衰减。)

例：V/div 旋钮位于“200 mV”挡，被测波形占 Y 轴坐标幅度 H 为 5 div，则此信号电压峰峰值为

$$V_{\mathrm{PP}}=\mathrm{V/div}\times H=200\ \mathrm{mV}\times 5=1\ \mathrm{V}$$

若用探头 10×挡(衰减 10)，则

$$V_{\mathrm{PP}}=\mathrm{V/div}\times H\times 10=10\ \mathrm{V}$$

2) 直流电压的测量

观测操作如下：

① 耦合方式置“接地”，确定零电平线的位置。

② 耦合方式置“直流”，输入被测电压，这时扫描线在垂直方向上发生位移。调节灵敏度(微调关闭)，使位移足够大。若扫描线对零电平线的位移为 H，则被测电压为

$$V=\mathrm{V/div}\times H$$

或(探头衰减 10)

$$V=\mathrm{V/div}\times H\times 10$$

例:V/div 旋钮位于“5 V”挡,耦合方式置“接地”,观察扫描线的位置并移至屏幕的中间。然后将耦合方式置“直流”。测电压时,扫描线由屏幕中间(零电平)上移 2 div,则被测电压为

$$V=5\ \text{V}\times 2=10\ \text{V}$$

扫描线向上移,电压为正;向下移电压为负。

3)时间测量

示波器的扫描时间开关关闭微调时,如图 1-25 所示屏幕上的波形时间可用下式计算,即

$$T=t/\text{div}\times D$$

式中:D 为相应被测两点在屏幕上的距离,T 为相应的时间间隔。如图 1-25 所示的波形两最高点的时间间隔为

$$\begin{aligned}T&=t/\text{div}\times D\\&=2\ \text{ms}\times 6=12\ \text{ms}\end{aligned}$$

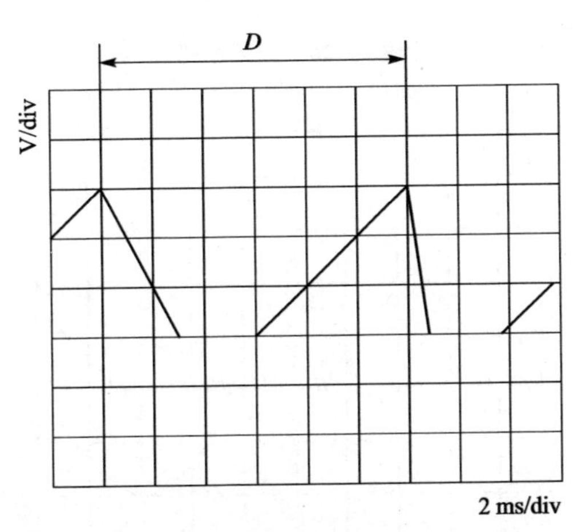

图 1-25　时间测量

4)周期和频率测量

测量信号周期的方法与测量时间间隔的方法类似。只要把所测量的间隔改变成一个周期即可,如图 1-26 所示的波形周期为

$$T=t/\text{div}\times D=1\ \mu\text{s}\times 8=8\ \mu\text{s}$$

频率 f 是周期的倒数,即

$$f=1/T=1/(8\ \mu\text{s})=1.25\times 10^{5}\ \text{Hz}$$

5)相位差测量

观测两个同频率的正弦波的相位差时,调节扫描时间旋钮,以能充分利用屏幕的有效面积和能准确读数为准。例如,图 1-27 所示的两个信号波形,一个周期占 8 格时,则每个格相当于 45°,所以相位差

$$\theta=t\times 45^{\circ}$$

如果调节扫描时间,使波形的一个周期加宽为 10 格,则一个格的差距就相当于 36°。

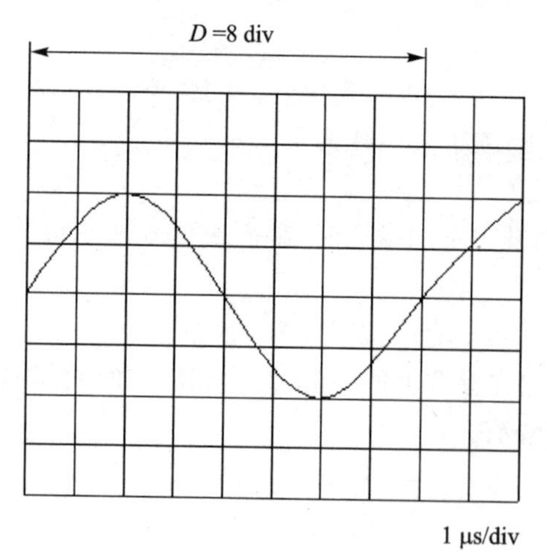

图 1-26 周期测量

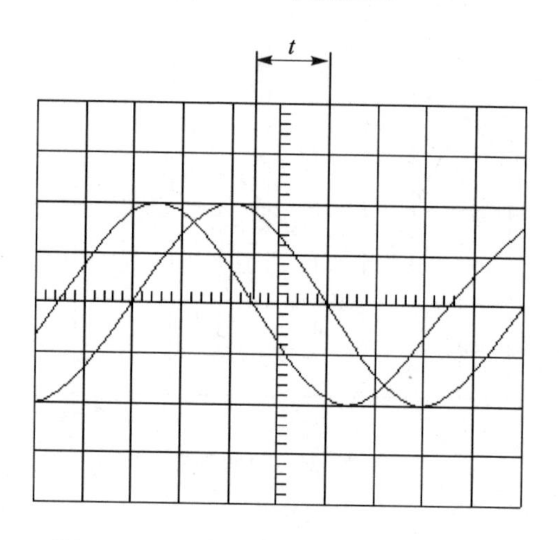

图 1-27 两个同频率的正弦波的相位差

相位差也可用李沙育图形测量,图 1-28 说明了李沙育图形的形成过程。电压 u_1 加在示波器的 Y 轴输入;u_2 加在示波器的 X 轴输入,它们是同频率的,但有一定的相位差。在测量中,调节示波器两个通道的"垂直位移"旋钮使李沙育图形的中心位于屏幕的中心,则从图中可以看出:

$$u_1 = U_{m1}\sin(\omega t + \varphi)$$

$$u_2 = U_{m2}\sin \omega t$$

当 $t=0$ 时,$u_1|_{t=0} = U_{m1}\sin\varphi$,$u_2|_{t=0}=0$,所以 $\sin\varphi = \dfrac{u_1|_{t=0}}{U_{m1}}$。

由图 1-28 可见,李沙育图形为一椭圆,椭圆与过中心的垂直轴的交点 1、4 之间

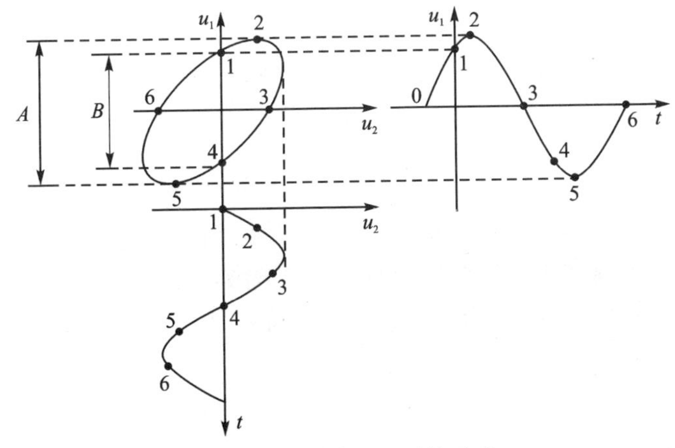

图 1－28　李沙育图形的形成

的距离 B 等于 $2u_1|_{t=0}$；而图形的最高点 2 与最低点 5 之间的距离 A 则等于 $2U_{m1}$，因而

$$\sin\varphi=\frac{B}{A}$$

从李沙育图形上量出距离 B 和 A，代入上式即能确定相位差 φ。

用李沙育图形测量相位差的步骤如下：

① 断开示波器的扫描电压，使示波器工作于“X－Y”方式。

② 将被测信号 u_1 和 u_2 分别加到示波器的 Y 和 X 输入端，在示波器的屏幕上将显示稳定的图形（椭圆或直线）。

③ 调节示波器的垂直灵敏度旋钮，使屏幕所显示的图形大小适当。调节“位移”旋钮，使图形处在屏幕的中央。

④ 确定 u_1 和 u_2 的相位差：

若图形为直线，则相位差为 0°或 180°；

若图形为正椭圆，则相位差为 90°或 270°；

若图形为斜椭圆，则相位差

$$\varphi=\arcsin\frac{B}{A}$$

(6) 使用注意事项

① 电源电压应在 220×(1±10%) V 范围内，频率为工频。

② 待测的输入电压幅度应小于 400 V(直流＋交流峰值)。

③ 按下按钮和旋转各旋钮时，不要用力过猛或过速，避免损坏操作器件。

④ 为了减小测量误差，显示的波形应充分利用可显示区域；读数时，两眼应正对屏幕。

⑤ 多个通道同时使用时，注意所有通道的地线内部是连在一起的，测量时所有地线只能连在电路的地上，否则会引起电路短路。

1.2 实验一 直流电路的构建与测量

一、实验目的

1. 学习和掌握常用直流稳压电源、数字万用表的使用。

2. 学习电路构成的基本方法，学会连接实验电路。

3. 熟悉和掌握有源电路的输出特性(伏安特性)测试，体会戴维宁定理，会分析计算电源内阻值。

4. 熟悉和分析研究一些典型电路。

二、预习要求

1. 复习相关理论知识，结合实验内容复习直流电路的基本概念、基本定理、基本定律，了解电路中常用的电子元器件。

2. 自学 1.1 节的相关内容，初步了解直流稳压电源、数字万用表的基本性能指标和使用方法，了解和分析使用这两种设备的注意事项，了解电路构造的方法。

3. 拟定测试电路输出特性的方法和步骤。

4. 仔细阅读实验内容的每一项，特别要注意要求设计或拟订方案的内容，能做定量计算的要算出实验的预期结果，无法做定量计算的，必须进行定性分析，预测实验结果的大致情况。

5. 根据实验报告格式要求写出预习报告。实验电路图要完整，步骤安排要合理，测量结果的记录方式、形式要预先做好准备。

三、实验设备及器件

1. 双路可调直流稳压电源　　1 台；
2. 实验板(含所需元器件)　　1 块；
3. 负载板(含功率电阻)　　1 块；
4. 数字万用表　　1 块；
5. 发光二极管　　1 个。

四、实验内容与步骤

1. 熟悉常用电子器件。

识别实验电路板上或给定的常用电子元器件：电阻、电容、二极管和三极管等，并测量它们的参数。实验电路板如图 1－29 所示，要求测量 1 kΩ、10 kΩ、1 MΩ 电阻，0.01 μF、100 μF 电容的实际值及 2CP、2AP 的二极管、给定的发光二极管的正向导通电压，将测试结果填入表 1－11。

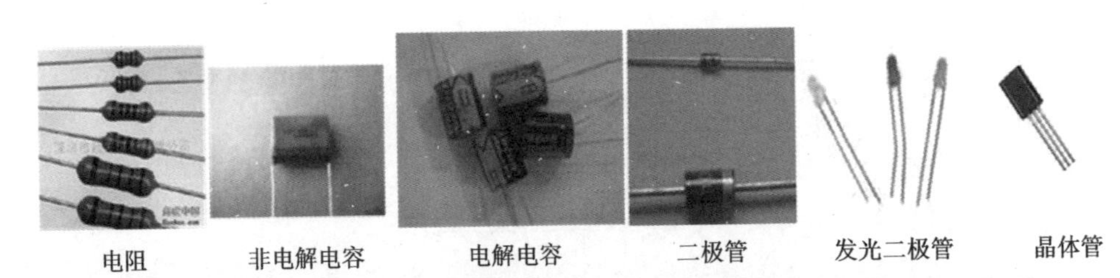

图 1-29　实验电路板

表 1-11　各电子元件参数的测量值

项　目	电　阻			电容/μF		二极管导通电压/V		
	1 kΩ	10 kΩ	1 MΩ	0.01	100	2CP	2AP	发光管
测量值								

2. 实际电压源输出特性测试。

实际电压源的模型如图 1-30 所示。在输出开路的情况下，把直流稳压电源的两路输出电压分别调至 5.10 V 和 12.0 V，电压值用数字万用表的 DC V 挡测量。

① 用 51 Ω、2 W 的电阻作为 5.10 V 电源的负载，测出输出伏安特性，电流取 0.0 A、0.1 A、0.2 A、0.3 A、0.4 A、0.5 A，分析数据计算电源内阻 R_o。

② 用 120 Ω、2 W 的电阻作为 12.0 V 电源的负载，测出输出伏安特性，电流取 0.0 A、0.1 A、0.2 A、0.3 A、0.4 A、0.5 A，分析数据计算电源内阻 R_o。

3. 信号源输出特性测试。

实用可调电压信号源的模型如图 1-31 所示。R_1 取 5.1 kΩ 的电阻，R_2 采用 10 kΩ 的电位器。U_s 调至 6.00 V，用万用表 DC V 挡测量信号输出，调节电位器测出信号电压的输出范围。

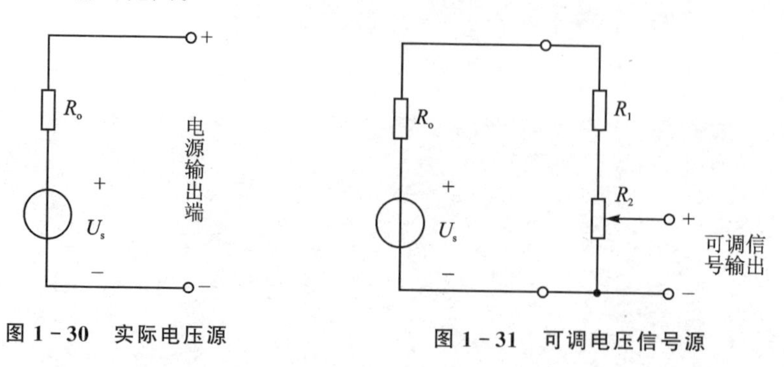

图 1-30 实际电压源

图 1-31 可调电压信号源

① 把空载输出信号调节至 2 V，选择合适的负载电阻测出该信号源的输出特性（伏安特性），分析数据计算出信号源的内阻 R_s。另外，设计并实现该电路的戴维宁等效电路，并作测试比较。

② 选做。把空载输出信号调节至 1 V，选择合适的负载电阻测出该信号源的输出特性（伏安特性），分析数据计算出信号源的内阻 R_s。设计并实现该电路的戴维宁等效电路，并作测试比较。与①得到的内阻值进行比较，分析说明出现的原因和实际应用意义。

4. 双极性电源和可调信号源设计。

双极性电源和信号电路模型如图 1-32 所示。设计一个±12 V 双极性电压源和一路在−2～+2 V 可调的信号，并选择适当的元器件实现，测出实际参数值。

5. $R/2R$ 分流电路。

在图 1-33 所示的 $R/2R$ 电路中，横向的电阻阻值都为 $R=10$ kΩ，纵向电阻的阻值都取 R 的 2 倍，即取 20 kΩ。参考电压 V_{REF} 取 5.00 V，自己拟订方案测出每个纵向电阻中流过的电流值。

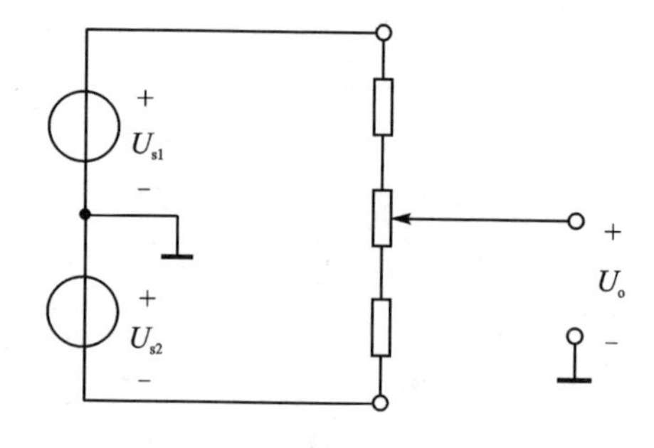

图 1-32 双极性电源和信号

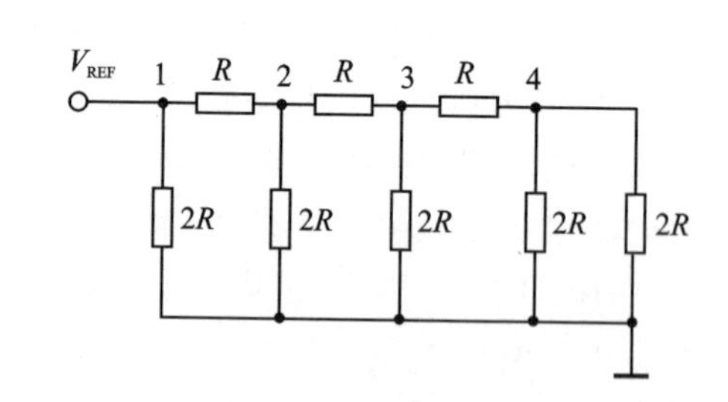

图 1-33 $R/2R$ 分流电路

五、注意事项

1. 双路直流稳压电源输出端不能短路。弄清楚标识"＋""－""GND"的含义。

2. 使用万用表测电阻时,只能测试不带电的元件。

3. 数字万用表测试不同被测对象时,在切换功能按键之前一定要将测试表笔离开电路,杜绝表笔连接电路中随意切换功能按键,这样有可能会损坏数字万用表的某些功能。

4. 接、拆线时一定要关断电源。

六、总结报告要求

1. 在一张图中画出所测的电压源和电压信号源的输出特性图,利用实验数据或特性曲线比较分析电压源和电压信号源的主要特点。

2. 说明双极性电源的实现方法。

3. 说说自己构造实验电路的体会。

1.3　实验二　电路的频率特性与方波响应

一、实验目的

1. 了解示波器的工作原理,学习示波器的基本操作方法。

2. 理解示波器触发同步的原理,掌握用示波器观测无噪声信号的方法。

3. 用示波器观测电路的频率特性与方波响应。

二、预习要求

1. 仔细阅读、理解数字示波器原理、基本组成和示波器面板操作旋钮、按钮的作用和所处的位置。

2. 根据示波器显示波形的原理,仔细分析理解示波器显示被测信号波形的"同步"方法,重点注意"触发源"的选择、"触发电平"的作用和调节。

3. 仔细阅读、分析理解示波器的基本使用方法,重点弄清楚电压、时间、相位差等参数测量的操作要点和读数方法。

4. 结合实验内容复习 RC 一阶电路的有关理论知识。

三、实验设备

1. 双路可调直流稳压电源　　1 台;

2. 实验板(含所需元器件)　　1 块;

3. 双踪示波器　　1 台;

4. 双路交流毫伏表　　　　1 块；
5. 函数信号发生器　　　　1 台；
6. 数字万用表　　　　　　1 块。

四、实验内容与步骤

1. 熟悉示波器常用旋钮和按钮的位置和作用。

将示波器的校准信号输入到它的两个通道(因校准信号和输入通道的地线本身已经连在一起,所以只要连接上信号线即可),通过操作面板上的旋钮或按钮,观察并获取显示屏上捕捉的信号波形及参数。重点熟悉下列旋钮和按钮:“自动量程”“CH1”“CH2”“垂直灵敏度”“垂直位移”“Math”“水平位移”“水平灵敏度”“触发源”“触发电平”“测量”“光标”“显示”等。简单记录操作效果,对于不容易掌握的应反复多练。

2. 正弦信号测量。

1) 在实验板上连接如图 1－34 所示电路,调节函数信号发生器输出频率为 400 Hz、电压有效值 u_i 为 1.0 V 的正弦信号,电压值用交流毫伏表测。接着做下列测量:

① 用交流毫伏表测 u_c。

② 将 u_i 加到示波器的 CH1,u_c 加到示波器的 CH2,把信号波形调整稳定,大小合适、疏密程度合适,记录 u_i 和 u_c 的波形,然后完成下列观测:

➢ 用示波器测 u_{im} 和 u_{cm};
➢ 用示波器测 u_i 和 u_c 的频率;
➢ 用示波器测 u_i 和 u_c 的相位差;
➢ 用示波器测 u_{Rm}(**提示:需共地测量,思考如何观测 u_R 的波形**);
➢ 用李沙育图形法测量 u_i 和 u_c 的相位差;
➢ 用示波器测 u_R 和 u_c 的相位差,画出 u_i、u_R 和 u_c 的相量图。

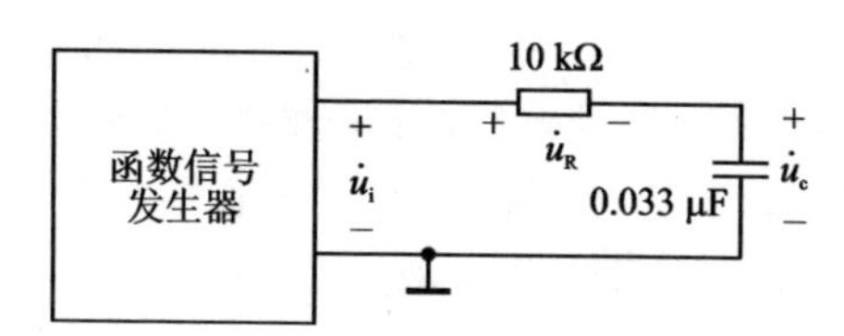

图 1－34　正弦信号测量电路

2) u_i 大小不变,频率分别调到 200 Hz 和 1 kHz,完成下列观测:

➢ 用交流毫伏表测 u_c;
➢ 用示波器测 u_{im} 和 u_{cm} 及 u_i 和 u_c 的相位差。

3) 移相作用观测。

RC 电路的移相作用。

在图 1－34 所示电路中，把电阻 R 换成 22 kΩ 的电位器，u_c 作为输出，调节电位器，用示波器观察电路输入、输出之间相位差的情况，并分别读出电位器调至中间和两端时的相位差值。

选做：调换以上电路中的电位器和电容的位置，重复以上操作。

3. 方波信号的观测。

1）积分电路。

积分电路如图 1－35 所示，由函数信号发生器提供输入所需的方波信号 u_i，幅值为 5.0 V，频率为 1 kHz。观察并记录下列参数下的输入、输出波形。**注意**：记录时两个波形按时间纵向对齐。

① $R=5.1$ kΩ，$C=0.01$ μF；

② $R=10$ kΩ，$C=0.22$ μF。

2）微分电路。

微分电路如图 1－36 所示，由函数信号发生器提供输入所需的方波信号 u_i，幅值为 5.0 V，频率为 1 kHz。观察并记录下列参数下的输入、输出波形。**注意**：记录时两个波形按时间纵向对齐。

① $R=1$ kΩ，$C=0.01$ μF；

② $R=10$ kΩ，$C=0.22$ μF。

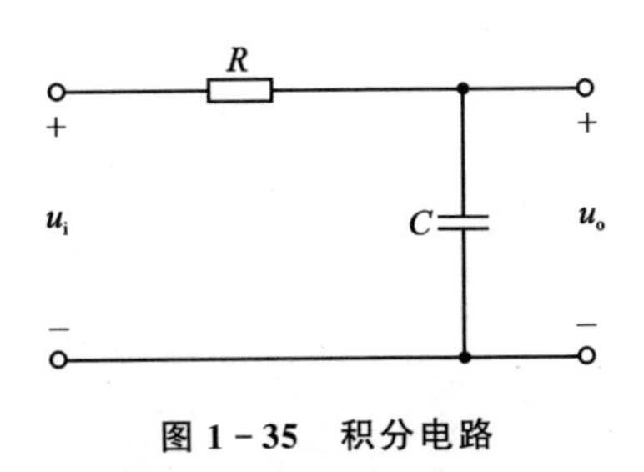

图 1－35　积分电路

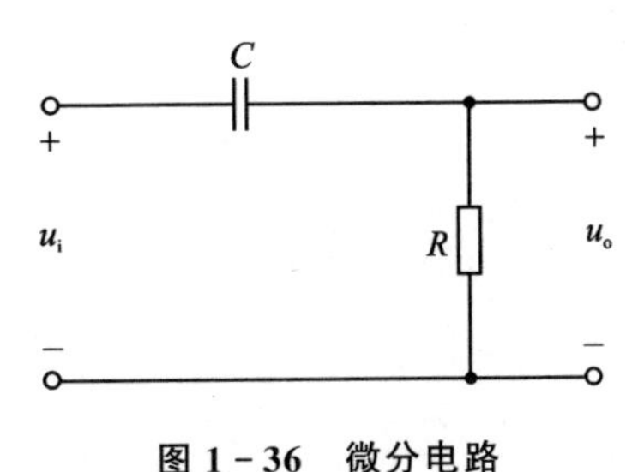

图 1－36　微分电路

4. 选做：观察两个不同频率的信号。

将示波器的 CH1 接校准信号，CH2 接函数信号发生器的输出。调节函数信号发生器的输出频率，观察屏幕中两个波形的变化情况。记录观察到的现象，并根据示波器显示波形的同步措施来解释。

五、注意事项

1. 注意“共地”测量。

2. 当示波器的两个通道同时使用时，要考虑“共地”问题，以免造成短路。

3. $u_R=u_i-u_c$，设置 CH1 和 CH2 的灵敏度一致，使用“Math”运算中的“A－B”功能，会在屏幕上出现第 3 个波形，即 u_R 的波形。

六、总结报告要求

1. 结合自己操作示波器的过程，简述使被测信号波形稳定地显示在屏幕上的操作要点。

2. 将实验内容与步骤 2 中所观察到的典型波形绘于坐标纸上，并注明所测数据。分析 RC 电路输出与输入随频率变化的规律。

3. 根据实验内容与步骤 3 的观测结果，分析电路参数对电路功能的影响。

第2章　单相交流电路

2.1　交流电路参数测量设备及方法

一、常用元器件及仪器仪表

1. 电感器

一般的电感器由线圈构成，所以又称电感线圈，电感在电路中的基本用途有扼流、交流负载、振荡、陷波、调谐、补偿、偏转等。电感器的特性与电容器的特性正好相反，它通直流，阻交流，频率越高，线圈阻抗越大。

（1）电感器的分类

按导磁体性质分类，可分为空芯线圈、铁氧体线圈、铁芯线圈、铜芯线圈。空芯线圈是线性电感，铁芯线圈是非线性电感。按工作性质分类，可分为天线线圈、振荡线圈、扼流线圈、陷波线圈、偏转线圈。按绕线结构分类，可分为单层线圈、多层线圈、蜂房式线圈。按电感形式分类，可分为固定电感线圈、可变电感线圈。电感器的种类如图2-1所示。

(a) 高频贴片电感器

(b) 扼流线圈

(c) 空芯线圈

图2-1　电感器的种类

（2）电感器的主要性能指标

1）电感量

电感量也称自感系数，是表示电感器产生自感应能力的一个物理量。电感器电感量的大小，主要取决于线圈的圈数（匝数）、绕制方式、有无磁芯及磁芯的材料等。通常，线圈圈数越多、绕制的线圈越密集，电感量就越大。有磁芯的线圈比无磁芯的线圈电感量大；磁芯磁导率越大的线圈，电感量也越大。电感量的基本单位是亨利（简称亨），用字母H表示。常用的单位还有毫亨（mH）和微亨（μH），它们之间的关系是：1 H=1 000 mH，1 mH=1 000 μH。

2）品质因数

品质因数也称 Q 值或优值，是衡量电感器质量的主要参数。它是指电感器在某一频率的交流电压下工作时，所呈现的感抗与其等效损耗电阻之比。电感器的 Q 值越高，其损耗越小，效率越高。

电感器品质因数的高低与线圈导线的直流电阻、线圈骨架的介质损耗及铁芯、屏蔽罩等引起的损耗等有关，一般 Q 值为 50～300。

$$Q=\frac{\omega L}{R}$$

式中：ω 为工作角频率；L 为线圈电感；R 为线圈电阻。

3）自谐频率

电感器并非是纯感性元件，尚有分布电容分量。由电感器本身固有电感和分布电容在某一个频率上发生的谐振，对应频率称为自谐频率，亦称共振频率。用 S. R. F. 表示，单位为兆赫（MHz）。

4）直流电阻

电感线圈在非交流电下测量的电阻，在电感设计中，直流电阻愈小愈好，其测量单位为欧姆，通常以其最大值为标注。

5）阻抗值

电感的阻抗值是指其在电流下所有的阻抗的总和（复数），包含了交流和直流的部分，直流部分的阻抗值仅仅是绕线的直流电阻（实部），交流部分的阻抗值则包括电感的电抗（虚部）。从这个意义上讲，也可以把电感器看成是交流电阻器。

6）额定电流

额定电流是指电感器在正常工作时允许通过的最大电流值。若工作电流超过额定电流，则电感器就会因发热而使性能参数发生改变，甚至因过流而烧毁。

2. 调压器

调压器是实验室用来调节工频交流电压的常用设备，又名自耦变压器。它的单相原理图如图 2－2 所示。

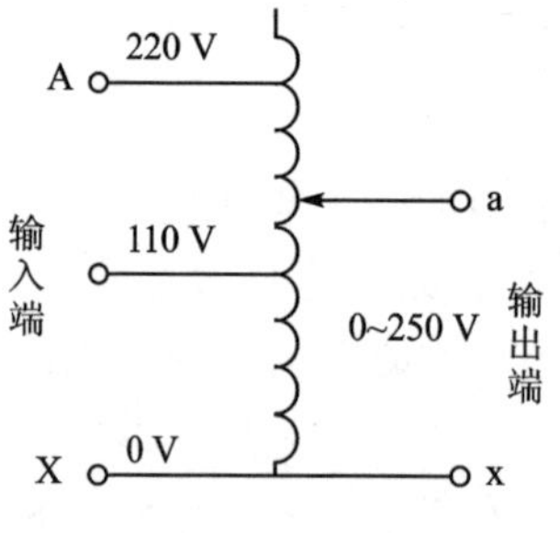

图 2－2　调压器原理图

使用时要把电网的 220 V 电压接到输入端 X(0 V)和 A(220 V)两端，可调电压从输出的两端钮 a 和 x 输出。转动连接滑块的手柄，滑块位置改变，输出电压的大小也随着改变，从输出端可以输出 0～250 V 之间的任何电压。

使用时应注意下列几点：

① 电源电压要接到输入端，切勿错接到输出端。

② 为了安全，电源中线应接在输入/输出的公共端钮 X 上。

③ 输入端另有 110 V 端钮，当电网电压是 110 V 时，把电网电压接到 0 V 和 110 V 两端，从输出端得到 0～250 V 可调电压。但我国的电网相电压一般为220 V，所以通常不用 110 V 端钮。接线时切勿接错。

④ 通电前，调压器的转动手柄应置于输出电压为零的位置，通电后再逐渐转动手柄，使输出电压由零增加到所需数值。每次实验完毕后，应随手把手柄调回零位，必须养成这种习惯。

⑤ 调压器的输入电压和工作电流不得超过铭牌上所规定的额定值。例如实验室中常用的一种调压器 TDGC2J－1 的铭牌上规定有：额定容量 1 kV·A、输入电压 220 V/110 V、频率 50～60 Hz、输出电压 0～250 V、输出电流 4 A/18 A。

3. 功率表

功率表可用来测量交流电路的平均功率，它是一个电动系测量机构。它的固定线圈导线粗而匝数少，叫做电流线圈；它的活动线圈导线细而匝数多，电阻大，叫做电压线圈。功率表的外形如图 2－3 所示，功率表的符号如图 2－4 所示。

图 2－3　功率表的外形

图 2－4　功率表的符号

用功率表测量某负载消耗的功率时，要按图 2－4 接线：把电流线圈支路的两个端钮与负载串联，电流线圈支路通过的电流就是负载电流 I；把电压线圈支路的两个端钮与负载并联，它两端的电压是负载电压 u（在图 2－4 中，u 实际上为负载电压和电流线圈支路两端电压的相量和，但后者很小，可忽略不计），它所流过的电流与 u 成正比。根据电动系测量机构的偏转角公式，仪表指针的偏转角为

$$\beta \propto IU \cdot \cos\varphi$$

式中：I、U 分别为负载电流 i 和电压 u 的有效值；φ 为 u、i 的相位差；$\cos\varphi$ 是负载的功率因数。可见，用功率表按图 2－5 接线可测得负载消耗的平均功率 $P=UI\cos\varphi$，当然功率表也可用在直流电路中测量功率。

为了减少测量误差，功率表有两种接法：图 2－5 的接法适用于负载阻抗远大于电流线圈阻抗的情况；图 2－6 的接法适用于负载阻抗远小于电压线圈阻抗的情况。

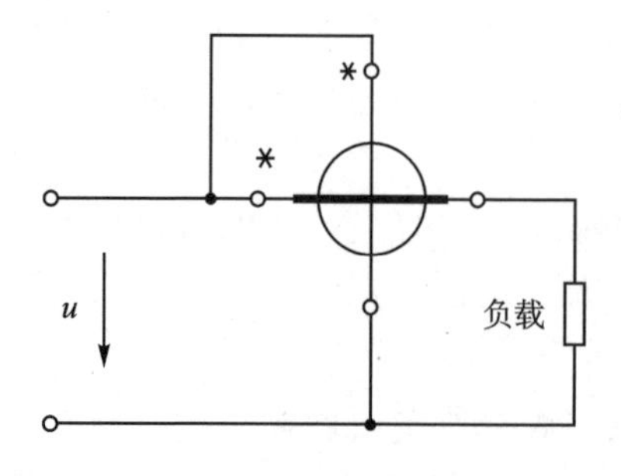

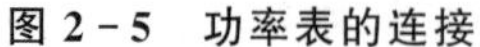
图 2－5　功率表的连接

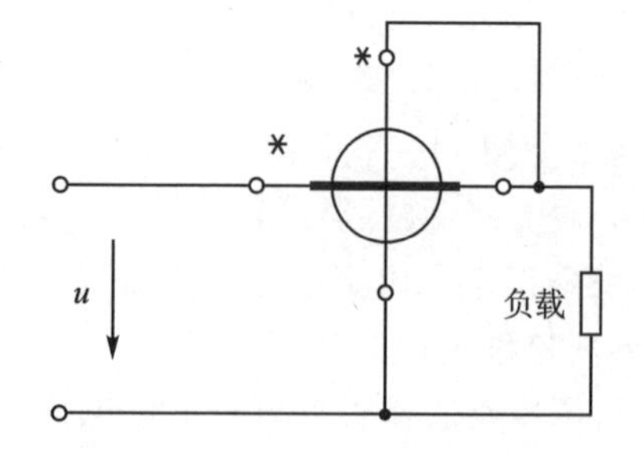

图 2－6　负载与电流线圈可比拟时的功率表接法

使用功率表时要注意以下几点：

(1) 量程选择

选择功率表的量程，也就是选择功率表的电流量程和电压量程。电流线圈支路通过的电流不允许超过仪表规定的额定值，加在电压线圈支路的电压也不允许超过电压端钮上所标的额定值，否则线圈可能被烧坏。因此，选定功率表的量限，就是要由负载电压和电流来选定电压线圈量限和电流线圈量限，使所选量限满足上述要求（由于 $P=UI\cos\varphi$，$\cos\varphi\leqslant 1$，所以对应的功率量限一定能满足所测功率要求）。在测量时，选择的电压量限和电流量限要略大于实际可能出现的最大值，这样既可以实现指针有较大的偏转角度，使仪表的读数更精确，又可避免损坏仪表。

(2) 功率表的接线应遵守"发电机端"接线规则

电流线圈支路要与负载串联，电压线圈支路要与负载并联。具体连线时，看到功率表的电流线圈和电压线圈的一个端钮上各标有一个特殊标记："＊"、"±"或"↑"，称为"发电机端"。为了保证功率表测出的读数是输入到负载的功率 $P=UI\cos\varphi$，必须按下面的规则把功率表接入被测电路中。

首先，把功率表的电流线圈串联到被测负载支路中，并把标有"＊"的一端接到电源一侧，电流线圈的另一端接到负载一侧。

其次，把功率表的电压线圈与负载支路并联，并把标有"＊"的一端接到电源端钮的一端（一般将其和电流端钮的"＊"接在一起），电压线圈的另一端则跨接到负载的另一端。这就是"发电机端"接线规则。

如果功率表接线是正确的，但是发现指针反转（则表明负载中含有电源，是在输出功率），此时应将电流线圈换接，不能将电压线圈换接。

(3) 功率表的读数

用功率表测量功率时，所测功率值 $=C\times$ 指针所指的格数，其中

$$C=\frac{U_{\mathrm{N}}I_{\mathrm{N}}}{\alpha_{\mathrm{m}}}$$

式中：U_{N} 和 I_{N} 分别表示功率表电压端钮和电流端钮上所标的量程或额定值；α_{m} 是刻度尺满刻度的格数。

(4) 功率表的连接方法

实验时，首先按被测电路的电压选择电压量程端钮，接上电压试笔；接着按被测电路的电流确定高、低量限，在电流线圈端钮接上电流测量专用插头线，如图 2－7 所示，在被测电路中串入电流测量专用插座。测量时，只需按图 2－7 接上电压测试笔并将电流插头插入插座即可测得功率。

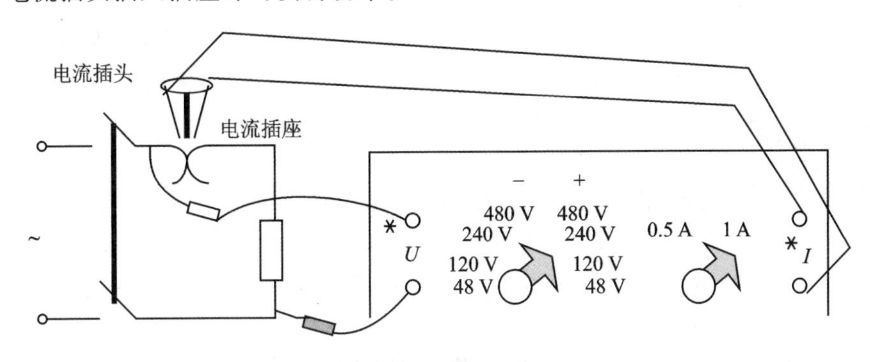

图 2－7　功率表的连接方法

4. 电流表

电流表是根据通电导体在磁场中受磁场力的作用而制成的。电流表内部有一永磁体，在极间产生磁场，在磁场中有一个线圈，线圈两端各有一个游丝弹簧，各连接电流表的一个接线柱，弹簧与线圈间由一个转轴连接，在转轴相对于电流表的前端，有一个指针。

当有电流通过时，电流沿弹簧、转轴通过磁场，电流切磁感线，所以受磁场力的作用使线圈发生偏转，带动转轴、指针偏转。

由于磁场力的大小随电流增大而增大，所以就可以通过指针的偏转程度来观察电流的大小。这种电流表称为磁电式电流表，如图 2－8 所示。

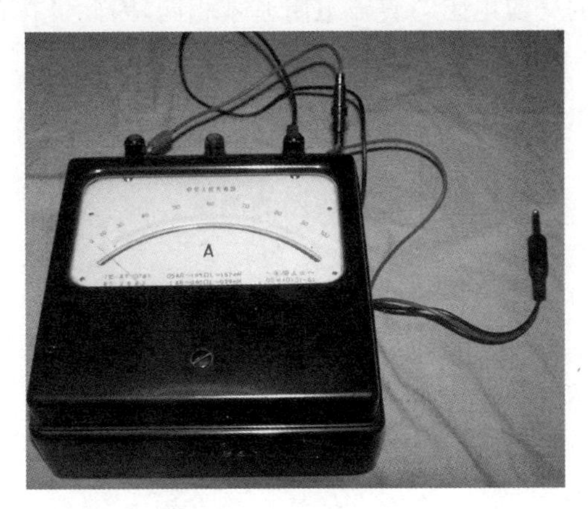

图 2－8　电流表的外形

电流表的使用规则如下：

① 电流表要串联在电路中，否则会造成电路短路。

② 电流要从"＋"接线柱入，从"－"接线柱出，否则指针会反转。

③ 被测电流不要超过电流表的量程。

④ 绝对不允许不经过用电器就把电流表连到电源的两极上。电流表内阻很小，相当于一根导线。若将电流表连到电源的两极上，轻则指针打歪，重则烧坏电流表、电源、导线。

二、测量方法

电感线圈参数的测量方法有伏安法和三表法两种。

(1) 伏安法

此法与测电阻的方法类似，不同的是电源电压是交流的，电压表和电流表也是交流的。如图 2-9 所示，给被测电感线圈通以频率为 f 的交流电流，用电流表测其大小，用高内阻的电压表测其两端的电压，则线圈的阻抗为

$$Z_x=\frac{U}{I}$$

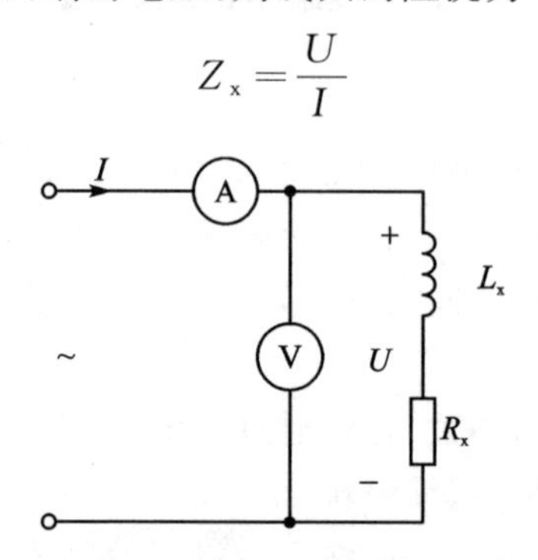

图 2-9　伏安法测量线圈电感量

在低频时，线圈的交流电阻与直流电阻基本相同，因此可在直流下测出线圈电阻 R_x。因为电源频率 f 已知，所以线圈的电感为

$$L_x=\frac{\sqrt{Z_x^2-R_x^2}}{2\pi f}$$

此种方法只适合于低频、空芯电感线圈的测量。

(2) 三表法

三表法就是用电压表、电流表和功率表来测量电感线圈的电压 U、电流 I 和功率 P，然后利用下面的公式计算出 L_x 和 R_x。

$$R_x=\frac{P}{I^2}$$

$$L_x=\frac{\sqrt{\left(\frac{U}{I}\right)^2-R_x^2}}{2\pi f}$$

用三表法测量电感线圈时有两种接线方式，如图 2－10 所示。图 2－10(a)适合于测量被测电感线圈阻抗较高的情况，测出的功率值称为 $P_{前}$。图 2－10(b)适合于测量被测电感线圈阻抗较低的情况，测出的功率值称为 $P_{后}$。若此时仪表所消耗的功率不能忽略时，可以从功率表的读数中减去仪表本身所消耗的功率以修正。

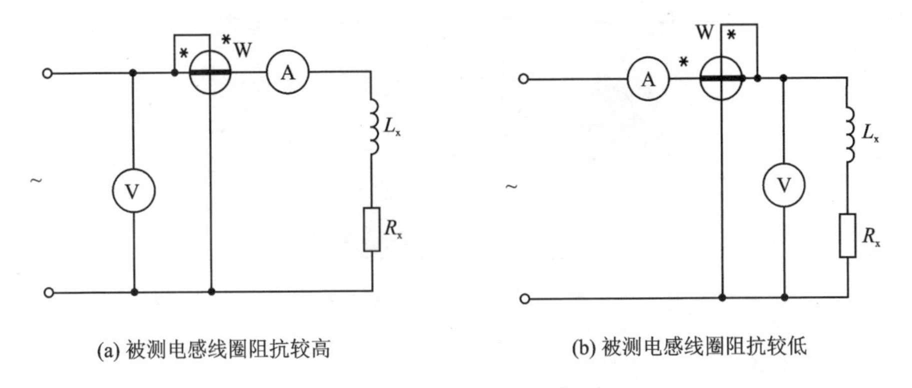

(a) 被测电感线圈阻抗较高　　(b) 被测电感线圈阻抗较低

图 2－10　三表法测量电感线圈

此种方法虽然较方便，但是准确度不高，可以用来测量有电流通过的铁芯线圈的参数。

三、实验台的使用

实验台提供了三相工频电压可调电源，以及电路中常用的电阻、电感、电容等元器件。这里介绍该实验所要用到的器件，包括三相工频电源、电容组和电流检测插座等。实验台面板如图 2－11 所示；实验台侧面装了调压器旋钮，如图 2－12 所示。

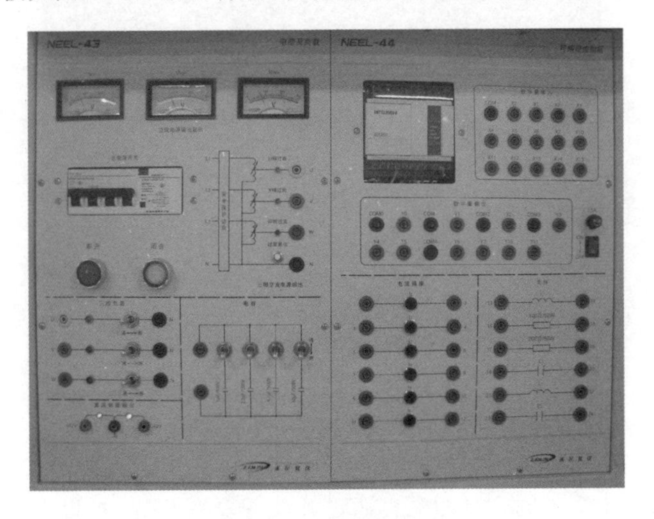

图 2－11　实验台面板

图 2-12 三相调压器旋钮

1. 三相电源

实验台提供的三相电源是工频交流电，在实验台上的布置情况如图 2-13 所示。三相电源由一个三相的自动空气开关作为电源保护隔离开关，输入电压为 380 V。按“闭合”按钮，把 380 V 的三相工频电连到三相调压器的输入端，通过调节实验台侧面装的调压器手柄可以得到 0～450 V 的三相电源，采用三相四线制供电，相线标为 U、V、W，中线标为 N。

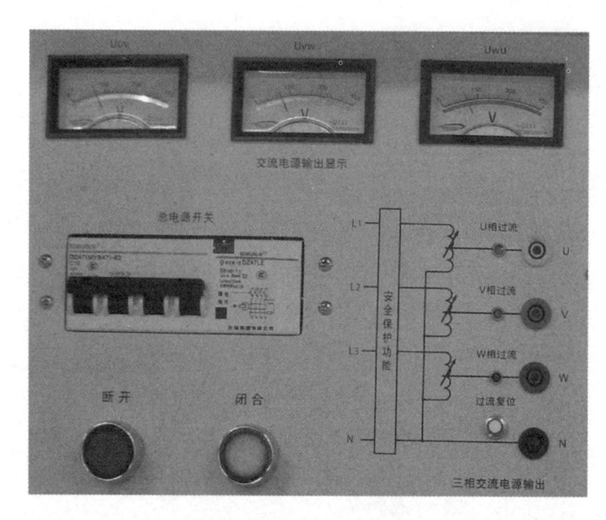

图 2-13 三相电源

2. 电容组

电容组共有 4 个不同容量的电容通过开关并联在一起，可以根据需要改变开关的状态得到相应的电容值。电容组合在实验台面板上如图 2-14 所示。

3. 电流插座

实验台上有 6 个独立的电流插座，如图 2－15 所示。其用途是在实验电路需要测量电流的支路中串入一个插座，在不测电流时，插座“空闲”保持连通状态；而需要测量电流时，把接有电流表的电流插头插入插座中，即把电流表串入到待测支路中，可以进行电流的测量。这样，在各个电流不必同时测量的情况下，只需一块电流表，就可以方便地测量多个支路的电流。电流插头如图 2－16 所示。

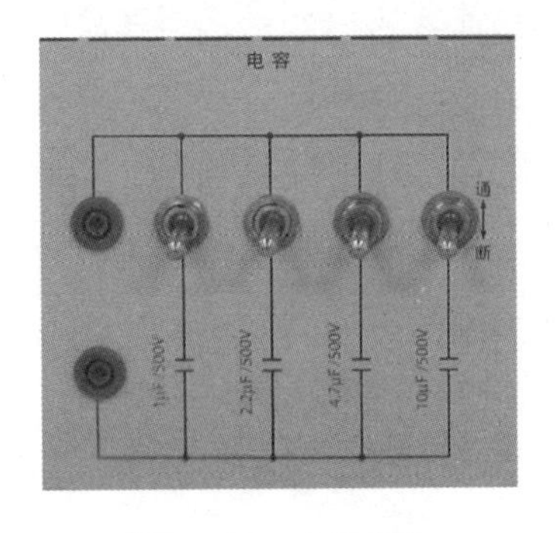

图 2－14　电容组合

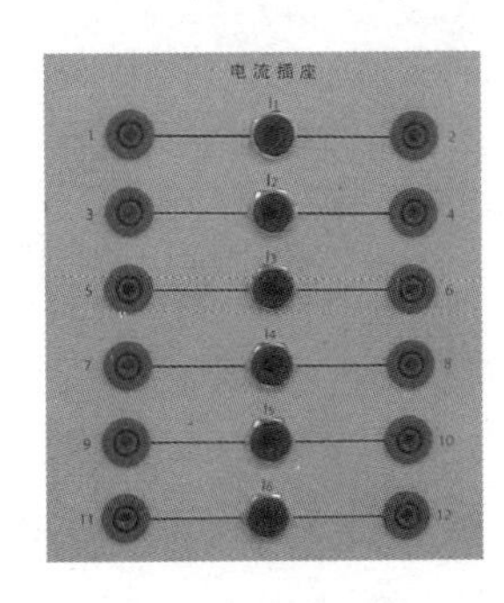

图 2－15　电流插座

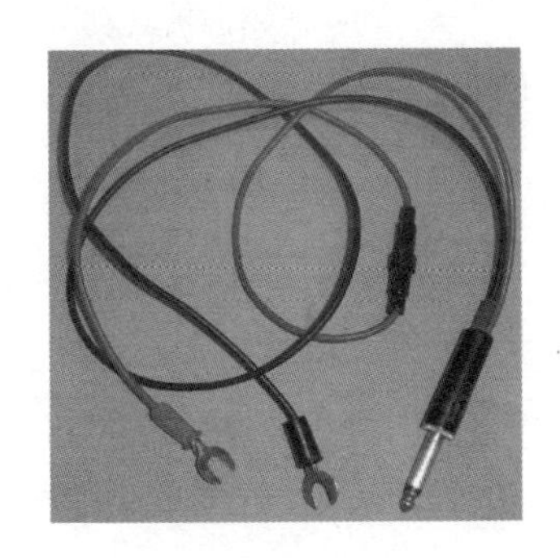

图 2－16　电流插头

2.2　实验三　交流电路功率及铁芯线圈参数测量

一、实验目的

1. 学习拟定实验方案测有铁芯线圈参数的方法。
2. 验证感性负载通过并联电容提高功率因数。
3. 掌握功率表、电流表和电压表的正确使用。

二、预习要求

1. 复习教科书中“正弦交流电路”一章中与本实验有关的理论。
2. 预习有关“功率表的原理和使用”的内容。
3. 自行设计实验方案：测量带铁芯线圈的参数 L、R（指定工作电流）；线圈并上电容提高功率因数。

① 明确实验原理以及所依据的理论公式。

② 确定实验设备。

③ 结合实验设备画出实验电路图（画出的电路图要包括实验所需的各种测量仪表）。

④ 拟定实验步骤，包括根据实验内容设计的数据记录表格，所选定的测量仪表（电压表、电流表和功率表）的量限等。

4. 预习思考题：

① 测量带铁芯电感元件的 R_L 和 L 值时，为了使数据更准确，采用不同电压下，测量多组数据取平均值的方法求得 R_L 和 L 的值。请问这样做是否正确？为什么？

② 为什么所给带铁芯线圈的参数要在一定的工作电流下测量？

③ 利用实验的方法，如何寻找出电路的最大功率因数？

④ R_L 电路并联 C 后，电路中哪些参数不变？哪些参数变化？如何变化？

⑤ 本实验在测量功率时，功率表的电压线圈应接在电流线圈前还是接在电流线圈后？为什么？

三、实验设备

1. 数字电压表　　1块；
2. 电流表　　1块；
3. 功率表　　1块；
4. 实验台(带单相交流电源、铁芯线圈、功率电阻、电容若干)　　1台。

四、实验内容

1. 此实验所用的实验台面板如图 2－11 所示。实验台面板背面装有一个带铁芯电感元件，两个大功率电阻，分别是 100 Ω/20 W 和 200 Ω/20 W。要求利用电压表、电流表、功率表，设计一个实验方案，测量并计算出该电感元件在特定工作电流下的 R_L、L 值及其功率因数。

2. 实验台面板上提供了多只电容器(实物装在背面)。其大小分别为 1 μF、2.2 μF、4.7 μF 和 10 μF，将这几个电容器进行组合，并联至电感元件两端，研究电感元件并联电容后对电路参数的影响，同时计算最大功率因数时所需并联的电容值。

3. 当电感元件中的电流变化时，对所测参数有何影响，进一步理解电感元件工作参数的含义。

五、注意事项

1. 特定的工作电流是指电路参数变化明显，仪表易于测量的电流值，比如 $I_L=0.4$ A。
2. R_L 指该电感线圈的交流电阻。
3. 提供的功率电阻主要是限流和增加功率值，便于测量。
4. 正确选择功率表的量程，采用合理的功率值($P_{前}$ 或 $P_{后}$)来计算。

六、总结报告要求

1. 写出实验方案的设计思路，画出设计的电路图、表格等，实验数据表格参见表 2－1。

2. 整理测量数据，计算出所要求的结果。

表 2-1　实验数据记录

并联电容 $C/\mu F$	输入电压 U/V	总电流 I/A	电感电流 I_L/A	电容电流 I_C/A	功率 P/W		$\cos\varphi$
					$P_{前}$	$P_{后}$	
0							
1.0							
2.2							
4.7							
6.9							
7.9							
10.0							
*							
15.7							

3. 找出功率因数最大时的电容值，并画出相量图。由实验数据和相量图分析并联电容对功率因数的影响，并说明其实际意义。

4. 通过实验，你认为自己的设计方案存在什么问题？对拟定实验方案有什么体会？并讨论出最佳的设计方案。

第3章　三相电源和三相电路

3.1　三相电路功率测量方法

一、测量方法

在三相电路中，三相总功率的测量方法有以下几种：

1．一表法

在三相四线制电路中，当电源和负载都对称时，由于各相功率相等，只要用一只功率表测出任意一相负载的功率，将其读数乘以3，就是三相总功率。例如，测出A相功率，则三相总功率为

$$P_{总}=3P_{A}$$

2．三表法

在三相四线制电路中，当负载不对称时，各相负载的功率不相等，需要用单相功率表分别测出各相负载的功率，然后相加得到总功率，见下式：

$$P_{总}=P_{A}+P_{B}+P_{C}$$

实际测量时功率表的接法如图3-1所示。

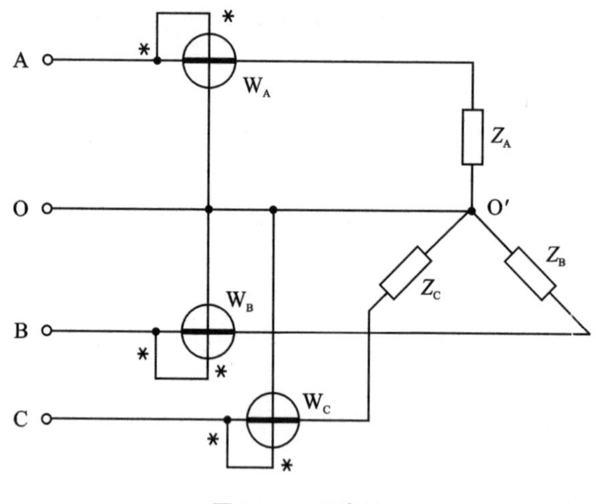

图3-1　三表法

3. 两表法

在三相三线制电路中,即 $i_A+i_B+i_C=0$ 的条件下,不管负载是 Y 接法还是△接法,也不管负载是否对称,常用两表法测量三相总功率。功率表的接法如图 3-2 所示。

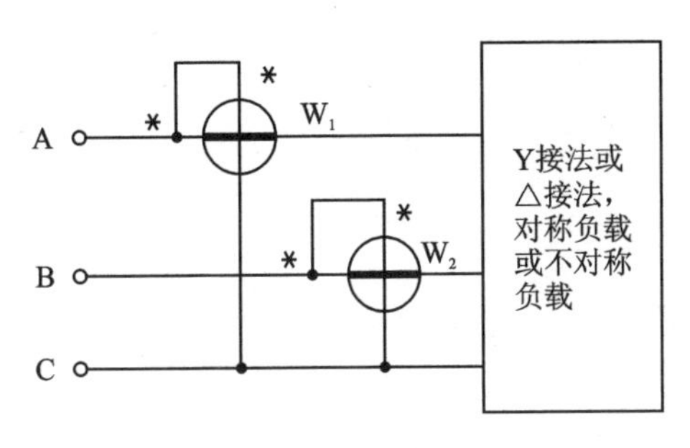

图 3-2　两表法

在图 3-2 中功率表 W_1 的电流线圈支路串联在火线 A 中,电压线圈支路接在火线 A、C 间,功率表 W_2 的电流线圈支路串联在火线 B 中,电压线圈支路接在火线 B、C 间。电压线圈支路的“ * ”端(即发电机端)必须与该功率表电流线圈支路所在火线相接,非发电机端都接在未串联电流线圈支路的第三条火线上。这样,三相总功率等于两表读数的代数和,即 $P=P_1+P_2$。当功率表标有“ * ”的接线端钮接在图示位置时(即电压线圈支路和电流线圈支路的发电机端连在一起时),功率表的指针正向偏转,则读数为正;若指针反向偏转,则要把电流线圈支路的两个端钮对换一个,才能读数(即电流线圈支路的“ * ”在图中另一端)此时读数取负。

之所以读数有取负的问题,是因为功率表的读数与 $UI\cos\varphi$ 成正比,其中 U 是加在电压线圈支路两端的电压有效值,I 是通过电流线圈支路的电流有效值,φ 是电压和电流的相位差。从图 3-2 可见,用“两表法”测功率时,两个功率表的读数分别为

$$P_1=U_{AC}I_A\cos\varphi_{AC,A}$$

$$P_2=U_{BC}I_B\cos\varphi_{BC,B}$$

式中:U_{AC}、U_{BC}、I_A、I_B 分别为线电压、线电流的有效值;$\varphi_{AC,A}$ 是线电压 u_{AC} 与线电流 i_A 的相位差;$\varphi_{BC,B}$ 是线电压 u_{BC} 与线电流 i_B 的相位差。

当 $|\varphi_{AC,A}|$ 或 $|\varphi_{BC,B}|$ 大于 90°时,P_1 或 P_2 为负值。由上式可见,单独看 P_1 和 P_2 不能表示哪个相的功率,但 P_1 与 P_2 的代数和却是三相负载消耗的总功率。

还要指出,所谓“两表法”,并不一定要用两只功率表同时来测功率,而是当电源和负载处于稳定工作时,可以用一只功率表接在图 3-2 所示的两个位置上读两次数。

从上面分析可知,“两表法”适合于测量对称或不对称的三相三线系统的总功率。使用这种方法时,必须遵循以下接线规则:

① 两功率表的电流支路串入任意两线，发电机端要接到电源端。

② 两功率表电压支路的发电机端各自接在电流支路所在的那一线，而非发电机端都接在第三条线上。

当某一个功率表出现指针反偏的情况时，必须把该功率表电流支路的两个端钮反接，然后再读数并取反，最后与另一个功率表的读数进行代数和得到三相总功率。为了使用者方便，有些功率表上设有转换开关来使指针反偏。例如，D51 单向功率表的面板上就设有一个可以使指针反偏的旋钮。

二、实验台的使用

三相负载由三个独立的电阻性负载组成，面板布置如图 3-3 所示。每相负载设有一个钮子开关，当开关拨向“通”时该相的负载是通的；当开关拨向“断”时该相的负载是不通的。每相负载上设置了一个指示灯，它的亮度与通过该相的电流大小有关。电流为零时灯不亮，电流较小时灯的亮度相应地较暗，电流较大时亮度较亮。因此，实验过程中可以根据指示灯的亮度变化来判断负载中流过的电流大小的变化。

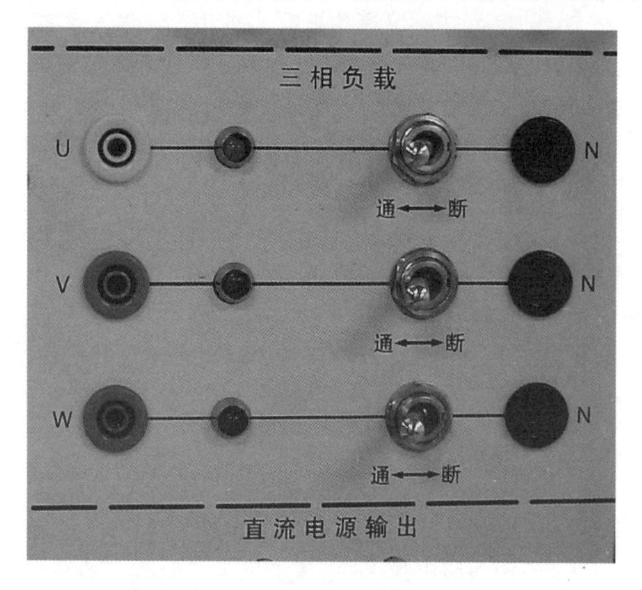

图 3-3　三相负载

3.2　实验四　三相电路及三相功率测量

一、实验目的

1. 熟悉三相电源、三相负载的 Y 接法和△接法。
2. 掌握三相总功率的测量方法，明确各种测量方法的适用条件。

3. 验证三相电路相、线电压及相、线电流间的关系，明确中线的作用。

4. 进一步掌握交流电压表、电流表和功率表的正确使用。

二、预习要求

1. 复习有关三相电路的理论知识。

2. 预习有关三相总功率测量的内容，明确“两表法”测三相总功率的条件、连接方法和使用注意事项。

3. 自行设计实验方案，包括实验原理、实验电路图、实验设备、实验内容与步骤等。本实验用带指示灯的功率电阻作为三相负载，每个电阻的规格是 510 Ω、100 W。要求画出 Y 接法和△接法的具体接线图，并将实验所需的各种测量仪表在电路图上的接线位置画出来。

4. 预习思考题

1）负载为 Y 接法，且无中线，如图 3－1 所示，OO′是断开的，那么，测量负载端的相电压等于电源端的相电压吗？中线起何作用？

2）负载为不对称△接法，例如 AB 相负载断开，那么，哪一相电流为零？哪一线电流为最大？其他各相电流、线电流关系如何？

3）使用两表法的前提条件是什么？

4）本实验功率表的读数是否能为负值？若出现了负值，其原因是什么？

三、实验设备

1. 电压表　　1 块；

2. 电流表　　1 块；

3. 功率表　　1 块；

4. 实验台（带三相电源、三相负载）　　1 台。

四、实验内容与步骤

1. 把三相电源线电压调为 220 V，根据实物连接图 3－4 实验线路。分别测量三相负载 Y 接法在对称和不对称，在有中线和无中线情况下的各线电压、相电压和各线电流、相电流及三相总功率；同时注意灯的亮度有何变化（功率电阻的指示灯的亮度取决于流过电阻的电流，电流越大灯越亮）。将测量数据填入表 3－1。

三相电路的实验板如图 3－3 所示，板上有 3 个可作为三相负载的带指示灯的功率电阻。这里，对称负载是指 3 个指示灯都亮，且亮度相同的情况。不对称负载是指某一个指示灯不亮（空载），另外两个指示灯均亮的情况。

2. 把三相电源线电压调为 220 V，根据实物连接图 3－5 实验线路。分别测量三相负载△接法在对称和不对称情况下的各线电压、相电压和各线电流、相电流及三相总功率。

表 3-1　负载星形连接测量

电压单位______，电流单位______，功率单位______

测试项目 测试条件				线电压			相电压			线电流或相电流			中　线		各相灯的亮度变化
				U_{AB}	U_{BC}	U_{CA}	$U_{AO'}$	$U_{BO'}$	$U_{CO'}$	I_A	I_B	I_C	I_O	$U_{OO'}$	
星形接法	对称	每相一灯	有中线												
			无中线												
	不对称	A相断，B、C相各一灯	有中线												
			无中线												

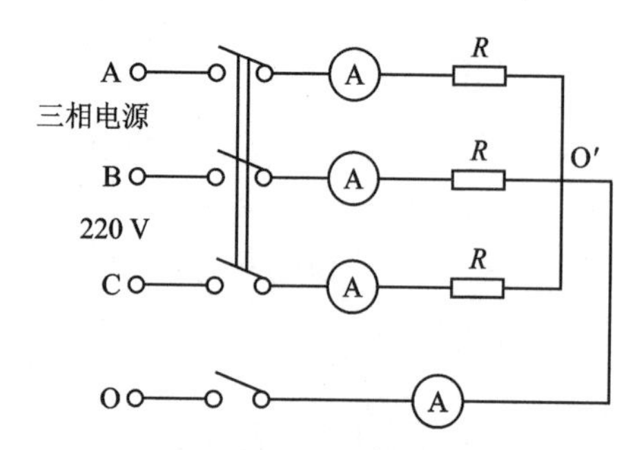

图 3-4　星形负载接线图

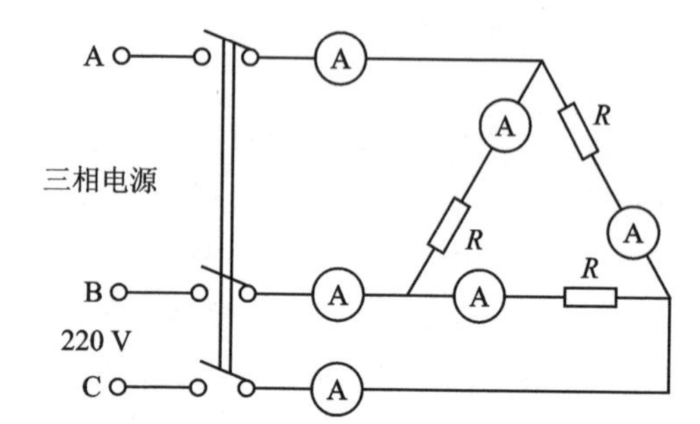

图 3-5　三角形负载接线图

分别用两表法和三表法测对称三角形负载的总功率。再用所测相电压、相电流计算每一相的功率，求三相功率之和，将测量数据填入表 3-2。再将三者进行比较，得出结论。

表 3-2　负载三角形连接测量

电压单位______，电流单位______，功率单位______

<table>
<tr><td rowspan="2">测试项目
测试条件</td><td colspan="3">线电压</td><td colspan="4">线电流</td><td colspan="4">相电流</td></tr>
<tr><td>U_{AB}</td><td>U_{BC}</td><td>U_{CA}</td><td>I_A</td><td>I_B</td><td colspan="2">I_C</td><td>I_{AB}</td><td>I_{BC}</td><td colspan="2">I_{AC}</td></tr>
<tr><td rowspan="5">对称三角形每相一灯</td><td></td><td></td><td></td><td></td><td></td><td colspan="2"></td><td></td><td></td><td colspan="2"></td></tr>
<tr><td colspan="11">测三相总功率</td></tr>
<tr><td colspan="3">两表法</td><td colspan="4">三表法</td><td colspan="4">分别计算每一相的功率</td></tr>
<tr><td>$P_{AC,A}$</td><td>$P_{BC,B}$</td><td>$P_{总}$</td><td>P_A</td><td>P_B</td><td>P_C</td><td>$P_{总}$</td><td>P_{AB}</td><td>P_{BC}</td><td>P_{AC}</td><td>$P_{总}$</td></tr>
<tr><td></td><td></td><td></td><td></td><td></td><td></td><td></td><td></td><td></td><td></td><td></td></tr>
</table>

注意：图 3-5 的连线相对比较复杂，电流表要和 6 个电流插座配套使用。因为提供给实验者的电流表只有一块，图中所画的电流表，实际上是安装在实验桌上的电流插座（测电流时可以通过电流插头将电流表串入其中，不必再改换线路），所以走线

比较繁,请实验者预先考虑怎样接这一线路,以及测功率时,功率表接到什么地方。

五、注意事项

1. 先接好电路后,再接通电源。做完实验拆线时,先关断电源再拆线。
2. 测量相、线电压时,要注意在负载端测,而不是在电源端测。
3. 用“两表法”测量时,要注意仪表指针的偏转方向和读数的正负。

六、总结报告要求

1. 根据实验数据进行总结分析,回答前面的预习思考题。
2. 根据测量结果,说明中线的作用。
3. 总结“两表法”测量功率的条件、测量方法和注意事项。

第4章　直流稳压电源系统

4.1　直流稳压电源的构成及指标

一、常用元器件

1. 稳压二极管(voltage stabilizing diode)

稳压二极管又称为齐纳二极管,在电子设备电路中,起稳定电压的作用,它通过二极管的PN结反向击穿后使电流正常工作,使其两端电压变化很小,基本维持一个恒定值来实现稳压。稳压二极管的外形如图4-1所示,它的电路符号如图4-2所示。稳压二极管的种类很多,按照封装来分,可分为玻璃封装、塑料封装和金属封装的稳压二极管;按照功率大小来分,可分为小功率和大功率的稳压二极管;按照类型来分,可分为单向击穿和双向击穿稳压二极管。稳压二极管主要被作为稳压器或电压基准元件使用,伏安特性如图4-3所示。稳压二极管可以串联使用,以获得更高的稳定电压。稳压二极管的参数有稳定电压、电压温度系数、动态电阻、稳定电流、最大最小稳定电流、最大允许功耗。常用的硅稳压二极管如表4-1所列。

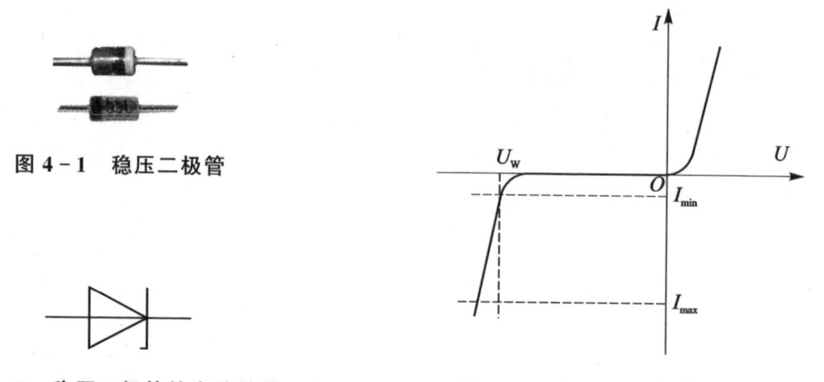

图4-1　稳压二极管

图4-2　稳压二极管的电路符号

图4-3　稳压二极管的伏安特性

普通二极管一经击穿,单向导电性被破坏就不能再用了。而稳压二极管工作在反向齐纳击穿区,反向击穿是可逆的,可反复使用。未击穿时,反向电流很小;击穿时,反向电流急剧增加,但两端的电压却变化很小。只要加上适当的电阻 R 限流,稳压二极管就不会因为过热而损坏。

表 4-1　常用的硅稳压二极管

硅稳压二极管的型号	稳压值 V_z/V	最大允许功耗 P_{zm}/mW
2CW1	7.0～8.8	280
2CW12	4.0～5.8	250
2CW14	6.2～7.5	250
2CW21	3.2～4.5	1 000
2CW22	3.2～4.5	3 000
2CW103	4.0～5.8	1 000
2CW204	7.0～7.9	400

2. 变压器

变压器是利用电磁感应的原理来改变交流电压的装置，主要构件是初级线圈、次级线圈和铁芯。在电器设备和无线电路中，其常用作升降电压、匹配阻抗等。变压器的外形如图 4-4 所示。变压器按用途可以分为：配电变压器、电力变压器、全密封变压器、组合式变压器、干式变压器、单相变压器、电炉变压器、整流变压器、电抗器、防雷变压器、箱式变压器、箱式变电器。

图 4-4　各种类型的变压器

变压器由铁芯（或磁芯）和线圈组成，线圈有两个或两个以上的绕组，其中接电源的绕组叫初级线圈，其余的绕组叫次级线圈。铁芯是变压器中主要的磁路部分。绕组是变压器的电路部分，它是用双丝包绝缘扁线或漆包圆线绕成的。

对不同类型的变压器都有相应的技术要求，可用相应的技术参数表示。如电源变压器的主要技术参数及性能有：额定功率、额定电压和电压比、额定频率、工作温度等级、温升、电压调整率，以及绝缘性能和防潮性能。对于一般低频变压器，主要技术参数有：变压比、频率特性、非线性失真、磁屏蔽和静电屏蔽、效率等。

二、直流稳压电源

直流稳压电源按习惯可分为：化学电源、线性稳压电源和开关型稳压电源，常见的直流稳压电源的外形如图 4-5 所示，它们又分别具有各种不同类型。

化学电源是指我们平常所用的干电池、铅酸蓄电池、镍镉电池、镍氢电池、锂离子电池,其各有优缺点。

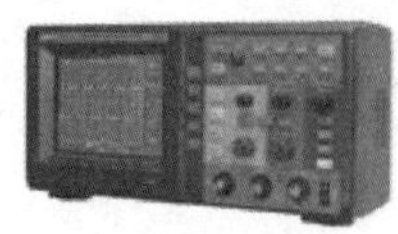

图 4-5 各种直流稳压电源的外形

线性稳压电源是指它的功率器件调整管工作在线性区,靠调整管之间的电压降来稳定输出。由于调整管静态损耗大,需要安装一个很大的散热器给它散热。而且由于变压器工作在工频(50 Hz)上,所以质量较大。该类电源的优点是:稳定性高,纹波小,可靠性高,易做成多路、输出连续可调的成品;缺点是:体积大,较笨重,效率相对较低。这类稳定电源又有很多种,从输出性质来看可分为稳压电源、稳流电源,以及集稳压、稳流于一身的稳压稳流(双稳)电源。从输出值来看可分为定点输出电源、波段开关调整式和电位器连续可调式几种。从输出指示来看可分为指针指示型和数字显示型等。各种比较简单的电子设备中广泛使用线性稳压电源,比如收音机、小型音响等。

开关型直流稳压电源是指它的变压器工作在几万赫兹到几兆赫兹之间,而且功能管工作在饱和及截止区即开关状态。它的电路形式主要有单端反激式、单端正激式、半桥式、推挽式和全桥式。开关电源的优点是:体积小,质量轻,稳定可靠;缺点是:相对于线性电源来说纹波较大(一般峰峰值$\leqslant 1\% V_O$,好的可做到峰峰值在十几 mV 或更小)。它的功率为几 W～几 kW,价位为 3 元/W～十几万元/W。一般开关电源习惯分为 AC/DC 电源、DC/DC 电源、电台电源、模块电源以及特种电源等。各种复杂电子设备中广泛使用开关稳压电源,比如大屏幕彩电、微型计算机等。

1. 直流稳压电源的功能和组成

直流稳压电源是电子设备中的基本单元电路,其作用是将交流电压转换成稳定的直流电压,同时向负载提供一定的直流电流。反映直流稳压电源优劣的主要技术指标有两个:一是稳定度,即当电网电压波动或负载电流在一定范围内变化时,其输出电压应基本不变;二是纹波电压要小,即输出的直流电压要平滑,也就是说,要求输出电压中所含的纹波成分尽可能小。因此,直流稳压电源通常由三大部分组成:整流电路、滤波电路和稳压电路,如图 4-6 所示。

图 4-6 中的变压器是将电网交流电压变换成数值上符合整流需要的交流电压。整流电路是利用二极管的单向导电性将交流变换成单方向脉动电压。滤波电路是利用储能元件(L 或 C)的充放电功能,减少电压的脉动程度。稳压电路是使输出直流电压不受电网电压波动及负载变化的影响,保持输出电压的稳定。稳压电路可分为稳压管稳压电路、带调整管的稳压电路、具有保护功能的串联稳压电路、集成稳压电

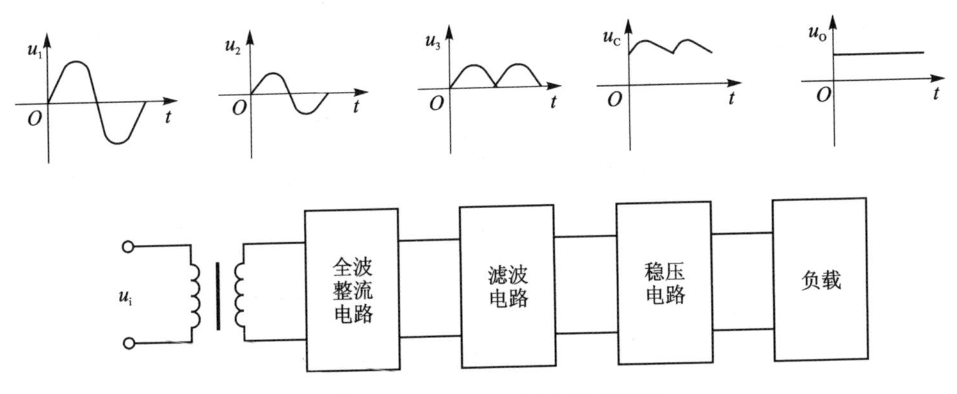

图 4-6　直流稳压电源的构成框图

路、专用集成稳压电路等。

2. 稳压管稳压电路

稳压管稳压电路线路简单，但是它给负载提供的电流小，除非基本上不考虑功率，一般不单独作为稳压电源提供给用户使用。其典型电路如图 4-7 所示。

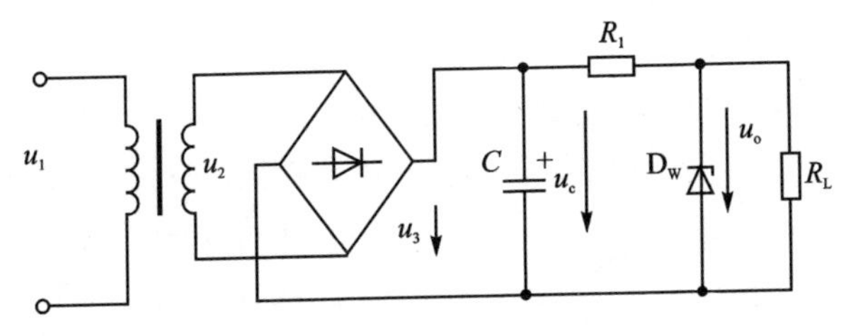

图 4-7　典型的并联型稳压电路

3. 串联型稳压电路

串联型稳压电路的调整元件与负载串联连接，稳定性能好，纹波小，在低压小功率设备中广泛应用。具有放大环节的串联型稳压电路的一般形式如图 4-8 所示，它由基准电压、取样电路、比较放大及调整元件等环节组成。其中比较放大部分可以是单管放大电路，也可以是分立元件的差动放大电路，还可以是集成运放电路，在 78xx 系列和 79xx 系列集成稳压器中则由专门设计的共射电路或差分电路构成。调整环节可以是单个晶体管，也可以是复合晶体管，还可以由若干调整管并联而成。基准电压是衡量电压的标准尺度，要求它不受输入电压、负载电流以及温度等因素变化的影响而严格保持恒定。因此，它可以是由稳压管电路构成的齐纳基准源，也可以是由恒流电路构成的基准源。

串联型稳压电路的稳压过程：当输入电压 U_i 升高或负载减轻（R_L 增大）使 U_O 升高时，取样环节采样出 U_O 的一部分也升高，这部分取样电压在比较放大器的输入端与基准电压 U_{REF} 进行比较，产生一偏差信号，经比较放大器放大后送到调整管基

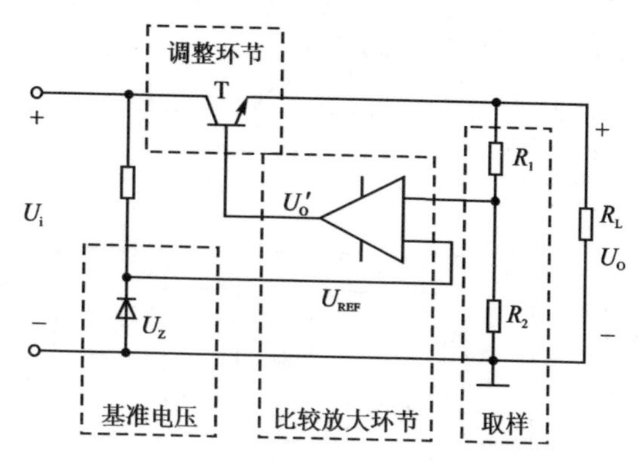

图 4-8　具有放大环节的串联型稳压电路

极。现在随 U_O 升高的采样电压加在运放的反向端，所以运放输出端电压 U'_O 要降低，调整管 U_{BE} 减小，I_E 下降，从而输出电压下降。输入电压 U_i 升高，由于调整管 T 与负载相串联，变化的集电极电位对三极管基极不能产生直接影响，因而其输出电流稳定，使 U_O 基本稳定在原来的数值上，其变化部分降在了调整管的 C、E 之间。同理，若因输入电压 U_i 降低或因负载加重而使稳压电路的输出电压 U_O 下降，则可通过取样、调整使 U_O 回升，基本恢复原值。

应当指出，这种串联型稳压电源只能做到输出电压基本不变。因为调整管的调整作用是靠输出电压 U_O 与基准电压的静态误差来维持的，如果输出电压绝对不变，则调整管的调整作用就无法维持，输出电压也就不可能进行自动调节。

比较放大器的电压放大倍数越大，很小的输出电压变化就可以产生很大的调整作用，稳压电源的稳定度就越高。一般来说，放大倍数越大，输出电压的稳定度越高。

调整管一方面调整输出电压，另一方面还向负载提供大的电流。

4. 集成稳压器

随着半导体工艺的发展，稳压电路已制成了集成器件，各种类型的集成稳压块如图 4-9 所示。其中，三端集成稳压块可分为固定输出电压的 CW78xx/CW79xx 系列和可调式输出电压的 CWx17/CWx37 系列。这里介绍一种常用的串联型集成稳压电路：CW78xx 系列三端固定正输出集成稳压器，它的输出电压有 5 V、6 V、9 V、12 V、15 V、18 V 和 24 V 七挡，型号的最后两位数字表示其输出电压值，如 CW7805 表示输出电压为 5 V。这个系列的产品输出最大电流可达 1.5 A，其封装只有三个引脚，如图 4-10 所示。它具有体积小、稳定性高、输出电阻小、使用简便、价格低廉等优点，目前已得到了广泛应用，基本上代替了由分立元件组成的稳压电源。CW78xx 系列三端固定正输出集成稳压器产品分类如表 4-2 所列。

三端集成稳压电路的应用分为基本稳压电路和输出电压扩展的稳压电路两类。基本稳压电路如图 4-11 所示。例如，要求输出电压为 5 V，输出电流为 0.5 A，可选用 CW7805 接成如图 4-11 所示的电路。图 4-11 中电容 C_2 用来抵消输入线的电感效应,以防止产生自激振荡,C_3 能削弱电路的高频噪声。为防止输入端短路时 C_3 上的电压通过稳压器内部放电,可以在7805的输出与输入之间接一个泄放二极管D。当7805正常工作时,因$U_I>U_O$ 时,D反偏,即正常时D截止。

图4-9 各种类型的集成稳压块

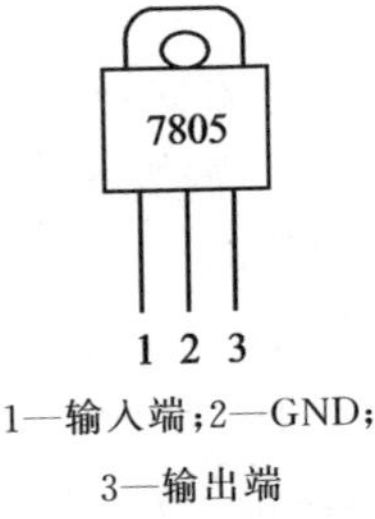

图4-10 引脚排列

表4-2 CW78xx系列三端固定正输出集成稳压器产品分类

国产系列或型号	最大输出电流 I_{OM}/A	最大输出电压 U_O/V	对应国外系列或型号
CW78Lxx系列	0.1	5、6、7、8、9、10、12、15、18、20、24	LM78Lxx、μA78Lxx、MC78Lxx
CW78Nxx系列	0.3		μPC78Nxx、HA78Nxx
CW78Mxx系列	0.5		LM78Mxx、μA78Mxx、MC78Mxx、L78Mxx
CW78xx系列	1.5		μA78xx、LM78xx、MC78xx

7805系列是固定电压输出类型的三端集成稳压块,集成块的额定输出电压 U_{xx} 是不可改变的,但是可以通过外接电路来改变整个稳压电路的输出电压值。如图4-12所示,可以实现输出电压的扩展。图4-12中 $I_{R_2}=I_{R_1}+I_Q$,I_{R_1} 是稳压器输出端经 R_1 送来的恒流。I_Q 是78xx公共端流出来的电流。I_Q 将随 U_I 波动及负载变动而有些变化,但变化不大。因为

$$\begin{aligned}U_O&=R_1I_{R_1}+(I_Q+I_{R_1})R_2\\&=U_{xx}+I_QR_2+(U_{xx}/R_1)R_2\\&=(1+R_2/R_1)U_{xx}+I_QR_2\end{aligned}$$

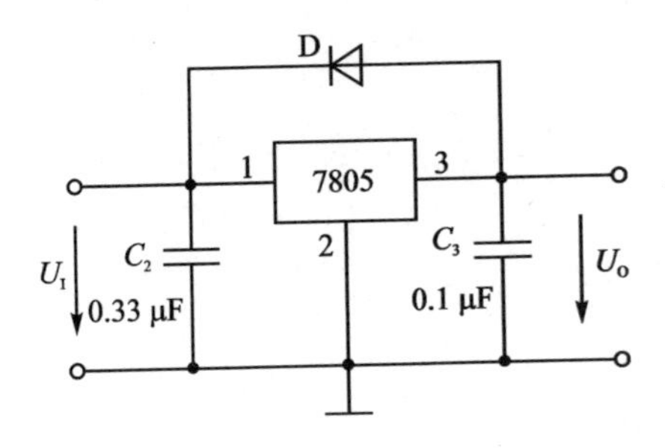

图4-11 78xx的基本应用

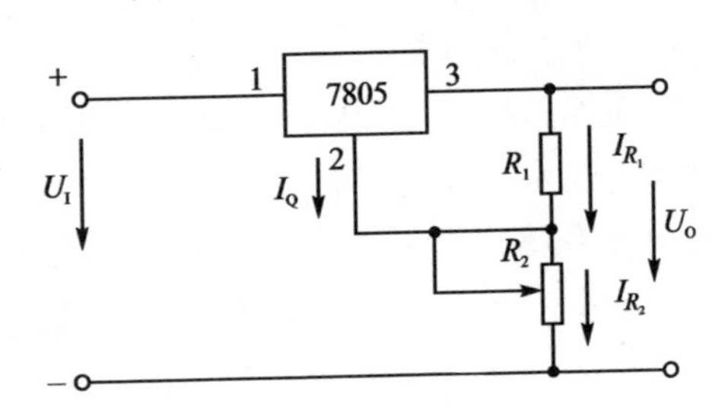

图4-12 扩大输出电压电路

通常 I_Q 较小，所以图 4-12 电路的输出电压近似为

$$U_O=(1+R_2/R_1)U_{xx}$$

在实际使用中，CW78xx 系列电压扩展范围不能很大，否则稳压性能会急剧变差，以 7805 为例，其扩展输出电压应小于 7 V。

三端集成稳压器使用时应注意：

① 三端集成稳压器电路品种很多，要分清是线性的还是开关式的，是固定的还是可调式的。

② 在接入电路之前，一定要分清引脚及其作用，避免接错时损坏集成块。输出电压大于 6 V 的三端集成稳压器的输入、输出端需接保护，可防止输入电压突然降低时，输出电容迅速放电引起三端集成稳压器的损坏。

③ 为确保输出电压的稳定性，应保证最小输入-输出电压差。如三端集成稳压器的最小压差约 2 V，一般使用时压差应保持在 3 V 以上。同时还要注意最大输入-输出电压差范围不超出规定范围。

④ 为了扩大输出电流，三端集成稳压器允许并联使用。

⑤ 使用时，焊接要牢固可靠。对要求加散热装置的，必须加装符合要求尺寸的散热装置。

5. 直流稳压电源的技术指标

直流稳压电源的技术指标可以分为两大类：一类是特性指标，反映直流稳压电源的固有特性，如输入电压、输出电压、输出电流、输出电压调节范围；另一类是质量指标，反映直流稳压电源的优劣，包括稳压系数、等效内阻（输出电阻）、纹波电压及温度系数等。常用的技术指标如下：

（1）输出电压范围

输出电压范围是指在符合直流稳压电源工作条件的情况下，能够正常工作的输出电压范围。该指标的上限是由最大输入电压和最小输入-输出电压差所规定的，而其下限是由直流稳压电源内部的基准电压值决定的。

（2）输出负载电流范围

输出负载电流范围又称为输出电流范围，在这一电流范围内，直流稳压电源的指标应能保证符合指标规范。

（3）电压调整率

电压调整率又称为稳压系数或稳定系数，用 S 表示。它表征当输入电压 U_i 变化时直流稳压电源输出电压 U_L 稳定的程度，定义为在负载电流和环境温度保持不变的情况下，输出电压的相对变化量与输入电压的相对变化量之比，即

$$S=\left.\frac{\dfrac{\Delta U_L}{U_L}}{\dfrac{\Delta U_i}{U_i}}\right|_{I_L=\text{常}}$$

S 的大小反映了稳压电源克服输入电压变化影响的能力。显然，S 越小，在同样输入电压变化的条件下，输出电压变化越小，即电源的稳定性越好。

(4) 动态内阻(输出电阻)

动态内阻表示当输入电压及环境温度不变时，负载电流的变化量和它所引起的输出电压的变化量之比，即

$$r_o = -\frac{\Delta U_L}{\Delta I_L}\bigg|_{U_N=\text{常}}$$

r_o 的大小反映了负载变动时输出电压 U_O 维持恒定的能力。r_o 越小，则当 I_O 变化时，U_O 的变化越小。为减小稳压电源的动态内阻 r_o，应提高比较放大器的增益，选用电流放大系数大的管子作调整管，或采用复合调整管。

实际使用中，还经常用示波器测量纹波电压的峰峰值，这表示了稳压电源输出直流电压叠加的脉动成分。

三、电流的测量

用示波器观测电流信号时，需在被测电流回路中串接一个精度很高、阻值远小于原有回路的无感电阻 R。从 R 两端取出正比于被测电流的电压信号，并将其送入示波器的 Y 轴输入端，示波器屏幕上显示的波形即为被测电流的变化波形。测量该电压信号的峰峰值，并换算成有效值，再利用欧姆定律计算出被测回路的电流值。

4.2　实验五　简易稳压电源系统测试

一、实验目的

1. 进一步熟悉示波器的使用。
2. 加深了解整流、滤波电路的工作原理。
3. 学习测量直流稳压电源的质量指标。
4. 学习三端集成稳压器的使用方法。

二、预习要求

1. 预习理论部分中整流、稳压、滤波方面的内容，了解并联稳压电路的工作原理，估算电路中各点的电压及电流波形以及它们之间的相互关系。

2. 稳压电源的主要质量指标包括________________和________________。

3. 在桥式整流电路中，如果 4 个二极管中的一个方向接反了或者被烧穿了(即二极管相当于短路)或者被烧断了(即二极管相当于开路)，它们分别对该电路产生什么影响？

4. 电解电容器极性接反了有什么后果？怎样检查其好坏？稳压管怎样检查其

好坏？

三、实验设备

1. 示波器　　　　1 台；
2. 数字万用表　　1 块；
3. 实验板　　　　1 块。

四、实验内容与步骤

本实验所用的实验电路板如图 4－13 所示，其器件分布图如图 4－14 所示。

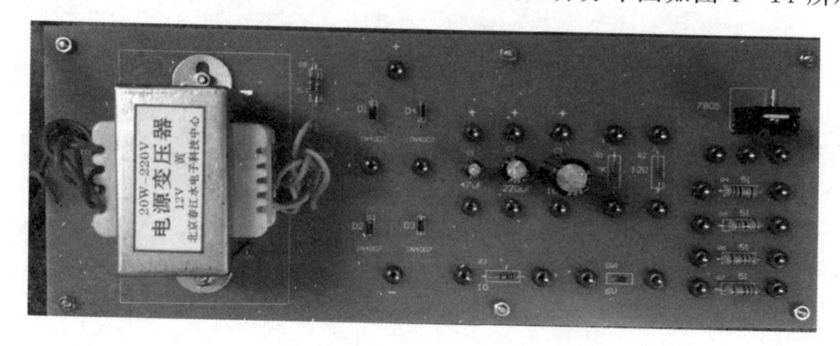

图 4－13　稳压电源实验电路板

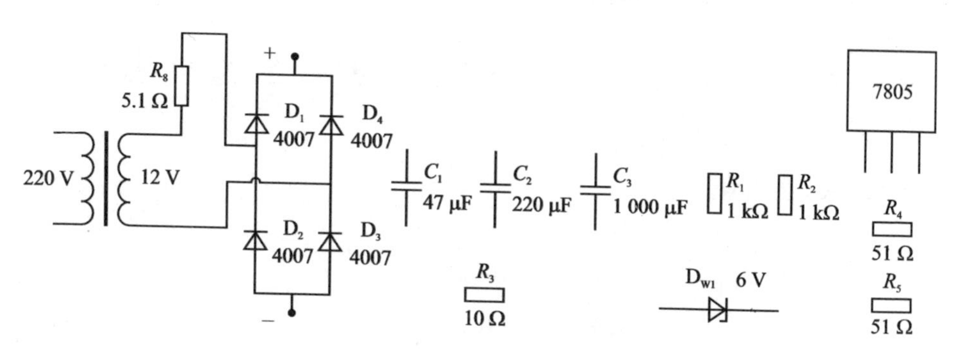

图 4－14　稳压电源实验电路板器件分布图

1. 实验电路如图 4－15 所示，滤波电容 C_1 和 10 Ω 的电阻均不接，连接完线路后，接通 220 V 电源。用示波器观察 u_2、u_3、u_w 的波形，并在坐标纸上分别记录。将波形的幅度、周期直接标在相应的图形上，并且要求三个波形的纵坐标对齐。

2. 实验电路如图 4－16 所示，接入滤波电容 C_1 和 10 Ω 的电阻，用双踪示波器同时观察 u_c 和 u_i 的波形，并在坐标纸上记录。注意观察它们的对应关系，要求标出 u_c 的直流分量和交流分量。提示：u_2、u_3、u_w、u_c、和 u_i 这 5 个波形在坐标纸上画图时要求纵坐标对齐。

3. 实验电路如图 4－17 所示，测量稳压管的伏安特性曲线。示波器采用 X－Y

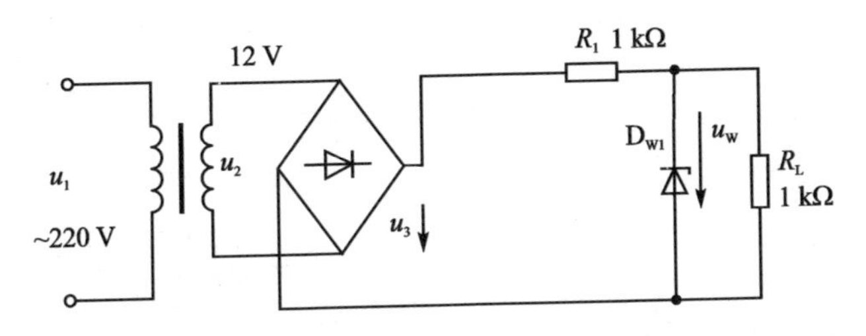

图 4 - 15　不接电容的并联型稳压电路

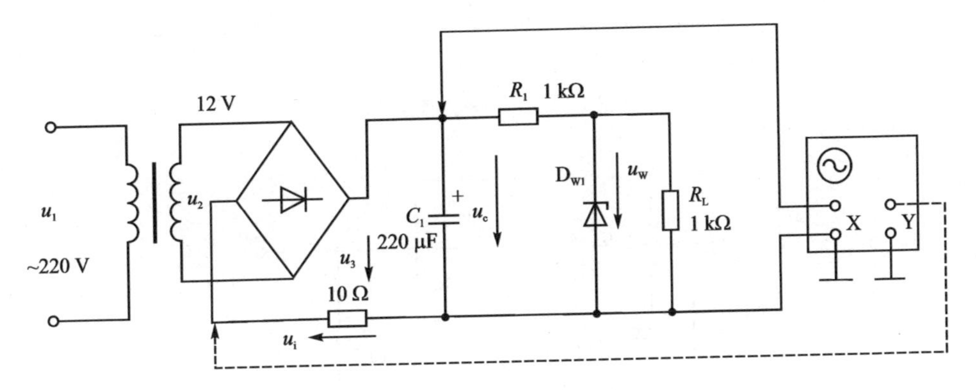

图 4 - 16　并联型稳压电路

方式，注意通道 X 和 Y 的位置，测量并记录稳压管的反向击穿电压和正向导通电压，在坐标纸上画出该稳压管的特性曲线。

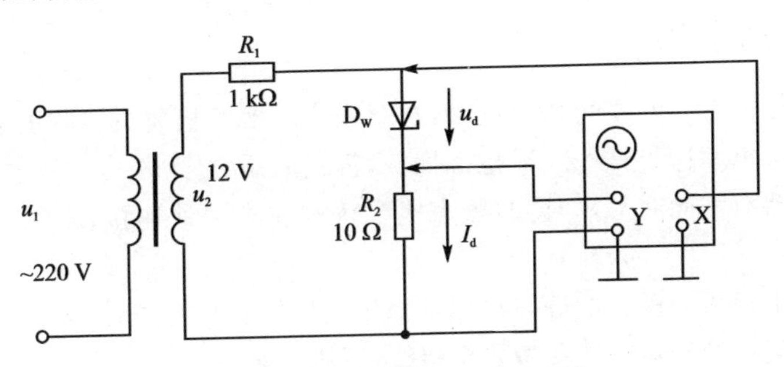

图 4 - 17　测量稳压管的伏安特性

4. 测量纹波电压。三端集成稳压器应用测试，实验电路如图 4 - 18 所示。

① 在输出端分别接入 $R_L=51\ \Omega$ 和 $R_L=25.5\ \Omega$ 时，用示波器的交流耦合方式测量 u_c 的波形，并画出它的波形。说明当负载值变化时，u_c 的纹波发生什么变化？

② 如果 $R_L=51\ \Omega$，电容 $C_1=47\ \mu F$，用示波器的交流耦合方式测量 u_c 的波形，并画出它的波形。说明当电容值变化时，u_c 的纹波发生什么变化？

5. 选作：利用 7805 设计一个 10 V 的稳压电源。

在如图 4 - 18 所示电路的基础上，改变其稳压电路部分，如图 4 - 19 所示，其余电路不变。将 7805 的 2 端接到 R_W 的滑动端，调节可变电阻 R_W，使 U_O 输出为 10 V。

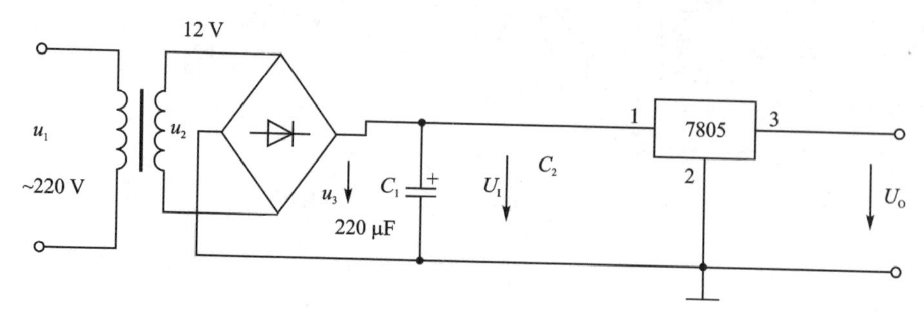

图 4-18　三端集成稳压电路

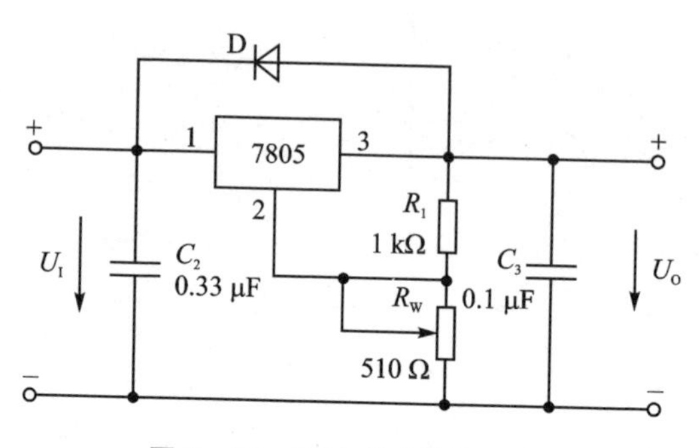

图 4-19　7805 输出电压扩展

五、注意事项

1. 实验板上有 220 V 电源接线端，注意安全。实验板要放在胶皮垫上。

2. 连接好电路后再插 220 V 电源插头，拆线时反之。

3. 示波器双踪同时显示时，两黑表笔要特别注意共地连接，不能跨接在元器件两端。

4. 先判别稳压二极管的好坏再测量稳压管的伏安特性曲线。

5. 三端集成稳压器一定要按要求接线，否则易损坏。

六、总结报告要求

1. 回答预习题。

2. 将所完成实验内容的结果列出。其中整流、滤波、稳压电路中各点的电压波形要求纵坐标对齐，画在坐标纸上。

3. 总结稳压管稳压电路的特点。

4. 总结集成稳压器电路的特点。

第5章　分立元件放大电路

5.1　电路构成及测量方法

一、放大器

放大器也称为放大电路。放大器有交流放大器和直流放大器。交流放大器按频率可分为低频放大器、中频放大器和高频放大器；按输出信号的强弱可分成电压放大器、功率放大器等；另外还有集成运算放大器等。放大器是电子电路中最复杂多变的电路，常见的低频电压放大电路包括共发射极放大电路、分压式偏置共发射极放大电路、射极输出器等，常见的功率放大器有甲类单管功率放大器、乙类推挽功率放大器、OTL功率放大器等。

放大器的级间耦合方式一般有三种：一是RC耦合，优点是简单、成本低，但性能不是最佳的；二是变压器耦合，优点是阻抗匹配好、输出功率和效率高，但变压器制作比较麻烦；三是直接耦合，优点是频带宽，可作直流放大器使用，但前后级工作有牵制，稳定性差，而且设计制作较麻烦。

对放大电路进行分析一定要按步骤进行。首先，把整个放大电路按输入、输出逐级分开；然后，逐级抓住关键点进行原理分析。放大电路本身有静态和动态两种工作状态，要分别画出它的直流通路和交流通路进行分析；另外，放大电路往往加有负反馈，要分析此反馈的类型和作用。

直流放大器是指能够放大直流信号或变化很缓慢的信号的电路。测量和控制方面常用到这种放大器。

放大器的指标有电压放大倍数、输入电阻、输出电阻、通频带等。

二、共发射极放大电路

这里，只介绍由单个晶体管构成的分压式偏置共发射极放大电路，该电路如图5-1所示。图5-1中C_1是输入电容，C_2是输出电容，C_E是交流旁路电容，三极管T_1起放大作用，R_{B1}和R_{B2}是分压偏置电阻，R_C是集电极直流负载电阻，R_E具有直流反馈作用，R_S是输入电流取样电阻，R_L是交流负载电阻，R_W是用来调节静态工作点的电位器，R_F和C_F是该放大电路的反馈元件。

放大电路的作用是在波形不失真的条件下，对输入信号进行放大。放大器的静态工作点是指放大器未加输入信号($u_i=0$)时，晶体管各极的电压、电流值，即I_{BQ}、U_{BEQ}、I_{CQ}、U_{CEQ}。这些直流电压、电流的数值在三极管特性曲线上表示为一个确定的

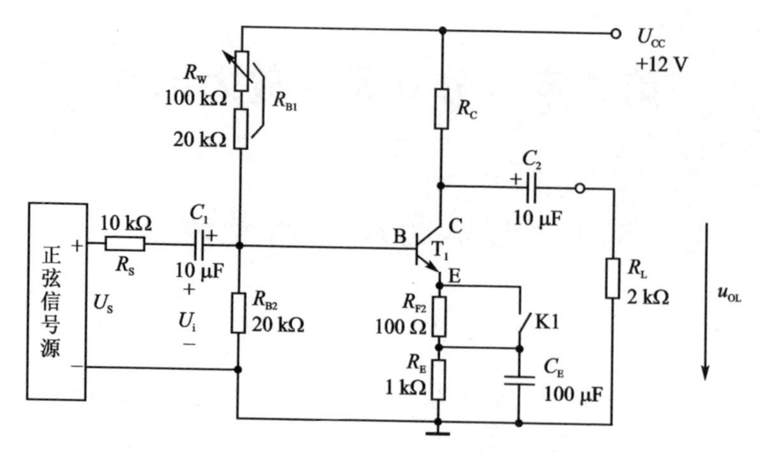

图 5-1　放大器的原理图

点。设置静态工作点的目的就是为了使三极管工作在放大区。

通常静态工作点主要取决于 I_{BQ}(或 U_{BEQ})的选择,所以调整静态工作点就是调节偏置电阻 R_W 的值。

1. 静态工作点的测试

将直流电源 U_{CC} 调好,加入电路,分别测量晶体管各极对地电压 U_{BQ}、U_{CQ}、U_{EQ},通过以下公式计算可得

$$U_{BEQ}=U_{BQ}-U_{EQ}$$

$$I_{CQ}\approx I_{EQ}=\frac{U_{EQ}}{R_E}$$

$$U_{CEQ}=U_{CQ}-U_{EQ}$$

由于 I_{BQ} 为微安级,测工作点时通过测量 U_{EQ} 的电压确定 I_E,进而估算 I_{BQ}。在有条件时(印刷板有测量缺口或集电极电阻与集电极之间可以断开时)也可以接入万用表电流挡直接测出 I_{CQ}。

2. 电压放大倍数的测量

测量电压放大倍数时,必须在输出波形不失真的条件下进行测量,因此要用示波器监视输出波形。分别测出输入电压和输出电压的峰峰值或有效值,两者之比就是电压放大倍数。

$$A=\frac{U_O}{U_i}$$

3. 输入电阻和输出电阻的测量

输入电阻就是将放大电路看作一个四端元件,从输入端看进去的等效电阻,即输入端的电压与输入端的电流之比,用 r_i 表示。

$$r_i = \frac{U_i}{I_i}$$

信号源为放大电路提供输入信号，由于信号源内阻的存在，因此当提供给放大电路的信号源是电压源串联电阻的形式时，输入电阻越大，则放大电路对信号源的衰减越小；若信号源是电流源与电阻并联的形式，则输入电阻越小，放大电路对信号源的衰减越小。

测量输入电阻 r_i 的方法是在放大电路的输入回路串入一个已知阻值的电阻 R，如图 5-2 所示，在输入端加入正弦波小信号，在输出波形不失真的情况下，用晶体管毫伏表或示波器测电阻 R 两端对地的电压 U_i（或 $U_{峰峰}$）和 U'_i（或 $U'_{峰峰}$），按下式计算出输入电阻：

$$r_i = \frac{U_i}{I_i} = \frac{U_i}{U'_i - U_i} \times R$$

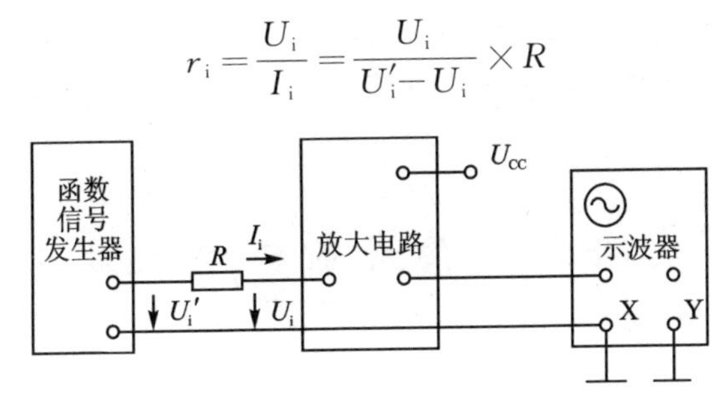

图 5-2　放大器输入电阻的测量

注意：此法测量输入电阻时，必须选择适当的 R 值，选用 $R = r_i \approx 1\ \text{k}\Omega$（这里 r_i 为近似估算值）。

放大电路的输出电阻是从放大电路的输出端向放大电路看进去的等效电阻，用 r_o 表示。测量 r_o 的方法是在放大电路的输入端加入交流信号，在输出波形不失真的情况下，分别测量空载（$R_L = \infty$）、带载（接上 R_L）时的输出电压 U_O、U_L，按下式计算输出电阻：

$$r_o = \left(\frac{U_O}{U_L} - 1\right) \times R_L$$

4. 放大器幅频特性的测定

放大器频率特性反映了放大器对不同频率输入信号的放大能力。放大电路的幅频特性是电压放大倍数随输入信号频率的变化曲线（$A_u - f$ 曲线），如图 5-3 所示。测量频率特性的专用仪器是扫频仪，测量的精度高、速度快，能直接显示幅频特性曲线，根据曲线上的频标还可直接读出任一点对应的频率。

使用示波器也可以测量放大电路的频率特性。方法是先将函数信号发生器的频率设为 1 kHz，用示波器观察放大电路的输出波形不失真，然后保持输入电压不变，只改变信号的频率，测量输出电压 U_O（每改变一次输入信号源的频率，测量一次输出电压 U_O），算出电压放大倍数 A_u，这时 U_O 的变化即代表了 A_u 的变化，最后逐点描

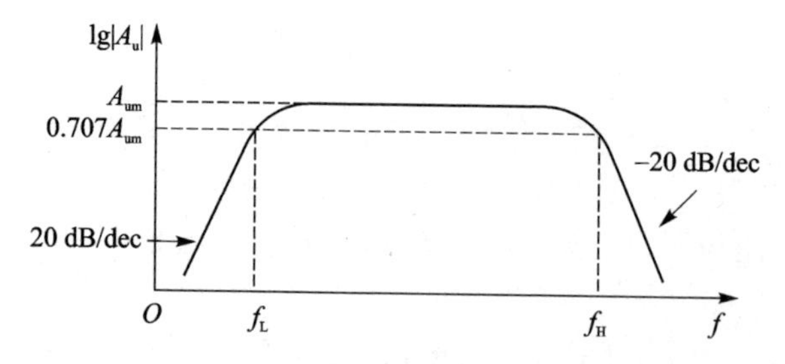

图 5-3　单管放大电路的幅频特性曲线

绘出幅频特性 A_u-f 曲线。随着频率的降低或升高，电压放大倍数 A_u 下降到原来的 0.707 倍时，就可以确定该放大器通频带的高、低截止频率 f_H、f_L。为减少测量所用的时间，在中频段，因放大电路的输出电压有较宽的一段基本不变，所以调节频率可适当粗一些，而在放大器输出电压发生变化时，应多测几点，以保证测量的准确性。

5.2　实验六　共发射极电压放大电路

一、实验目的

1. 掌握调整晶体管放大器静态工作点的方法，分析静态工作点的改变对输出波形的影响。

2. 掌握测量放大器在未加负反馈和带有负反馈时的放大倍数、输入电阻和输出电阻的方法。

3. 理解负反馈对放大器性能的影响。

4. 进一步熟悉示波器、函数信号发生器、万用表的使用方法。

二、预习要求

1. 预习函数信号发生器、示波器、数字万用表的使用方法及其技术指标和注意事项。

2. 预习分立元件放大电路的工作原理，回答以下问题：

① 怎样调整放大电路的静态工作点？测量哪几个量？

② 改变静态工作点对放大器的输入电阻 r_i 有无影响？改变负载电阻 R_L 对输出电阻 r_o 有无影响？

③ 如果没有提供电流表，怎样测量电流？

④ 调整哪个元件能使放大器处于截止或饱和状态？

3. 试画出图 5-1 所示电路无反馈时的输出电压 U_O 在饱和失真和截止失真时的波形。

4. 预习放大电路频率特性的有关内容。

5. 了解负反馈的类型以及它们对放大器性能的影响。

6. 按本实验顺序画出数据记录表格。

三、实验设备及器件

1. 直流稳压电源　　1 台；
2. 示波器　　1 台；
3. 函数信号发生器　　1 台；
4. 数字万用表　　1 块；
5. 实验板　　1 块；
6. 三极管　　1 个。

四、实验内容与步骤

1. 用万用表判别晶体管的 e、b、c 极，并判断三极管的好坏。

2. 调整与测试静态工作点。

$U_{CC}=12$ V，K1 闭合（不接入反馈），调 R_W，使 $I_{EQ}=2$ mA，即 $U_{EQ}=2$ V，测 U_{BQ}、U_{CQ}，计算 U_{BEQ}、I_{CQ}、U_{CEQ}。将测试结果记入表 5-1。

3. 测试电压放大倍数 A_u、输入电阻 r_i 和输出电阻 r_o。

加入正弦信号使 $U_i=10$ mV（有效值），$f=1$ kHz，K1 闭合（不接入反馈），用示波器观察输出波形，在不失真的情况下，测量函数信号发生器输出电压的有效值 U_S、放大电路空载时输出电压的有效值 U_O、接入负载 $R_L=2$ kΩ 时输出电压的有效值 U_{OL}，计算出电压放大倍数 A_u、输入电阻 r_i 和输出电阻 r_o，画出 U_i、U_{OL} 的波形，并将测试结果记入表 5-2。

表 5-1　静态工作点

电压：V，电流：mA

测量值			计算值		
U_{EQ}	U_{BQ}	U_{CQ}	I_{CQ}	U_{CEQ}	U_{BEQ}
2.0 V					

表 5-2　放大倍数测量

电压：mV，电阻：Ω

U_i	U_S	U_O	U_{OL}	$A_u=$	$r_i=$	$r_o=$
10 mV						

4. 改变静态工作点对输出波形的影响及负反馈对输出波形失真的改善。

① K1 闭合(不接入反馈),调 R_W,使 U_{EQ} 小于 1 V,加入正弦信号使 $U_i=25$ mV,$f=1$ kHz;用示波器观测并画出 U_{OL} 波形,测量 U_{EQ}、U_{BQ}、U_{CQ} 的大小,并由此判断这是何种失真?将 K1 断开(接入反馈),观察并画出 U_{OL} 波形,将测试结果记入表 5-3。

表 5-3 改变静态工作点对输出波形的影响

电压:V,电流:mA

U_{EQ}	测量值	判断工作状态	计算值	典型波形
	U_{EQ}、U_{BQ}、U_{CQ}		I_{EQ}、U_{CEQ}、U_{BEQ}	
U_{EQ} 小于 1 V,无反馈				
U_{EQ} 小于 1 V,有反馈				
U_{EQ} 大于 3 V,无反馈				
U_{EQ} 大于 3 V,有反馈				

② K1 闭合(不接入反馈),调 R_W,使 U_{EQ} 大于 3 V,加入正弦信号使 $U_i=25$ mV,$f=1$ kHz;用示波器观测并画出 U_{OL} 波形,测量 U_{EQ}、U_{BQ}、U_{CQ} 的大小,并由此判断这是何种失真?将 K1 断开(接入反馈),观察并画出 U_{OL} 波形,将测试结果记入表 5-3。

5. 放大器通频带的测量(选做)。

调整 R_W,使 $U_{EQ}=2$ V。

① K1 闭合(不接入反馈),接入负载电阻 $R_L=5.1$ kΩ,在保证 $U_i=10$ mV 不变的情况下,输出电压 U_O 随频率的变化就相当于放大倍数 A_u 随频率的变化,测出 $f_o=1$ kHz 时 U_{OL} 的值,再改变频率以确定高、低截止频率 f_H、f_L,并将测试结果记入表 5-4。

表 5-4 测量放大器的频率特性

电压:mV,频率:Hz

反馈状态	低频		中频		高频	
	f_L	U_{OL}	f_o	U_{OL}	f_H	U_{OL}
无反馈						
有反馈						

② K1 断开(接入反馈),重复上述实验,并将测试结果记入表 5-4。

说明负反馈对展宽频带的作用。

五、注意事项

1. 先调好稳压电源为 12 V,各仪器与放大器连接一定要共地,如图 5-4 所示。
2. 应在带载情况下测定函数信号发生器的输出电压。

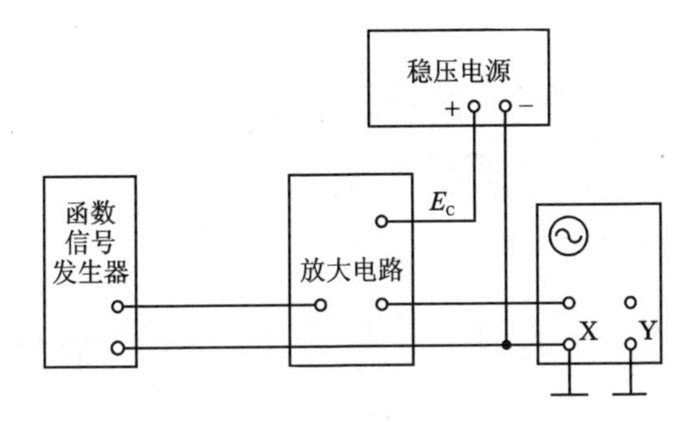

图 5-4　共地测量

3. 电路图中的 R_S 一定要接入。

4. 用示波器双通道同时显示波形时，一定要共地，严防短路。

六、总结报告要求

1. 把所测数据及计算结果填入相应表格，并按要求在坐标纸上画出相应的波形。

2. 说明本实验电路的反馈类型，以及这种反馈类型的特点。

3. R_S 在电路中起什么作用？如果未接 R_S，电路会出现什么情况？

4. 将预习要求中的第 2、3、6 条写入总结报告中。

第6章　集成运算放大器的特性测试及基本应用

6.1　集成运算放大器的主要特性参数

一、常用集成电路芯片

1. LM358

LM358内部包括有两个独立的、高增益、内部频率补偿的双运算放大器，既适合于电源电压范围很宽的单电源使用，也适用于双电源工作模式。它的使用范围包括传感放大器、直流增益模块和其他所有可用单电源供电的使用运算放大器的场合。它具有内部频率补偿、直流电压增益高（约100 dB）、频带宽（约1 MHz）、电源电压范围宽（单电源：3～30 V，双电源：±1.5～±15 V）、低功耗电流、低输入偏流、低输入失调电压和失调电流、共模输入电压范围宽、差模输入电压范围宽、输出电压范围宽（0～V_{CC}－1.5 V）等特点。LM358的封装有双列直插式和贴片式，如图6-1所示。LM358的引脚图如图6-2所示。

图6-1　LM358的封装形式

2. LM324

LM324是四运放集成电路，它采用14脚双列直插塑料封装，LM324的引脚图如图6-3所示。它的内部包含四组形式完全相同的运算放大器，除电源共用外，四组运放相互独立。LM324四运放电路具有电源电压范围宽、静态功耗小、可单电源使用、价格低廉等优点，因此被广泛应用在各种电路中。

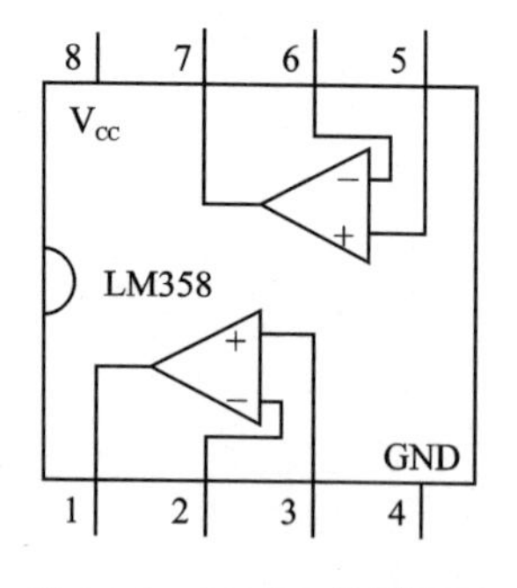

图6-2　LM358的引脚图

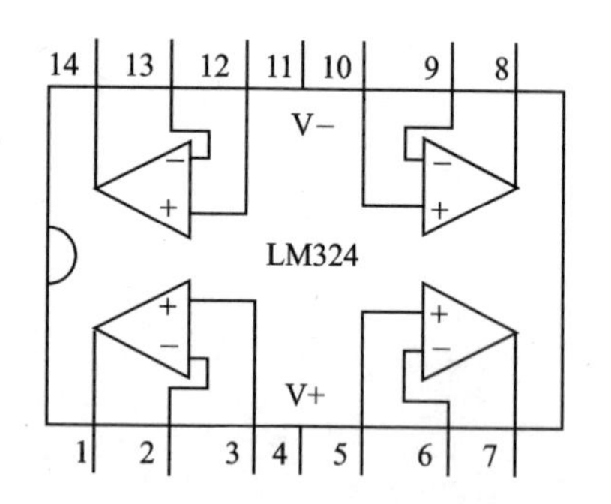

图6-3　LM324的引脚图

LM324 与 LM358 的基本电路结构相同。除了它们集成的运放的个数不同外，还有一些技术指标也不同，在 25 ℃，$V_{CC}=+5$ V 时，对 LM324 和 LM358 的主要参数进行比较，结果如表 6－1 所列。

表 6－1　LM358 和 LM324 的主要参数

参数名称	LM358 典型值	LM324 典型值
输入失调电压	2 mV	2 mV
输入偏置电流	45 nA	20 nA
输入失调电流	5 nA	2 nA
共模输入电压范围	0 V～$V_{CC}-1.5$ V	0 V～$V_{CC}-1.5$ V
共模抑制比	85 dB	80 dB
电源电流	0.5 mA	0.7 mA
输出电流	20 mA	40 mA
开环电压增益	100 dB	100 dB
增益带宽积	1 MHz	1.3 MHz
环境温度范围	0～70 ℃	0～70 ℃

二、集成运算放大器的主要特性参数

1. 通用集成运算放大器(简称集成运放)的主要特性参数

通用集成运放的参数范围如表 6－2 所列。

表 6－2　通用集成运放的参数范围

内　容	范　围	单　位
开环增益	可达10^5～10^6	
输入基极电流	几十～几百	nA
输入失调电流	几～几十	nA
输入失调电压	几	mV
增益带宽积	1～几十	MHz
上升速率	零点几～几十	V/μs
共模抑制比	几十～百	dB
电源电压抑制比	几十～百	dB

2. 特性参数的意义

① 开环差模电压增益，即开环增益 A_{od}，指运放在无外加反馈情况下的直流差模电压放大倍数，即输出电压与差模输入电压之比，表示为

$$A_{od}=\frac{U_o}{U_+-U_-}$$

它对温度、电源电压等因素十分敏感，因此没有必要规定其准确数值，通常人们感兴趣的是它的数量级。

② 输入电流：是指输入信号为零时，从运放的两个输入端流过的偏置电流的平均值，即

$$I_B=\frac{I_{B+}+I_{B-}}{2}$$

③ 输入失调电流：是指输入信号为零时，从运放的两个输入端流过的偏置电流之差，即

$$I_{os}=|I_{B+}-I_{B-}|$$

④ 输入失调电压：是指在室温及标称电源电压下，当输入信号为零时，为使输出电压为零，在运放输入端所要加的补偿电压值，它是由运放输入差分电路不对称所引起的，即

$$U_{os}=\frac{U_o}{A_{od}}$$

⑤ 单位增益带宽：是指 A_{od} 下降到零分贝时的信号频率。运放的增益和它的带宽的乘积称为增益带宽积，对同一运放来说该参数基本上是一常数。

⑥ 上升速率：是表示运放对信号变化速度的能力的参数，常作为衡量运放工作速度的参数。

⑦ 共模抑制比 CMRR：是运放对差模电压的放大倍数与对共模电压的放大倍数之比，用分贝(dB)表示，即

$$\mathrm{CMRR}=20\lg\frac{A_d}{A_c}$$

式中：A_d 和 A_c 分别为运放的差模和共模电压放大倍数。

⑧ 电源电压的抑制比 PSRR：是指输入电压为零时，电源电压变动与此变动在运放输出端所引起的电压变动之比，用分贝表示，即

$$\mathrm{PSRR}=20\lg\frac{\Delta U_{pf}}{\Delta U_{of}}$$

式中：ΔU_{pf}、ΔU_{of} 分别为电源电压变动和相应的输出电压变动。PSRR 与变化的频率有关，频率高，则 PSRR 降低；有的集成运放对正负电源有不同的 PSRR。

3. 集成运放的带宽增益积

集成运放的开环增益很大，但它的上截止频率却很低，如图 6-4 所示的曲线为集成运放 μA741 的频率响应，可以看出，开环时它的截止频率低于 10 Hz，随着频率的增加，它的增益按 20 dB/10 倍频程下降。这表明，这种集成运放有一个低频率的极点。

当加入负反馈(见图 6-5)使整个放大器的闭环增益降低到 20 dB 后,它的截止频率也相应得到提高,如图 6-4 中的虚线所示。

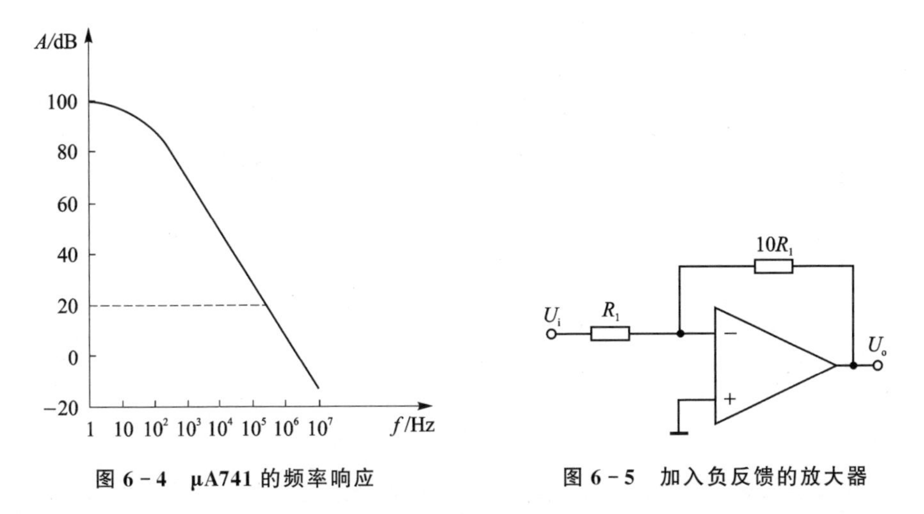

图 6-4　μA741 的频率响应　　　图 6-5　加入负反馈的放大器

可以证明,对于具有图 6-4 所示的那种频率特性的运放来说,外加负反馈和未加负反馈时的上截止频率存在下列关系:

$$\frac{f_{\mathrm{H(反馈)}}}{f_{\mathrm{H(开环)}}}=\frac{A_{\mathrm{v(开环)}}}{A_{\mathrm{v(反馈)}}}$$

式中:$f_{\mathrm{H(反馈)}}$为外加负反馈后放大器的上截止频率;$f_{\mathrm{H(开环)}}$为未加负反馈运放开环时的上截止频率;$A_{\mathrm{v(开环)}}$为运放的开环电压放大倍数;$A_{\mathrm{v(反馈)}}$为运放闭环时的电压放大倍数。

因为集成运放是直流放大器,下截止频率为零,所以它的通频带就等于上截止频率。于是

$$f_{\mathrm{H(反馈)}}\cdot A_{\mathrm{v(反馈)}}=f_{\mathrm{H(开环)}}\cdot A_{\mathrm{v(开环)}}$$

即集成运放的增益带宽积是常数,它等于增益为 1 时的通频带宽度。

必须指出,许多集成运放都有上述这种关系。有些集成运放的频率特性不能用单极点表示时其增益带宽积就不是常数了。

4. 集成运放的上升速率

上升速率就是输出电压的最大变化速率,用 S 表示,即

$$S=\left.\frac{\mathrm{d}u_{\mathrm{o}}}{\mathrm{d}t}\right|_{\max}$$

式中:u_{o}为输出电压;S 的单位为 V/μs。

测试上升速率的方法:给被测运放加一幅度足够大的方波,运放要有足够大的负反馈,闭环增益为 1,这时输出电压波形发生失真,前沿倾斜,甚至变成三角波。输出电压波形倾斜的斜率就是运放的上升速率,如图 6-6 所示。

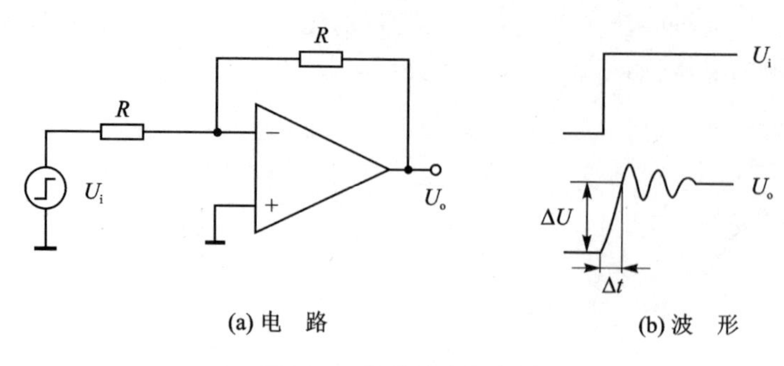

(a) 电　路　　(b) 波　形

图 6-6　上升速率示意图

(1) 上升速率与输出电压振幅的关系

设输出电压 $u_o = U_{om} \cdot \sin \omega t$，则输出电压变化率为

$$\frac{du_o}{dt} = \omega U_{om} \cdot \cos \omega t$$

显然输出电压的变化率为 ωU_{om}，如果运放的上升速率小于 ωU_{om}，那么输出电压就改变不了那么快，就会产生失真。所以要求有

$$S \geqslant \omega U_{om}$$

或

$$U_{om} \leqslant \frac{S}{\omega}$$

换句话说，一定的运放，在一定的频率下所能输出的电压的振幅有一定限制。

例如，某种集成运放的 $S = 0.5\ \text{V}/\mu\text{s}$，在频率 $f = 100\ \text{kHz}$ 时，它所输出的电压最大值为

$$U_{om} \leqslant \frac{0.5 \times 10^6}{2\pi \times 10^5}\ \text{V} \approx 0.8\ \text{V}$$

(2) 全电源电压带宽(Full - Power Bandwidth)

由以上讨论可见，如果输出电压的振幅一定时，那么放大器所能放大的信号的最高频率就为

$$f_{max} = \frac{S}{2\pi U_{om}}$$

输出电压的振幅最大等于电源的电压 U_{CC}，这时的最高频率称为全电源电压带宽。例如上例中运放的电源电压若为 12 V，则

$$f_{max} = \frac{0.5 \times 10^6}{2\pi \times 12}\ \text{Hz} \approx 6.6\ \text{kHz}$$

就是说，若想得到振幅为 12 V 的正弦电压，其频率就不能高于 6.6 kHz。

5. 补　偿

一个多级放大器的负反馈越强则产生自激的可能性越大。为了保证放大器的稳定性，就要压缩它的通频带。

集成运放是一个高增益的多级放大器，为了保证它不产生自激要给它加上电容，来压缩通频带，这个电容叫补偿电容。

有的集成运放在制造时已在内部加上了补偿电容，当放大器的闭环增益为 1 时，仍能保持稳定。有的集成运放，其内部所加补偿电容只能在放大器的闭环增益较大时，才能使放大器稳定，而在低增益时，则可能产生高频振荡。另有一些集成运放，补偿电容需要外接，为的是设计放大器时有较大的灵活性，既能保证放大器的稳定，又能使放大器有较宽的通频带。还有一些集成运放，除了内部有补偿电容之外，还可以外接电容，使放大器“过补偿”。为了缩短放大器的过渡过程，有时需要“过补偿”。

6. 调　零

由于失调电流和电压的影响，集成运放即使在输入电压为零时，其输出电压也不为零。为使集成运放在输入为零时输出也是零，可以采用调零的方法。

(1) 引出端调零法

有的集成运放从内部引出调零端，使用时按要求外接调零电位器进行调零。具体做法是：将运放接成所需电路，把输入端对地短路，电压表接于输出端，调节调零电位器，使输出为零。如图 6 - 7 中所示的运放 F007(μA741)是高增益通用放大器，其调零端是 1、5 端，外接 100 kΩ 电位器，滑动端接负电源 U_{CC}(即 4 端)。

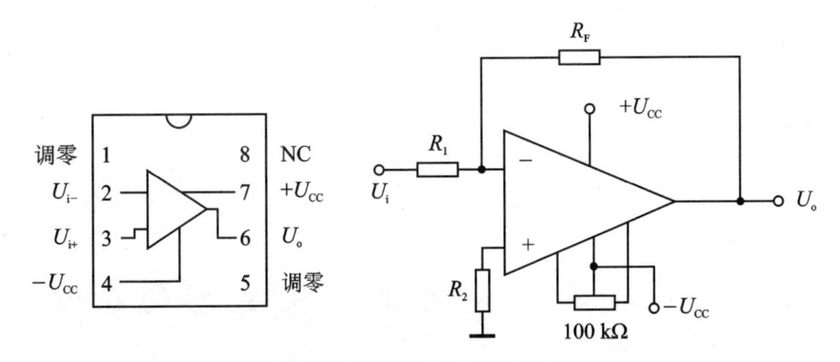

图 6 - 7　μA741 典型接线图

(2) 基极调零法

基极调零法是把一个直流电压引入到运放的输入端，以抵消运放本身的失调电压。此法多用于为了简化封装工艺而没有调零引出端的运放。基极调零电路参数的选择原则是：一应考虑外部调零电路对运放闭环增益和输入阻抗的影响；二应保证加到输入端的补偿电压足够大，以补偿失调电压，几种常用的基极调零电路如图 6 - 8 所示。

反相输入组态：

$$U'_{os}=\pm U\frac{R_3}{R_2+R_3}\approx\pm U\cdot\frac{R_3}{R_2}\quad(R_2\gg R_3)$$

同相输入组态：

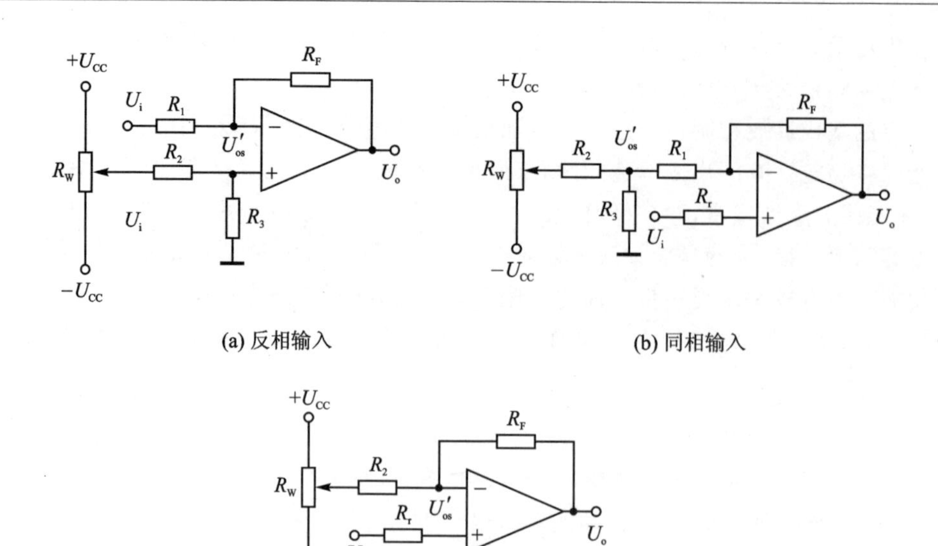

(a) 反相输入　　(b) 同相输入

(c) 电压跟随

图 6-8　几种基本调零电路

$$U'_{os}=\pm U\frac{R_3}{R_2+R_3}\approx\pm U\cdot\frac{R_3}{R_2}\quad(R_2\gg R_3)$$

电压跟随组态：

$$U'_{os}=\pm U\frac{R_F}{R_F+R_2}\approx\pm U\cdot\frac{R_F}{R_2}\quad(R_2\gg R_F)$$

6.2　集成运算放大器产生波形的原理

集成运算放大器简称集成运放或运放，是模拟集成电路中发展最早，应用最广的一种集成器件，早期应用于模拟信号的运算。随着集成技术的发展，运放的应用已远远超出数学运算范围，而广泛用于信号的处理和测量、信号的产生和转换以及自动控制等许多方面，成为电子技术领域中广泛应用的基本电子器件。运放的基本应用可分为两类，即线性应用和非线性应用。当运放外加负反馈使其闭环工作在线性区时，可构成模拟信号运算放大电路、正弦波振荡电路和有源滤波电路等；当运放处于开环或外加正反馈使其工作在非线性区时，可构成各种幅值比较电路和波形发生器等。

1. 方波发生器

常用的产生方波的电路如图 6-9 所示。它不需要外加激励，是自激的。图 6-9 中 R_1、R_2 构成正反馈。这种电路产生方波的过程如下：

设开始时电容电压 $u_c=0$，$U_o=U_{CC}$，有

$$U_{+}=U_{CC}\frac{R_2}{R_1+R_2}=U_{REF}$$

而
$$U_{-}=u_c=0$$

这时运放一定处于饱和状态，并保持 $U_o=U_{CC}$。

在这期间，电压 $U_o=U_{CC}$ 将通过 R_F 给电容充电，电容电压为

$$u_c=U_{CC}\left(1-e^{-\frac{t}{R_FC}}\right)$$

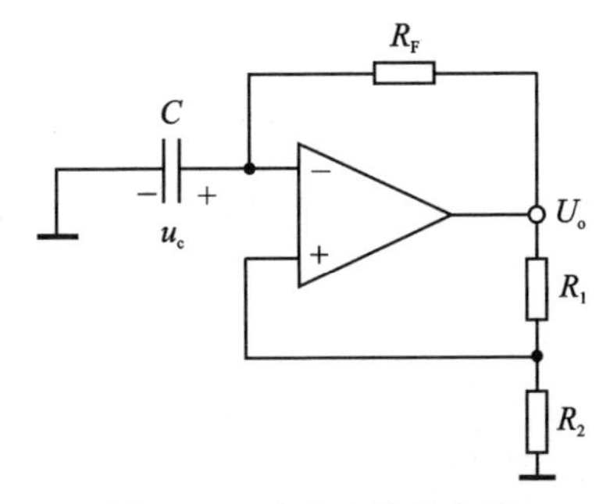

图 6-9　产生方波的电路

当 $t=t_1$，电容电压充电到 $u_c=U_{+}=U_{REF}$ 时，运放将开始翻转，其输出电压由 $+U_{CC}$ 跃变到 $-U_{CC}$。这时，U_{+} 随着从 $+U_{REF}$ 跃变到 $-U_{REF}$，而电容的电压不能跃变，仍为 $+U_{REF}$，它将通过 R_F 向输出端(电压为 $-U_{CC}$)放电。在放电过程中，电容电压为

$$u_c=(U_{REF}+U_{CC})e^{-\frac{t}{R_FC}}-U_{CC} \tag{6-1}$$

但是，电容的电压是达不到它的终值 $-U_{CC}$ 的，因为当电容电压放电到 $u_c=U_{+}=-U_{REF}$ 时，运放就该发生翻转了。就这样，运放交替地翻转，电容 C 交替地充放电，一直循环下去，这个电路便产生了周期性的方波。

方波周期的计算：设电容的电压从 $+U_{REF}$ 变化到 $-U_{REF}$ 所经历的时间为 t_0。很明显，t_0 相当于周期性方波的半个周期。由式(6-1)得

$$u_c=-U_{REF}=(U_{REF}+U_{CC})e^{-\frac{t_0}{R_FC}}-U_{CC}$$

因此可得

$$e^{-\frac{t_0}{R_FC}}=\frac{U_{CC}-U_{REF}}{U_{CC}+U_{REF}}=\frac{R_1}{R_1+2R_2}$$

若取 $t_0\ll R_FC$，则

$$t_0\approx R_FC\frac{2R_2}{R_1+2R_2}$$

所以方波周期

$$T=\frac{4CR_FR_2}{R_1+2R_2}$$

2. 文氏电桥正弦波振荡器

文氏电桥正弦波振荡器由 RC 串并联选频网络和同相放大电路组成，见图 6-10，图中虚线左边部分为 RC 选频网络，亦即反馈网络，它的反馈系数为

$$F=\frac{\dot{U}_F}{\dot{U}_o}=\frac{j\omega RC}{3j\omega RC+1-\omega^2R^2C^2}$$

要想 $\dot{U}_F$ 和 $\dot{U}_o$ 同相,必须有

$$1-\omega^2R^2C^2=0$$

或

$$\omega=\frac{1}{RC}$$

这时

$$|F|=\frac{U_F}{U_o}=\frac{1}{3}$$

再看图 6-10 中虚线右边部分,它是一个同相放大器,由集成运算放大器构成。为了满足 $|AF|=1$ 的稳幅条件,有

$$A=1+\frac{R_2}{R_1}=3$$

亦即

$$\frac{R_2}{R_1}=2$$

如图 6-10 所示的正弦波振荡电路,为了使正弦振荡振幅稳定及振荡的波形失真小,应采取稳幅措施。稳幅的方法是根据振荡幅度的变化,自动地改变同相放大器的电压放大倍数,以限制振幅的改变。图 6-10 中所画的虚线方框就表示稳幅电路。它由 2 个反相并接的二极管和 R_3 并联而成,如图 6-11 所示。利用二极管正向电阻的非线性来实现稳幅。在振荡过程中,2 个二极管交替导通和截止。如果由于某种原因,振荡振幅要增大时,那么二极管的正向电阻 r_D 减小,使反馈支路电阻减小,放大倍数减小,从而限制振荡幅度增大。二极管的非线性越大,稳幅效果越好。但是,由于二极管的非线性,又会引起振荡波形的失真,为了限制二极管的非线性所引起的失真,故在二极管的两端并上一个小电阻 R_3。实验证明,当 R_3 与二极管的正向电阻接近时,对稳幅和改善波形失真都有较好的效果,通常选 R_3 为几 kΩ。

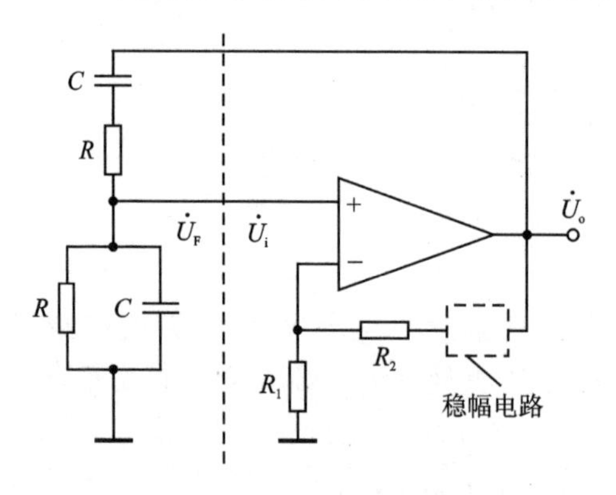

图 6-10　文氏电桥振荡电路

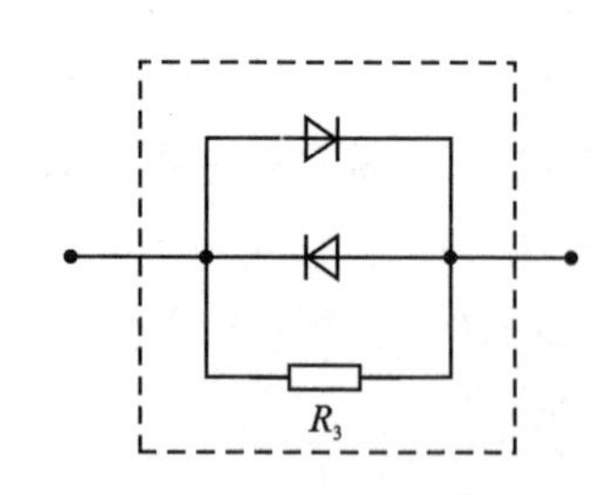

图 6-11　稳幅电路

6.3　实验七　集成运算放大器的特性测试及在波形产生方面的应用

一、实验目的

1. 熟悉集成运放的性能，掌握其使用方法。
2. 掌握集成运放的典型参数及其测量方法。
3. 学习用集成运放构成方波、三角波发生器、正弦波振荡器。

二、预习要求

1. 预习运放芯片 LM324 的有关内容。

2. 根据图 6－12 和实验内容的要求，分别画出简明的测失调电压和上升速率的电路。

3. 用集成运放组成方波发生器，其输出电压振幅为 1～4 V 可调，输出电压不应随负载电流而改变(即输出电阻小，有带载能力)；方波频率可调(400～2 000 Hz)。请根据上述要求从实验箱上选取适当的电阻、电容和电位器，集成运放用 LM324。

4. 设计一个 1 kHz 的文氏电桥正弦波振荡器，所用元件要选取实验箱上的。在同相输入放大器的负反馈电路中接入可变电阻，以便调节放大倍数，使振荡器满足或不满足振荡的振幅条件。电容 C 选用 0.01 μF。

三、实验设备及芯片

1. 双路直流稳压电源　　1 台；
2. 示波器　　1 台；
3. 函数信号发生器　　1 台；
4. 数字万用表　　1 块；
5. 实验板　　1 块；
6. LM324　　1 片。

四、实验内容与步骤

1. 集成运放特性参数测试

本实验所采用的测试电路如图 6－12 所示。通过开关 S_1、S_2 等的开合，及在不同端钮上加入不同电压进行测量，就能测出集成运放的几种特性参数，如失调电压、上升速率等。

本实验对集成运放 LM324 进行测试。开始测试前，先把双路直流稳压电源的输出电压分别调到＋12 V 和－12 V，再接到实验板的 $+U_{CC}$ 端和 $-U_{CC}$ 端。更换或

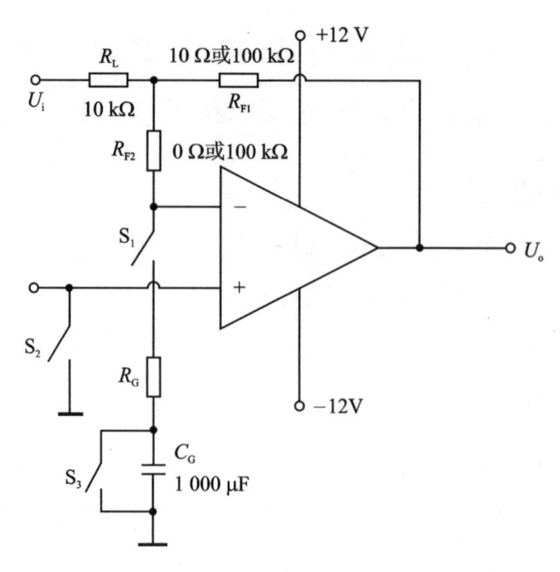

图 6－12 集成运放特性参数测试电路

插入集成运放或要改换线路时，请先把电源断开，一定要看清引脚不要插错。

在以下各项测试中，未给出具体步骤及所用仪器，实验者应根据要求，自己预先拟定。

1）测失调电压

闭合 S_2 使运放的同相端接地；闭合 S_3 和 S_1，将电容器 C_G 短路；取 $R_{F2}=0\ \Omega$，$R_{F1}=100\ k\Omega$；调 R_G 为 100 Ω 和 1 kΩ（相当于闭环增益为 1 000 和 100），U_i 接地测输出电压 U_o，算出失调电压 U_{os}。

思考题：

① 把图 6－12 中没有用的开关和元件去掉，画出简明的测失调电压的电路。

② 测 U_O 时是用直流电压表还是交流电压表？

③ 怎样从测出的 U_o 算失调电压 U_{os}？

2）测上升速率

S_1 打开，S_2 闭合；$R_{F1}=10\ k\Omega$，$R_{F2}=0\ \Omega$，将 1 kHz 的方波信号由 U_i 端输入，这时运放接成闭环增益为 1 的反相放大器。

运放的输出端接示波器，调输入方波信号的大小，使运放输出电压波形的峰峰值为 4 V。观察其上升沿，从上升沿计算出上升速率。

2. 方波发生器

能产生方波的电路有多种，本实验采用如图 6－9 所示的方法。图 6－9 中 R_1、R_2 构成正反馈，运放交替地翻转，电容 C 交替地充电、放电，一直循环下去即可产生周期性的方波。用示波器观察输出波形。

3. 方波-三角波转换电路

采用 LM324 等搭接如图 6－13 所示的电路，用双踪示波器同时观测出 u_{o1}（方波)和 u_{o2}(三角波)两波形,并画出这两个波形(要求两个波形坐标系的纵轴对齐)。

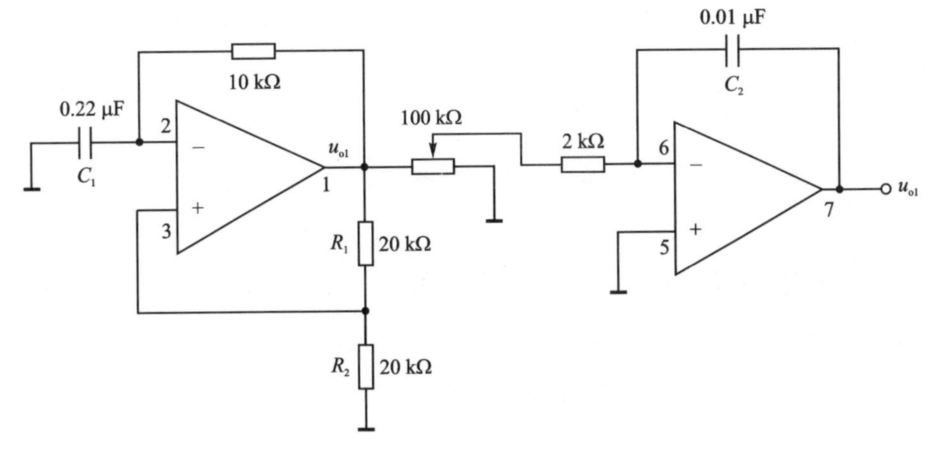

图 6-13　方波-三角波转换电路

4. 调试正弦波振荡器

① 用 LM324 搭接所设计的正弦波振荡器。

② 调节放大器增益,使系统产生无明显失真的稳定振荡。画出振荡波形,测出振荡频率。

③ 去掉稳幅电路,适当调整电路,观察输出波形,体会稳幅电路的作用。

五、注意事项

1. 双路直流稳压电源的正、负电源(±12 V)接法,如图 6-14 所示。

2. 集成运算放大器的各个引脚不要接错,尤其是正、负电源不能接反,否则极易损坏集成芯片。

3. 使用万用表测量电阻时,电阻不能带电。

4. 实验过程中改换电路时,一定要先关掉电源再换接电路,千万不能带电操作。

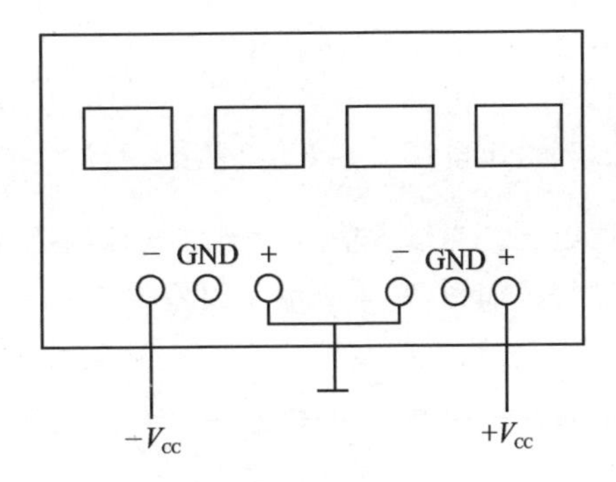

图 6-14　双路直流稳压电源的正、负电源接法

六、总结报告要求

1. 以表格形式列出各项测试所得的数据及最后结果。

2. 示波器上观察到的波形一律用坐标纸定量画出,并在图上注明必要的参数。

3. 以在正弦波振荡实验中观察到的现象,说明振荡器稳幅电路的作用。

4. 写出实验后的心得体会与建议。

第7章　集成运算放大器的综合应用

7.1　简易温度控制系统的构成

一、集成运算放大器的典型应用

集成运算放大器的基本应用可分为两类,即线性应用和非线性应用。当运放外加负反馈使其闭环工作在线性区时,可构成模拟信号运算放大电路、正弦波振荡电路和有源滤波电路等;当运放处于开环或外加正反馈使其工作在非线性区时,可构成各种幅值比较电路和波形发生器等。

1. 反相比例加法放大器

反相比例加法放大器电路如图7-1所示。R'为平衡电阻,实际选择时要求尽量满足$R'=R_1/\!/R_2/\!/R_f$。通常R_1、R_2和R_f的取值范围为1 kΩ~1 MΩ。图7-1中

$$u_o=-\left(\frac{R_f}{R_1}u_{i1}+\frac{R_f}{R_2}u_{i2}\right)$$

2. 滞回比较器

滞回比较器的典型电路如图7-2所示。u_R为参考电压,随着u_i的变化,当输出电压$u_o=U_{OH}$时,$u_R=U_{+H}=\frac{R_2}{R_2+R_f}U_{OH}$,称为上门限电压,也称为正向阈值电压。当输出电压$u_o=U_{OL}$时,$u_R=U_{+L}=\frac{R_2}{R_2+R_f}U_{OL}$,称为下门限电压,也称为负向阈值电压。当输入信号为正弦波时,输出信号的波形如图7-3所示。该电路的电压传输特性如图7-4所示。回差为$\Delta U_T=U_{TH}-U_{TL}=U_{+H}-U_{+L}$。

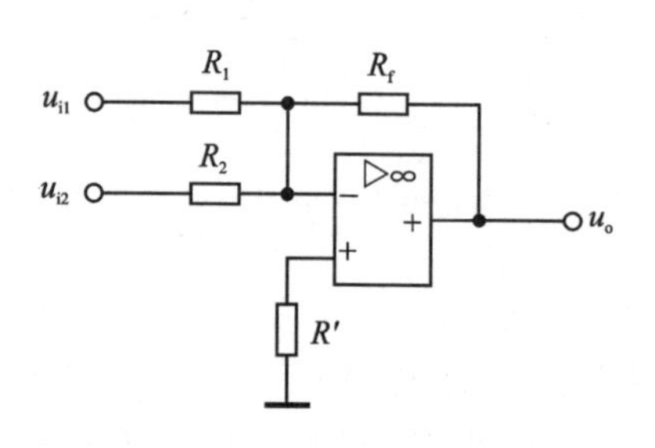

图7-1　反相比例加法放大器电路

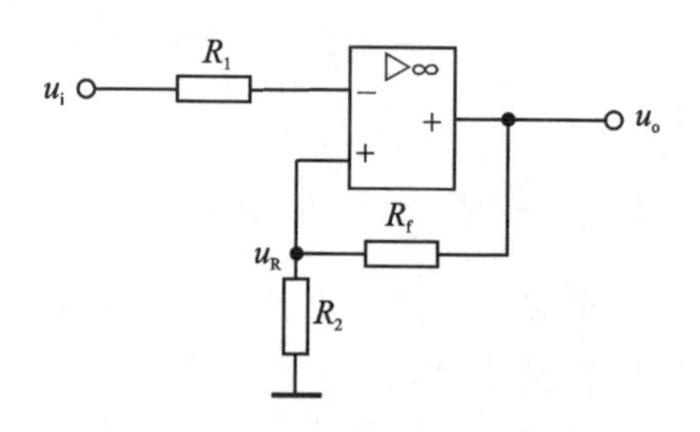

图7-2　滞回比较器的典型电路

当参考电压 $u_R=0$ 时，该电路为过零比较器。输入信号 u_i 每过零一次，比较器的输出端将产生一次电压跳变。过零比较器电路简单，但有缺点：一是当运放的开环放大倍数 A_0 不是很大时，输出电压在高低电位间转换的陡度不够大；二是当输入信号中夹有干扰时，输出状态可能随干扰信号翻转。为了克服上述缺点，常采用具有滞回特性的比较器。滞回比较器是带有正反馈的电压比较器，引入正反馈的目的是加速比较器的翻转过程。而且该电路回差的存在提高了电路的抗干扰能力，通过改变 u_R 的大小可控制门限电压的高低，例如 R_2 的接地端可以接某一基准电压，使得该滞回比较器具有非对称滞回特性曲线。比较器的用途很广泛，可用来构成非正弦信号发生器，如方波发生器、三角波发生器、施密特触发器等电路。

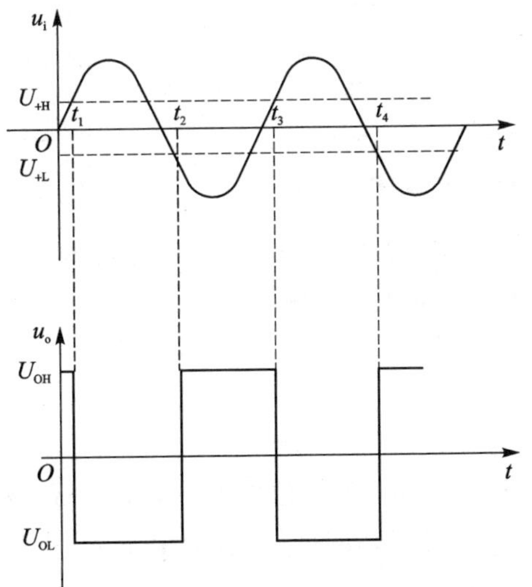

图 7-3　滞回比较器的输入/输出波形

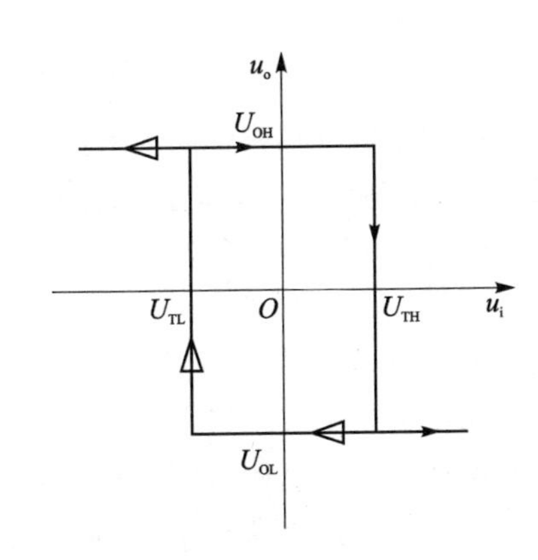

图 7-4　滞回比较器的电压传输特性

3. 跟随器

跟随器的电路如图 7-5 所示。它的输入电阻高，可减小对信号源电流的吸取，减轻信号源的负担，因此常作为系统电路的输入级。它的输出电阻低，输出电压稳定，带负载能力强，因此也常作为系统的输出级。利用输入电阻高，输出电阻低以及放大倍数近似等于 1 的特点，跟随器也可用作隔离级(或称缓冲级)，以隔断前级电路与后级电路或信号与负载之间的相互影响。

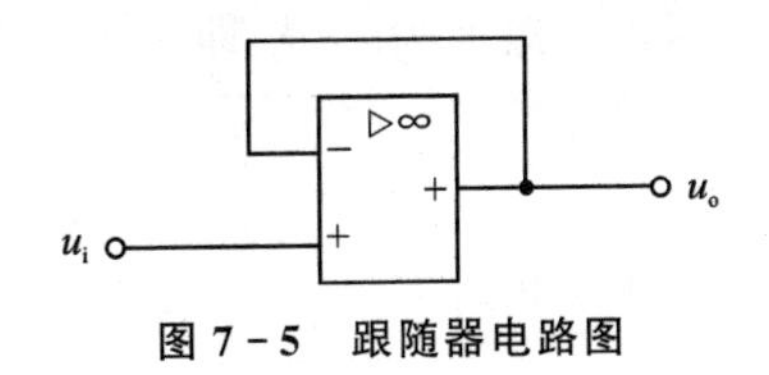

图 7-5　跟随器电路图

二、集成运算放大器的综合应用

集成运放的应用领域广泛，这里仅介绍一个温度控制系统电路，如图 7-6 所示。该电路由温度传感器、跟随器、加法电路、滞回比较器等组成。

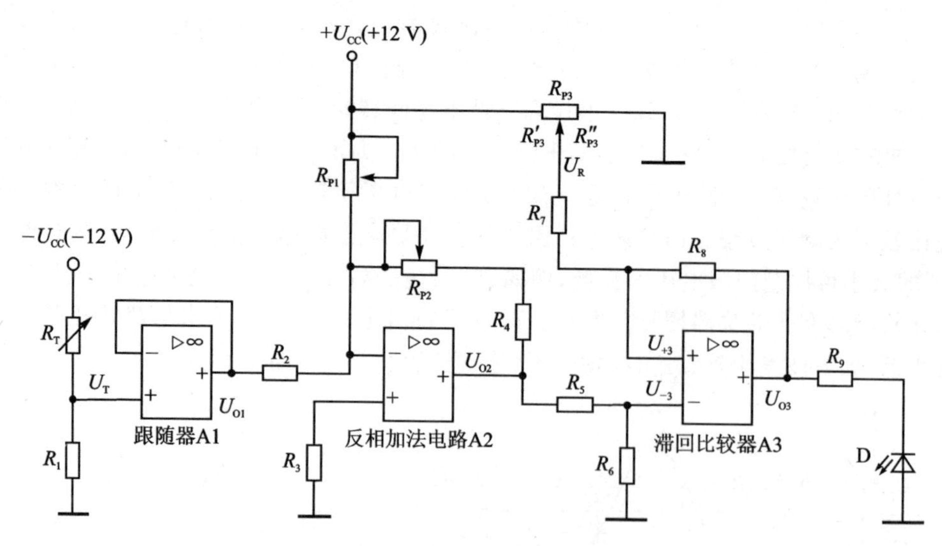

图 7-6　温度控制系统电路

温度传感器由具有负温度系数(阻值随温度的增加而减小)的热敏电阻 R_T、固定电阻 R_1 和电源 $-U_{CC}$ 构成。当温度从室温变到体温时,热敏电阻 R_T 的阻值约从 17 kΩ 变化至 8 kΩ,如果 R_1 取 510 Ω,那么 U_T 从 -0.4 V 变化至 -0.8 V,从而将温度变化转化成电压的变化。

跟随器由 A1 构成,起隔离作用,以避免后级对 U_T 的影响。

反相比例加法放大器由运放 A2、电阻 R_2、R_3、R_4 和电位器 R_{P1}、R_{P2} 构成,该部分电路设计的目的是使被测温度与输出电压相对应。例如,当被测温度为下限(即 $U_{O1}=U_{O1L}\neq 0$)时,要求 $U_{O2}=0$,则有

$$\frac{U_{O1}}{R_2}+\frac{U_{CC}}{R_{P1}}=0\Rightarrow R_{P1}=-\frac{U_{CC}}{U_{O1}}R_2$$

从上式可以确定 R_{P1} 和 R_2 的阻值关系。

当被测温度为上限(即 $U_{O1}=U_{O1H}\neq 0$)时,要求 $U_{O2}=U_{O2H}$,则有输入电压变化量为

$$\Delta U_{O1}=U_{O1H}-U_{O1L}$$

输出电压变化量为

$$\Delta U_{O2}=U_{O2H}-U_{O2L}=U_{O2H}$$

该电路的电压放大倍数为

$$A_f=\frac{\Delta U_{O2}}{\Delta U_{O1}}=\frac{U_{O2H}}{U_{O1H}-U_{O1L}}=-\frac{R_4+R_{P2}}{R_2}$$

从上式可以确定 R_4+R_{P2} 和 R_2 的阻值关系。

滞回比较器由集成运放 A3 和 R_5、R_6、R_7、R_8 及 R_{P3} 构成,其作用是调节温度控制范围。U_{-3} 与 U_{+3} 比较后,决定了集成运放 A3 的输出电平。A3 的反相输入电

压为

$$U_{-3}=\frac{R_6}{R_5+R_6}U_{O2}$$

A3 的同相输入电压为

$$U_{+3}=\frac{R_8}{R_7+R_8}U_R+\frac{R_7+R_P}{R_7+R_8+R_P}U_{O3}$$

式中：$R_P=R'_{P3}+R''_{P3}$。从式中可以确定 R_5、R_6、R_7、R_8 及 R_{P3} 的阻值关系。

电阻 R_9 和发光二极管 D 组成温度显示电路。当发光二极管亮时，表示温度处于高温区；当发光二极管暗时，表示温度处于低温区。

对图 7－6 所示电路进行适当的改进可以设计出一个具有实用性、较稳定的温度监测控制电路。

7.2　实验八　简易温度控制系统实验

一、实验目的

1. 熟悉集成运放的性能，掌握其使用方法。
2. 掌握集成运放线性应用典型电路的工作原理及其调试方法。
3. 掌握集成运放非线性应用典型电路的工作原理及其调试方法。
4. 学习设计由集成运放构成的简易温度控制系统，理解其工作原理并掌握其调试方法。

二、预习要求

1. 预习运放芯片的有关内容。
2. 复习反向比例加法放大器、滞回比较器的工作原理。
3. 分析图 7－6 所示电路的工作原理。
4. 设图 7－6 所示电路中 $U_{O3H}=+10$ V，$U_{O3L}=-10$ V，$U_R=1$ V，计算滞回比较器 A3 的上门限电压 U_{+H} 和下门限电压 U_{+L}。

三、实验设备及芯片

1. 双路直流稳压电源　　1 台；
2. 示波器　　1 台；
3. 函数信号发生器　　1 台；
4. 数字万用表　　1 块；
5. 实验板　　1 块；
6. LM324　　1 片。

四、实验内容与步骤

集成运放使用一片 LM324，采用双电源±12 V 供电。

1. 测试负温度系数热敏电阻在室温和体温两种情况下的阻值，并记录。

2. 连接图 7-6 所示温度传感器、跟随器电路，选择 $R_1=510\ \Omega$ 时，测试 U_{O1} 在室温和体温两种情况下的值，并记录。

3. 连接图 7-6 所示反相比例加法放大器电路，选择电阻 $R_2=2\ k\Omega$、$R_3=1.5\ k\Omega$、$R_4=12\ k\Omega$，电位器 $R_{P1}=100\ k\Omega$、$R_{P2}=22\ k\Omega$，调节电位器使得室温时 $U_{O2}=0$ V。记录此时所调 R_{P1}、R_{P2} 的阻值。

4. 连接图 7-6 所示滞回比较器、驱动电路，选择电阻 $R_5=2\ k\Omega$、$R_6=3\ k\Omega$、$R_7=1\ k\Omega$、$R_8=100\ k\Omega$，$R_9=3\ k\Omega$，电位器 $R_{P3}=1\ k\Omega$，调节 R_{P3} 使得发光二极管 D 在室温时暗，在体温时亮。记录对应 U_{O3} 的值，计算该比较器的回差。

5. 整体调试图 7-6 所示电路。

五、注意事项

1. 双路直流稳压电源的正、负电源接法。
2. 集成运算放大器的各个引脚不要接错。
3. 使用万用表测量电阻时，电阻不能带电。
4. 一定要先关掉电源再换接电路。

六、总结报告要求

1. 记录实验内容与步骤 1、2、3、4 中要求的数据。
2. 说明反相比例加法放大电路在温度控制系统中的作用。
3. 说明滞回比较器在温度控制系统中的作用。如何调节温度控制范围？
4. 写出实验后的心得体会与建议。

第 8 章　工业控制器件应用基础

8.1　常用工业控制器件介绍

1. 按　钮

按钮通常用来接通或断开控制电路，从而控制电机或其他电气设备的运行。如图 8－1 所示，这是一种复合按钮，每个按钮包含一对动合触点和一对动断触点。

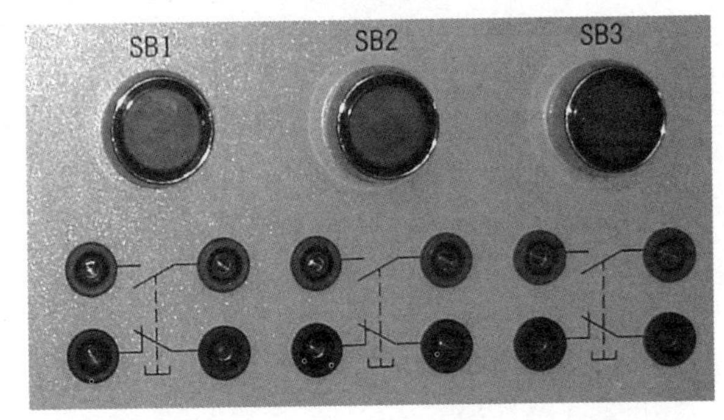

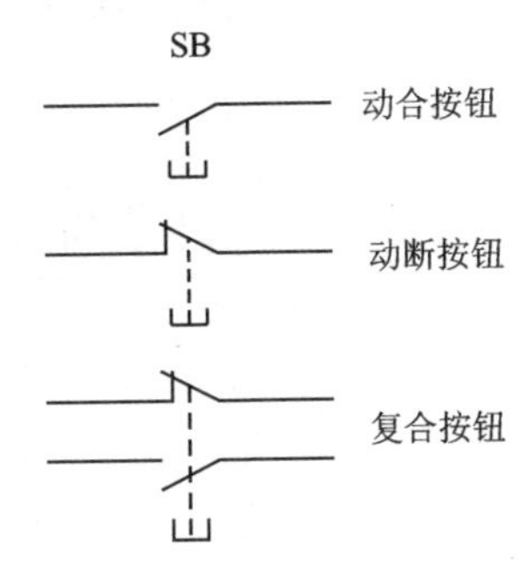

图 8－1　按钮及符号

2. 空气开关

空气开关是一种只要发生短路现象，开关形成回路就会跳闸的开关。它是一种利用空气来熄灭开关过程中产生的电弧的开关，其外形如图 8－2 所示。开关的脱扣机构是一套连杆装置。当主触点通过操作机构闭合后，就被锁钩锁在合闸的位置。如果电路中发生故障，则有关的脱扣器将产生作用使脱扣机构中的锁钩脱开，于是主触点在释放弹簧的作用下迅速分断。

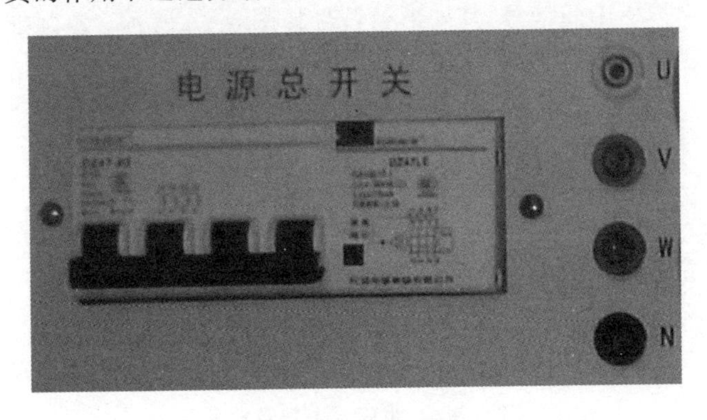

图 8－2　空气开关

3. 交流接触器

交流接触器是继电接触控制中的主要器件之一。它是利用电磁力来动作的,每小时可开闭几百次,常用来接通和断开电动机或其他设备的主电路,其外形和符号如图 8-3 所示。此交流接触器有三对动合主触点,允许通过较大的电流,通常接在主电路中;另外还有两对辅助触点,一对是动合触点,一对是动断触点,它们允许通过较小的电流,只能接在辅助(控制)电路中。

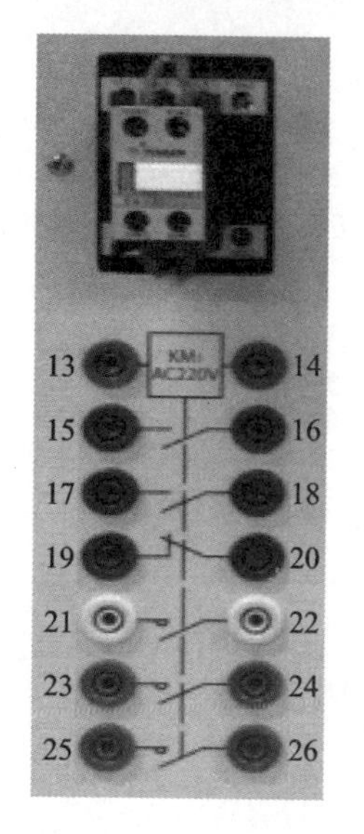

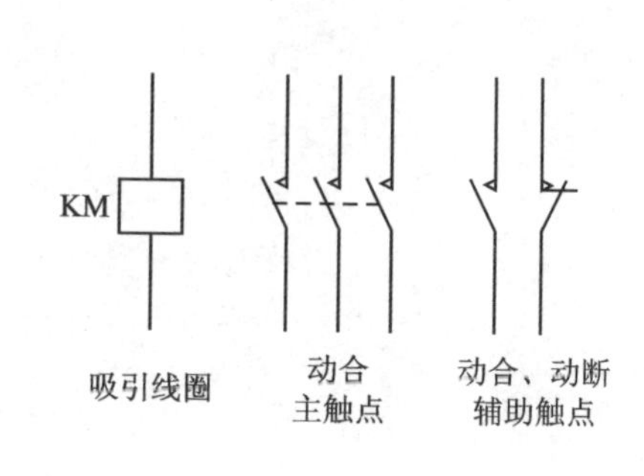

图 8-3 交流接触器及符号

选用交流接触器时,应注意它的线圈的额定电压、主触点的额定电流和额定电压、辅助触点的数量和类型。

4. 中间继电器

中间继电器用于继电保护与自动控制系统中,以增加触点的数量及容量。它用于在控制电路中传递中间信号,其外形及符号如图 8-4 所示。中间继电器的结构和原理与交流接触器基本相同,与接触器的主要区别在于:接触器的主触头可以通过大

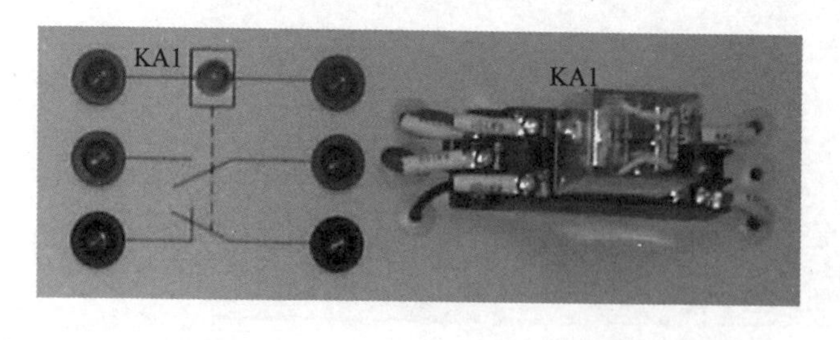

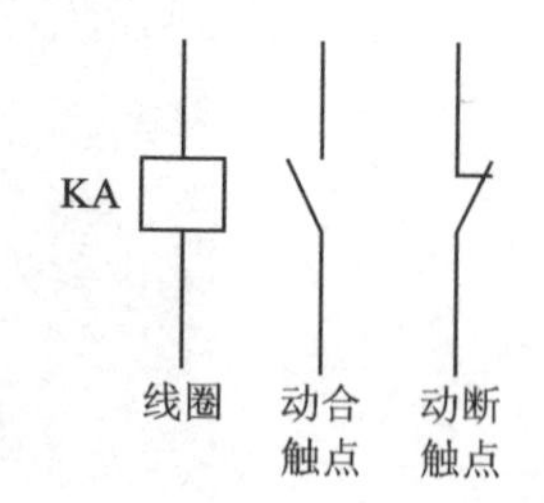

图 8-4 中间继电器及符号

电流，而中间继电器的触头只能通过小电流。所以，它只能在控制电路中使用。中间继电器一般是由直流电源供电，少数使用交流电源供电。沙河校区强电实验台的中间继电器是由直流电源供电的，采用正负 12 V 的直流电源。正负 12 V 的直流电源在实验台左下角，如图 8－5 所示。

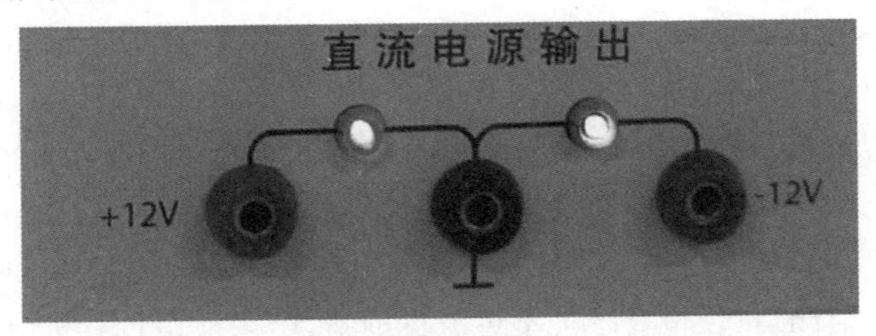

图 8－5　实验台提供的正负 12 V 的直流电源

选择中间继电器时要考虑环境、机械作用、线圈的激励参量、触点的输出参量等因素。

8.2　可编程控制器(PLC)

1. 概　述

可编程控制器的全称是可编程逻辑控制器 PLC(Programmable Logic Controller)。它是一种专门为在工业环境下应用而设计的数字运算操作的电子装置。它采用可编程存储器，用来在其内部存储执行逻辑运算、顺序运算、计时、计数和算术运算等操作的指令，并能通过数字式或模拟式的输入和输出，控制各种类型的机械或生产过程。PLC 及其有关的外围设备都应该按照易于与工业控制系统形成一个整体，易于扩展其功能的原则设计。

PLC 的特点是可靠性高、抗干扰能力强，控制程序可变、柔性好，编程简单、使用方便，功能完善、扩充方便、组合灵活，体积小、质量轻。在生产工艺流程改变或生产线设备更新的情况下，不必改变 PLC 的硬件设备，只需修改程序就可满足要求。

目前，PLC 在国内外已广泛应用于钢铁、石油、化工、电力、建材、机械制造、汽车、轻纺、交通运输、环保及文化娱乐等各个行业。今后，PLC 随着计算机技术的发展，会有运算速度更快、存储容量更大、智能更强的品种出现；会进一步向超小型及超大型方向发展，品种会更丰富、规格更齐全，人机界面会更完美；随着计算机网络的发展，可编程控制器作为自动化控制网络和国际通用网络的重要组成部分，将在工业及工业以外的众多领域发挥越来越大的作用。

从结构上分，PLC 可分为固定式和模块式两种。固定式 PLC 包括 CPU 板、I/O 板、显示面板、内存块、电源等，这些元素组合成一个不可拆卸的整体。模块式 PLC 包括 CPU 模块、I/O 模块、内存、电源模块、底板或机架，这些模块可以按照一定规则组合配置。

CPU是PLC的核心。CPU主要由运算器、控制器、寄存器及实现它们之间联系的数据、控制及状态总线构成,CPU单元还包括外围芯片、总线接口及有关电路。内存主要用于存储程序及数据。I/O模块集成了PLC的I/O电路,其输入暂存器反映输入信号状态,输出点反映输出锁存器状态。输入模块将电信号变换成数字信号进入PLC系统,输出模块相反。I/O分为开关量输入(DI)、开关量输出(DO)、模拟量输入(AI)、模拟量输出(AO)等模块。开关量按电压水平分为220 V AC、110 V AC、24 V DC。模拟量按信号类型分为电流型(4～20 mA,0～20 mA)、电压型(0～10 V,0～5 V,－10～10 V)等。电源模块用于为PLC各模块的集成电路提供工作电源,分为交流电源(220 V AC或110 V AC)和直流电源(常用的为24 V DC)。编程器是PLC开发应用、监测运行、检查维护不可缺少的器件,一般由计算机(运行编程软件)充当编程器。多数PLC具有RS－422、RS－232接口,还有一些内置有支持各自通信协议的接口。PLC的通信现在主要采用通过多点接口(MPI)的数据通信、PROFIBUS或工业以太网进行联网。

PLC软件系统由系统程序和用户程序两部分组成。系统程序包括监控程序、编译程序、诊断程序等,主要用于管理全机,将程序语言翻译成机器语言,诊断机器故障。系统软件由PLC厂家提供并已固化在EPROM中,不能直接存取和干预。用户程序是用户根据现场控制要求,用PLC的程序语言编制的应用程序(也就是逻辑控制),用来实现各种控制。

在可编程控制器中有多种程序设计语言,它们是梯形图语言、布尔助记符语言、功能表图语言、功能模块图语言及结构化语句描述语言等。梯形图语言和布尔助记符语言是基本程序设计语言,它通常由一系列指令组成,用这些指令可以完成大多数简单的控制功能,例如,代替继电器、计数器、计时器完成顺序控制和逻辑控制等,通过扩展或增强指令集,它们也能执行其他的基本操作。功能表图语言和结构化语句描述语言是高级的程序设计语言,它可根据需要去执行更有效的操作,例如,模拟量的控制,数据的操纵,报表的打印和其他基本程序设计语言无法完成的功能。功能模块图语言采用功能模块图的形式,通过软连接的方式完成所要求的控制功能,它不仅在可编程控制器中得到了广泛的应用,而且在集散控制系统的编程和组态时也被常常采用,它具有连接方便、操作简单、易于掌握等特点。

梯形图程序设计语言是最常用的一种程序设计语言。它来源于继电器逻辑控制系统的描述。在工业过程控制领域,电气技术人员对继电器逻辑控制技术较为熟悉,因此,由这种逻辑控制技术发展而来的梯形图受到了欢迎,并得到了广泛的应用。

梯形图程序设计语言的特点:与电气操作原理图相对应,具有直观性和对应性;与原有继电器逻辑控制技术相一致,对电气技术人员来说,易于掌握和学习;与原有继电器逻辑控制技术的不同点是,梯形图中的能流(Power Flow)不是实际意义的电流,内部的继电器也不是实际存在的继电器,因此,应用时需与原有继电器逻辑控制技术的有关概念区别对待;与布尔助记符程序设计语言有一一对应关系,便于相互的转换和程序的检查。

2. PLC 的内部结构

不同型号的 PLC 具体结构虽然不同，但其构成的一般原理基本相同，都是以微处理器为核心的电子电气系统。实际上 PLC 是一种工业控制计算机，其系统组成、工作原理与计算机相同。它是为取代传统的继电接触控制系统和其他顺序控制器而设计的，但它又与继电器控制逻辑的工作原理有很大区别。

PLC 主要由中央处理单元(CPU)、存储器(ROM，RAM)、输入/输出元件(I/O单元)、电源和编程器几大部分组成。其结构框图如图 8-6 所示。

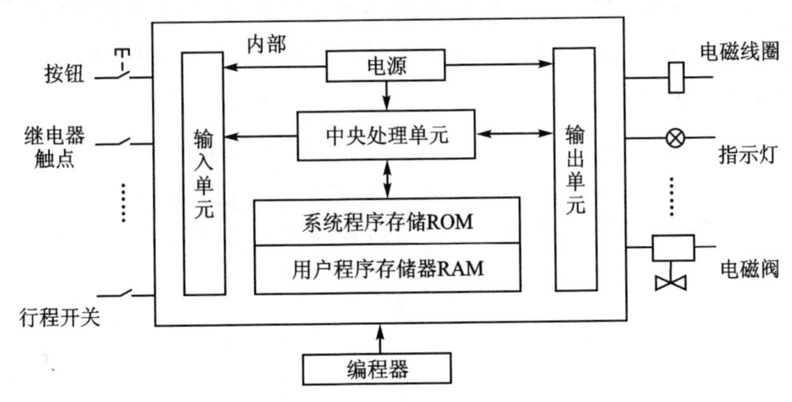

图 8-6　PLC 的结构框图

中央处理单元(CPU)。PLC 中所采用的 CPU 随机型不同而有所不同，通常为通用微处理器或者单片机。PLC 的档次越高，CPU 的位数也越多，运算速度也越快，其指令功能也越强。通过输入装置将外设状态读入，并按照用户程序去处理，根据处理结果通过输出装置控制外设。

存储器。PLC 的存储器分为两个部分：一是系统程序存储器，它是由生产 PLC 的厂家事先编写并固化好的只读存储器(ROM)，它关系到 PLC 的性能，不能由用户直接存取更改。其内容主要为监控程序、模块化应用功能子程序、命令解释和功能子程序的调用管理程序和各种参数等。二是用户程序存储器(RAM)，它主要用来存储用户编制的程序、输入状态、输出状态、计数和计时值以及系统运行必要的初始值。

输入/输出(I/O)接口模块。I/O 接口是 PLC 与现场 I/O 装置之间的连接部件。通过输入接口，PLC 可以接收外部设备的输入信号。输入信号来自按钮、传感器、行程开关等装置或元件。输入模块中的输入电路，根据输入信号或输入装置使用电压的不同分为直流(DC)输入电路和交流(AC)输入电路。外部输入开关是通过输入端子(例如 X0，X1，…)与 PLC 相连。PLC 的输出有三种形式：第一种是继电器输出型，CPU 输出时接通或断开继电器线圈，通过继电器触点控制外电路的通断；第二种是晶体管输出型，通过光耦合使晶体管截止或饱和导通以控制外电路；第三种是双向晶闸管输出型，采用的是光触发型双向晶闸管。在这三种输出中，以继电器型响应最慢。

编程器。编程器是编制、编辑、修改、调试和监控用户程序的必要设备。它通过通信接口与 CPU 联系,完成人机对话。编程器按结构和功能可以分为简易型和智能型两种。小型 PLC 常用简易编程器,大、中型 PLC 常用智能型编程器。除此以外,还可以用通用计算机作为编程器,配备相应软件包,能进行编程、编辑、生成事件等。目前,大多数 PLC 都可以用个人计算机作为编程器。

电源。PLC 的工作电源一般为单相交流电源,电源电压必须与 PLC 上标出的额定电压相符(通常为 220 V)。PLC 对电源的稳定度要求不高,一般允许电源电压额定值在±15%的范围内波动。PLC 包括一个稳压电源,用于对 CPU 和 I/O 单元供电。有些 PLC 电源部分还提供直流电压输出,用于对外部传感器供电。

3. PLC 的工作方式

PLC 采用循环扫描的工作方式。用户通过编程器将设计好的程序送入 PLC 中,CPU 将它们按先后次序放在指定的区间,启动命令输入后,CPU 从第一条指令开始顺序执行,完成指令规定的操作,直到遇到结束符号(END)后又返回第一条指令重复执行程序。CPU 的工作流程图如图 8-7 所示。

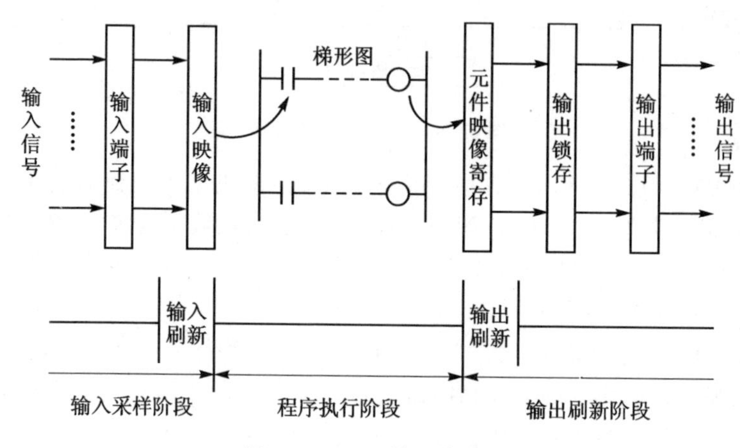

图 8-7 PLC 的工作流程

输入处理阶段。PLC 在输入处理阶段,以扫描方式顺序读入输入端的通/断状态,并将此状态存入输入映像寄存器。此时,输入映像寄存器被刷新。接着进入程序执行阶段。在程序执行期间,即使输入状态发生变化,输入映像寄存器的内容也不会发生变化,只有在下一扫描周期的输入处理阶段才能被读入。

程序执行阶段。PLC 在程序执行阶段,按先左后右先上后下的顺序,逐条执行程序指令,从输入映像寄存器和其他元件映像寄存器中读出有关元件的通/断状态。根据用户程序进行逻辑运算,运算结果再存入有关的元件映像寄存器中,即对每个元件而言,元件映像寄存器中所寄存的内容会随程序的进程而变化。

输出处理阶段。在所有的指令完成后,将输出映像寄存器(即元件映像寄存器中的 Y 寄存器)的通/断状态,在输出处理阶段转存到输出寄存器,通过隔离电路、驱动功率放大电路、输出端子,向外输出控制信号,这才是 PLC 的实际输出。

由 PLC 的工作过程可见,在 PLC 的程序执行阶段,即使输入发生了变化,输入状态寄存器的内容也不会变化,要等到下一周期的输入处理阶段才能改变。暂存在输出状态寄存器中的输出信号,等到一个循环周期结束,CPU 集中这些信号输送给输出锁存器,这才成为实际的 CPU 输出。因此,全部输入、输出状态的改变,就需要一个扫描周期。换言之,输入、输出的状态保持一个扫描周期。PLC 的循环扫描时间一般为几毫秒至几十毫秒。

4. PLC 程序的表达方式

PLC 的操作是以其程序要求进行的,而程序是用程序语言表达的。不同生产厂家生产的 PLC 以及不同机型采用的表达方式(编程语言)不同,但基本上归纳为两大类:图形符号(梯形图)和文字符号(类似于汇编语言的助记符),也有将这两种结合起来表示的 PLC 程序。

PLC 的主要使用者是在工厂里的广大的电气技术人员。为了满足他们的传统习惯和适应能力,通常采用的是有特色的编程语言梯形图。梯形图编程语言与电气控制原理图相似,它形象、直观、实用,为广大电气技术人员所熟悉。这种编程语言继承了传统继电控制逻辑中使用的框架结构、逻辑运算方式和输入/输出形式,使程序直观易读。当今世界各国厂家所生产的 PLC 大都采用梯形图编程语言。这种继电控制线路如图 8-8 所示,梯形图语言编程方式及对应的符号语言的关系如图 8-9 所示。

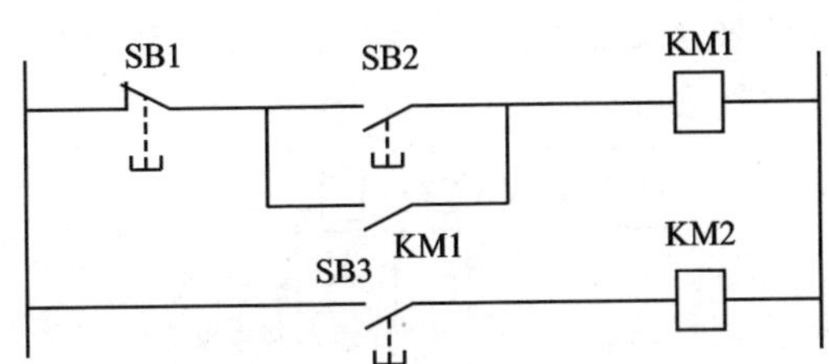

图 8-8　继电控制电路

图 8-8 中,将继电控制电路中的 SB1 用 X1("—|/|—"常闭触点)取代,SB2 用 X2("—| |—"常开触点)取代,KM1 用线圈 Y1("—( )—")取代,以此类推。PLC 梯形图左、右两条公共线称为母线(BUS BAR)。两条母线间按照一定的逻辑关系排列着触点和线圈,这些触点和线圈称为元件,它们只是逻辑定义上的元件,也就是说,实际上 PLC 内部没有这些元件。这种继电器的连接方式及工作状态均是用程序(软件)来控制的,故称之为软继电器。除此之外,该继电器的其他功能与传统的继电器一样,使用方便,修改灵活,是原继电器硬件无法比拟的。

每个梯形图由多个阶梯组成(见图 8-9),每个阶梯可由多个支路构成(每个输出元件可构成一个阶梯),每个支路可容纳多个编程元件。一个阶梯最右边的元件必

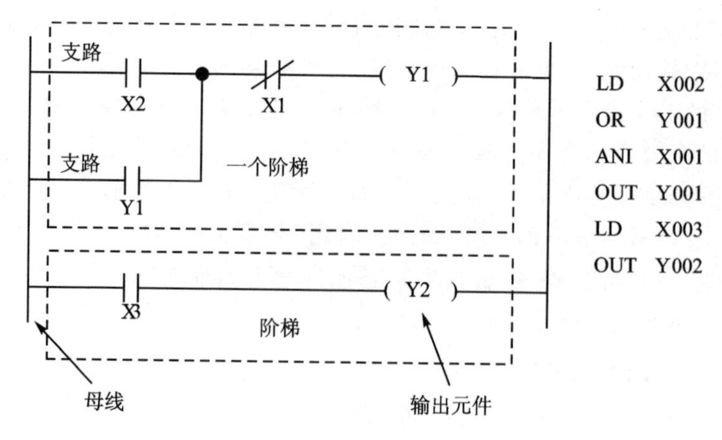

图 8-9　相应的梯形图与汇编语言

须是输出元件。PLC 的梯形图从上至下按阶梯绘制，只有当一个阶梯完成后才能继续后面的程序。每个阶梯从左至右，对于串联电路，并联触点多的支路应放在左边；对于并联电路，串联元件多的支路应放在上面。所有触点不论是外部按钮、行程开关还是继电器触点，在图形符号上只用"—| |—"（常开）和"—|/|—"（常闭）表示，输出用"—( )—"表示，而不计其物理属性。

5. FX_{1N}-24MR 型 PLC

FX_{1N} 系列 PLC 不仅具有小型可编程控制器所必需的结构紧凑、功能丰富、性能价格比高等优点，而且应用范围广泛，如注塑机、电梯控制、印刷机、包装机、纺织机等。FX_{1N}系列 PLC 的符号含义如图 8-10 所示。FX_{1N}系列 PLC 的型号见表 8-1，FX_{1N}系列 PLC 性能规格见表 8-2。

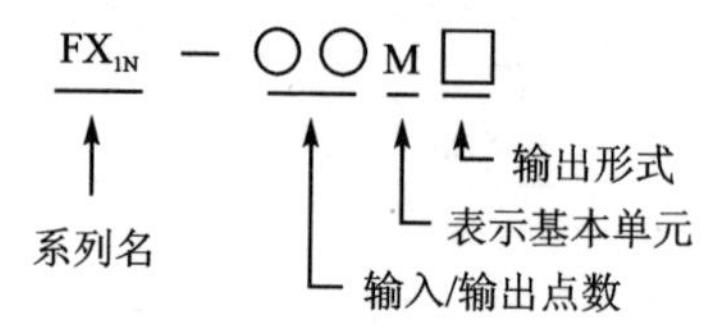

图 8-10　基本单元型号的含义

表 8-1　FX_{1N} 系列 PLC 的型号

FX_{1N} 系列		输入点数	输出点数
继电器输出	晶体管输出		
FX_{1N}-14MR	—	8	6
FX_{1N}-24MR	FX_{1N}-24MT	14	10
FX_{1N}-40MR	FX_{1N}-40MT	24	16
FX_{1N}-60MR	FX_{1N}-60MT	36	24

表 8-2　FX_{1N} 系列 PLC 的性能规格

操作名称	性能指标		备　注
运算控制方式	对所存程序做反复运算处理		有中断指令
I/O 控制方式	批处理方式		有 I/O 刷新的指令、脉冲捕捉功能
运算处理速度	基本指令 0.55～0.7 μs		
编程语言	梯形图和符号语言		
程序容量	内置 8 KB EEPROM		可选 FX_{1N} - EEPROM - 8L 存储器
指令种类	顺控指令 27 种，步进梯形图指令 2 种，应用指令 89 种		
输入/输出点数	输入点数	X000～(八进制编号)	总数在 128 点之内
	输出点数	Y000～(八进制编号)	
辅助继电器	通用	M0～M383	共 384 点
	保持用	M384～M511	共 128 点
	特殊用	M8000～M8255	共 256 点
状态寄存器	初始化用	S0～S9	共 10 点
	保持用	S10～S127	共 118 点
定时器（延时置 ON）	100 ms	T0～T199 (0.1～3 276.7 s)	共 200 点
	10 ms	T200～T245(0.01～327.67 s)	共 46 点
	1 ms	T246～T249(0.1～3 276.7 s) 通过电容停电保持	共 4 点
	100 ms	T250～T255(0.1～3 276.7 s) 通过电容停电保持	共 6 点
计数器	16 位通用	C0～C15 共 16 点，增计数器	
	16 位保持用	C16～C31(0～32 767 计数器)	共 16 点，EEPROM 保持
		C32～C199(0～32 767 计数器)	共 168 点，电容保持
	32 位高速双向计数器	C200～C255 (−2 147 483 648～+2 147 483 647)	共 56 点
数据寄存器（使用一对为 32 位）	16 位通用	D0～D127	共 128 点
	16 位保持用	D128～D255	共 128 点，EEPROM 保持
		D256～D7999	共 7 744 点，电容保持
	16 位特殊用	D8000～D8255	共 256 点
	文件寄存器	D1000～D7999	最大 7 000 点，取决于存储器容量
	16 位变址用	V0～V7、Z0～Z7	共 16 点

续表 8-2

操作名称	性能指标		备　注
指针	JAMP、CALL 跳转用	P0～P127	共 128 点
	输入中断、定时中断用	10～15	共 6 点
嵌套	主控用	N0～N7	共 8 点
常数	十进制(K)	16 位：-327 678～+32 767 32 位：-2 147 483 648～+2 147 483 647	
	十六进制(H)	16 位：0000～FFFF 32 位：00000000～FFFFFFFF	

FX_{1N}系列 PLC 既能独立使用基本单元，又可将基本单元与扩展单元、扩展模块组合使用。基本单元内置电源、输入、输出电路及 CPU 与存储器，是可编程控制器的核心部分。扩展单元是为扩展基本单元的输入、输出点数的单元，也有内置电源。扩展模块与扩展单元一样，是为了扩展输入、输出点数，所不同的是扩展模块的电源由基本单元提供。

FX_{1N}-24MR 型 PLC 是将 CPU、电源、存储器、输入/输出都组成一个单元的可编程控制器，而且内置 DC 24 V 的传感器用电源。输入/输出设备可扩展至 128 点；内置 RUN/STOP 开关；内置电位器用来调整定时器的时间；内置 8 KB 的 EEPROM 的程序内存；可连接 RS-232、RS-485 用于通信等，如图 8-11 所示。

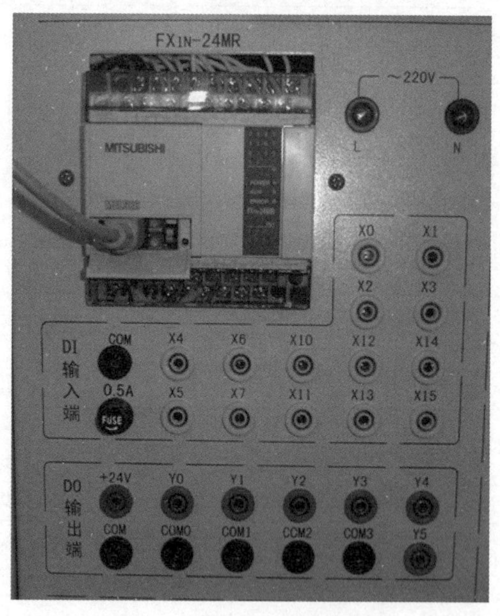

图 8-11　FX_{1N}-24MR 型 PLC

FX_{1N}－24MR 可编程控制器面板如图 8－12 所示，它可分为三部分，输入部分、输出部分和状态指示部分，其中⊠是连接线的接点。

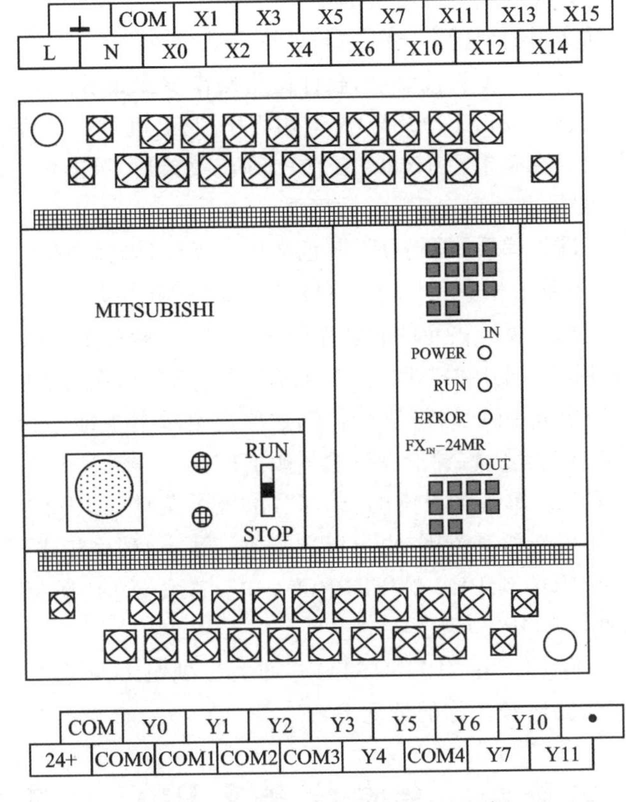

图 8－12　FX_{1N}－24MR 型 PLC 面板

各部分的名称及作用如下：

① 电源端子(L、N)，100～240 V 交流电源，严禁把交流电源线接到输入端子或＋24 V 端子上，那样会烧坏可编程控制器。

② 空端子(・)，请勿在空端子上接线。

③ 输入端子(COM，X0，X1，…)，所有输入端子的一端都连接到公共端 COM 上。

④ 输入 LED 指示灯(状态指示)，若某一输入端子通电，则相应的输入 LED 指示灯亮。

⑤ 辅助电源(24 V、COM、传感器电源)。

⑥ 输出端子(COM0，COM1，…；Y0，Y1，…)。

⑦ 输出 LED 指示灯(状态指示灯)，若某一输出端子通电，则相应的输出 LED 指示灯亮。

⑧ PLC 状态指示灯："POWER"表示电源状态，"RUN"表示运行状态，"ERROR"表示出错。

⑨ 座盖板，盖板内设置了 RUN/STOP 开关和串行口插座。当 RUN/STOP 开关设置在 RUN 时，可编程控制器进入运行。当计算机与可编程控制器在进行通信时，RUN/STOP 开关应放在 STOP 位置。

⑩ 外部设备插座，该插座用于 PLC 与计算机进行通信。

对于 $FX_{1N}-24MR$ 可编程控制器，软件使用操作步骤如下：

① 进入编程状态。双击 FXGPWIN 应用程序图标，则可进入编程状态。

② 建立新文件。在菜单栏中，单击 FILE，弹出菜单后，单击新文件。

③ 选择 PLC 的机型。单击 FX_{1N} 后确认。

④ 输入元件。进入梯形图画面后，蓝色方块为光标，光标在哪儿，即可在哪儿输入元件。按设计要求单击相应元件，如“┤├”“┤/├”和“-( )-”等。单击元件后，弹出对话框，在对话框中说明该元件的名称如 X1、Y1 等，然后单击确认即可把元件输入到梯形图上。最后一行要用“END”结束，先单击“[ ]”，然后在对话框中输入“END”。

⑤ 将梯形图转换成 PLC 的可执行代码。单击菜单栏下面一行工具栏中的“转换按钮”图标，即可自动完成将梯形图到机器码的转换。

⑥ 程序传送下载。单击菜单中的“PLC”，出现子菜单，单击“传送”，再单击“写出”，出现范围选择，可选所有范围，也可以选步数。注意：程序传送下载是利用 RS-422 串行口完成的，传送到 PLC 的 EEPROM 中。在传送前，应将 PLC 的“RUN/STOP”开关设置在“STOP”位置。

⑦ 运行程序。将 PLC 的“RUN/STOP”开关拨到“RUN”位置，运行已下载到 PLC 中的程序（在线路已经接好的情况下）。

8.3 实验九 继电控制及 PLC 应用基础

一、实验目的

1. 加深了解几种常用的继电控制电器的基本结构和作用。
2. 学习连接和检查继电控制电路的方法。
3. 了解可编程控制器的基本结构和工作原理，掌握弱电控制强电的基本方法。
4. 学习可编程控制器的基本编程和使用方法。

二、预习要求

1. 复习理论课中三相异步电动机正反转控制电路的工作原理。
2. 熟悉正反转控制电路中各种符号的意义及其在电路中的作用。
3. 复习“可编程控制器”的工作原理及编程方法。
4. 预习本实验使用的各种控制电器和 PLC 的使用方法。
5. 用传统的继电控制电器设计出具有自锁和电气互锁功能的三相异步电动机

正反转控制线路图，要求该线路图包括主电路和控制电路，而且只能使用本实验中介绍的控制电器。

6. 将上述正、反转控制电路转化成 PLC 的编程语言——梯形图。

7. 三相异步电动机在启动时断了一根电源线，电动机能否启动？如果在运行中断了一根电源线，那么电动机是否会停止运转？此时对电动机有何影响？

8. 若按下启动按钮时，交流接触器的线圈吸合，手抬起后马上释放，试问电路有何问题？

9. 采用什么方法避免两个交流接触器的主触点同时接通造成电源短路？

10. 如何实现电机正反转的转换？

三、实验设备

1. 三相异步电动机　　1 台；
2. 按钮　　3 个；
3. 交流接触器　　2 个；
4. 中间继电器　　2 个；
5. FX_{1N} - 24MR 可编程控制器　　1 台；
6. 微型计算机　　1 台；
7. 数字万用表　　1 块。

四、实验内容与步骤

1. 熟悉各种继电控制电器。

2. 利用传统的继电控制电器设计三相异步电机正反转控制电路，并完成调试。

先调试控制电路。断开主电路的电源开关，接通控制电路的电源，分别按两个启动按钮和一个停止按钮，观察两个交流接触器的动作是否符合设计要求。若不符合要求，则可用数字万用表通过测交流电压或电阻的方法来检查电路，排除其故障。测电阻时，一定要关断电路电源。

再调试主电路。控制电路工作正常后，方可接通主电路电源，观察整个电路工作是否正常。若电机不转动或转速很慢并发出嗡嗡声，则应立即断电，检查主电路的故障并排除。

整个电路调试完成后，关断电源，拆除该电路。

3. 利用 PLC 设计一个三相异步电机正反转控制电路，并完成调试。

硬件参考电路如图 8 - 13 所示。L、N 端接 220 V 交流电，作为 PLC 的供电电源（沙河校区强电实验台内部已将 L、N 连接好，无需再接线）。X0、X1 和 X2 为 PLC 的开关量输入端子，按钮 SB0、SB1、SB2 分别作为停止、正转和反转按钮。Y0 和 Y1 为 PLC 的输出端子，KA1、KA2 为中间继电器的线圈，设置中间继电器，目的是保护 PLC。K_{11}、K_{12} 为中间继电器 KA1 的常开触点，K_{21}、K_{22} 为中间继电器 KA2 的常开触点。注意中间继电器 KA1、KA2 采用的是直流正负12 V 的电源。COM0、COM1 是输出公共端。KM_R、KM_F 分别表示两个交流接触器。

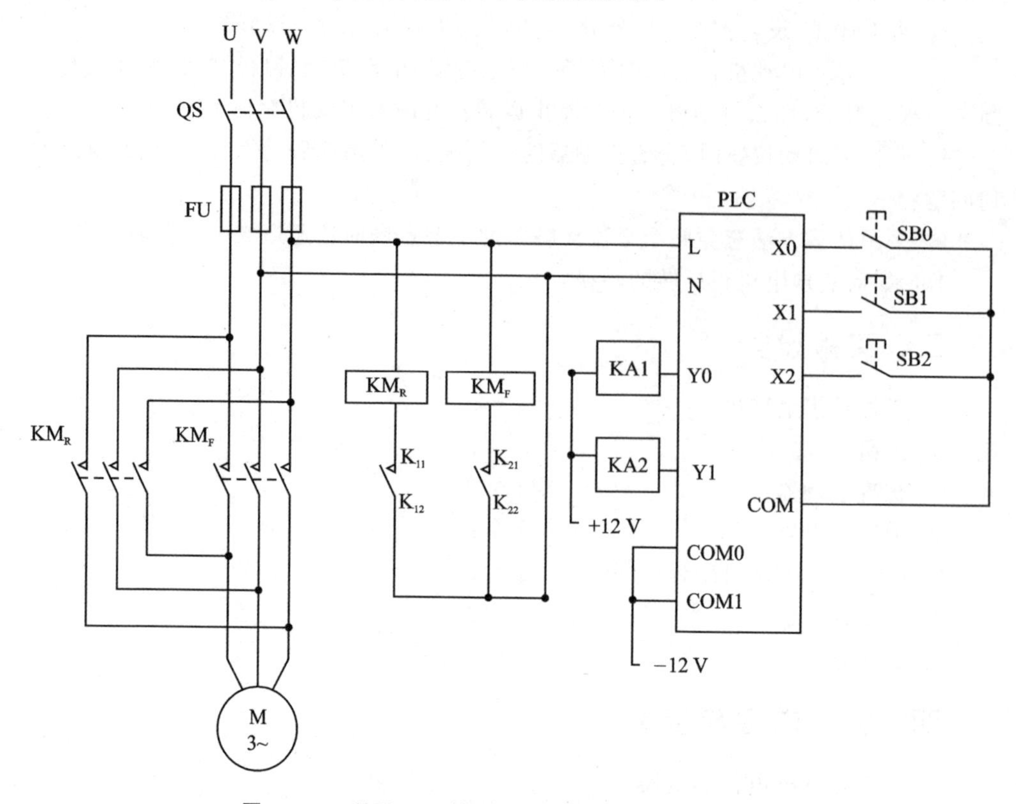

图 8－13　利用 PLC 控制三相异步电机正反转电路图

连接硬件电路，设计梯形图，将梯形图转换并通过串口传送到 PLC 的存储器中。观察整个电路的运行情况。

4. 利用 PLC 设计一个三相异步电机正反转定时控制电路，并完成调试。

要求电路能实现电机“正转 6 s—停机 5 s—反转 6 s—自动停机”的功能。设计梯形图，实现该功能。

该设计中需要用到 PLC 中的定时器 T，定时器的用法如图 8－14 所示。X000

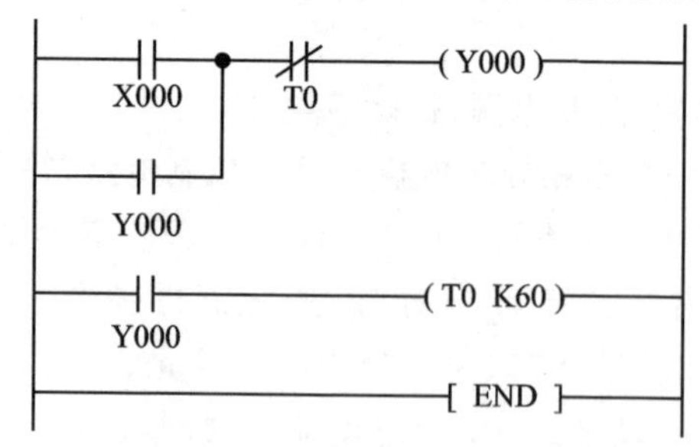

图 8－14　实现定时控制的梯形图

为启动按钮，Y000 为交流接触器，T0 为定时器，K60 表示定时时间为 6 s。该程序实现电机启动运转 6 s 后自动停止的功能。

五、注意事项

1. 连接电路时，一定要先接好控制电路，再连接主电路。注意用万用表按从前向后的顺序检查控制电路。

2. 启动电机时要密切观察电机是否有异常现象，若电机转动缓慢、发出嗡嗡声或电机不转等，应立即关断电源开关，检查主电路。

3. 老师检查后，应将电路连线全部拆掉。PLC 控制电路重新连线。

4. PLC 的输入端子 X_n 千万不能接到 220 V 电源上，否则将烧毁 PLC。

六、总结报告要求

1. 画出实验内容与步骤 2 的电动机正反转的控制电路图。

2. 画出实验内容与步骤 3、4 的硬件电路图和梯形图。

3. 写出本次实验的心得体会与建议。

第9章 TTL及CMOS门电路

9.1 TTL与非门及CMOS门电路简介

本实验以目前使用较普遍的TTL与非门和CMOS非门电路为例，介绍集成逻辑门电路静态参数及逻辑功能的测试方法。

1. TTL与非门的主要参数

(1) 输出高电平U_{OH}

输出高电平是指与非门有一个以上的输入端接地或低电平时的输出电平值。空载时U_{OH}必须大于标准高电平($U_{SH}=2.4$ V)，接有拉电流负载时U_{OH}将下降。测试U_{OH}的电路如图9-1所示。

(2) 输出低电平U_{OL}

输出低电平是指与非门的所有输入端都接高电平的输出电平值。空载时U_{OL}必须低于标准低电平($U_{SL}=0.4$ V)，接有灌电流负载时U_{OL}将上升。测试U_{OL}的电路如图9-2所示。

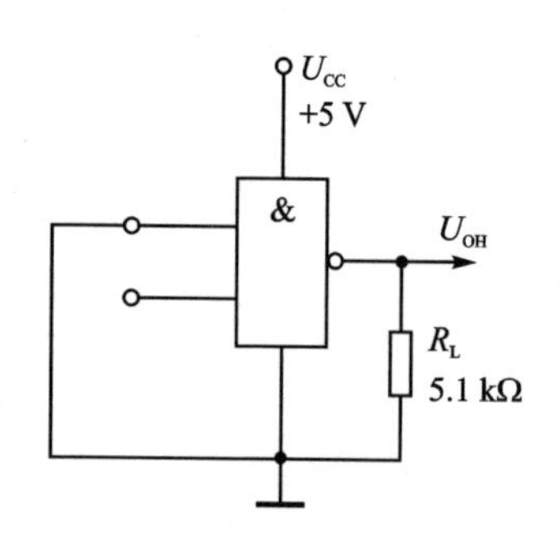

图9-1 测试输出高电平

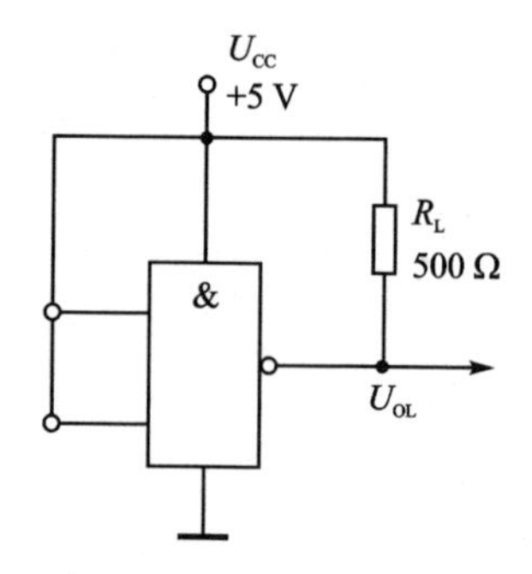

图9-2 测试输出低电平

(3) 输入短路电流I_{IS}

输入短路电流I_{IS}是指被测输入端接地，其余输入端悬空时，由被测输入端流出的电流。前级输出低电平时后级门的I_{IS}就是前级的灌电流。一般$I_{IS}<1.6$ mA，测试I_{IS}的电路如图9-3所示。

(4) 扇出系数N

扇出系数N是指能驱动同类门电路的数目，用以衡量带负载的能力。测量电路如图9-4所示，即测出输出不超过标准低电平时的最大允许负载电流I_{OL}，然后计算$N=I_{OL}/I_{IS}$。一般$N>8$的与非门才被认为是合格的。

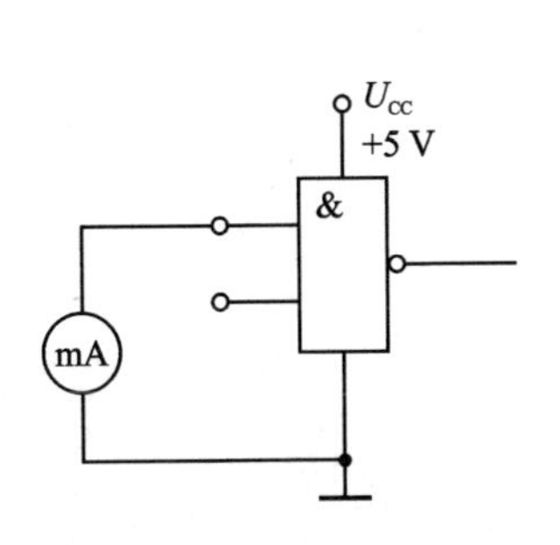

图 9－3　测试输入短路电流

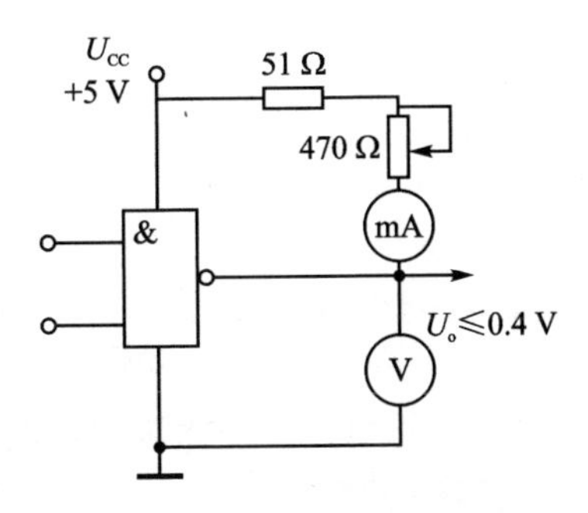

图 9－4　测试扇出系数

(5) TTL 与非门的传输特性

TTL 与非门的电压传输特性如图 9－5 所示。利用电压传输特性可以检查和判断 TTL 与非门是否工作正常，同时可以直接读出其主要静态参数如 U_{OH}、U_{OL}、U_{ON}、U_{OFF} 和 Δ_1、Δ_0。传输特性的测试电路如图 9－6 所示。

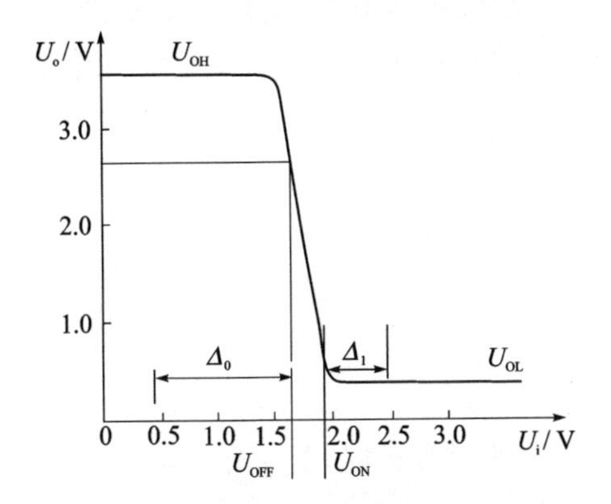

图 9－5　TTL 与非门传输特性

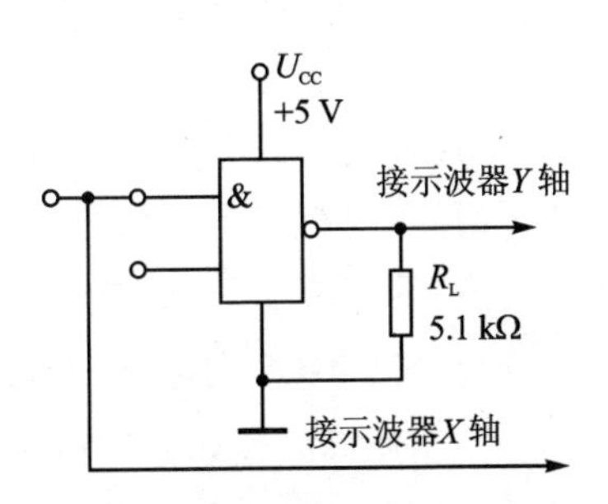

图 9－6　传输特性的测试电路

开门电平 U_{ON} 是保证输出为标准低电平 U_{SL}(0.4 V)时允许的最小输入高电平值。一般 U_{ON}＜1.8 V。

关门电平 U_{OFF} 是保证输出为标准高电平 U_{SH}(2.4 V)时允许的最大输入低电平值。高电平抗干扰能力 $\Delta_1=U_{SH}-U_{ON}$，低电平抗干扰能力 $\Delta_0=U_{OFF}-U_{SL}$。

2. CMOS 门电路

CMOS 电路是在 MOS 电路基础上发展起来的一种互补对称场效应管集成电路。CMOS 非门电路如图 9－7 所示，图中 T1 为驱动管，采用 N 沟道增强型(NMOS)，T2 为负载管，采用 P 沟道增强型(PMOS)，两管栅极相连为输入端，漏极也相连为输出端，组成互补对称结构。

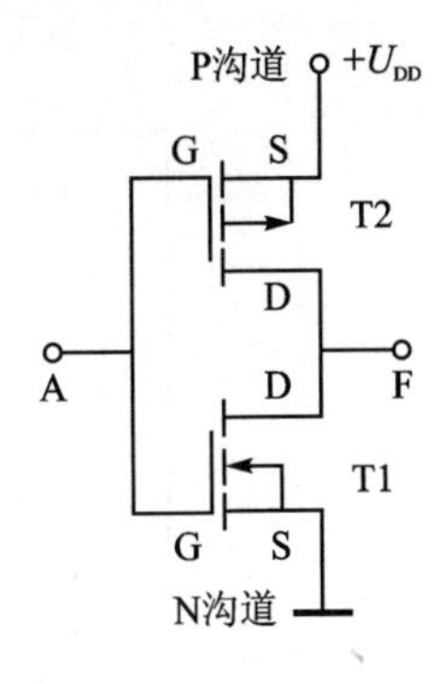

图 9－7　CMOS 非门电路

(1) CMOS 集成电路的特点

① 静态功耗极低。74 系列的 TTL 门功耗约为 10 mW，而 CMOS 电路只有 0.01～0.1 μW。

② 允许电源电压有较大波动。CMOS 电路的电源电压范围为 3～15 V，当电源电压波动较大时仍能正常工作。

③ 抗干扰能力强。CMOS 电路抗干扰能力为 1.5～6 V，可达到电源电压的 45%且随电源电压的增高抗干扰能力也增强，而 TTL 电路的抗干扰能力为 0.8 V 左右，为电源电压的 16%。

④ 扇出系数大。CMOS 电路由于输入阻抗极高，扇出系数可达到 50。但当 CMOS 电路的负载含有容性负载时，负载数目的增加会导致传输时间上升、工作速度下降。

⑤ 温度稳定性好。

(2) 使用 CMOS 电路时应注意的问题

① 由于 CMOS 电路的输入阻抗高，容易感应较高电压，造成绝缘栅损坏，因此 CMOS 电路多余或临时不用的输入端不能悬空，可以把它们并联起来或直接接到高电平（与非门）或低电平（或非门）上。

② CMOS 电源 U_{DD} 接正极，U_{SS} 接负极或地，绝对不能接反。

③ CMOS 的输入电压应在 $U_{SS} \leqslant U_I \leqslant U_{DD}$ 范围内。

④ CMOS 电路内部一般都有保护电路，为使保护电路起作用，工作时应先开电源再加信号，关闭时应先关断信号源再关电源。

3. TTL 与 CMOS 门电路的互连

在一个系统同时使用不同电气标准的数字电路器件时，要注意互连输入/输出引脚上的电平和电流配合是否合适。表 9-1 给出了在电源电压 $U_{CC}=+5$ V 时，TTL 及 CMOS 门电路的主要参数。

表 9-1　TTL 及 CMOS 门电路的主要参数

参　数	74HCMOS	74TTL	74LSTTL
$U_{IH,min}$/V	3.5	2.0	2.0
$U_{IL,max}$/V	1	0.8	0.8
$U_{OH,min}$/V	4.9	2.4	2.7
$U_{OL,max}$/V	0.1	0.4	0.4
$I_{IH,max}$/μA	1.0	40	20
$I_{IL,max}$	−1.0 μA	−1.6 mA	−400 μA
$I_{OH,max}$	−4.0 mA	−400 μA	−400 μA
$I_{OL,max}$/mA	4.0	16	8

由表9-1可见，当都采用+5 V电源电压时，TTL与CMOS的电平基本上是兼容的。当用CMOS驱动TTL时，CMOS的$U_{\mathrm{OH,min}}=4.9\ \mathrm{V}$，而TTL的$U_{\mathrm{IH,min}}=2.0\ \mathrm{V}$；CMOS的$U_{\mathrm{OL,max}}=0.1\ \mathrm{V}$，而TTL的$U_{\mathrm{IL,max}}=0.8\ \mathrm{V}$，都能满足配合要求，可以直接相连。当用TTL驱动CMOS时，TTL的$U_{\mathrm{OL,max}}=0.4\ \mathrm{V}$，而CMOS的$U_{\mathrm{IL,max}}=1.0\ \mathrm{V}$可以满足需求；但从高电平来看，TTL的$U_{\mathrm{OH,min}}=2.4\ \mathrm{V}$，CMOS的$U_{\mathrm{IH,min}}=3.5\ \mathrm{V}$，在此种情况下TTL不能直接驱动CMOS，此时可以在TTL输出端与电源之间接一上拉电阻，如图9-8所示，电阻R的取值可根据下式决定。

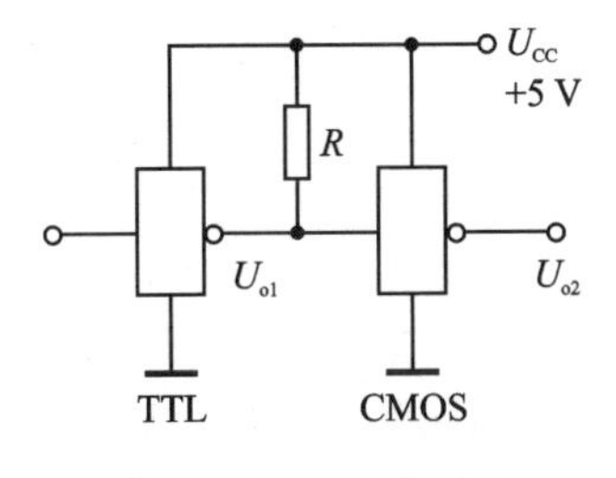

图9-8　上拉电阻R

在忽略$I_{\mathrm{IL,max}}$的情况下，其最小值

$$R_{\min}=\frac{U_{\mathrm{CC}}-U_{\mathrm{OL,max}}}{I_{\mathrm{OL,max}}}=\frac{5.0\ \mathrm{V}-0.4\ \mathrm{V}}{16\ \mathrm{mA}}$$
$$=288\ \Omega$$

考虑CMOS的输入电容，来决定其最大值。假设COMS的输入电容为10 pF，有

$$U_{\mathrm{IH,min}}=U_{\mathrm{CC}}\left(1-\mathrm{e}^{-\frac{t}{RC}}\right)$$

$$R_{\max}=\frac{t}{C\cdot\ln\dfrac{U_{\mathrm{CC}}}{U_{\mathrm{CC}}-U_{\mathrm{IH,min}}}}$$

一般要求$t\leqslant 500\ \mathrm{ns}$，则由上式可得$R_{\max}=8.3\ \mathrm{k\Omega}$。综合上述情况，通常$R$值取3.3～4.7 kΩ。

如果CMOS电源电压较高，当用TTL驱动CMOS电路时，TTL输出端仍可接上拉电阻，但需采用集电极开路门电路，或采用电平转换电路来实现电平的匹配。CMOS驱动TTL电路时可采用CD4049或CD4050缓冲器/电平转换器等器件作为接口电路实现电平转换。

9.2　实验十　TTL与非门及CMOS门电路实验

一、实验目的

1. 学习和掌握TTL与非门的主要参数及传输特性的常用测试方法。
2. 了解CMOS非门电路的性能参数和特点。
3. 熟悉TTL与CMOS器件的互连方法。

二、预习要求

1. 复习 TTL 与非门的工作原理及各主要参数的意义与测试方法。
2. 复习 CMOS 反相器的工作原理，了解使用方法。
3. 熟悉集成芯片 74LS00、CD4011 的引脚图以及 CD4007 的引脚图和内部电路图。
4. 熟悉数字电路实验箱的使用。

三、实验设备及芯片

1. 数字实验箱　　　　1 套；
2. 双踪示波器　　　　1 台；
3. 函数信号发生器　　1 台；
4. 数字万用表　　　　1 块；
5. 74LS00　　　　　　1 片；
6. CD4011　　　　　　1 片；
7. CD4007　　　　　　1 片。

四、实验内容与步骤

1. 测试 TTL 与非门(74LS00)的主要参数。

① 空载和带载时输出高电平 U_{OH}。

② 空载和带载时输出低电平 U_{OL}。

③ 输入短路电流 I_{IS}。

④ 扇出系数 N。

2. 测试并绘制 TTL 与非门(74LS00)的电压传输特性。

按图 9-6 接好电路，输入端用函数信号发生器提供 500 Hz 锯齿波信号(信号电压应先用示波器观测并调节在 0～5.0 V 范围)，用示波器 $X-Y$ 方式观察电压传输特性，并用坐标纸绘出曲线，标出 U_{OH}、U_{OL}、U_{ON}、U_{OFF}，计算出 Δ_1 和 Δ_0。

3. TTL 与 CMOS 互连实验。

① 按图 9-9 接线，输入信号为 100 kHz 方波，用示波器分别观察 U_{O1}、U_{O2} 的波形，并记录上升沿波形，计算上升速率。

② 按图 9-10 接线，输入信号为 100 kHz 方波，用示波器分别观察 U_{O1}、U_{O2} 的波形，并记录上升沿波形，计算上升速率。

4. CD4007 实验。CD4007 内部电路如图 9-11 所示。

① 用 CD4007 实现三输入与非门功能，即 $F=\overline{ADI}$，画出接线图，由实验结果列出其真值表，并测出高、低电平值。

② 用 CD4007 实现三输入或非门功能，即 $F=\overline{A+D+I}$，画出接线图，由实验结果列出其真值表。

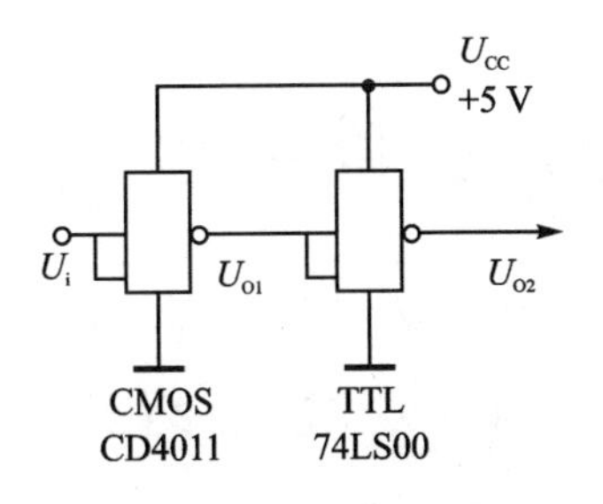

图 9-9　CMOS 驱动 TTL

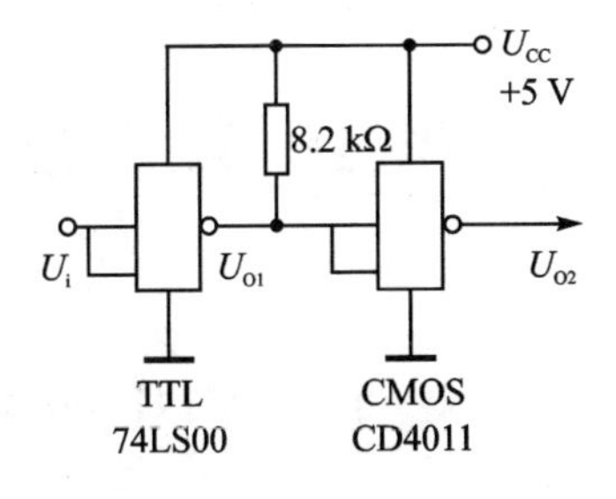

图 9-10　TTL 驱动 CMOS

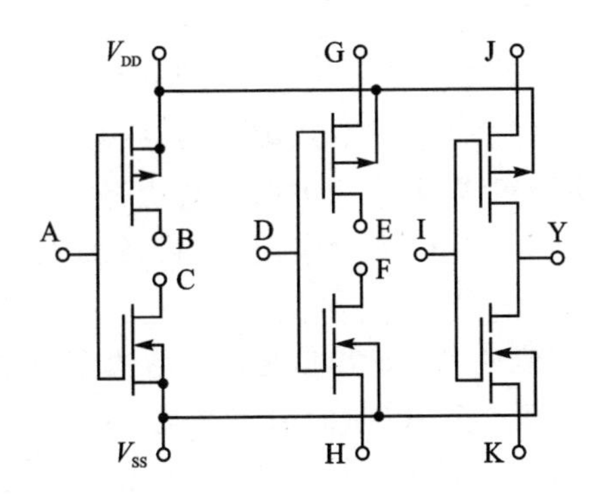

图 9-11　CD4007 内部电路

五、注意事项

1. 实验前必须看清各集成芯片的型号和引脚分布。

2. TTL 与非门闲置输入端可接高电平，不能接低电平；输出端不能并联使用，也不能接+5 V 电源或地。

3. 注意 CMOS 使用注意事项，闲置引脚必须接高电平（与非门）或低电平（或非门）。

4. 电源接通时，绝不允许插入或移去 CMOS 器件；电源未接通时，绝不允许施加外部输入信号。

六、总结报告要求

1. 记录所测与非门的主要参数并与标准值比较。

2. 用坐标纸绘出所测与非门传输特性曲线，并标出 U_{OH}、U_{OL}、U_{ON}、U_{OFF}，计算 Δ_1、Δ_0。

3. 列出用 CD4007 实现的与非、或非逻辑关系真值表。

4. 绘出实验内容与步骤 3 中的两组 U_{O1}、U_{O2} 波形，比较 CMOS 与 TTL 电路的工作速度。

第10章　数字电路基础实验

10.1　芯片功能及测试方法介绍

一、概　述

组合电路是指任意时刻的输出信号仅取决于该时刻的输入信号，与电路原来状态无关的一种数字电路，如加法器、译码器、编码器、数据选择器等就属于此类。

组合电路由基本门电路组成，基本门电路按其功能可分为与门、或门、非门、与非门、或非门、异或门、与或门等。在实际应用中，广泛使用 TTL 和 CMOS 集成门电路。

在时序逻辑电路中，任意时刻的输出信号不但取决于当时的输入信号，而且还取决于电路原来的状态，或者说，还与以前的输入有关。因此，具有这种逻辑功能特点的电路叫做时序逻辑电路（简称时序电路）。时序电路的种类很多，它们可以是触发器，也可以是中、大规模集成器件。前者在理论课上已有详细说明，这里主要介绍实验中使用的计数器器件。

1. TTL 和 CMOS 集成门电路的区别

TTL 门电路是晶体管-晶体管逻辑电路，常见的集成电路有 74LS、74ALS、74S、74AS、74F 等系列。CMOS 门电路是互补金属氧化物半导体电路，常见的集成电路有 4000、74HC、74HCT、74AHC、74FCT 等系列。它们主要参数的区别见表 10－1。

表 10－1　TTL 和 CMOS 集成门电路的区别

主要参数	TTL 门电路	CMOS 门电路
电源电压	4.5～5.5 V	4000 系列：3～18 V； HC/HCT 系列：2～6 V； AC 系列：1.5～5.5 V； ACT 系列：4.5～5.5 V
逻辑电平	0～0.8 V 为逻辑“0”； 2～5 V 为逻辑“1”	0～1.5 V 为逻辑“0”； 3.5～5 V 为逻辑“1”
功耗	高，约 10 mW	低，静态 0.001～0.01 mW
传输延迟时间	5～10 ns	25～50 ns
扇出系数	5～12	＞50
噪声容限	小	大

使用 CMOS 器件时要注意不使用的输入端不能悬空，因为其对干扰信号捕捉能力强，易受干扰。

2. 集电极开路与非门(OC 门)和三态输出与非门(三态门)

集电极开路的与非门可以根据需要来选择负载电阻和电源电压，并且能够实现多个信号间的相“与”关系(称为线与)。三态输出与非门是一种重要的接口电路，在计算机和各种数字系统中应用极为广泛，它具有三种输出状态，除了输出端为高电平和低电平两种逻辑状态外，还有高阻状态(或称为开路状态)。改变控制端的电平可以改变电路的工作状态，三态门可以同 OC 门一样把若干个门的输出端并接到同一个公共总线上(称为线或)，分时地传送数据，成为 TTL 系统和总线间的接口电路。除上述两种与非门外，集成电路是不允许把它们的输出端直接相连的。

3. 组合电路的设计步骤

传统的组合电路设计是根据已知条件和要求的逻辑功能，设计出最简的逻辑电路图，其步骤如图 10－1 所示。

例如，用与非门设计一个三位码的“奇校验”逻辑电路，条件是当输入变量 X_1、X_2、X_3 中出现奇数个“1”时，输出为“1”，否则为“0”。

经过分析，首先将上述要求用真值表进行表示，见表 10－2。然后，根据真值表列出逻辑表达式为

$$F=\overline{X_1}\,\overline{X_2}\,X_3+\overline{X_1}\,X_2\,\overline{X_3}+X_1\,\overline{X_2}\,\overline{X_3}+X_1X_2X_3$$

该表达式已经是最简形式，为了用与非门实现其逻辑功能，函数 F 重新表述为

$$F=\overline{\overline{\overline{X_1}\,\overline{X_2}\,X_3}\cdot\overline{\overline{X_1}\,X_2\,\overline{X_3}}\cdot\overline{X_1\,\overline{X_2}\,\overline{X_3}}\cdot\overline{X_1X_2X_3}}$$

利用该表达式画出用与非门实现的电路如图 10－2 所示。

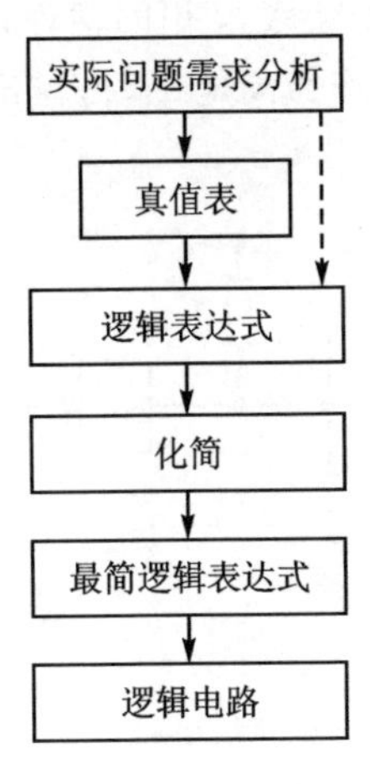

图 10－1　组合电路的设计步骤

表 10－2　三位码的“奇校验”逻辑电路真值表

输入 X_1	输入 X_2	输入 X_3	输出 F
0	0	0	0
0	0	1	1
0	1	0	1
0	1	1	0
1	0	0	1
1	0	1	0
1	1	0	0
1	1	1	1

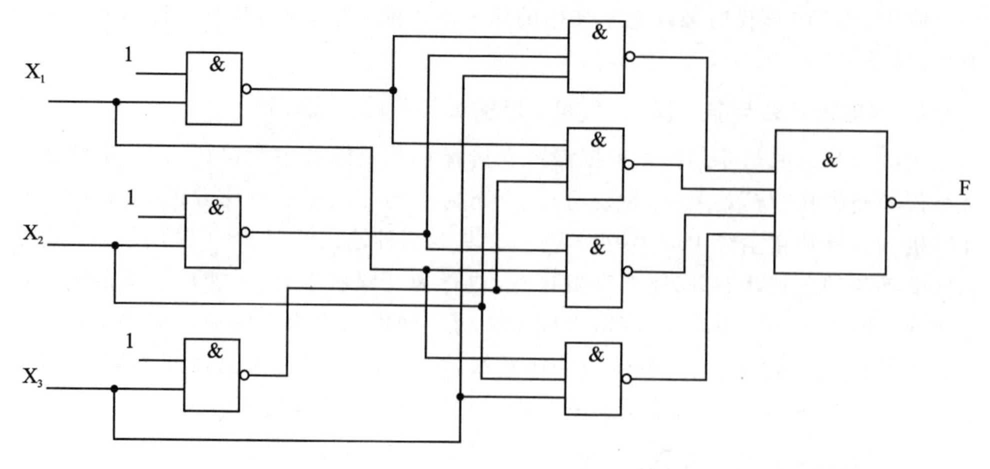

图 10-2 三位码"奇校验"逻辑电路

二、几种组合和时序集成电路芯片

1. 缓冲器(三态输出)74LS125

总线是多个数据单元相互传送数据而公用的一组导线，74LS125 芯片是四总线缓冲器(三态输出)，每一个三态门电路如图 10-3 所示，其引脚图见附录 A。当控制端为低电平时，输出与输入的状态相同；当控制端为高电平时，输出端为高阻状态。要指出的是，当几个三态门的输出端接在同一根总线上时，每一瞬间只能有一个门处于工作状态，其余均处于高阻状态，否则系统无法工作。

例如，用三态门构成的一位总线电路如图 10-4 所示，A 和 B 为不同频率的输入信号，C_1 和 C_2 为控制端，当 C_1 为低电平时，输出端 C 输出与 A 反相的信号；当 C_2 为低电平时，输出端 C 输出与 B 反相的信号。当 C_1 和 C_2 均为高电平时，输出端为高阻状态。但要特别注意，C_1 和 C_2 不能同时为低电平。

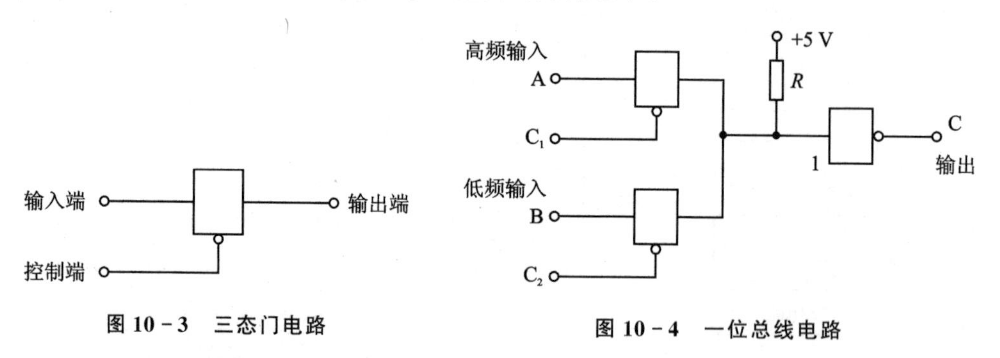

图 10-3 三态门电路

图 10-4 一位总线电路

2. 数据选择器 74LS153

74LS153 是双四选一数据选择器，属于中规模集成电路(MSI)芯片。数据选择器是指在地址信号控制下，从多个数据输入通道中选择某一路信号作为输出。74LS153 芯片中装有两个四选一数据选择器，其功能见表 10－3，引脚图见附录 A。

表 10－3　74LS153 功能表

控制输入端		选通端	数据输入端				输出端
B	A	G	C_3	C_2	C_1	C_0	Y
×	×	1	×	×	×	×	0
0	0	0	×	×	×	0	0
0	0	0	×	×	×	1	1
0	1	0	×	×	0	×	0
0	1	0	×	×	1	×	1
1	0	0	×	0	×	×	0
1	0	0	×	1	×	×	1
1	1	0	0	×	×	×	0
1	1	0	1	×	×	×	1

表 10－3 中，$C_0 \sim C_3$ 是数据输入端，B、A 为控制输入端或称地址输入端，Y 是输出端，G 是选通端或称使能端。当 $G=1$ 时，$Y=0$，输出状态与输入无关。当 $G=0$ 时，数据选择器工作，有 $BA=00$ 时，$Y=C_0$；$BA=01$ 时，$Y=C_1$；$BA=10$ 时，$Y=C_2$；$BA=11$ 时，$Y=C_3$，即单个四选一数据选择器的输出函数为

$$Y=\overline{B}\,\overline{A}C_0+\overline{B}AC_1+B\overline{A}C_2+BAC_3$$

数据选择器可用来实现逻辑函数的设计。例如，用 74LS153 实现组合逻辑的函数为

$$\begin{aligned}F(x_1,x_2,x_3)&=\overline{x_1}x_2\overline{x_3}+\overline{x_1}x_2x_3+x_1\overline{x_2}\,\overline{x_3}+x_1\overline{x_2}x_3+x_1x_2\overline{x_3}\\&=\sum m(2,3,4,5,6)\end{aligned}$$

将上式变换，得

$$\begin{aligned}F&=\overline{x_1x_2}\cdot 0+\overline{x_1}x_2(x_3+\overline{x_3})+x_1\overline{x_2}(x_3+\overline{x_3})+x_1x_2\overline{x_3}\\&=\overline{x_1x_2}\cdot 0+\overline{x_1}x_2\cdot 1+x_1\overline{x_2}\cdot 1+x_1x_2\overline{x_3}\end{aligned}$$

将上式与四选一数据选择器的基本函数关系式比较，令 74LS153 控制端 $B=x_1$，$A=x_2$，数据端 $C_0=0$，$C_1=1$，$C_2=1$，$C_3=\overline{x_3}$，即可实现题目的设计要求，电路如图 10－5 所示。

3. 译码器 74LS139

对于有 n 个输入变量的译码器，它将产生 2^n 个（或小于 2^n 个）输出，每个输出是输入变量的一个最小项。例如，3－8 线译码器 74LS138 是把三位二进制数译成 8 种输出状态，2－4 线译码器 74LS139 是把两位二进制数译成 4 种输出状态。2－4 线译

码器器件 74LS139 内含有两个独立的 2－4 线译码器，其功能表见表 10－4，引脚图见附录 A。

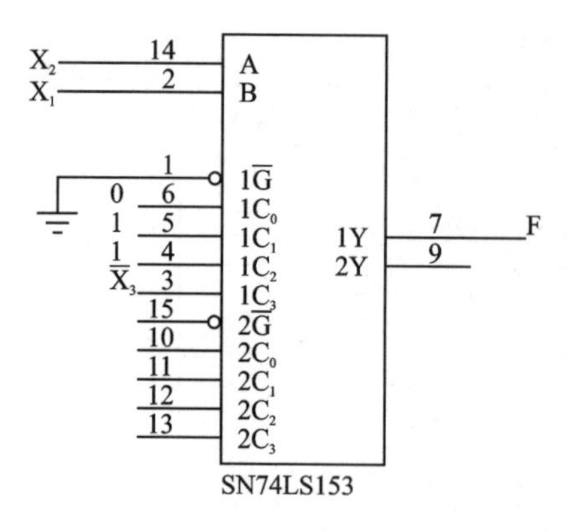

图 10－5　用数据选择器 74LS153 实现组合逻辑

表 10－4　74LS139 功能表

控制端	数据输入		数据输出			
$\overline{E}$	A_1	A_0	$\overline{Y_0}$	$\overline{Y_1}$	$\overline{Y_2}$	$\overline{Y_3}$
1	×	×	1	1	1	1
0	0	0	0	1	1	1
0	0	1	1	0	1	1
0	1	0	1	1	0	1
0	1	1	1	1	1	0

表 10－4 中 $\overline{E}$ 为使能控制端，其作用是控制译码器的工作及扩展其应用。当 $\overline{E}=1$ 时，4 个输出均被封锁，不论 A_1、A_0 输入状态如何，译码器所有输出均为高电平；当 $\overline{E}=0$ 时，译码器按 A_1、A_0 状态的组合正常译码，产生输出信号，且有效信号为低电平。由真值表可得：

$$\overline{Y_0}=\overline{\overline{A_1}\,\overline{A_0}E}=\overline{m_0E},\quad \overline{Y_1}=\overline{\overline{A_1}A_0E}=\overline{m_1E},$$

$$\overline{Y_2}=\overline{A_1\overline{A_0}E}=\overline{m_2E},\quad \overline{Y_3}=\overline{A_1A_0E}=\overline{m_3E}$$

可见，当控制端（使能端）为低电平时，被译码中的一路输出为低电平。

一个译码器可以提供 n 个输入变量的 2^n 个最小项输出，而任何逻辑函数都可以用最小项之和来表示，因此我们可以利用译码器产生最小项，再外接一个或门取得最小项之和。例如，用 2－4 译码器实现函数

$$F(x_1,x_0)=\sum m(0,1,3)=m_0+m_1+m_3=\overline{x_1}\,\overline{x_0}+\overline{x_1}x_0+x_1x_0$$

将上式写成

$$F(x_1,x_0)=\overline{\overline{Y_0}\,\overline{Y_1}\,\overline{Y_2}}=Y_0+Y_1+Y_3=m_0+m_1+m_3=\overline{x_1}\,\overline{x_0}+\overline{x_1}x_0+x_1x_0$$

用 2－4 线译码器器件 74LS139 实现的电路如图 10－6 所示。利用该芯片的使能输入端也可以对译码器输入端进行扩展。例如，把两片 2－4 译码器扩展成 3－8 译码器，其电路如图 10－7 所示，当 $X_2=0$ 时，上面的 74LS139 工作，下面的 74LS139 不工作，当 $X_2=1$ 时，情况刚好相反。

4. 二-五-十进制计数器 74LS90

74LS90 内部具有两个独立的计数器，一个为模 2 计数器（A 为时钟输入端，Q_A 为输出端），另一个为模 5 计数器（B 为时钟输入端，$Q_DQ_CQ_B$ 为输出端）。若将时钟输入信号送至 A，Q_A 接 B，则输出 $Q_DQ_CQ_BQ_A$ 为 8421 十进制计数器；若将时钟输入

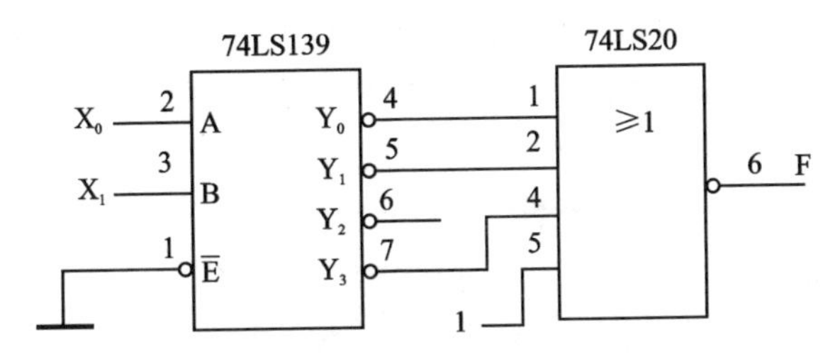

图 10－6　译码器实现组合逻辑

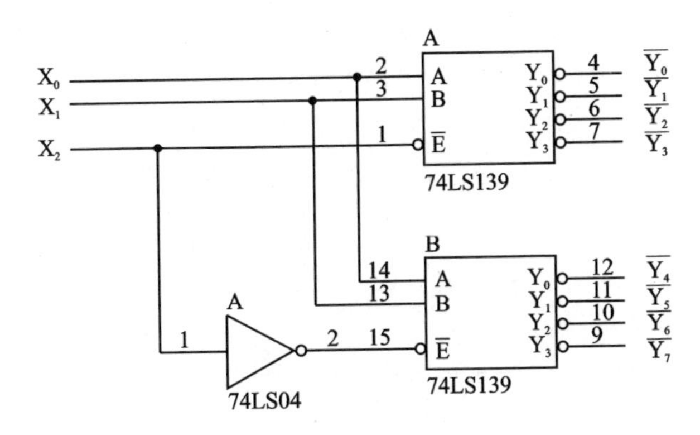

图 10－7　译码器输入端扩展

信号送至 B，Q_D 接 A，则输出 $Q_AQ_DQ_CQ_B$ 为 5421 十进制计数器。除此以外，还可以直接置 0 和直接置 9，并可用复位法获得 10 以内的任意进制计数器。其功能表和计数时序分别见表 10－5 和表 10－6，引脚图见附录 A。

表 10－5　74LS90 功能表

$R_{0(1)}$	$R_{0(2)}$	$R_{9(1)}$	$R_{9(2)}$	Q_D	Q_C	Q_B	Q_A
1	1	0	×	0	0	0	0
1	1	×	0	0	0	0	0
×	×	1	1	1	0	0	1
×	0	×	0	计数			
0	×	0	×	计数			
0	×	×	0	计数			
×	0	0	×	计数			

将 74LS90 接成十进制计数器，有两种可行方案：一是对计数脉冲先进行二分频再进行五分频，具体连接如图 10－8 所示；另一种是先五分频再二分频，具体连接如图 10－9 所示。两种连接方式中，计数器最终模数虽然相同，但编码和波形却不相同。表 10－6 左半部分是对应图 10－8 方案的编码表，此时 Q_A 按二进制循环，每两拍向 Q_B 进位一次，而 $Q_DQ_CQ_B$ 是五进制计数，这种计数方式的编码为 8421 码。表 10－6

右半部分是对应图 10－9 方案的编码表，此时 $Q_D Q_C Q_B$ 仍按五进制循环，每五拍向 Q_A 进位一次，它形成的编码为 5421 码。请自己画出这两种编码的输出波形。

表 10－6　74LS90 计数时序表

计数	二-十进制				二-五混合进制			
	输出				输出			
	Q_D	Q_C	Q_B	Q_A	Q_D	Q_C	Q_B	Q_A
0	0	0	0	0	0	0	0	0
1	0	0	0	1	0	0	0	1
2	0	0	1	0	0	0	1	0
3	0	0	1	1	0	0	1	1
4	0	1	0	0	0	1	0	0
5	0	1	0	1	1	0	0	0
6	0	1	1	0	1	0	0	1
7	0	1	1	1	1	0	1	0
8	1	0	0	0	1	0	1	1
9	1	0	0	1	1	1	0	0

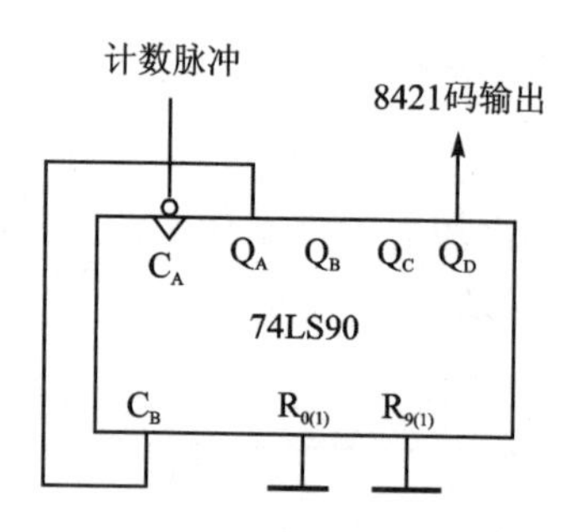

图 10－8　8421 码输出十进制计数器

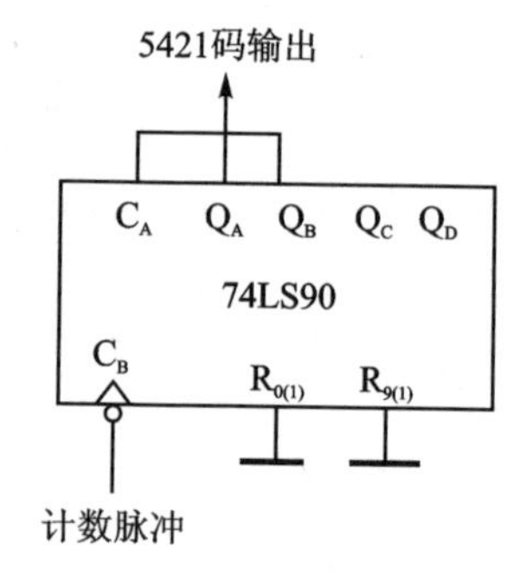

图 10－9　5421 码输出十进制计数器

从 74LS90 功能表中可以看出，两个 R_0（为一组）控制端均为“1”时，只要两个 R_9（为另一组）控制端中有一个为“0”，则计数器置“0”，而只要 R_9 两个控制端为“1”，不管两个 R_0 为何种组合，计数器都实现置“9”，R_0 一组和 R_9 一组信号中，每组至少有一个为“0”，计数器才能计数。例如，用一片 74LS90 构成六进制计数器其电路如图 10－10 所示。

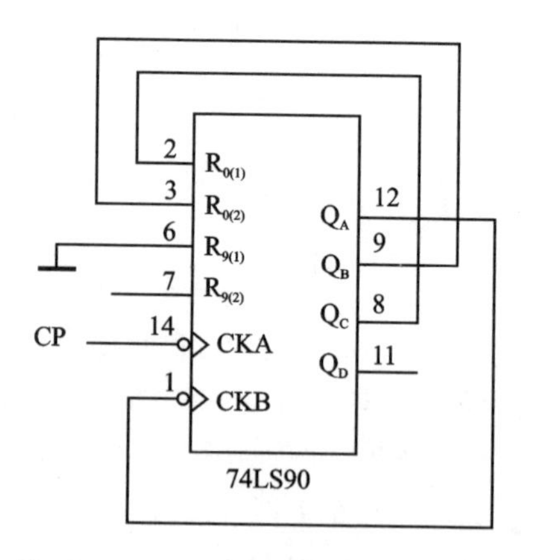

图 10－10　74LS90 组成六进制计数器

5. 四位同步二进制计数器 74LS161

74LS161 为四位同步二进制计数器，

Q_A、Q_B、Q_C、Q_D 是计数器的输出端，Q_A 为最低位，Q_D 为最高位，RC 是进位输出端，$\overline{LOAD}$ 为送数输入端，A、B、C、D 是预置数输入端，$\overline{CLR}$ 是异步清零端，CP 是时钟脉冲输入端，ENT 和 ENP 是使能端，其功能表见表 10-7，其引脚图见附录 A。分析该功能表，可知 74LS161 具有计数、预置数、保持和异步清零四种功能。

表 10-7　74LS161 功能表

输入									输出			
CP	$\overline{CLR}$	$\overline{LOAD}$	ENT	ENP	A	B	C	D	Q_A	Q_B	Q_C	Q_D
×	0	×	×	×	×	×	×	×	0	0	0	0
↑	1	0	×	×	A	B	C	D	A	B	C	D
×	1	1	0	1	×	×	×	×	保持			
×	1	1	1	0	×	×	×	×	保持(RC=0)			
↑	1	1	1	1	×	×	×	×	计数			

计数功能。当 $\overline{LOAD}=1$，$\overline{CLR}=1$，ENP=ENT=1 时，在脉冲上升沿作用下，计数器执行计数功能。此时，74LS161 为典型的二进制同步计数器。当计入最大数 $Q_DQ_CQ_BQ_A=1111$ 时，进位端 RC 输出为 1。

预置数功能。当 $\overline{LOAD}=0$，$\overline{CLR}=1$，ENP=ENT=×（任意状态）时，在脉冲上升沿作用下，将数据输入端 A、B、C、D 的数据置入 Q_A、Q_B、Q_C、Q_D 中。

保持功能。当 ENP=0，ENT=1 或 ENP=1，ENT=0，$\overline{CLR}$ 和 $\overline{LOAD}$ 均为高电平时，计数器保持不变，两种保持不同在于后者没有进位。

直接置 0（异步清零）功能。当 $\overline{CLR}=0$ 时，不论其他输入端为何种状态，计数器都将清零。

目前广泛利用中规模集成计数器 74LS161 来构成任意进制（N 进制）计数器。

6. 计数器的构成方法

（1）采用直接清零端复位法

模数较大的计数器在进行正常计数过程中，利用其中某个计数状态进行反馈，控制其直接清零端，强迫计数器停止计数，从零开始下一个计数周期，这样可以把大模数的计数器改造成任意进制的小模数计数器，这就是直接清零端复位法。

例：用 74LS161 构成十进制计数器，其电路如图 10-11 所示。计数器由 0000 开始计数，当输入第 10 个计数脉冲时，$Q_DQ_CQ_BQ_A=1010$，与非门输出接到清零端，计数器被强迫清零，重新回到 0000 状态。随着输出状态的改变，清零脉冲也消失，计数器又从 0000 状态开始计数，计数周期从 0000～1001 共 10 个状态，所以是十进制计数器。

用这种方法构成 N 进制的计数器存在着极短暂的过渡状态。例如在十进制计数器中($N=10$),当计到1001时,如再输入一个计数脉冲,理应马上归零。然而用直接清零复位的电路,并不会使计数器立即清零,而是先转换到1010状态,使$\overline{CLR}=0$,继而使计数器复位成为0000状态。随后$\overline{CLR}=0$信号消失,计数器又开始计数。从1001返回0000状态中间出现1010的过渡状态,时间是极为短暂的,然而又是完全必要的,否则就不可能将计数器复位。第11个状态是瞬间即逝的,它不应包括在计数循环内。

(2) 采用预置数端复位法

利用某些计数器器件的预置数功能,在适当时刻通过反馈将预置数据并行置入计数器,从而实现对计数周期的控制,也可构成任意进制计数器。

例:用74LS161以同步清零方式构成十进制计数器,其电路如图10-12所示。只要计数器未计到9,其输出端Q_D、Q_A总有一个为0,与非门输出端总是为1。当计数器输出状态$Q_DQ_CQ_BQ_A=1001$时,与非门的输出为低电平,使计数器处于置数状态,但不立即置零,待下一个CP脉冲的上升沿到达时,由于数据输入端ABCD=0,因此就将计数器置成零态。一旦计数器变为零态,与非门的输出就会变为高电平1,计数器继续执行计数功能,重新开始下一轮计数周期。

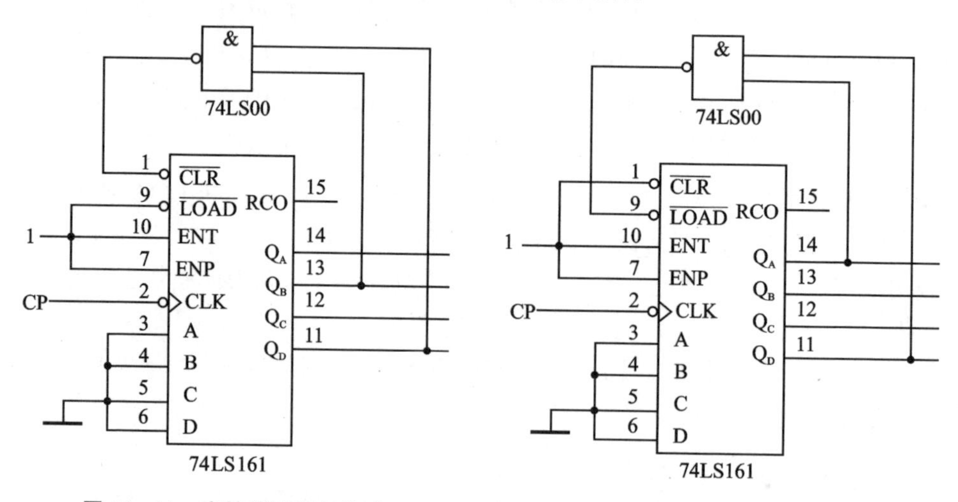

图10-11 直接清零端复位法

图10-12 预置数端复位法构成十进制计数器

应用此方法,只需要将图10-12所示电路与非门的输入端连接不同的计数器输出状态,则可构成二～十五进制中的任意进制计数器。用这种方法构成的N进制计数器,其计数状态是由0000开始的,如图10-13所示。

(3) 采用进位输出端置最小数法

将进位输出端反相接到预置数端,使$\overline{LOAD}=0$,则计数周期为预置数DCBA到最大值1111之间。

例:用74LS161构成十进制计数器,其电路如图10-14所示,预置数为0110。

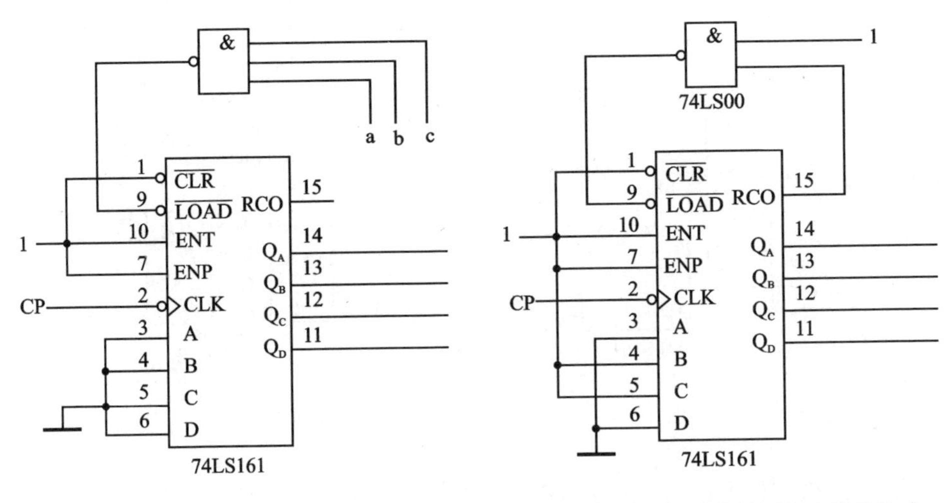

图 10 - 13　74LS161 构成任意进制计数器

图 10 - 14　进位输出端置最小数法构成十进制计数器

(4) 综合因子法

将几个小模数计数器级联以构成大模数计数器,叫做综和因子法。

例:用两片 74LS90,第一片接成四进制,第二片接成三进制,两者串联起来便构成了一个十二进制计数器,其电路如图 10 - 15 所示。

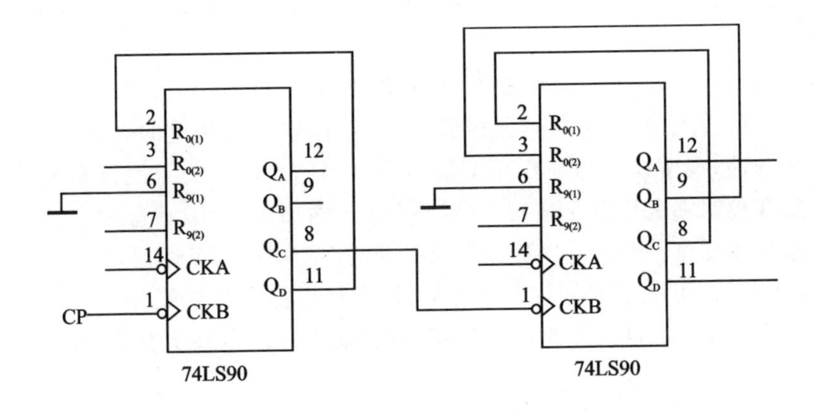

图 10 - 15　用综合因子法构成十二进制计数器

(5) 计数器位数的扩展

取 n 个相同的计数器器件级联,便可将计数器扩展为原来位数的 n 倍。例如用两片 74LS161 构成八位同步二进制加法计数器,其电路如图 10 - 16 所示,其最大计数范围可达 2^8。

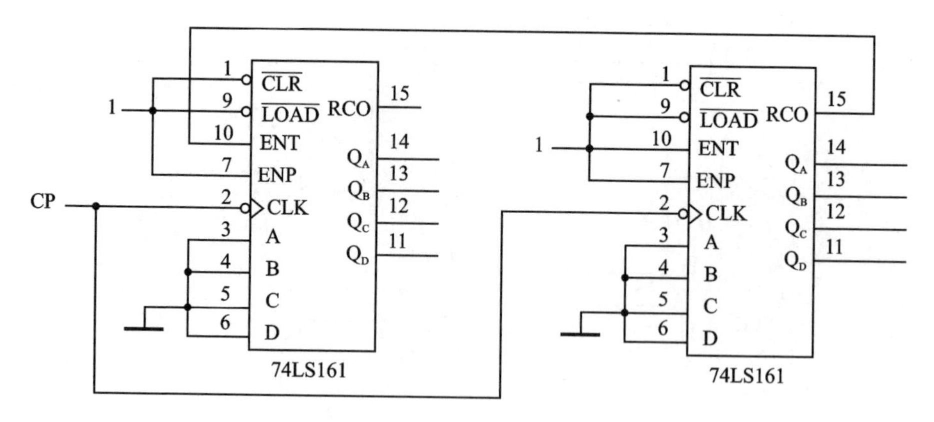

图 10-16　两片 74LS161 构成八位同步二进制计数器

三、集成电路的测试方法

一般组合逻辑电路的功能测试分为两步进行：

① 静态测试：测试逻辑电路在稳定状态下的输入、输出关系，即逻辑验证。测试方法是在输入端加高电平或低电平，输出端用万用表测量电压，也可用发光二极管显示，在不同状态下观察输出端的状态是否符合真值表的要求。

② 动态测试：输入信号为连续脉冲时观察电路能否正常工作，即观察输出状态的变化是否能跟上输入状态的变化。测试方法是在电路的各输入端按真值表上各输入信号的关系加入相应分频比的连续脉冲，用示波器观察输入、输出波形的对应关系是否正确。

与组合逻辑电路的测试方法类似，触发器的测试方法如下：

① 静态测试：输出端用发光二极管显示，在控制端加相应的高电平或低电平，CP 端加单脉冲，观察在单脉冲作用下输出端状态的变化。为了测试触发器的逻辑功能，需要在控制端进行置 1 或置 0，需要在 CP 端加单脉冲，单脉冲应该用防抖开关，而不能用高低电平开关。因为高低电平开关中的弹簧在反跳时，往往在几十毫秒内出现多次抖动，相当于加了几个脉冲信号，致使电路产生误操作。因此利用基本 R－S触发器组成的防抖开关使按钮按动一次，输出只发生一次变化，即只产生一个正脉冲或负脉冲。

② 动态测试：其方法与组合逻辑电路的动态测试方法相同。

10.2　实验十一　组合与时序逻辑电路

一、实验目的

1. 熟悉集成电路的引脚排列。

2. 掌握 TTL 门电路逻辑功能的测试方法。

3. 掌握 TTL 组合逻辑电路的设计方法,完成单元功能电路的设计。

4. 熟悉中规模集成电路译码器、数据选择器的性能与应用。

5. 掌握数字电子技术实验箱的功能及使用方法。

二、预习要求

1. 熟悉组合逻辑电路的理论知识。

2. 学习数字实验箱的使用方法。

3. 明确所用组件的引脚图、使用条件及逻辑功能。

4. 根据实验内容,设计实验电路图,拟定实验步骤,列真值表,并写入预习报告。

三、实验设备及芯片

1. 双踪示波器　　1 台;
2. 数字万用表　　1 块;
3. 数字实验箱　　1 套;
4. 74LS00　　2 片;
5. 74LS20　　1 片;
6. 74LS74　　2 片;
7. 74LS153　　2 片;
8. 74LS161　　1 片。

四、实验内容与步骤

1. 与非门 74LS00 功能测试。

(1) 静态测试

① 将任意一个输入端接地,测量并记录输出电压 U_o。

② 将两输入端均接高电平(由数字实验箱的高低电平开关提供),测量记录输出电压 U_o。

(2) 动态测试

① 从任意一个输入端输入正矩形波信号(由实验箱连续脉冲提供),另一输入端接低电平,用示波器观察并记录输入、输出波形。

② 从任意一个输入端输入正矩形波信号(由实验箱连续脉冲提供),另一输入端接高电平,用示波器观察并记录输入、输出波形。

2. 用两片 74LS00 自拟一个三人表决电路。

要求该电路具有三个输入端,一个输出端,输入信号接高低电平开关,输出端接发光二极管,当两个以上的人同意时,发光二极管亮。

3. 设计一个三输入三输出的逻辑电路。

三输入三输出逻辑电路框图如图 10－17 所示。用数据选择器 74LS153 设计电路，实现的功能如下：

当 A＝1，B＝C＝0 时，红绿灯亮；

当 B＝1，A＝C＝0 时，绿黄灯亮；

当 C＝1，A＝B＝0 时，黄红灯亮；

当 A＝B＝C＝0 时，三灯全亮；

其余情况，三灯全灭。

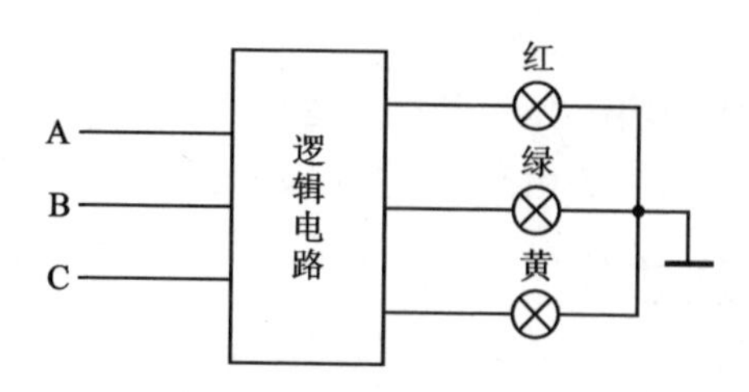

图 10－17　三输入三输出逻辑电路框图

4. 测试 D 触发器 74LS74 的逻辑功能，自列真值表。

(1) 静态测试：

① 测试置位端和复位端的功能。

② 控制端 D 分别加高电平和低电平，在 CK 端加单脉冲 CP，分别测试在单脉冲上升沿和下降沿时输出端 Q 状态的变化，记入真值表。

(2) 动态测试：

利用实验箱的脉冲源在 CK 端加连续脉冲(时钟脉冲)，D 端加二分频后的连续脉冲，用双踪示波器分别测试并记录 CK 端和输出端、D 端和输出端的波形。

5. 利用 D 触发器 74LS74 和与非门 74LS00 设计一个 4 人抢答器，要求用高低电平开关作为抢答输入，用发光二极管作为抢答输出，用单脉冲作为清零输入。

6. 利用中规模计数器 74LS161 实现任意进制计数器。

① 测试四位同步二进制计数器 74LS161 的功能。

② 用“预置数置零”的方法实现十一进制计数器，并以时钟为基准，用示波器分别观察计数器 Q_A、Q_B、Q_C 和 Q_D 的输出波形。

③ 用“进位输出端置最小数”的方法实现十二进制和八进制计数器。

7. 选作：用一片 74LS86 自拟一个有三个输入端一个输出端的奇偶校验电路。

其功能是在三个输入信号中有偶数个为高电平时，输出为高电平；否则为低电平。

8. 选作：设计一个一位总线的控制电路。

一位总线电路如图 10－4 所示。电路的两个输入端为 A 和 B，两个控制端为 C_1 和 C_2，输入端接不同频率的脉冲信号，用示波器测量输出端 C 的波形。特别注意 C_1 和 C_2 不能同时等于 0，其功能如下：

当控制端 $C_1=0$，$C_2=1$ 时，输出 C=B；

当控制端 $C_1=1$，$C_2=0$ 时，输出 C=A；

其余情况：输出 C=0。

9. 选作：利用 2 片 74LS74、1 片 74LS20 和 2 片 74LS00 设计一个 4 人抢答器。要求用单脉冲作为抢答输入，用数码管(带译码器)显示数字作为抢答输出，主持人用高低电平开关作为清零输入。

五、注意事项

1. 全部器件的输出端不允许与地或电源相连接。
2. 器件本身的电源和地切勿接反。
3. 接逻辑电路之前，必须先测试所用单片组件的功能。
4. 检测导线的好坏。

六、总结报告要求

1. 分别画出各项实验的设计电路图。
2. 整理实验内容与步骤中的测试数据和波形，说明实验结果。
3. 总结译码器、数据选择器的作用。
4. 根据自己做实验的情况，总结设计组合和时序逻辑电路的步骤与心得体会。

第 11 章　定时电路的设计及应用

11.1　555 的工作原理及典型应用电路

1. LM555 集成定时器

LM555 定时器是一种模拟和数字功能相结合的中规模集成器件。一般用双极性工艺制作的称为 555，用 CMOS 工艺制作的称为 7555；除单定时器外，还有对应的双定时器 556/7556。555 定时器的电源电压范围宽，可在 4.5～16 V 工作，7555 可在 3～18 V 工作，输出驱动电流约为 200 mA，因而其输出可与 TTL、CMOS 或者模拟电路电平兼容。

LM555 定时器成本低，性能可靠，只需要外接几个电阻、电容，就可以实现多谐振荡器、单稳态触发器及施密特触发器等脉冲产生与变换电路。它也常作为定时器广泛应用于仪器仪表、家用电器、电子测量及自动控制等方面。LM555 定时器的内部电路框图如图 11-1 所示，包括 2 个电压比较器 C_1 和 C_2，3 个 5 kΩ 等值串联电阻，1 个 RS 触发器，1 个放电管 T 等部分。LM555 引脚图如图 11-2 所示。

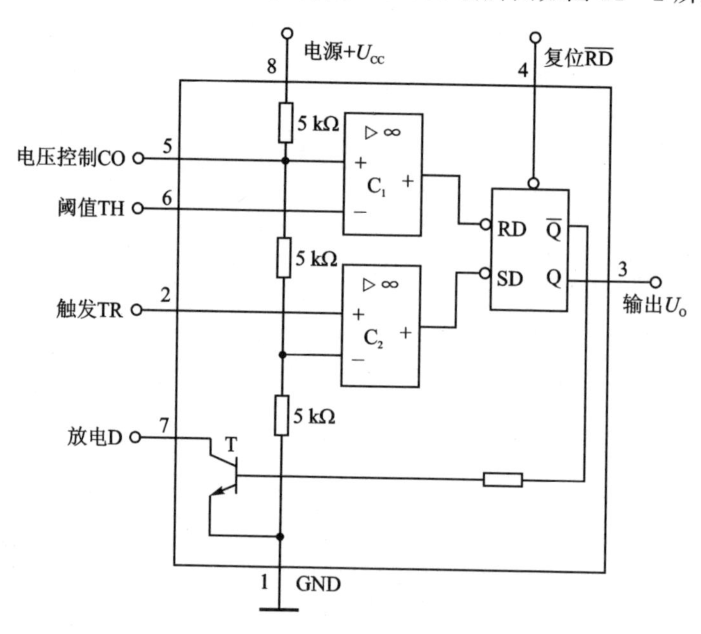

图 11-1　LM555 集成定时器的结构框图

LM555 定时器的功能主要由两个比较器决定。两个比较器的输出电压控制 RS

触发器和放电管的状态。在电源与地之间加上电压，若引脚 5 悬空，则电压比较器 C_1 的同相输入端的电压为 $\frac{2}{3}U_{CC}$，C_2 的反相输入端的电压为$\frac{1}{3}U_{CC}$。若触发输入端 TR 的电压小于$\frac{1}{3}U_{CC}$，则比较器 C_2 的输出为 0，可使 RS 触发器置 1，使输出 $U_O=1$。如果阈值输入端 TH 的电压大于$\frac{2}{3}U_{CC}$，同时 TR 端的电压大于$\frac{1}{3}U_{CC}$，则 C_1 的输出为 0，C_2 的输出为 1，可将 RS 触发器置 0，使输出 $U_O=0$。

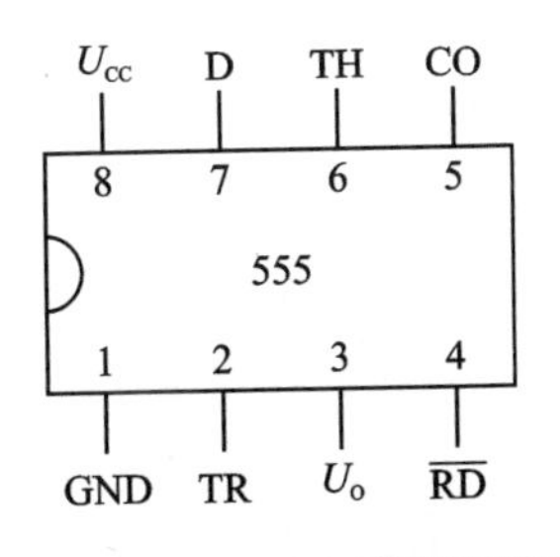

图 11－2　LM555 引脚排列图

引脚 7 为放电端 D，当 Q=0 时放电管导通。根据其结构，可列出其功能见表 11－1。

表 11－1　LM555 定时器功能表

输　入			输　出	
TH	TR	$\overline{RD}$	U_O	T
×	×	0	0	导通
$<\frac{2}{3}U_{CC}$	$<\frac{1}{3}U_{CC}$	1	1	截止
$>\frac{2}{3}U_{CC}$	$>\frac{1}{3}U_{CC}$	1	0	导通
$<\frac{2}{3}U_{CC}$	$>\frac{1}{3}U_{CC}$	1	不变	不变

LM555 集成定时电路芯片的引脚功能如下：

引脚 1(地)在通常情况下与地相连，这个引脚的电位应比其他引脚都低。

引脚 2(触发 TR)触发电平为$\frac{1}{3}U_{CC}$，当该引脚电平低于$\frac{1}{3}U_{CC}$ 时，触发器使引脚 3 呈高电平。该引脚允许施加电压范围为 $0\sim U_{CC}$。

引脚 3(输出 U_O)在通常情况下为低电平，在定时期间呈高电平。

引脚 4(复位 $\overline{RD}$)当该引脚电压低于 0.4 V 时，定时过程中断，定时器返回到非触发状态。欲使定时电路能够被触发，复位端电压应大于 1 V。该引脚允许外加电压范围为 $0\sim U_{CC}$，不用时应和 U_{CC} 相连。

引脚 5(控制)与分压点$\left(\frac{2}{3}U_{CC}\text{ 处}\right)$相连。当该引脚外接接地电阻或电压时，可改变集成片内部比较器的基准电压。当不需要改变集成片内部比较器的基准电压时，应外接电容($C\geqslant 0.01\ \mu F$)，以便滤除电源噪声和其他干扰。该引脚允许外加电压范围为 $0\sim U_{CC}$。

引脚 6(阈值电压 TH)阈值电平为$\frac{2}{3}U_{CC}$。当此电压大于$\frac{2}{3}U_{CC}$ 时，触发器复位，

输出端引脚 3 变为低电平。该引脚允许外加电压范围为 0～U_{CC}。

引脚 7(放电)与放电管相连。由于放电管的集电极电流为有限值,因此该引脚可外接大于 1 000 μF 的电容。

引脚 8(+U_{CC})可外接 4.5～16 V 的电源。由于电路的定时与电源的电压无关,所以电源电压的变化所引起的定时误差通常小于 0.05%。

2. LM555 集成定时器的应用

555 应用电路一般有多谐振荡器、单稳态触发器和施密特触发器三种方式,采用这三种方式中的一种或多种可以组成各种实用的电子电路,如定时器、分频器、脉冲信号发生器、元件参数和电路检测电路、玩具游戏机电路、音响告警电路、电源交换电路、频率变换电路、自动控制电路等。

(1) 单稳态触发电路

单稳态触发电路只有一个稳定状态,在触发脉冲作用下,电路能从稳态转变为暂稳态,而暂稳态维持一段时间后,电路又回到稳态。

由 LM555 所组成的单稳态触发器如图 11-3 所示。当电源接通后,若引脚 2 无触发信号,则引脚 3 输出低电平,电路处于复位状态,放电管导通,定时电容 C_T 对地短路。若向触发端 2 输入低于$\frac{1}{3}U_{CC}$ 的负脉冲时,输出端 3 由低电平变为高电平,放电管截止,电容 C_T 充电。当电容两端电压 $U_C \geqslant \frac{2}{3}U_{CC}$ 时(即超过阈值),上比较器翻转,放电管再次导通,C_T 放电,输出端 3 为低电平,电路复位。必须注意,由于充电速度和比较器的阈值电压都与 U_{CC} 成正比,所以定时时间与 U_{CC} 无关。

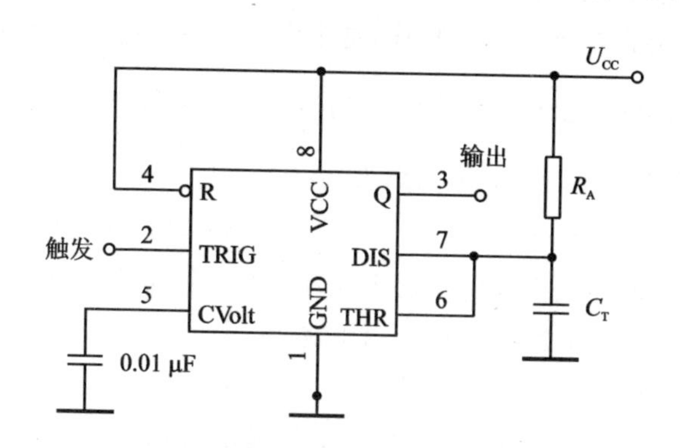

图 11-3 LM555 组成单稳态触发器

由 R_AC_T 电路方程 $U_C(t)=U_{CC}(1-e^{-1/R_AC_T})$ 可求出电容 C_T 上的电压,由零充到$\frac{2}{3}U_{CC}$ 所需时间(即电路的定时时间)为

$$t_1 = \ln 3R_AC_T \approx 1.1R_AC_T \tag{11-1}$$

单稳态工作方式时外电路参数的选择原则如下：

1）定时电阻 R_A

R_A 的最小值应根据下述因素确定：起始充电电流不应大到妨碍放电正常工作，因此起始放电电流应不大于 5 mA。R_A 的最大值取决于引脚 6 所需的阈值电流，其起始电流为 1 μA。可见，在允许的某一给定电源电压条件下，只需改变 R_A，就能使计时时间 t_1 变化 5 mA/1 μA＝5 000 倍。通常，选用定时电容 $C_T \geqslant 100$ pF，然后再由式(11－1)来确定 R_A。

2）定时电容 C_T

实际选用的最小电容 $C_T \geqslant 100$ pF，选择此值的依据是：C_T 应远大于引脚 6 和引脚 7 寄生非线性电容。而实际使用的最大电容值通常由此电容的漏电流来确定。例如定时时间为 1 h，由 R_A 所确定的最小起始电流为 1 μA，则电容的漏电流必须小于 0.01 μA，即应选用具有低漏电流的钽电容来作定时电容，或选用额定电压较高的电容。一般来说，当电容的工作电压是额定工作电压的二分之一时，该电容的漏电流为标称值的五分之一以下。

3）触发电平

LM555 定时电路采用负脉冲触发，为了获得较高精度的计时时间，要求触发脉冲宽度 $t < 1.1R_A C_T$。因此，在实际电路中往往接入如图 11－4 所示的 R_1C_1 微分电路。但在微分输入情况下，可能出现幅度大于 U_{CC} 的尖峰电压，因此，用限幅二极管 D_1 使尖峰电压幅度小于 U_{CC}。触发端 2 需馈入一个小的偏置电流，在通常情况下，这一电流可由触发信号源供给。但当触发源的输出电阻为无限大时，须在 U_{CC} 与引脚 2 之间加接上拉电阻 R，以便获得所需偏置。

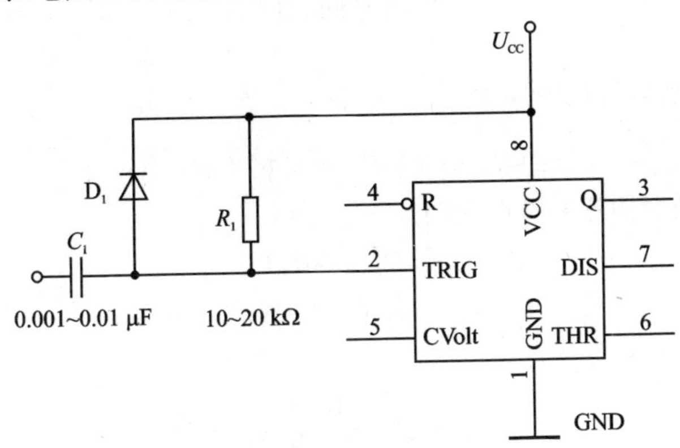

图 11－4　R_1C_1 微分电路

4）控制电压

为了保证电路正常工作，引脚 5 端的控制电压（或控制电平）的变化范围为

$$2U_{BE} < U < U_{CC} - U_{BE}$$

式中：U_{BE} 为触发电平。因此，想要获得合适的控制电平，可在引脚 5 端外接对地电

阻或电压源。由于比较器基本电压与加在控制端的信号成正比，而阈值电压就是控制端的控制电压，触发电平为阈值电压的一半，因此，当时基电路以无稳态方式工作时，改变控制电压的大小就可以改变定时范围和振荡频率。

（2）多谐振荡器（无稳态触发器）

若将引脚2与引脚6相连接，如图11－5所示，就可形成多振荡器。外接电容C_T通过R_A、R_B充电，而放电电流仅通过R_B。

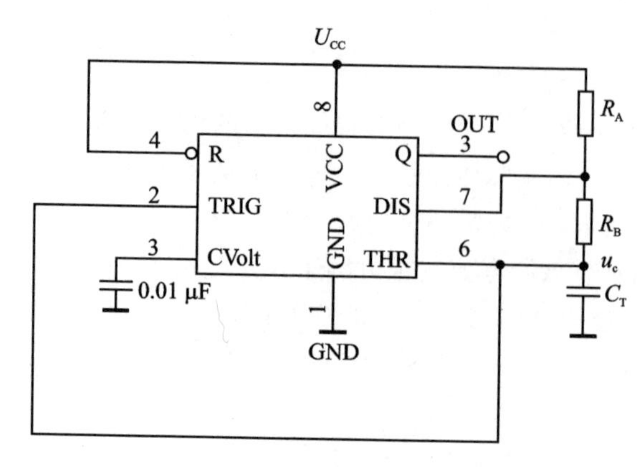

图11－5　多谐振荡器电路

由充电电压$U_C(t)$随时间变化的关系式：

$$U_C(t)=U_{CC}-\frac{2}{3}U_{CC}e^{-\frac{t}{(R_A+R_B)C_T}}$$

可求出充电时间t_1，即输出高电平持续时间。因为当$t=0$时，$U_C=\frac{1}{3}U_{CC}$，当$t=t_1$时，$U_C=\frac{2}{3}U_{CC}$，所以充电时间为

$$t_1=\ln 2(R_A+R_B)C_T=0.693(R_A+R_B)C_T$$

放电时间，即输出低电平持续时间为

$$t_2=0.693R_BC_T$$

$$T=t_1+t_2=0.693R_B(R_A+2R_B)C_T$$

振荡频率为

$$f=\frac{1.44}{(R_A+2R_B)C_T}$$

占空比

$$D=(R_A+R_B)/(R_A+2R_B)$$

需要指出，当复位控制端4为低电位时，振荡停止，从而形成一个闸门振荡器，其闸门长度等于复位端4处于高电平的持续时间。

无稳态工作时外电路参数的选择原则与单稳工作方式相同。

(3) 占空比可调的矩形波发生电路

利用二极管 D_1、D_2 把电容充放电定时电阻分开的占空比可调的矩形波发生电路如图 11－6 所示。

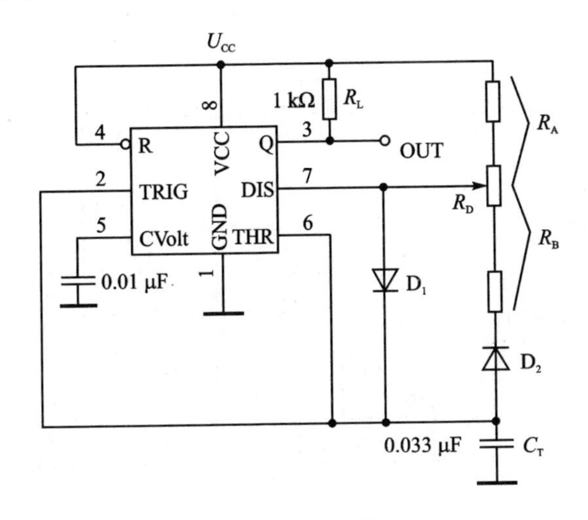

图 11－6　占空比可调的矩形波发生器

(4) 触摸开关电路

由定时电路和少数附加元件就可以构成多用途、方便可靠的触摸开关，如图 11－7 所示。

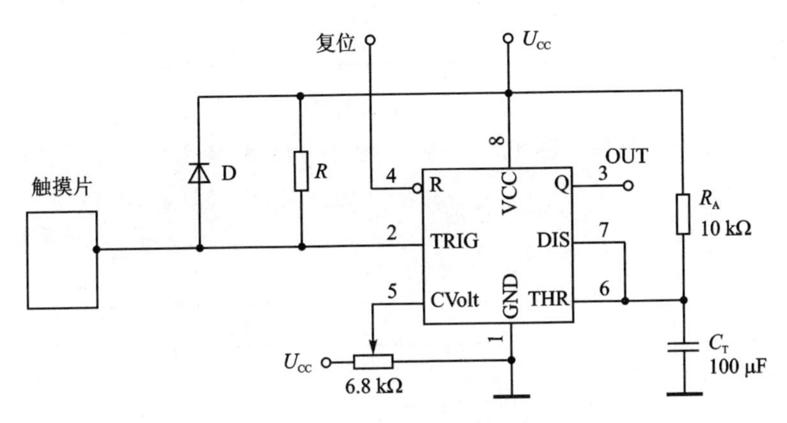

图 11－7　触摸开关电路

(5) 简易电容测量电路

图 11－8 是由两个 555 构成的简易电容测量电路。该电路能测量 10 pF～1 μF 的电容。电路中右边的 555 及外围元件 R_1、R_2、C_1、C_2 等构成多谐振荡器，左边的 555 及外围元件构成单稳态触发器。多谐振荡器的输出送给单稳态触发器作为引脚 2 触发端的输入；由 R_3～R_6 和被测电容 C_x 确定其输出脉冲的宽度。根据选定的量

程电阻 R 和测得的脉冲宽度 t 即可推出 C_x 的值，计算公式为

$$C_x = \frac{t}{1.1R}$$

在图 11-8 中，$R_3 \sim R_6$ 为量程选择电阻，与量程的关系如表 11-2 所列。

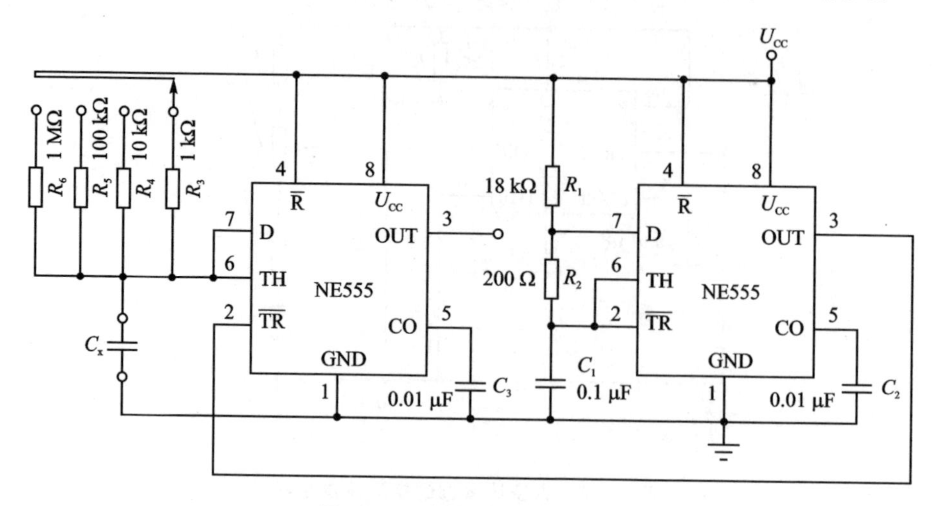

图 11-8　简易电容测量电路

表 11-2　量程电阻与量程对应表

量程电阻	1 MΩ	100 kΩ	10 kΩ	1 kΩ
量　程	100～1 000 pF	1 000 pF～0.01 μF	0.01～0.1 μF	0.1～1 μF

(6) 定时时间为 1 min(60 s)的定时控制电路

该定时控制电路框图如图 11-9 所示，可分为控制、计数译码显示、时钟发生器和报警提示单元。

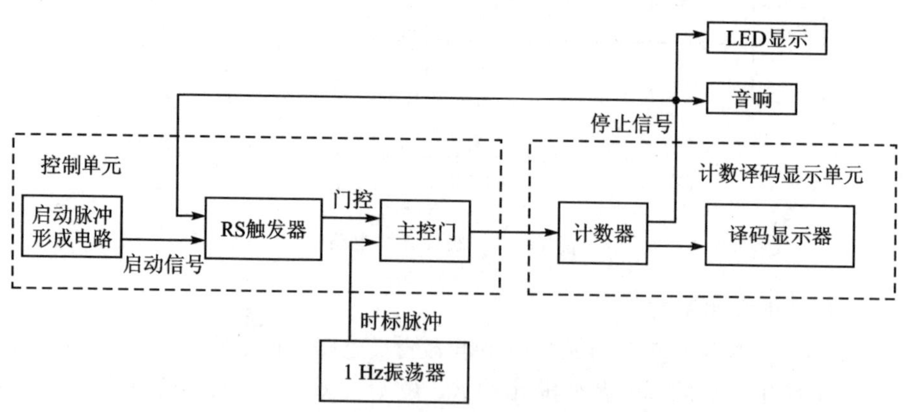

图 11-9　定时电路系统框图

控制单元由启动单脉冲形成电路、RS 触发器和主控门组成。启动脉冲形成电路如图 11-10 所示，它由微分电路和与非门组成。当微动开关接通瞬间，发出一个启动脉冲，使 RS 触发器置位，主控门打开，时标脉冲通过主控门，计时开始，当计数器计到 60 s 时，定时时间到，计数器通过与非门输出停止信号，将 RS 触发器复位，主控门被关闭，时标脉冲信号由主控门封锁，计数器停止计数，电路如图 11-11 所示。

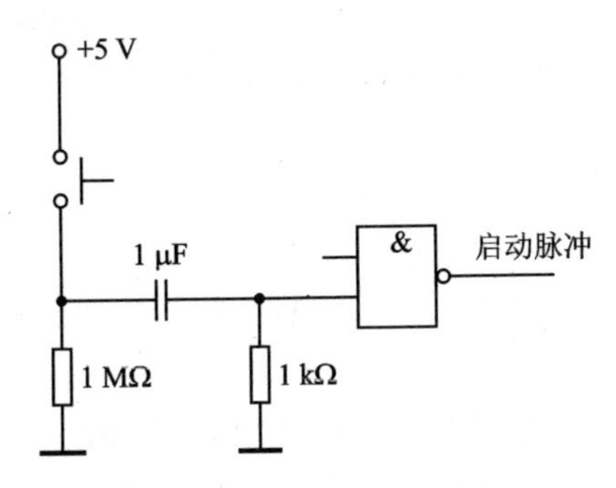

图 11-10　启动脉冲形成电路

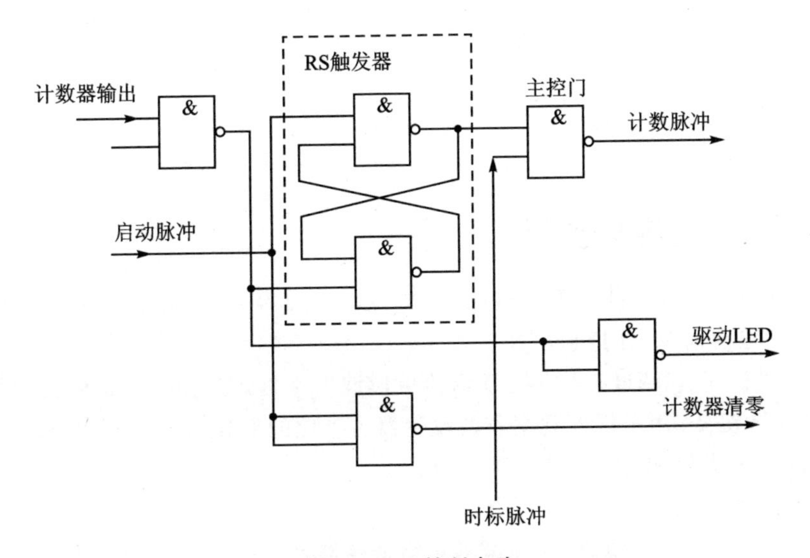

图 11-11　控制电路

计数译码显示单元的计数器可使用 74LS90 或 74LS161。以 74LS90 为例，使用两片 74LS90，个位构成十进制计数器，十位构成六进制计数器，把两只计数器串联起来，计数器输出 BCD 码。在显示器上显示出该计数器输出的十进制数，需要使用译码芯片 74LS47。

1 Hz 振荡器由 LM555 定时器组成的多谐振荡器提供，此部分就是时标脉冲或称为时钟，是定时电路的核心单元。

11.2 实验十二 集成定时器555的应用

一、实验目的

1. 掌握555单稳态触发器和多谐振荡器的工作原理和特点。

2. 用555设计几个实用功能电路，熟悉555外围电路元器件参数的计算方法。

二、预习要求

1. 根据原理说明，了解555的组成和典型工作原理。

2. 按实验要求设计实验电路，画出电路图，将所用器件的引脚号标上，以便连线和排除故障。

3. 计算图11-6矩形波发生器所产生波形的占空比。

三、实验设备及芯片

1. 双踪示波器 1台；
2. 数字万用表 1块；
3. 数字实验箱 1套；
4. LM555 2片。

四、实验内容与步骤

1. 选择 R_A、C_T 设计一个定时电路，使延迟时间为5 s。搭接电路进行调试，用示波器观察输出情况，并把它记录下来。

2. 试设计 $f=1$ kHz、占空比可调的矩形波发生器，参考电路如图11-6所示。搭接电路，调节 R_D 用示波器观察方波发生器占空比的变化情况并画出波形、计算出占空比 D 的最大值和最小值。

3. 简易电容测量电路。

搭接简易电容测试电路，用示波器观察振荡器是否产生振荡，调试好之后分别选择相应的量程，测试0.1 μF、两个0.1 μF并联，0.01 μF、两个0.01 μF并联，0.001 μF、两个0.001 μF并联的输出波形，并根据高电平的宽度计算被测量的电容值进行验证并列表整理。

4. 触摸开关。

根据图11-7所示的参考电路设计一个手动触摸开关。触摸片可用导线代替。调节灵敏度，保证电路可靠工作，用示波器观测开关情况。

5. 选作：1 min(60 s)的定时控制电路。

设计一个定时时间为1 min(60 s)的定时控制电路，其框图如图11-9所示。设置启动开关，用两位七段 LED 显示器进行计数显示，当到达 1 min 时，计时停止，同时发出计时结束信号。再次按下启动开关，又可重新计数。具体实验步骤如下：

① 用 2 片 74LS90（或 74LS161）搭接两位 BCD 码计数器，时钟信号由实验箱提供。要求两位计数器能够从 00 计到 99。静态测试计数器的清零和计数功能，动态测试计数器输出端 $Q_A \sim Q_D$ 与 CP 脉冲的波形。

② 搭接控制单元。启动脉冲形成单元由实验箱的单脉冲代替，测试控制单元功能。此时，时钟脉冲信号不是直接接在计数器上，而是由主控门控制输出。如果控制单元工作正常，那么计数器计到 60 应自动停止。

③ 搭接 1 Hz 振荡器。用 LM555 芯片设计一个 1 Hz 振荡器，选择电阻、电容，使振荡器的周期为 1 s，用示波器测试输出时钟的幅度和周期，以此取代实验箱上提供的时钟脉冲信号。

④ 搭接 LED（发光二极管）和音响电路。启动定时器后，计数器计数，计数到 60（s）时自动停止，同时停止信号驱动发光二极管发光及音乐门铃报警。

⑤ 测试完整电路系统功能。启动脉冲电路取代实验箱上的单脉冲，测试电路系统功能。

五、注意事项

1. 一定要先测试器件功能，再连接单元电路；先调好单元电路功能，再连接整体电路。

2. 各器件的输出端不能接地或电源。

六、总结报告要求

1. 分析设计电路和实验结果是否满足设计要求。

2. 写出本次实验的收获和体会。

第 12 章　数字电路综合实验(一)

12.1　数字频率计的构成

1. 数字测频原理

图 12－1 为简单的数字频率计原理框图，它包括以下四个基本部分。

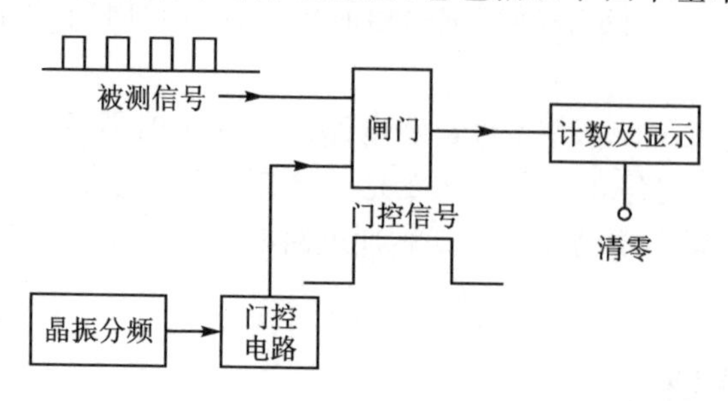

图 12－1　数字频率计原理框图

① 闸门：它由门电路构成，要计数的脉冲信号(被测信号)加到一个输入端，门控信号加在另一个输入端，门控信号控制闸门的开和闭。

② 石英晶体振荡器及分频器：前者产生频率已知、非常稳定的振荡，后者把来自晶振的信号分频，以改变门控信号的宽度。

③ 门控电路：把来自分频器的周期性信号，变成单脉冲信号即“门控信号”。

④ 计数器及数码显示：对通过闸门的脉冲进行计数，然后经译码驱动后以十进制数的形式显示出来。

频率是周期性信号在 1 s 内循环的次数。如果在 1 s 内，信号循环 N 次，则频率 $f=N$。

图 12－2 说明测量频率的原理。加在闸门上的被测信号只有在门控信号为高电平时才能通过闸门，由计数器计数；门控信号为低电平时，闸门关闭，停止计数。若门控信号的时间宽度 t_g 为已知，则所测频率就是

$$f=\frac{N}{t_g}$$

式中：N 为计数器的计数值。

为了提高测量频率的准确度，要求在 t_g 时间内计数的脉冲数要足够多。如果被测信号的频率低，门控信号的宽度 t_g 又不够宽，则所测的频率的误差就大。这时可以测量周期。

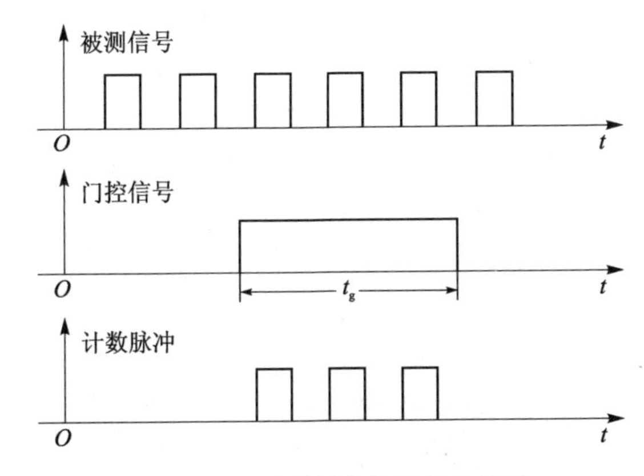

图 12－2　测量频率的原理示意图

2. 带 RC 电路的环形多谐振荡器

利用门电路的传输时间,把奇数个与非门首尾相接,可构成多谐振荡器,通常叫环形多谐振荡器。由于门电路的传输时间只有几十纳秒,所以振荡频率很高,而且不可调,在这种环形电路中加入 RC 延时电路,可以增加延迟时间,通过改变 RC 参数可改变振荡频率,这就是带 RC 电路的环形多谐振荡器,如图 12－3 所示。电路中各非门的输入、输出电压波形如图 12－4 所示。

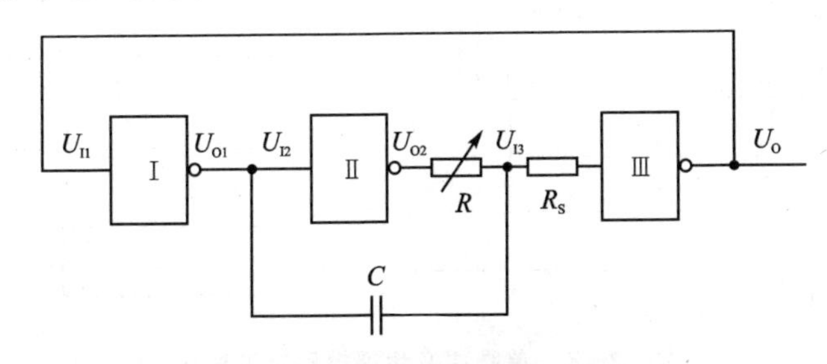

图 12－3　环形多谐振荡器

很明显,U_O、U_{I1} 与 U_{O1}、U_{I2} 以及 U_{I2} 与 U_{O2} 为“非”的关系。由于 RC 的存在,电容的电压不能跃变,所以 U_{I3} 不跟随 U_{O2} 一起跃变,而随着电容的充放电逐渐升高或降低。当 U_{I3} 变到非门的阈值电压 U_T 时,非门Ⅲ发生翻转。

本电路的振荡周期。$T \approx 2.2RC$,对于 TTL 非门 R 的取值不应大于 2 kΩ,R_S 一般为 100 Ω 左右。

3. 单脉冲发生器

为了得到单个脉冲的门控信号,可以采用单脉冲发生器,它的输入是周期性脉冲。由开关 K 控制,每按一次便输出一个一定宽度的单脉冲,脉冲宽度与按动开关的时间长短无关,仅由输入脉冲的周期决定。图 12－5 为单脉冲发生器电路及波形图。

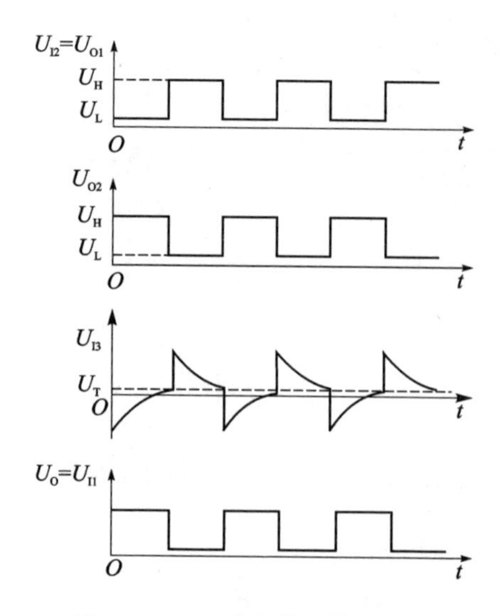

图 12-4 环形多谐振荡器波形

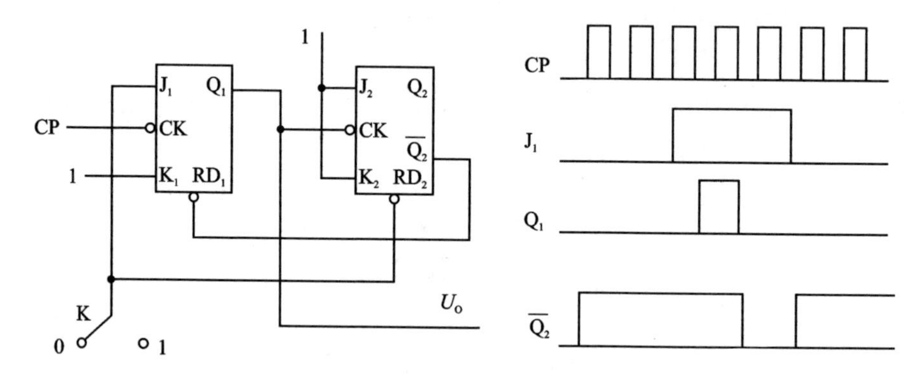

图 12-5 单脉冲发生器电路及波形图

其工作过程如下：K 常闭在“0”端，当电源接通后，由于触发器 2 的置 0 端 $RD_2=0$，所以 $Q_2=0$，$\overline{Q}_2=1$；触发器 1 的控制端 $J_1=0$，$K_1=1$，则 $Q_1=0$。按下按钮 K，使 K 合到“1”端，则 $J_1=K_1=1$ 及 $RD_1=1$，在 CP 脉冲作用下，触发器 1 就要翻转，Q_1 由 0 状态转到 1 状态，到下一个 CP 作用后，Q_1 又由 1 状态回到 0 状态。Q_1 的下降沿引起触发器 2 的翻转（它已具备翻转的条件：$RD_2=1$，$J_2=K_2=1$）。Q_2 由 0 状态转到 1 状态，$\overline{Q}_2$ 由 1 转为 0。由于 $\overline{Q}_2$ 作用在触发器 1 的 RD_1 端，所以 $RD_1=0$，触发器 1 被置 0。从图 12-5 中的波形图可见，按下开关 K 时（$J_1=1$），触发器 1 的输出 Q_1 为单脉冲，其宽度为 CP 脉冲的周期。

实验所用 74LS73 芯片是双 J-K 触发器，其引脚排列见附录 A。$\overline{CLK}$ 端是时钟脉冲输入端、下降沿触发；$\overline{CLR}$ 是清零端，低电平有效。其功能见表 12-1。

表 12-1　74LS73 功能表

输入				输出	
清除	时钟	J	K	Q_{n+1}	$\overline{Q}_{n+1}$
0	×	×	×	0	1
1	↓	0	0	Q_n	$\overline{Q}_n$
1	↓	1	0	1	0
1	↓	0	1	0	1
1	↓	1	1	$\overline{Q}_n$	Q_n
1	1	×	×	Q_n	$\overline{Q}_n$

4. 中规模集成电路分频器/振荡器——CD4060(14 位二进制分频)

CD4060 为 DIP-16 封装,如图 12-6 所示。其引脚功能如表 12-2 所列。

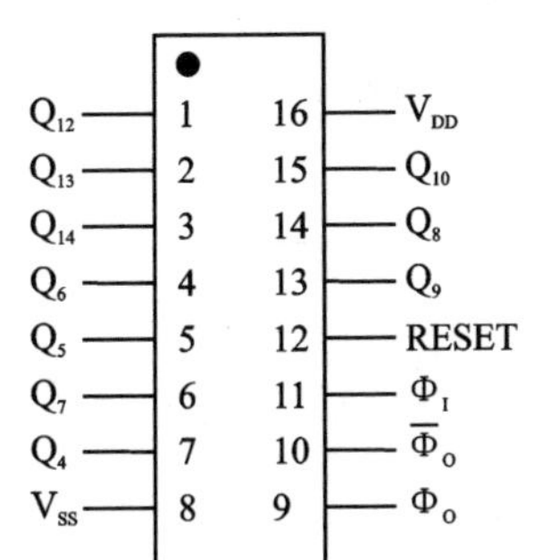

图 12-6　CD4060 引脚

表 12-2　CD4060 引脚功能

引脚	功能	引脚	功能
1	2^{12} 分频输出	2	2^{13} 分频输出
3	2^{14} 分频输出	4	2^{6} 分频输出
5	2^{5} 分频输出	6	2^{7} 分频输出
7	2^{4} 分频输出	8	V_{SS} 地
9	信号正向输出	10	信号反向输出
11	信号输入	12	复位信号输入
13	2^{9} 分频输出	14	2^{8} 分频输出
15	2^{10} 分频输出	16	V_{DD} 电源

5. 译码及显示

计数器给出的是二进制代码,为了表示成十进制数字 0,1,2,…,9,应将二进制代码"翻译"成可供显示的码制。通常用七段 LED 数码管或液晶显示。图 12-7 为数码管的电极布置图。电极由 a、b、c、d、e、f、g 七段构成,故一般称为七段码数码管。当在不同电极上加以正电压时,可显示 0～9 的不同数字。例如,给图 12-7 中 a、b、c、d、e、f 上加电压时,可显示 0;给 a、c、d、f、g 上加电压时,可显示 5,等等。

因此,要把二进制数 $Q_DQ_CQ_BQ_A$(BCD 码)以十进制数的形式显示出来,必须有相应的转换电路,把 BCD 码转换为七段显示码。例如,$Q_DQ_CQ_BQ_A$=0000 应转换为 abcdefg =1111110,而 $Q_DQ_CQ_BQ_A$=0101 应转换为 abcdefg =1011011,等等。中规模集成电路译码器 74LS49N、CD4511 等可以实现这种转换。

译码电路已在实验箱上预先装好,只要将 $Q_DQ_CQ_BQ_A$ 接到译码器相应的输入端上,便能在数码管上显示相应的十进制数字。

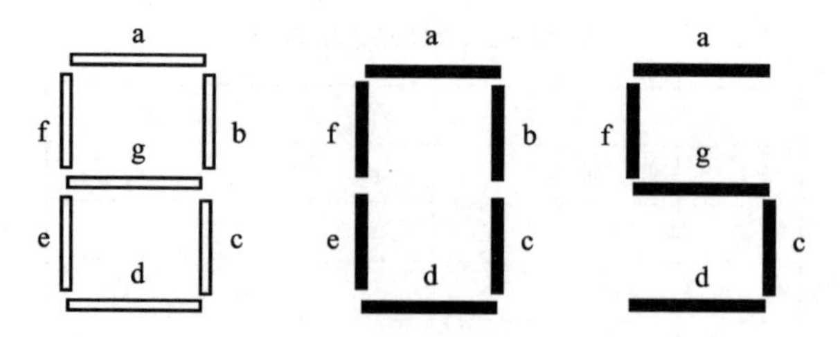

图 12－7　数码管的电极布置图

12.2　实验十三　简单的数字频率计

一、实验目的

1. 了解信号频率或周期的数字测量原理，了解数字频率计的基本组成和工作原理。

2. 学习、熟悉用有源晶振或无源晶振以及阻容元件、非门等组成脉冲波形发生器的方法。

3. 学习中规模集成电路计数器和分频器的使用。

4. 学习组装简单的数字频率计以及常用的测试方法。

二、预习要求

1. 用与非门及电阻、电容设计一个多谐振荡器，频率为 100～1 000 Hz。

2. 选用 74LS73 器件设计一个单脉冲发生器。输入周期性脉冲，输出单脉冲。

3. 用两片 74LS90 设计两位十进制计数器，闸门用与非门实现。此计数器要能够清零。

4. 把 1、2、3 的设计组合到一起构成简单的频率计。画出实际线路，并在线路上注明所用芯片名称及引脚号码。

三、实验设备及芯片

1. 数字实验箱　　1 套；
2. 双踪示波器　　1 台；
3. 数字万用表　　1 块；
4. 74LS90　　2 片；
5. 74LS73　　1 片；
6. 74LS00　　1 片；
7. 74LS04　　1 片；
8. CD4060　　1 片；

9. 有源晶振　　1 只;

10. 无源晶振　　1 只。

四、实验内容与步骤

1. 用非门和阻容元件组成一个频率可调的多谐振荡器,频率为 100～1 000 Hz。

2. 用 74LS73 J－K 触发器组成单脉冲发生器。

3. 用两片 74LS90 计数器组成 2 位十进制计数器,并具有清零功能。

4. 如图 12－8 所示,用 4 MHz 有源晶振和 CD4060 分频器组成的分频电路得到输出为 2^{14}、2^{13}、2^{12}、2^{10}、2^{9}、2^{8}、2^{7}、2^{6}、2^{5}、2^{4} 分频信号和基本时钟的正、反相信号,并把这些分频输出信号作为数字频率计的被测信号。

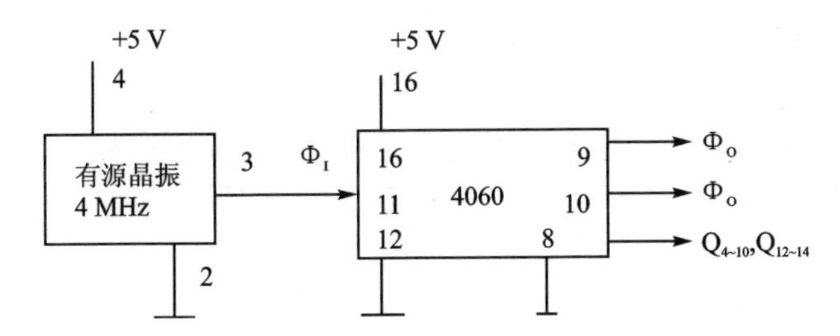

图 12－8　振荡器和分频器

5. 把以上四部分的电路和由与非门组成的闸门电路组装成一个完整的数字频率计,并对其进行测试,将所测的结果与分频电路得到的信号频率(用示波器测出)作比较。

6. 参考图 12－9,用 11.059 2 MHz 无源晶振和非门、阻容元件等组成一个波形发生器,用示波器观察信号的波形并把它画下来。

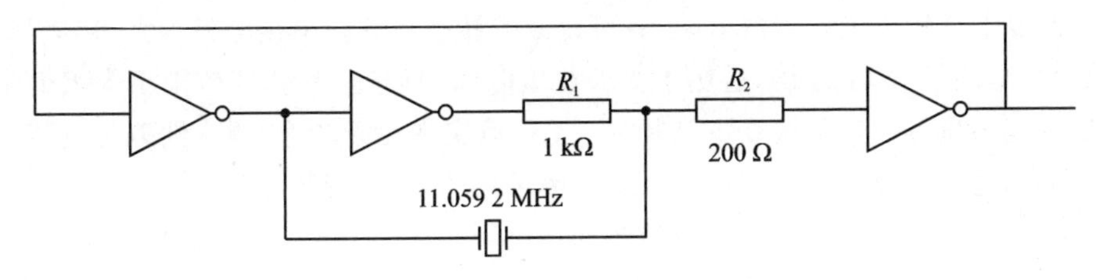

图 12－9　无源晶振电路

7. 选作:用所提供的元器件设计一个 60 分频的电路。

8. 选作:用 CD4060 和晶振或阻容元件等设计一定频率的振荡电路。

五、总结报告要求

1. 写出设计简单频率计的过程及测试结果。

2. 分析数字频率计的测试精度,提出改进方案。

第 13 章　变频调速控制系统

13.1　变频调速原理及变频器介绍

一、变频调速概述

变频调速是通过变频技术把 50 Hz 的工频电源变换成频率可以改变的交流电源，从而调节异步电动机转速的一种方法。变频调速技术是节能降耗、改善控制性能、提高产品质量的重要手段。与其他调速方法比较，它具有效率高、损耗小、精度高、调速范围大等特点。早期的变频调速主要采用恒压频比控制方式。近年来，随着矢量控制技术的应用、新型大功率电力电子器件的出现以及微机数字控制技术的发展，变频调速技术发展迅速。

1. 变频调速的原理

已知，异步电动机的转速

$$n = n_0(1 - S) = 60f_0(1 - S)/P$$

式中：n_0 为旋转磁场的同步转速；f_0 为电源频率；S 为转差率；P 为电动机的磁极对数。

从公式中可看出，要改变异步电动机的转速，有如下三种方法：一是改变磁极对数 P，由于磁极对数 P 只能成对变化，所以这种调速方法是有级的。改变磁极对数比较经济，但不能做到无级调速。该方法一般多用于鼠笼式电动机。二是改变转差率 S，改变电机转子电路中的电阻，就可以改变转差率 S。串接电阻越大，转速越低，导致消耗电能较大、不经济，适用于要求在短时间内调速，且调速范围不太大的生产机械，如起重机等。三是改变电源频率 f_0，可以实现无级调速，调速性能与直流调速系统相当，这种调速方法需要配备一套频率可变的电源-变频器。

又知，异步电动机定子每相绕组的外加电压

$$U_1 \approx E_1 = 4.44 f_1 N_1 K_{N_1} \Phi$$

式中：Φ 为旋转磁场每级的主磁通；N_1 为定子每相绕组的匝数；f_1 为定子电源的频率；K_{N_1} 为定子绕组的绕组系数。从上式可以看出，如果保持 U_1 不变，当 f_1 下降时，Φ 就要上升，电流就要增加，磁通过饱和，可能烧坏电机；而当 f_1 上升时，Φ 就要下降，磁通太弱，铁芯没有充分利用，是一种浪费。因此，保持变频调速过程中 Φ 值稳定的必要条件是，在 f_1 变化时，U_1 要跟着变，使 U_1/f_1 基本上等于常数，我们称这种调速方法为可变电压可变频率调速（Variable Voltage Variable Frequency, VVVF），简称变频调速。

2. 变频器的构成

根据变频过程中有无中间直流环节，变频器可分为交—交变频器和交—直—交变频器两类。交—交变频器是将工频电源直接转换为另一个频率或可控频率的交流电；交—直—交变频器是先将工频电源转换成直流，然后再经过逆变器转换成可控的交流电。根据直流侧电源性质的不同，交—直—交变频器又可以分为电压源型和电流源型两种。目前应用较多的是交—直—交电压源型变频器。交—直—交变频器主要是由主电路、控制电路组成，如图 13－1 所示。

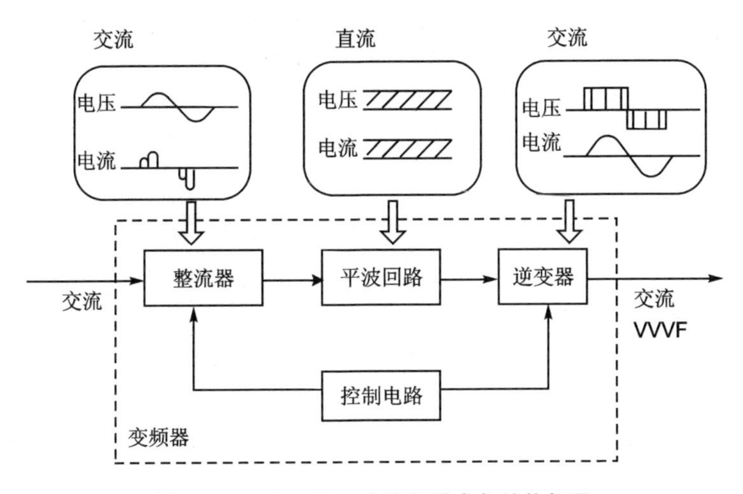

图 13－1　交—直—交变频器内部结构框图

主电路是给异步电动机提供调压调频电源的电力变换部分，它由整流器、平波回路、逆变器三部分构成，如图 13－2 所示。图中 R_0 为电容充电时的限流电阻，上电 10～20 ms 后由 K 切除。两个等值电阻 R_1、R_2 分别并联在串联电容 C_1、C_2 上，保证两个电容电压均等。FU 是快速熔断器，主要对整流电路进行保护。IGBT 符号表示 IGBT 管，并联在它旁边的二极管表示缓冲电路，用来吸收器件关断时的浪涌电压。

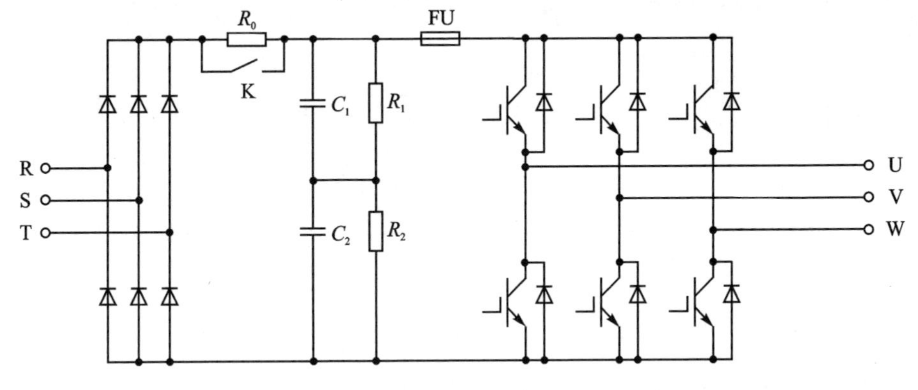

图 13－2　交—直—交变频器的主电路示意图

整流器的作用是将电网的交流电变换为直流电后给逆变器和控制电路供电。它常常采用全桥式二极管不控整流电路，比如用一个6单元的整流模块组成。而且整流电路的每一个器件侧都并联有阻容吸收电路，用来实现过压保护、浪涌电压等。

平波回路也称为直流滤波电路，其作用是：对整流器输出的直流电压滤波；吸收来自逆变器的由于元器件换向或负载变化等引起的纹波电压和电流。电压型采用电容滤波，电流型采用电感滤波。

逆变器是变频器最主要的部分，其作用是在控制电路的控制下将平波回路输出的直流电压或电流转换为所需频率的交流电压或电流。逆变器部分由6个开关器件组成，可供采用的器件有SCR（晶闸管）、GTR（大功率晶体管）、GTO（门极关断晶闸管）、MOSFET（大功率场效应管）、IGBT（绝缘栅双极型晶体管）、IPM（智能型IGBT功率模块）、IGCT（集成门极换流型晶闸管）等，目前逆变器采用的主流器件是IGBT和IGCT。

控制电路是为主电路功率开关器件提供所需驱动信号的电路，其作用是实现事先确定的变频器控制方式，并产生所需的各种门极或基极驱动信号，如图13-3所示。控制电路包括频率、电压的“运算电路”，主电路的“电压、电流检测电路”，电动机的“速度检测电路”，将运算电路的控制信号进行放大的“驱动电路”，以及逆变器和电动机的“保护电路”等。

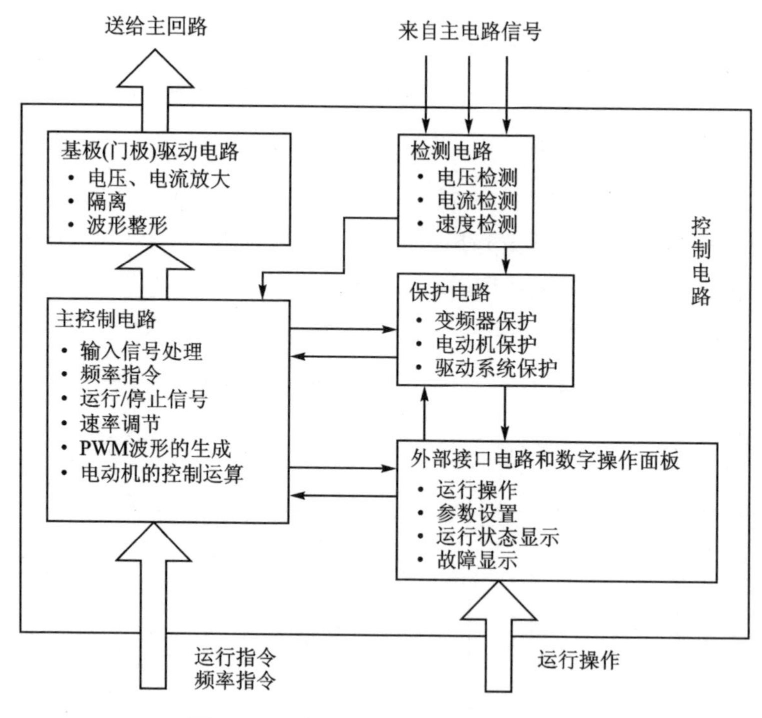

图13-3 变频器控制电路的功能模块

运算电路:将外部的速度、转矩等指令同检测电路的电流、电压信号进行比较运算,决定逆变器的输出电压、频率。

电压、电流检测电路:与主回路电位隔离检测电压、电流等。

驱动电路:驱动主电路器件的电路。它与控制电路隔离使主电路器件导通、关断。

速度检测电路:以装在异步电动机轴机上的速度检测器的信号为速度信号,送入运算回路,根据指令和运算可使电动机按指令速度运转。

保护电路:检测主电路的电压、电流等,当发生过载或过电压等异常时,为了防止逆变器和异步电动机损坏,使逆变器停止工作或抑制电压、电流值。

PWM 即脉宽调制控制,其基本思想是通过控制逆变器功率开关器件的通断,在逆变器输出端获得一系列等幅、不等宽的矩形脉冲,改变矩形脉冲的宽度和调制周期就可以改变输出电压的幅值和频率。当调制波为正弦波时,通常称为正弦波 PWM,即 SPWM。PWM 控制方式能有效地消除或抑制低次谐波,开关频率高使得输出波形非常接近正弦波,负载电动机的转矩脉动小,扩展了传动系统的调速范围。目前,随着电力电子技术和计算机技术的发展,出现了采用 PWM 整流+PWM 逆变的双 PWM 变频器,这种变频器对电网的谐波污染很低,同时具有较高的功率因数。

3. 变频器的应用

变频器主要用于交流电动机(异步电机或同步电机)转速的调节,是公认的交流电动机最理想、最有前途的调速方案,除了具有卓越的调速性能之外,变频器还有显著的节能作用,是企业技术改造和产品更新换代的理想调速装置。自 20 世纪 80 年代被引进中国以来,变频器作为节能应用与速度工艺控制中越来越重要的自动化设备得到了快速发展和广泛的应用。在电力、纺织与化纤、建材、石油、化工、冶金、市政、造纸、食品饮料、烟草等行业以及公用工程(中央空调、供水、水处理、电梯等)中,变频器都在发挥着重要的作用。

变频器应用系统的组成框图如图 13-4 所示。图中变频器和电动机作为系统的执行机构,是系统能量变换的核心和动力输出的关键。选择电动机时要考虑电动机的负载驱动能力、工作频率范围等指标。选择变频器时主要是选择其类型和容量。控制器可分为线性控制和智能控制。

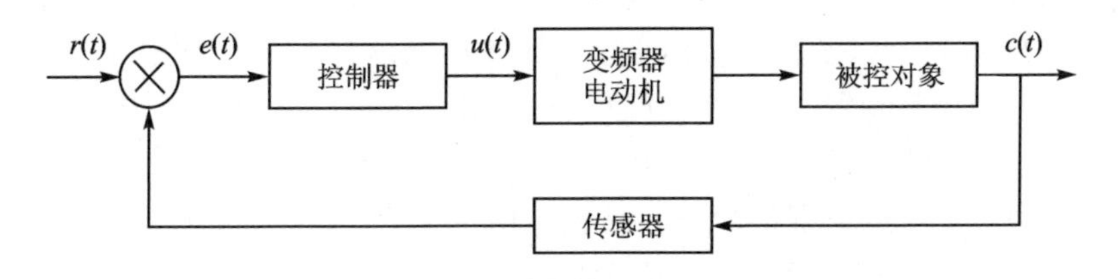

图 13-4　变频器应用系统框图

例如，采用变频器的温度调节系统如图 13－5 所示，这种系统由于使用了变频器使得该系统具有显著的节能效果，在空调设备、冷冻冷却设备、加热设备上得到了广泛应用。

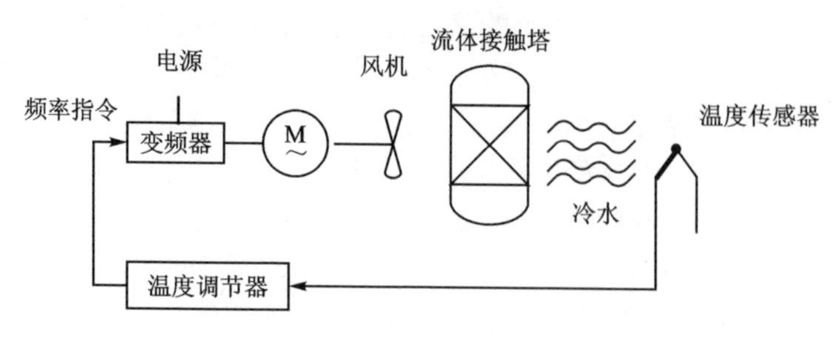

图 13－5　使用变频器的温度调节系统

二、VFD－M 系列变频器介绍

VFD－M 系列变频器是中国台湾台达电子工业股份有限公司生产的高性能、超低噪声泛用型变频器，其外形如图 13－6 所示。

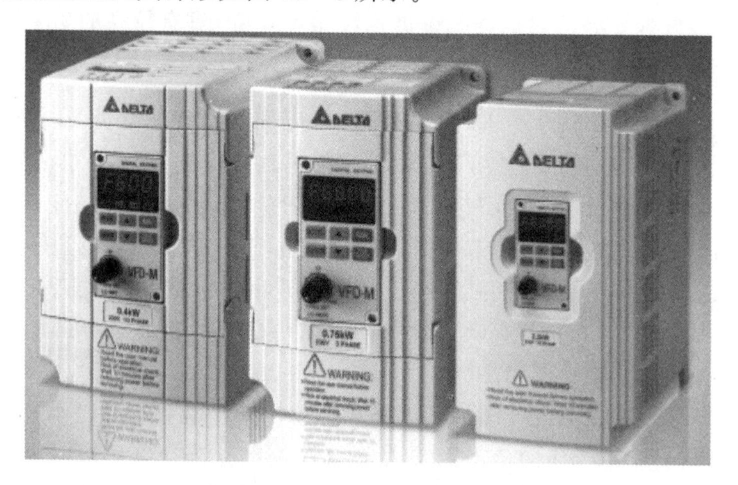

图 13－6　VFD－M 系列变频器

1. VFD－M 系列变频器面板按键说明

VFD－M 系列变频器提供了方便用户操作的数字操作面板和显示变频器运行状况及设定参数的显示器。用户可通过操作面板对变频器进行设定、运行方式控制，如设定电动机运行频率、电动机运转方向、V/F 类型、加、减速时间等。面板上部的数字显示器可以显示变频器的功能代码(不同参数)以及各参数的设定值。在变频器运行过程中，它又是一个监视窗口，显示电动机的运行状态，可以实时显示电动机的基本运行数据，如电动机电流、变频器输出频率等，在变频器发生故障时，显示故障种类以便分析故障原因。

VFD－M 系列变频器前面板如图 13－7 所示。

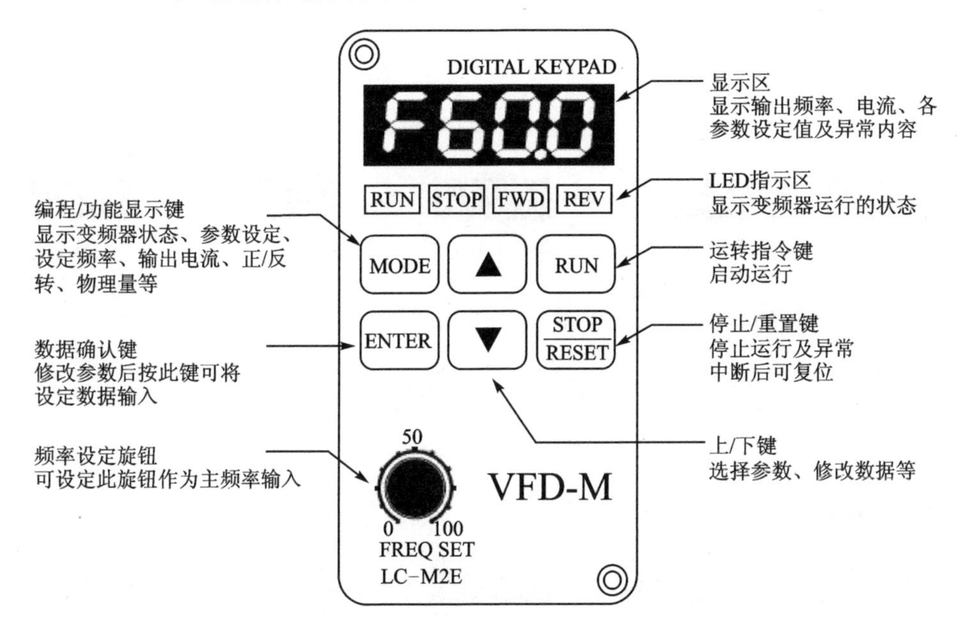

图 13－7　VFD－M 系列变频器前面板

功能显示项目说明如表 13－1 所列。

表 13－1　功能显示项目说明

显　示	说　明
F60.0	显示变频器目前的设定频率
H60.0	显示变频器实际输出到电机的频率
u600.	显示用户定义的物理量(V)(其中 V＝H×P65)
A 5.0	显示变频器输出侧 U、V 及 W 的输出电流
1 50	显示变频器目前正在执行自动运行程序
P 01	显示参数项目
01	显示参数内容值
Frd	目前变频器正处于正转状态
rEv	目前变频器正处于反转状态
End	若由显示区读到 End 的信息大约为 1 s，则表示数据已被接收并自动存入内部存储器
Err	设定的数据不被接收或数值超时

2. 变频器面板操作方法

① 键盘面板操作流程如图 13-8 所示。

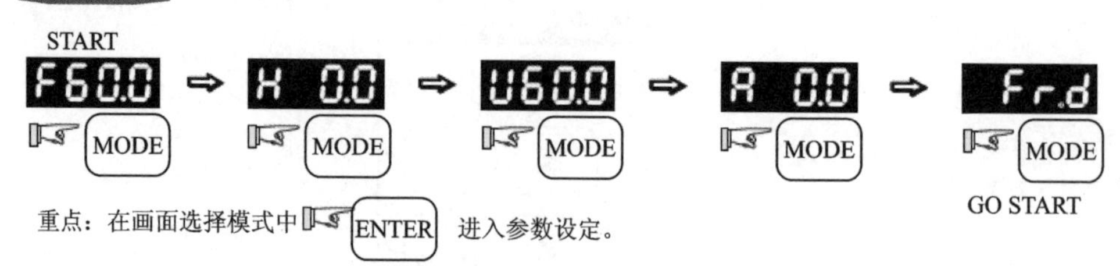

图 13-8 键盘面板操作流程

② 参数设定流程如图 13-9 所示。

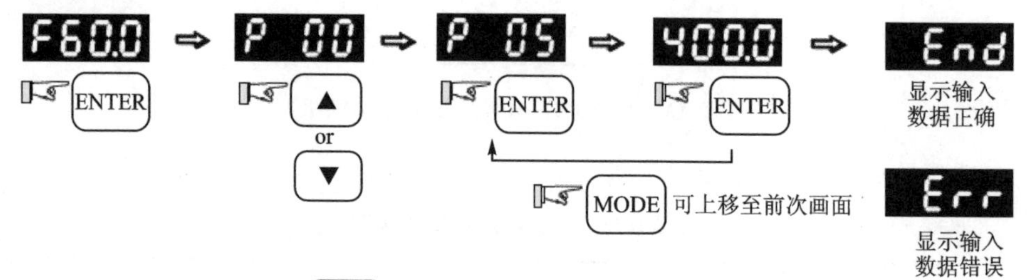

图 13-9 参数设定流程

③ 数据修改流程如图 13-10 所示。

图 13-10 数据修改流程

④ 转向设定流程如图 13-11 所示。

3. 常用参数简介

(1) P00 参数

这个参数用于设定主频率输入信号的来源：

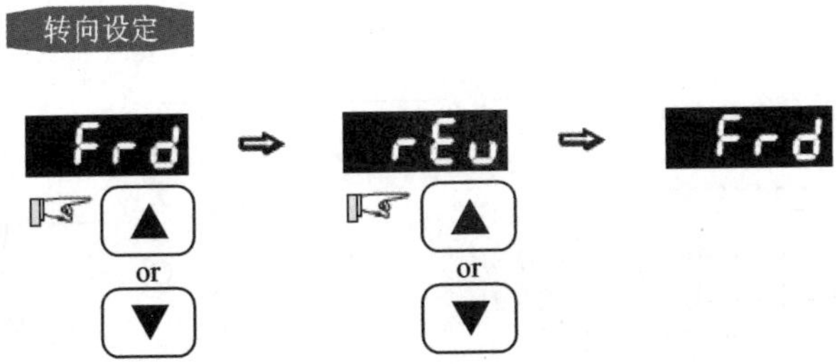

图 13－11　转向设定流程

- P00＝00,主频率输入来源由面板按键设定;
- P00＝04,主频率输入来源由面板电位器设定;
- P00＝01,主频率输入来源由模拟输入端 AVI 输入(DC:0～＋10 V)控制。

(2) P01 参数

这个参数用于设定电动机运转指令的来源,例如 P01＝00 为运转指令由面板控制器控制。

(3)P10 参数

这个参数用于电动机加速时间选择,单位 0.1 s,设定范围为 0.1～600 s,例如设定 5 s,则 P10＝50。

(4) P11 参数

这个参数用于电动机减速时间选择,单位 0.1 s,设定范围为 0.1～600 s,例如设定 5 s,则 P11＝50。

4. 总体基本配线图

VFD－M 变频器总体配线图如图 13－12 所示。

三、VFD－L 系列变频器简介

VFD－L 系列变频器是中国台湾台达电子工业股份有限公司生产的高性能、超低噪声泛用型变频器。

1. VFD－L 系列变频器面板按键说明

VFD－L 系列变频器前面板如图 13－13 所示。

2. 变频器的接线

在使用变频器时,首先要对主回路、控制电路根据使用说明和应用方式进行配线,如图 13－14 所示为 VFD－L 变频器的总体基本配线图。

(1) 主回路接线

变频器的输入(R、S、T)任意选择两个端子如 R、T 连接到电源相电压 220 V 上。输出 U、V、W 连接到三相电动机上,电动机三角形连接。

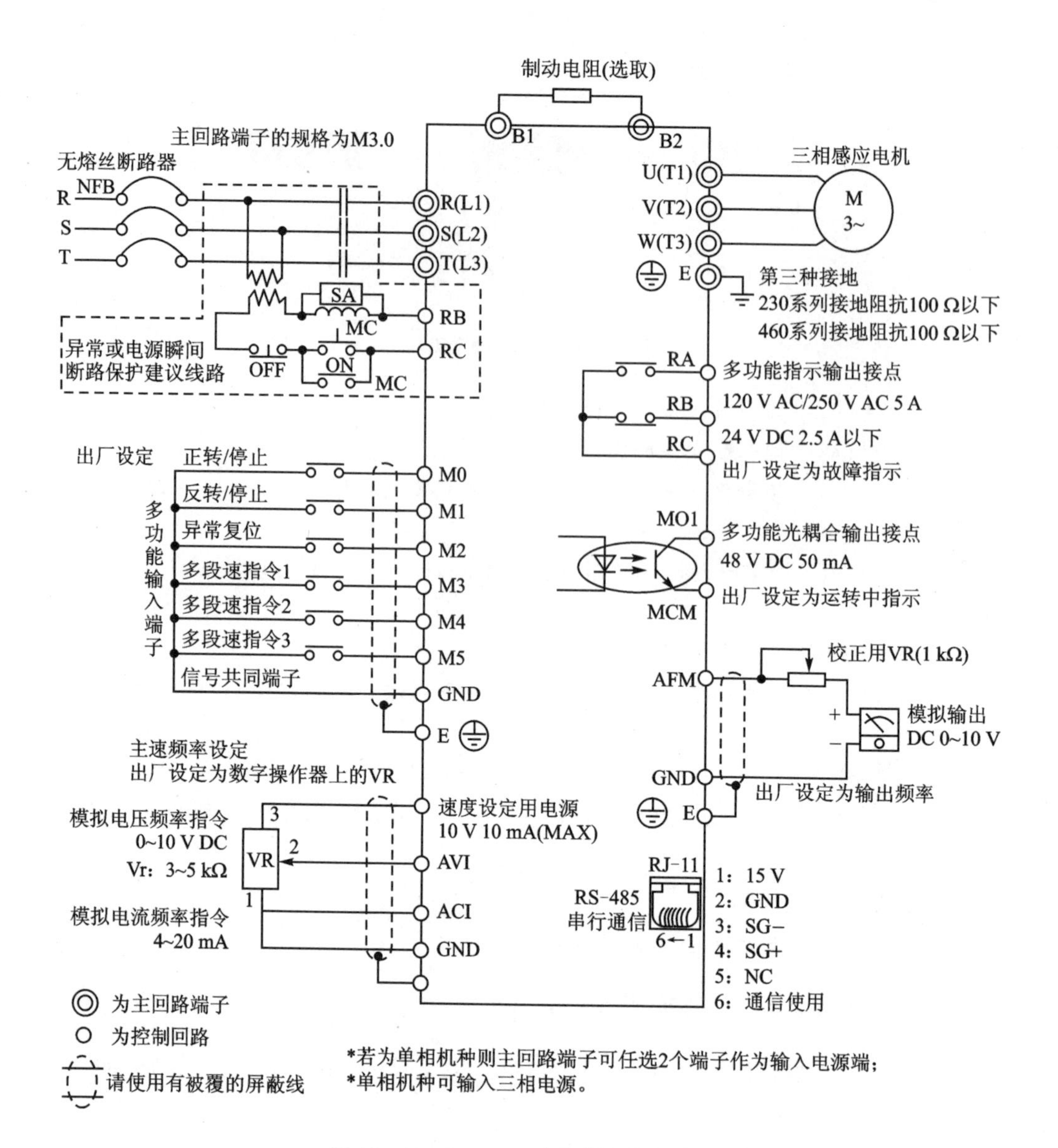

图 13-12　VFD-M 变频器总体配线图

（2）控制回路接线

控制回路配线务必与主电路配线分开，不可在同一个线路管槽中。

① 模拟量控制线建议使用屏蔽线，以减少电磁干扰，屏蔽层的一端接变频器控制电路的公共端（COM），不要接变频器地端（E）或大地，另一端悬空。

② 开关量控制线允许使用不屏蔽线，但同一信号的两根线建议互相绞在一起，避免受干扰。

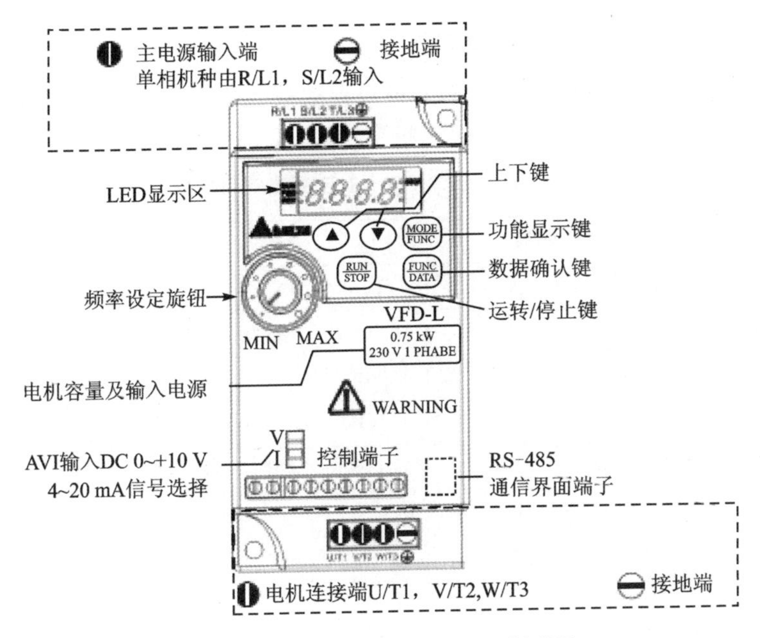

图 13－13　VFD－L 系列变频器前面板说明

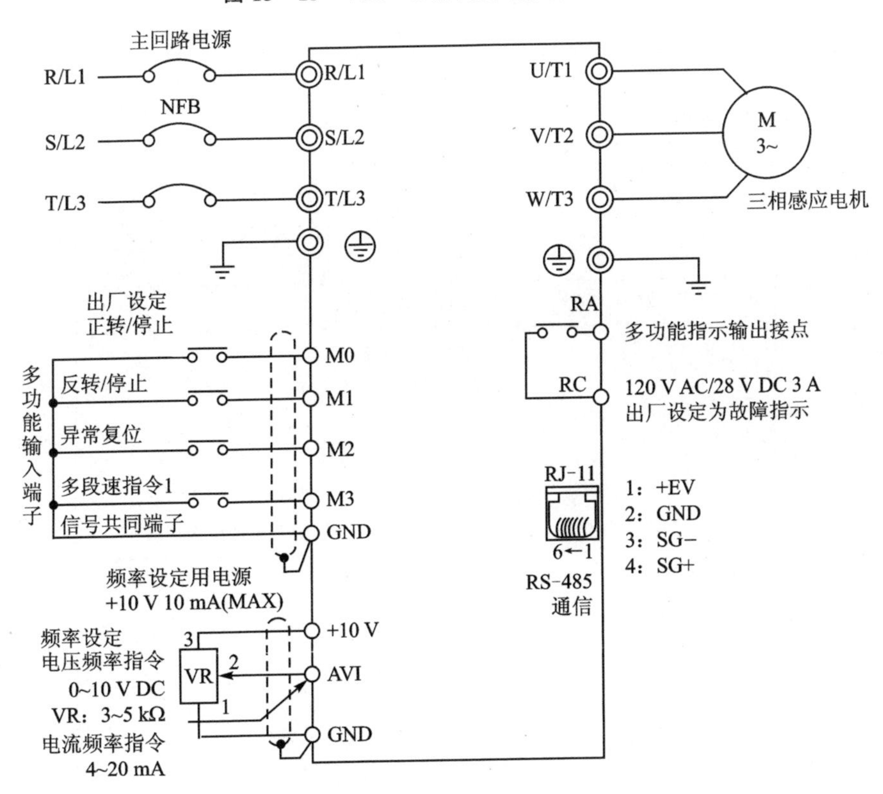

图 13－14　VFD－L 变频器总体基本配线图

3. VFD－L 变频器常用参数设置

VFD－L 系列变频器供用户查看或设置的参数有 10 类，详细参数请参看使用说明书，这里仅列出与本实验有关的一些参数，如表 13－2 所列。

表 13－2　VFD－L 变频器常用参数

参　数	参数功能	设定范围	出厂值
1－00	最大操作频率	d50.0 Hz～d400 Hz	d60.0
1－01	最大频率设定	d10.0 Hz～d400 Hz	d60.0
1－02	最大输出电压设定	d2.0 V～d255 V	d220
1－03	中间频率设定	d1.0 Hz～d400 Hz	d1.0
1－04	中间电压设定	d2.0 V～d255 V	d12.0
1－05	最低输出频率设定	d1.0 Hz～d60.0 Hz	d1.0
1－06	最低输出电压设定	d2.0 V～d255 V	d12.0
1－07	上限频率	d1%～d110%	d100
1－08	下限频率	d0～d100%	d0.0
ᴎ1－09	第一加速时间	d0.1 s～d600 s	d10.0
ᴎ1－10	第一减速时间	d0.1 s～d600 s	d10.0
ᴎ1－11	第二加速时间	d0.1 s～d600 s	d10.0
ᴎ1－12	第二减速时间	d0.1 s～d600 s	d10.0
ᴎ1－13	JOG 加速时间设定	d0.1 s～d600 s	d10.0
ᴎ1－14	JOG 减速时间设定	d0.1 s～d600 s	d10.0
ᴎ1－15	JOG 频率设定	d1.0 Hz～d400 Hz	d6.0
1－16	自动加/减速设定	d0：正常加/减速； d1：自动加速；正常减速； d2：正常加速；自动减速； d3：自动加/减速； d4：正常加速；自动减速时，减速中失速防止； d5：自动加速；自动减速时，减速中失速防止	d0
1－17	加速 S 曲线设定	d0～d7	d0
1－18	减速 S 曲线设定	d0～d7	d0
2－00	主频率输入来源	d0：由键盘输入； d1：由外部 AVI 输入 0～10 V； d2：由外部 AVI 输入 4～20 mA； d3：由面板上 V、R 控制； d4：由 RS－485 通信接口输入	d0

续表 13－2

参　数	参数功能	设定范围	出厂值
2－01	运转指令来源	d0：由键盘操作； d1：由外部端子操作，键盘 STOP 有效； d2：由外部端子操作，键盘 STOP 无效； d3：由 RS－485 通信接口操作，键盘 STOP 有效； d4：由 RS－485 通信接口操作，键盘 STOP 无效	d0
2－02	停车方式	d0：以减速杀车方式停止； d1：以自由运转方式停止	d0
2－03	载波频率设定	d2～d10 kHz	d10
2－04	反转禁止	d0：可反转； d1：禁止反转； d2：禁止正转	d0

（1）频率通过面板键盘进行设定

设置操作方式参数："2－00＝d0""2－01＝d0"，设置基本参数"1－09＝d5.0""1－10＝d5.0"；用"增"或"减"设置好变频器的频率（注意频率不要超过 50 Hz）；然后按控制面板的 RUN/STOP 键，仔细观察电机开始运行；再按 RUN/STOP 键电机将进入停止过程。

（2）频率由外部模拟输入 AVI 进行控制

把操作方式参数设置为："2－00＝d1""2－01＝d0"。输出频率取决于从 AVI 端输入的电压，电机的运行和停止还是由控制面板的 RUN/STOP 键来控制。变频器 AVI 输入电压由电位器 R_{W1} 来调节，如图 13－15 所示。

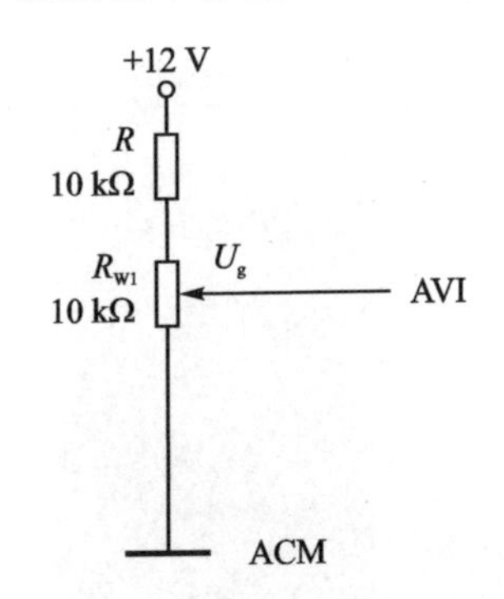

图 13－15　变频器 AVI 输入电压由电位器 R_{W1} 进行调节

其他使用方法与 VFD－M 系列大同小异，在此不再赘述。

四、测功机组件设备介绍

1. 测功机组件

测功机组件包括两部分：一部分由一台电机、导轨和测功机组成，另外一部分由一台转矩转速测量仪组成，如图 13－16 所示。三相异步电动机是执行机构，导轨的作用是安装固定电机，测功机是对被测电机施加可变转矩负载并吸收其功率的负载机械，可以测量被测电机的输入电压、电流、功率和输出转矩、转速、功率及特性曲线。

转矩转速测量仪可以设置转矩，能够测量转矩、转速的大小。该组件具有对电机进行加载、测量电机的转矩、测量电机的转速等功能。转矩转速测量仪面板如图 13－17 所示。

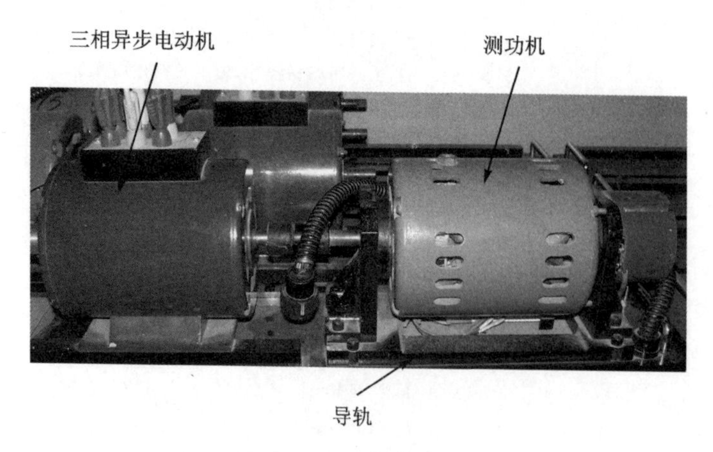

图 13－16　测功机组件

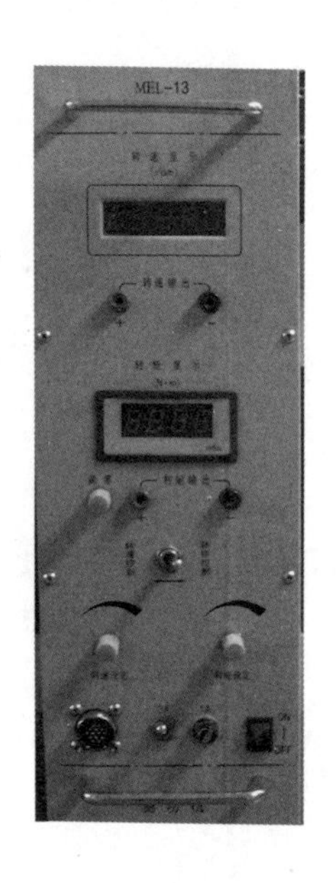

转矩转速测量仪

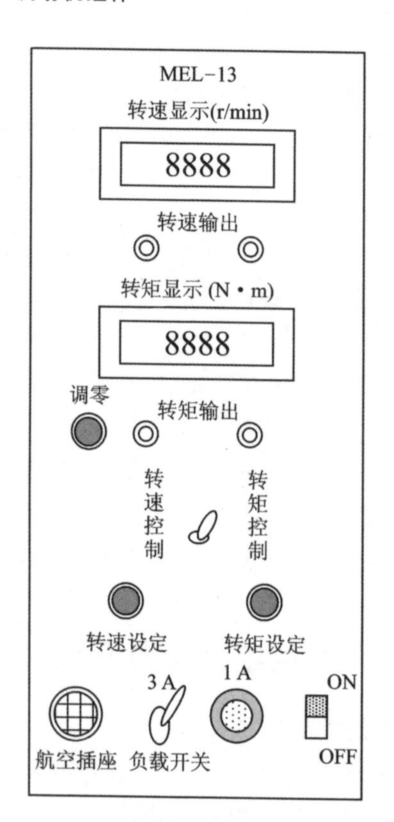

图 13－17　转矩转速测量仪面板图

MEL－13 型中的航空插座与测功机相连，可提高测功机所需要的励磁电流以及反馈转速、转矩信号。负载开关向下扳时，电机处于空载状态；向上扳时，负载的大小由“转矩设定”电位器和“转速设定”电位器进行控制。转速输出电压范围为 0～±10 V。将转矩、转速控制开关置“转矩控制”，启动电机，通过调节“转矩设定”旋钮，可对被测电机加载，同时被测电机的转矩、转速会显示出来。将转矩、转速控制开关置“转速控制”，启动电机，通过调节“转速设定”旋钮，可使电机稳定地运行于某一转速（最低转速为 300 r/min）。通过测量转矩、转速就可以画出电机的 $M-S$ 曲线（转矩-转速曲线）。

13.2　实验十四　三相异步电动机变频调速控制实验

一、实验目的

1. 了解 VFD-M 型变频器的性能、结构及工作原理。
2. 学习变频器的使用方法。
3. 掌握变频调速控制系统的基本组成、系统调试方法。
4. 掌握异步电动机基本特性的测试方法。

二、预习要求

1. 学习变频调速原理。
2. 熟悉 VFD-M 型变频器的使用。
3. 复习有关电动机闭环控制系统的原理知识。
4. 复习集成运算放大器的工作原理与应用，计算变频调速控制系统中比例放大器的放大倍数。

三、实验设备

1. VFD-M 型变频器　　1 台；
2. 测功机组件　　1 套；
3. 数字万用表　　1 块；
4. 实验板　　1 块。

四、实验内容与步骤

1. 熟悉变频器操作面板，了解各按键的作用。变频器主回路连线：变频器的电源 R、S、T 三根线分别连接到实验台的 U、V、W 三相电源上；变频器的输出 U、V、W 连接到电动机上，电动机 Y 形连接。

2. 由面板键盘设置输出频率，控制电机运行。设置操作方式参数 P00＝00（频率由面板上下箭头设定)、P01＝00(运行指令由面板控制),设置基本参数 P10＝ 50 (加速时间 5 s)、P11＝ 50 (减速时间 5 s)。设置变频器的频率,注意频率不要超过 50 Hz。然后按控制面板的 RUN 键,仔细观察电机开始运行,调节上下箭头可改变频率。再按 STOP 键,电机将进入停止过程。

3. 由面板上的电位器设置输出频率,控制电机运行。设置操作方式参数 P00＝04(频率由面板上的电位器设定)、P01＝00,设置基本参数 P10＝50、P11＝50。然后按控制面板的 RUN 键,仔细观察电机开始运行。调节电位器来改变变频器的频率,注意频率不要超过 50 Hz。再按 STOP 键,电机将进入停止过程。

4. 由外部模拟输入端 AVI 控制电机的运行速度,如图 13－18 所示。设置操作方式参数 P00＝01、P01＝00,设置基本参数 P10＝50、P11＝50。电机的运行和停止由控制面板的 RUN 和 STOP 键来控制。调节 R_{W1},可以改变变频器的输出频率,从而改变电动机的转速。

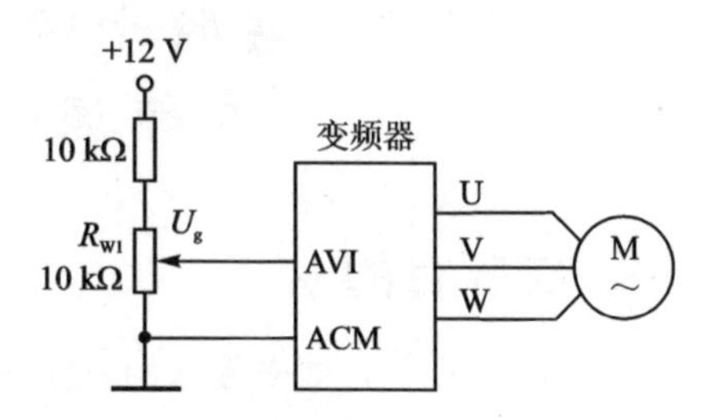

图 13－18　外部模拟输入控制电机转速

5. 测试调节器 A1 的电压放大倍数,如图 13－19 所示。集成运放采用 LM358,±12 V 供电。将所测数据填入表 13－3 中,并计算其 A_v。

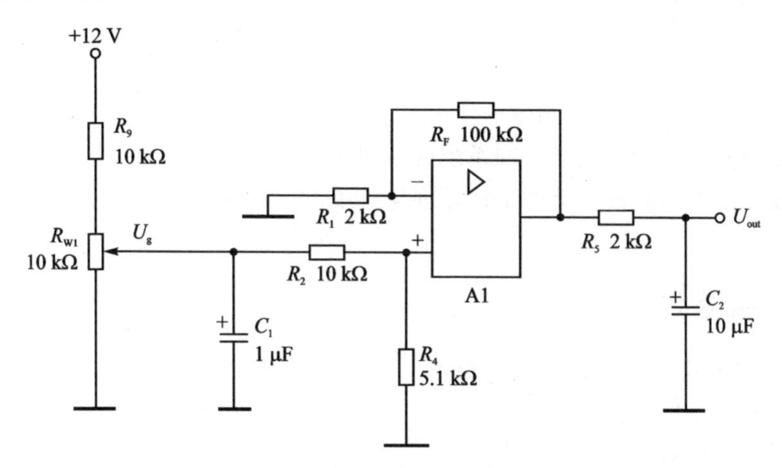

图 13－19　调节器 A1 的电路图

表 13－3　调节器 A1 的电压放大倍数 A_u

U_g/V	0.1	0.2	0.3	0.4	0.5	0.6	0.7
U_{out}/V							
A_v							

6. 测量变频调速系统的开环特性。

将图 13－19 的 U_{out} 端接变频器的 AVI，设置变频器为外模拟电压控制输出频率模式，电动机空载。测量电机转速与电压 U_g 的关系，结果填入表 13－4 中。

设置初始转速，调节转速转矩测量仪的转矩设定旋钮，逐渐增大电机的负载转矩，测量变频调速系统的机械特性。将测量结果填入表 13－5 中。

表 13－4　转速与电压的关系

转速 $n/(\mathrm{r \cdot min^{-1}})$	1 400	1 200	1 000	800	600
U_g/V					

表 13－5　开环系统加负载转矩时，转速的变化情况

转矩 $T/(\mathrm{N \cdot m})$	0.0	0.10	0.20	0.30	0.40	0.50
开环转速 $n/(\mathrm{r \cdot min^{-1}})$	1 400					
	1 200					
	9 00					
	6 00					

7. 测量变频调速系统的闭环特性。

变频调速闭环系统如图 13－20 所示。先不加入转速反馈信号，即将 A2 放大器

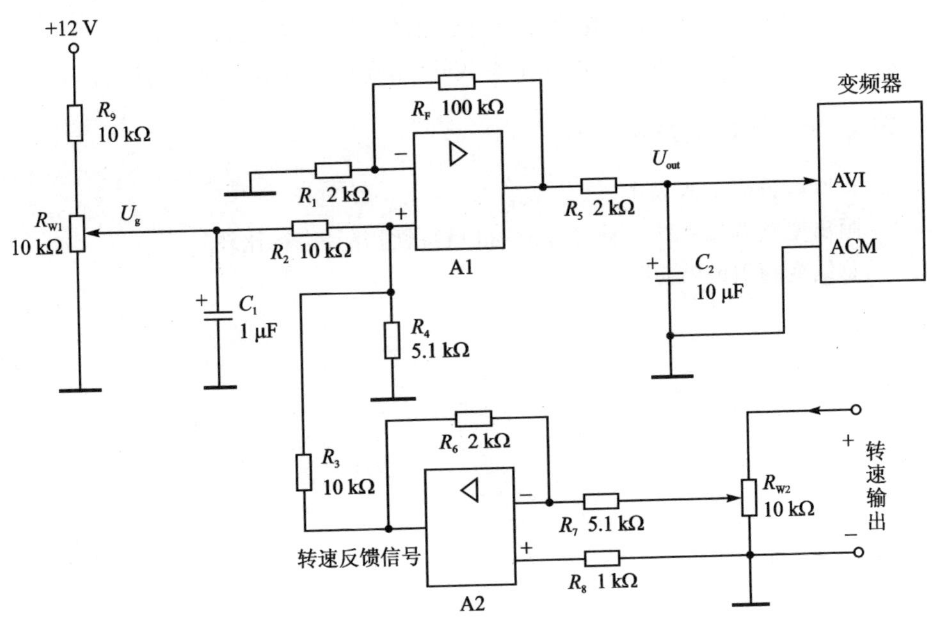

图 13－20　比例调节的变频调速闭环系统电路

输出与 A1 放大器输入断开连接，在 R_{W2}“+”端加＋12 V 电源，检查 A2 的工作状态。A2 工作正常后，将 R_{W2}“+”端接转速输出，并连接转速反馈信号。测量该闭环系统的机械特性，将测量结果填入表 13－6 中，并且与表 13－5 中的数据进行比较，分析说明哪个系统的机械特性好。在闭环系统的测量中，可以调节反馈系统的参数，如 R_{W2}。也可以在 R_F 和 R_6 上并接 0.1 μF 或其他电容，使得该调速系统的机械特性更好。

表 13－6　闭环系统加负载转矩时，转速的变化情况

转矩 $T/(\mathrm{N \cdot m})$	0.0	0.10	0.20	0.30	0.40	0.50
闭环转速 $n/(\mathrm{r \cdot min^{-1}})$	1 400					
	1 200					
	900					
	600					

五、注意事项

1. 调节器所用集成运放 LM358 采用±12 V 供电。注意正负电源的接法。

2. 连线时，要等变频器指示灯灭了以后再操作，以防触电。

3. 电机接线一定要牢固可靠，否则容易损坏变频器。如在实验过程中电机线脱落，要关断电源后把电机线接好。

4. 在启动电机时，要先把转速转矩测量仪的转矩设定旋钮调至最小。

5. 除了按要求设置变频器的几个参数外，不允许对其他参数进行设置。

六、总结报告要求

1. 将所测数据记入表中。

2. 画出变频调速系统开环、闭环的机械特性，并且进行比较。

3. 总结变频器的特点。

第 14 章　数字电路综合实验(二)

14.1　A/D 与 D/A 芯片介绍

模/数(A/D)和数/模(D/A)转换技术广泛应用于计算机控制技术及数字测量仪表中。将模拟量转换成数字量的器件称为模/数转换器(简称 A/D 转换器),而将数字量信号转换成模拟量信号的器件称为数/模转换器(简称 D/A 转换器)。

1. A/D 转换器(ADC0809)

A/D 转换器的作用是将输入的模拟电压数字化,即量化和编码,以送到计算机进行处理。目前 A/D 的转换方法主要有两大类:一类是直接转换,另一类是间接转换。直接转换是将模拟电压直接转换成数字量,这类转换器主要有逐次逼近型、并联比较型等。间接转换是先将输入的模拟量转换成模拟中间变量如时间、频率等,再将中间变量转换成数字量,这类转换器主要有单积分、双积分等。本实验所用 A/D 转换器为 ADC0809 八位逐次逼近式 A/D 转换器,它是一种单片 CMOS 器件,具有 8 通道模拟量输入,其内部结构图和引脚分配分别如图 14－1 和图 14－2 所示,引脚功能如表 14－1 所列。

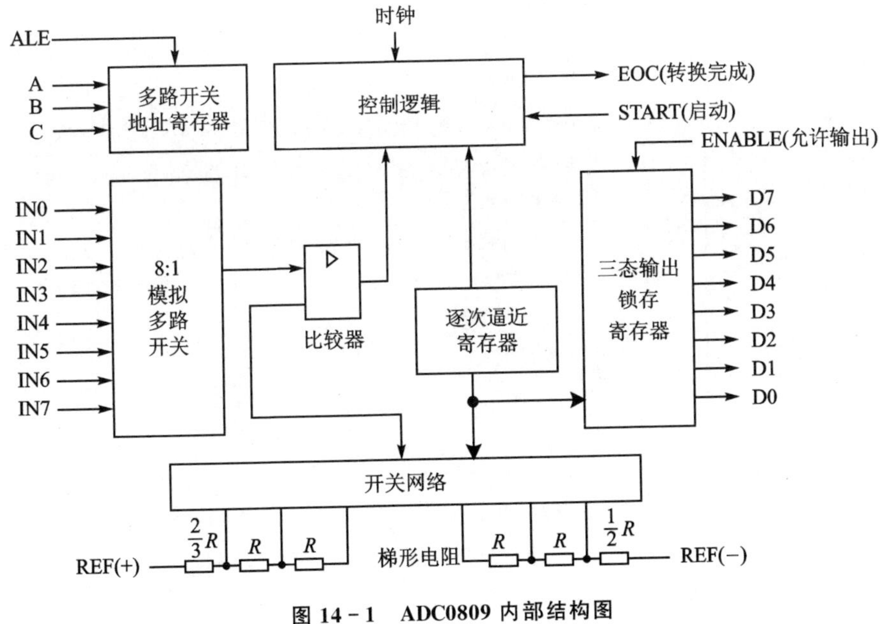

图 14－1　ADC0809 内部结构图

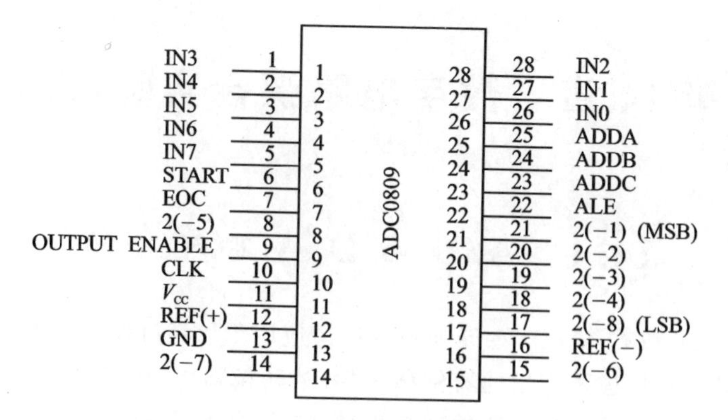

图 14－2　ADC0809 引脚图

表 14－1　ADC0809 引脚功能

引脚名称	引脚号	功　能
IN0～IN7	26～28，1～5	8 通道模拟量输入
ADDA、ADDB、ADDC	25～23	多路开关地址选择。A 为最低位，C 为最高位，通常接在地址线的低 3 位
2^{-8}～2^{-1}	17、14、15、8、18～21	8 位数字量输出结果
ALE	22	地址锁存输入线。该信号上升沿把 A、B、C 三选择线的状态锁存入多路开关地址寄存器中
START	6	启动转换输入线。该信号上升沿清除 ADC 内部寄存器，下降沿启动内部控制逻辑，开始 A/D 转换工作
EOC	7	转换完成输出线。该信号变为高电平时，表示转换已经完成
CLOCK	10	定时时钟输入线。频率最高为 640 kHz，当频率为 640 kHz 时，A/D 转换时间约为 100 μs
OUTPUT ENABLE（OE）	9	允许输出控制端。EOC 和 OE 可连接在一起表示模/数转换结束。OE 端的电平由低变高，打开三态输出锁存器，将转换结果的数字量输出到数据总线上
RFE(＋)、RFE(－)		参考电源输入
V_{CC}		电源＋5 V
GND		接地

启动转换信号 START 采用脉冲形式，下降沿有效。ALE 为地址锁存允许信号，当输入通道选择地址线状态稳定后，利用此信号上升沿，将地址线的状态存入芯片的地址锁存器中(通常 ALE 和 START 连接在一起，用同一脉冲信号进行控制)。转换结束信号 EOC 在转换结束时由低电平变为高电平，该信号可用作中断请求信

号。OE 为输出允许信号,高电平时,接通内部三态输出锁存器,将转换结果送到数据输出总线上。A/D 转换时钟脉冲 CLOCK 需要由外部电路提供。D0～D7(2^{-8}～2^{-1})为数据输出线。IN0～IN7 是 8 路输入通道的模拟量输入端口,ADDA、ADDB、ADDC 为 8 路模拟开关的三位地址选通输入端以选择对应的输入通道,其对应的关系如表 14－2 所列。

表 14－2 地址线对应的输入通道

地址线			对应的输入通道
ADDC	ADDB	ADDA	
0	0	0	IN0
0	0	1	IN1
0	1	0	IN2
0	1	1	IN3
1	0	0	IN4
1	0	1	IN5
1	1	0	IN6
1	1	1	IN7

2. D/A 转换器(DAC0832)

D/A 转换器的作用主要是将数字信号转换成模拟信号。它常用在系统里对外部设备实现控制操作的输出通道中。DAC0832 是由美国 National Semiconductor 公司生产的 8 位双缓冲 D/A 转换芯片,片内带有数据锁存器,可直接与微机系统总线相连接。DAC0832 的逻辑框图与引脚分配分别如图 14－3 和图 14－4 所示。DAC0832 由 8 位输入锁存器、8 位 DAC 寄存器和 8 位 D/A 转换电路组成。DAC0832 的引脚功能如表 14－3 所列。

表 14－3 DAC0832 引脚功能

引脚名称	引脚号	功 能	引脚名称	引脚号	功 能
D0～D7	7～4 16～13	数据输入线	V_{CC}	20	电源
ILE	19	数据输入允许,高电平有效	I_{OUT1},I_{OUT2}	11,12	电流输出信号线
$\overline{CS}$	1	片选信号,低电平有效	AGND	3	模拟信号地
$\overline{WR_1}$	2	输入寄存器写选通信号,低电平有效	DGND	10	数字信号地
$\overline{WR_2}$	18	DAC 寄存器写选通信号,低电平有效	R_{fb}	9	反馈信号输入线
$\overline{XFER}$	17	控制数据传送信号,低电平有效	V_{REF}	8	基准电压输入

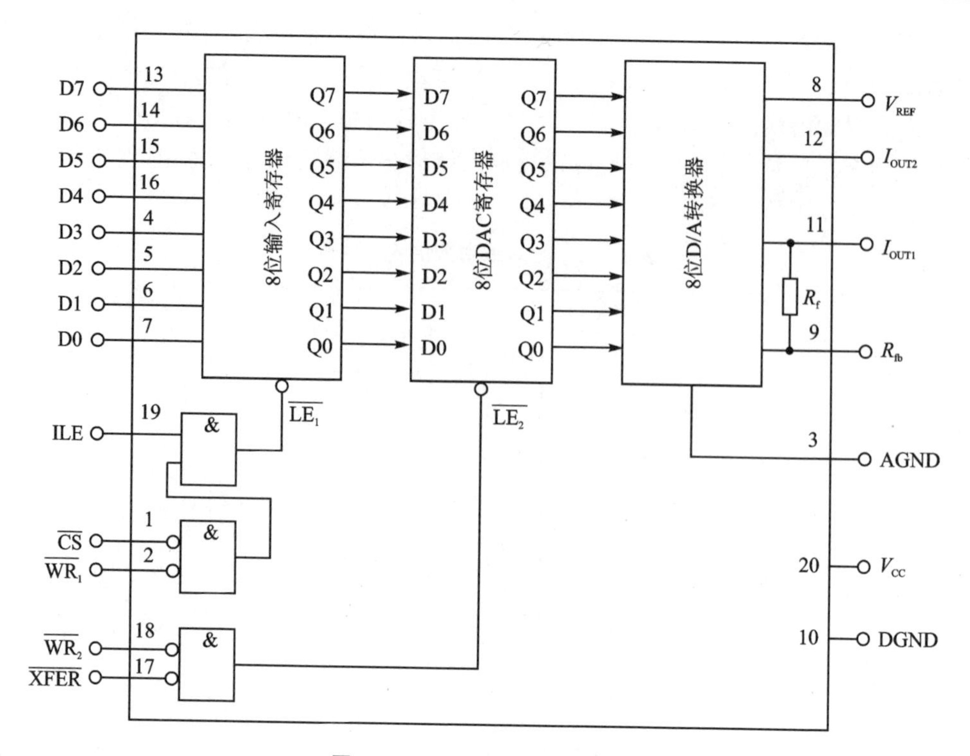

图 14-3　DAC0832 逻辑框图

当 ILE 为高电平，$\overline{CS}$ 为低电平，$\overline{WR_1}$ 为低电平时，将输入数据线上的信息存入输入寄存器。当 $\overline{XFER}$ 为低电平，$\overline{WR_2}$ 为低电平时，将输入寄存器的内容存入 DAC 寄存器。DAC0832 的输出是电流型的。在微机系统中，通常需要电压信号，电流信号和电压信号之间的转换可由运算放大器实现，其原理如图 14-5 所示。

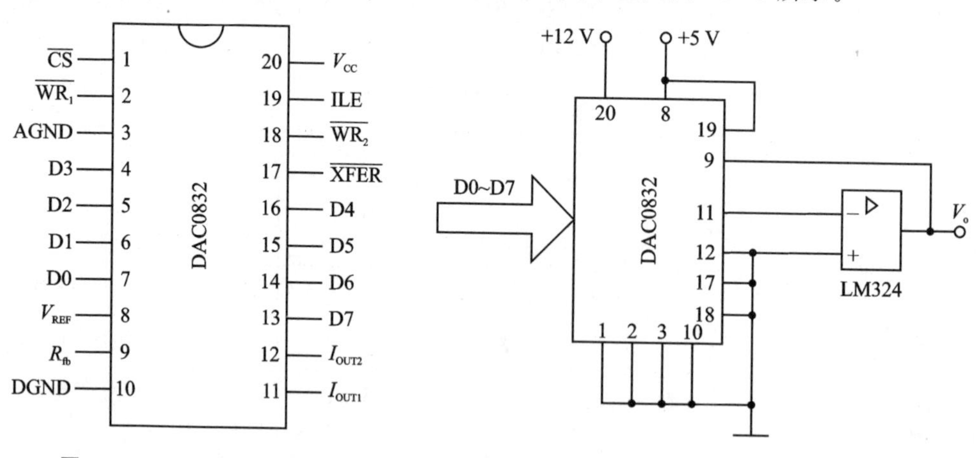

图 14-4　DAC0832 引脚图

图 14-5　DAC0832 的电压输出电路

3. 四位二进制同步计数器 74LS163

74LS163 为中规模集成计数器芯片，它的引脚排列见附录 A，功能表见表 14-4。

表 14-4　74LS163 功能表

输入									输出			
CP	$\overline{CLR}$	$\overline{LOAD}$	P	T	A	B	C	D	Q_A	Q_B	Q_C	Q_D
↑	0	×	×	×	×	×	×	×	0	0	0	0
↑	1	0	×	×	A	B	C	D	A	B	C	D
×	1	1	0	×	×	×	×	×	保持			
×	1	1	×	0	×	×	×	×	保持			
↑	1	1	1	1	×	×	×	×	计数			

由功能表可见，当清零端 CLR=1，置入端 LOAD=1，计数允许端 P=T=1 时工作在计数状态，引脚 15 输出进位脉冲。

该芯片也可以实现可编程计数器，即它的每一个输出可被预置为任一电平，当置入端 LOAD=0 时，在下一个时钟脉冲到来后，输出端的数据便和输入数据一致。这种计数器的清零是同步清零，即清零端 CLR=0 时在一个时钟脉冲到来后才能清零。

14.2　实验十五　A/D 与 D/A 转换器的应用

一、实验目的

1. 训练查阅芯片资料的能力。
2. 熟悉 A/D 转换器 ADC0809 的基本工作原理，掌握器件性能及典型应用。
3. 熟悉 D/A 转换器 DAC0832 的基本工作原理，掌握器件性能及典型应用。

二、预习要求

1. 查阅 ADC0809、DAC0832 芯片的资料，了解两芯片的工作原理与外围芯片的连接方法。
2. 按实验要求画出实验的接线图。

三、实验设备及芯片

1. 数字实验箱　　1 套；
2. 数字万用表　　1 块；
3. 双踪示波器　　1 台；
4. 双路直流稳压电源　　1 台；
5. 模/数(A/D)转换器 ADC0809　　1 片；

6. 数/模(D/A)转换器 DAC0832　　1片；
7. LM324　　1片；
8. 74LS163　　1片。

四、实验内容与步骤

1. 连接 A/D 转换器电路，按图 14-6 接线。模拟电压可以用可调稳压电源提供，也可用分压器提供。时钟脉冲由实验箱的连续脉冲提供，启动脉冲由实验箱的单脉冲提供。

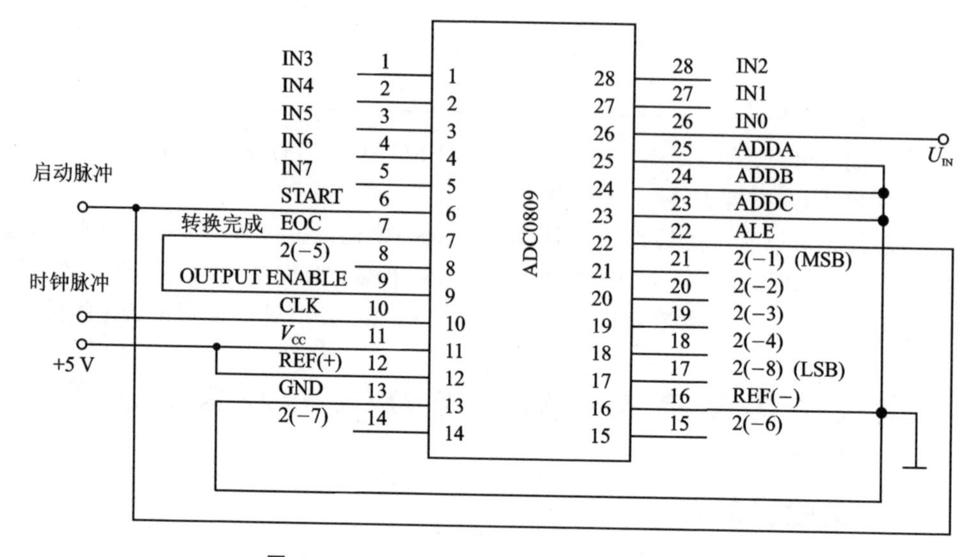

图 14-6　ADC0809 A/D 转换器实验电路图

2. 电路连接好以后通电，用数字万用表测量模拟电压值，A/D 转换器的数字量输出可用电压表测量，也可用发光二极管显示。输入模拟电压 0 V(数字量应为全 0)至 5 V(数字量应为全 1)，记录实验结果，填入表 14-5 中。

表 14-5　A/D、D/A 转换测量结果

输入直流电压/V	数字量(8 位二进制数)	输出直流电压/V
0.0		
1.0		
2.0		
2.5		
3.0		
4.0		
5.0		

3. 按图 14－3 连接线路,用 74LS163 的输出作为 D/A 转换器的输入,实现一个周期性阶梯波发生器。注意 163 时钟采用连续时钟 1 kHz,用示波器观察 D/A 转换的输出波形。

4. 按图 14－3 连接线路,并将 A/D 的 8 位数字量输出与 D/A 的 8 位数字量输入相连接,如图 14－7 所示。测量 D/A 的输出直流电压值,将数据填入表 14－5 中。

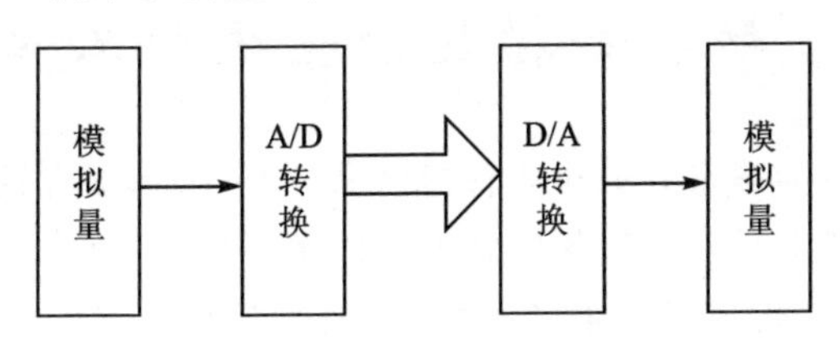

图 14－7　系统实验框图

五、注意事项

1. 仔细观察 A/D、D/A 芯片的引脚顺序,不要接错引脚。

2. 先连接实验电路,仔细检查后,再通电。

3. 实验后,先关断电源,再拆线。

六、总结报告要求

1. 画出图 14－7 的完整实验电路原理图。

2. 比较表 14－5 中输入直流电压和输出直流电压的值,它们的不同是由什么原因造成的? 分析其原因。

3. 转换精度与什么因素有关? 为减小误差应采取什么措施?

第15章　动态扫描显示系统

15.1　动态扫描显示系统的工作原理

显示方式通常分为静态显示和动态扫描显示两种，本书将只介绍动态扫描显示方式。所谓动态扫描显示就是让各位显示元件循环分时工作，只要选择合适的扫描速度，人眼看上去各位是一直点亮的。利用动态扫描显示方式可以减少驱动器硬件、降低系统功耗以及降低成本。对于LED数码管来说，一方面由于其开关速度的限制，通常每位数码管每次扫描点亮的时间为毫秒级，所以LED的扫描速度应在几百Hz以下；另一方面，若扫描的速度太慢，则显示将会发生闪烁，所以扫描速度的下限一般要在24 Hz以上。

1. 动态扫描显示系统的组成

一般来讲，数码显示系统应包括显示器和译码驱动器两部分。为了实现动态显示，还需要增加显示控制电路。动态扫描显示系统的典型电路框图如图15-1所示。

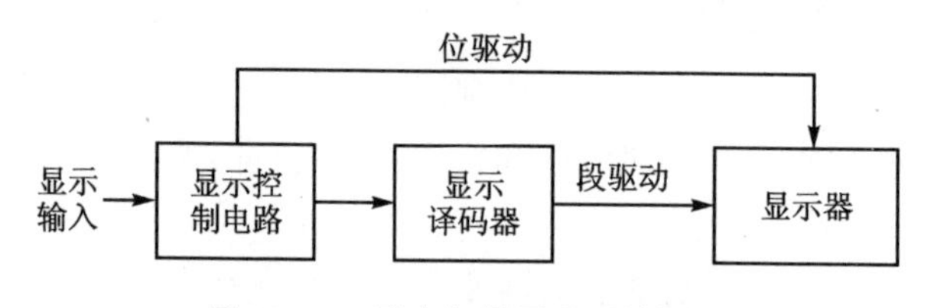

图15-1　动态扫描显示系统框图

2. 设计一个实际的显示系统要关注的几个方面

(1) 保证显示字符清晰

要注意字符高度与观察距离的关系，LED数码显示器的字符高度一般为0.5～30 cm；要注意发光性能有“高亮”和“普亮”之分；还要注意发光强度与环境照明的关系，如模糊、重影和闪烁等。

(2) LED的驱动

一般小的LED的每一字符段就是一个发光二极管，点亮的电压为1.6～1.9 V、电流为几～几十mA。大的LED的每一字符段是由几个发光二极管串接而成的，点亮电流大约在几十～几百mA。

(3) 显示器件的类型

常用的显示器有各种多段LED数码管、各种段式的LCD、各种字符模块，以及各种图形模块（显示器加驱动器和控制器）等。

3. 电路设计

随着科技水平的日益提高，设计者都希望采用带有驱动电路的显示器，这样可以大大简化硬件和软件的设计。这种把驱动电路和多位显示元件组装在一个器件中的显示元件称为 OBE(ON BOARD ELECTRONICS)显示器，一般包括：多段 LED 显示器、ROM、字段集 RAM、片内振荡器、位计数器、译码器等。

本章着重介绍多段 LED 动态显示系统的设计过程。当一个显示装置中有多个多段 LED 显示器时，通常采用动态扫描（循环刷新）驱动电路，以节省硬件开销。这时要解决两个问题：显示不闪烁和有足够的显示亮度。为了使显示不闪烁，通常采用较高的刷新频率。实验证明，刷新频率应不低于 100 Hz。要获得足够的显示亮度，就应合理地选择 LED 的工作电流，并据此来选择驱动电路和限流电阻值。

(1) 基础知识

动态显示驱动电路的工作电流与静态驱动电路不同，设静态显示方式下的工作电流为 I_f（每段），动态扫描方式时的工作电流为 I_p，则二者满足如下关系：

$$I_f = \frac{I_p}{\text{Duty}} = N \cdot I_p \tag{15-1}$$

式中：N 为显示器的位数，Duty＝$1/N$ 为选通脉冲的占空比。当显示周期为 T 时，位的选通频率（一般称为位刷新频率）为 $f=1/T$。由于采用电流脉冲驱动时 LED 的发光效率比用直流电流（Duty＝1）驱动时要高，所以采用动态扫描显示方式时常取 $I_p < I_f/N$。

(2) 驱动电路设计

在静态多段 LED 显示系统中，LED 的公共端接至电源的正端（共阳极 LED）或电源的负端（共阴极 LED），即位驱动电流是直接由电源提供的，设计者的主要任务是选择段驱动电路。而在动态扫描多段 LED 显示系统中，位驱动电流由位驱动器提供，设计者应根据最大平均位驱动电流来选用位驱动器。

与多段 LED 显示器相比，点阵 LED 显示器可以灵活地显示更多种字符和图形，并且字形更美观。点阵显示器的驱动电路多采用行扫描或列扫描的方式。设计者可以自行设计各种行列扫描电路或购置现成的片内带有驱动器、存储器和译码电路的 OBE 点阵显示器。

(3) 显示器和译码器选择

显示器可以选用不同型号的半导体七段数码管（如 BS201），数码管的工作参数与选用的数码管型号有关，可以从产品手册中得到。译码器的选择应充分考虑显示器的类型和显示字符的特征。例如可选用 BCD－七段译码器 74LS48 来显示 BCD 数码，它的输出有效电平为高电平（与共阴极数码管逻辑关系一致），可直接驱动小 LED 数码管的段。由于采用动态扫描显示方式，一片 BCD－七段译码器的 a～g 各段输出可分别与多个七段显示器的 a～g 段相连共用。**注意**：74LS49 的输出是 OC 电路，使用时需要接上拉电阻。

(4) 显示控制电路设计

在动态扫描显示系统中,几位数码管轮流显示,即一次只选择一个数码管点亮,因此数码管点亮的数位应与待显示数码的数位保持一致。显示控制电路的功能就是选择要显示的数码和控制该数码的显示位置。

数码的选择可通过数据选择器实现。例如可选用 74LS153 双 4 选 1 数据选择器,从几个要显示的 4 位 BCD 码(8421 码)中,每次选出一个数码进行显示。它的输入端分别接到几个待显示数码的各个信息位,输出端分别接到显示译码器的相应输入端上。

数码管显示位置的控制可通过译码器实现。例如可选用 74LS139 型 2 - 4 线译码器,其控制输入与数据选择器的控制输入相连,由两位二进制计数器来产生控制序列。在每个数码管的阴极和地之间接入切换开关(晶体管或 OC 门),由译码器控制开关的通断实现数位的同步。此外,也可以采用驱动能力强的两输入与非门 75452 来实现数码管数位的选择。

(5) 注意事项

① 有效电平的正确配合。显示器有共阴和共阳之分,应选择合适的译码器和驱动器与之配合。

② 足够大的驱动能力。应合理地配置段、位的驱动能力。

③ 扫描的频率可调,以便调整显示效果。

4. 参考电路

(1) 共阴数码管显示参考电路

四位共阴 LED 数码管扫描显示参考电路框图如图 15 - 2 所示。用两位二进制

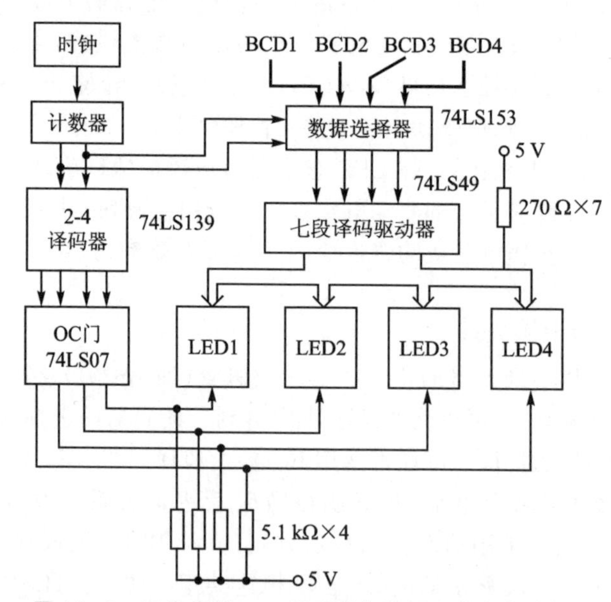

图 15 - 2 四位共阴 LED 数码管扫描显示参考电路框图

计数器提供两位二进制代码来选取显示的数据(BCD 码)和确定显示的位(LED)。4 个 BCD 码的选择可以用 2 片 74LS153 来实现;BCD 码到七段显示码的转换可以选用 74LS49 来实现。2-4 译码器(74LS139)把两位代码转换为 4 个位信号,每一时刻只有一位有效(低电平),经 OC 缓冲门(74LS07)驱动相应的 LED 位。

(2) 共阳数码管显示参考电路

四位共阳 LED 数码管扫描显示参考电路框图如图 15-3 所示。段译码驱动用 74LS47(输出低电平有效),位驱动用 PNP 晶体管实现,其余与共阴情况类似。

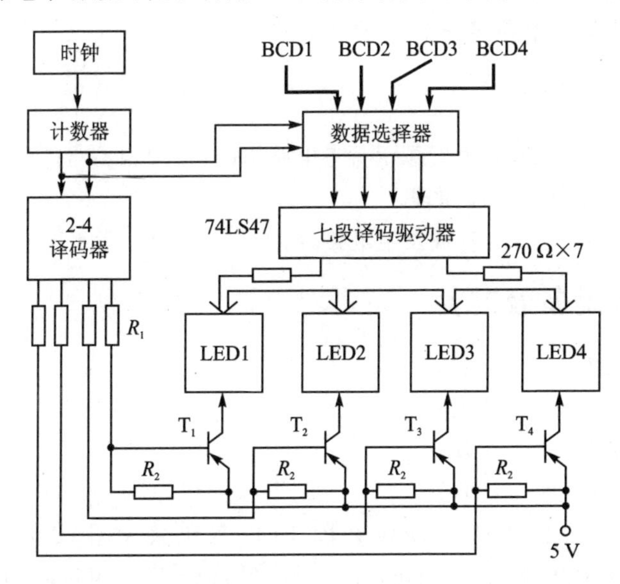

图 15-3　四位共阳 LED 数码管扫描显示参考电路框图

5. LED 数码管组件

实验室提供的数码管是一个把 4 个 LED 数码管组合在一起的组件,共用段驱动引脚,可以节省段驱动线数量,其引脚封装如图 15-4 所示。CM1～CM4 是数码管的公共端(即位驱动端),从左至右顺序排列;dp 为小数点端,其余 7 个端对应于数码管的 7 个段。

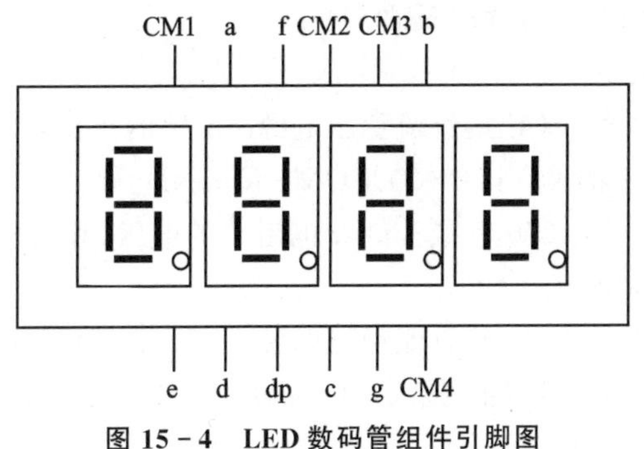

图 15-4　LED 数码管组件引脚图

15.2 实验十六 动态扫描显示系统的设计

一、实验目的

1. 了解动态扫描显示的工作原理。
2. 掌握LED数码管动态扫描显示驱动电路的设计方法。
3. 学习使用集成电路实现LED动态扫描显示系统。

二、预习要求

1. 对照给出的LED数码管显示参考电路框图，查阅相关器件资料，完成详细的电路设计，并分析电路的工作原理。

2. 用NE555设计一个时钟发生电路，用于动态扫描显示系统。

三、实验设备及芯片

1. 双踪示波器　　1台；
2. 直流稳压电源　　1台；
3. 数字万用表　　1块；
4. 专用实验板　　1块。

其中，专用实验板含1个四位共阳LED数码管组件、2片74LS153、1片74LS47、1片74LS139、1片74LS163、1片NE555，以及若干电位器、电阻、电容。

四、实验内容与步骤

1. 结合参考电路框图及专用实验板分析各个电路模块的功能，画出完整的电路原理图，标出元器件的型号及电阻值。

2. 本次实验的接线方法：首先，把+5 V电源的负极接到实验板的GND插孔；然后，打开电源开关，连接电路；最后，在保持电源打开的情况下把+5 V电源的正极接到实验板的VCC插孔。拆线时反之。

3. 测静态段驱动电流。

连线关系：实验板的VCC接直流稳压电源+5 V的正极，GND接直流稳压电源+5 V的负极，74LS47的DD接GND，COM1接GND。

测数码管亮段对应的270 Ω或300 Ω电阻上的电压，算出段驱动电流。

4. 测动态段驱动电流。

连线关系：实验板的VCC接直流稳压电源+5 V的正极，GND接直流稳压电源+5 V的负极，74LS47的DD接GND，COM1、COM2、COM3、COM4分别接74LS139的S1、S2、S3、S4端。

① 测数码管亮段对应的 270 Ω 或 300 Ω 电阻上的电压，算出段驱动电流。

② 断开 COM2、COM3、COM4 的连线，测数码管亮段对应的 270 Ω 或 300 Ω 电阻上的电压，算出段驱动电流，并与①的结果进行比较，可以得到什么结论。

5. 调节电位器改变 CLK - OUT 的输出频率，观察显示效果(建议从较低频率开始往上调)。用示波器观察 CLK - OUT 的波形，记下你认为数字不闪烁时 CLK - OUT 的频率值。

6. 在数码管上显示学号的后 4 位。

实验板 DATA - IN 处有 16 组排针，利用短路夹(接上为“0”，拔下为“1”)产生所需数据(即 4 位学号)，注意区分哪 4 个短路夹对应一位学号。待 4 位学号显示正确后，用示波器分别观察 CLK - OUT、S1、S2、S3、S4、DA、DB、DC、DD 的波形，并按时序对应关系画出这 9 个波形。

五、总结报告要求

1. 画出完整的电路图，简单说明设计思想。
2. 列表整理测量数据，按时序对应关系画出显示学号后 4 位时的波形图。
3. 谈一谈你对设计一个动态扫描显示系统的体会。

第 16 章　功率放大器

功率放大器将前级送来的信号进行功率放大，以获得足够大的功率输出。功率管通常是在大信号状态下工作，其工作电压和电流都比较大，并且往往是在接近极限状态下工作的。这些情况都和工作在小信号线性状态下的电压放大器有很大差别。所以，在设计功率放大器时应该考虑以下问题：首先，应在一定的信号噪声比的情况下有足够的功率输出。其次，要考虑功率管的失真问题。由于功率管是在大信号状态下工作的，因此会产生较大的非线性失真，且功率管输出功率越大，其非线性失真越严重。再次，要考虑放大器的效率问题。一台电子设备消耗的电源功率主要是在功放级，所以效率问题也是很重要的。低频功放级一般使用乙类和甲乙类放大。最后，在安装功放电路时，还应注意需要按手册的建议给功放管装散热片，否则管子的使用功率会下降很多，甚至损坏管子。

从耦合方式看，功率放大器有变压器耦合和直接耦合两种方式。前者便于利用变压器进行阻抗变换，但频率特性不好、效率低，现在一般采用直接耦合的功率放大器。本实验采用的是 OTL 电路和集成功率放大器，下面对它们进行简单介绍。

16.1　OTL 功率放大器

OTL(Output TransformerLess)功率放大器是采用互补对称电路，不需要变压器的功率放大器。它具有输入电阻高、输出电阻低的特点，所以可以代替输出变压器的阻抗变换作用，直接接低阻抗负载。本实验电路(如图 16-1 所示)采用了深度负反馈来改善非线性失真，并利用自举电路提高输出电压的幅度。

1. 静态工作点的调整

静态工作点的调整是利用电位器 R_{W1} 改变 T_1 管的偏置，调整集电极电压 U_A。电位器 R_{W2} 用来调整输出管 T_2 和 T_3 的基极偏置电压 U_{CA}，使输出管获得所需要的静态电流。改变 R_{W1} 和 R_{W2} 时，它们是互相影响的，需要反复调节，以满足 U_B 和 I_C 的要求。

2. 功率放大器最大输出功率及效率的测量方法

(1) 最大输出功率 P_{MAX} 的测量

在电路带载 R_L 的情况下，增大功率放大器的输入 U_i，当输出电压最大且不失真时，测输出电压的有效值 U_o，计算最大输出功率，即

$$P_{max}=\frac{U_o^2}{R_L}$$

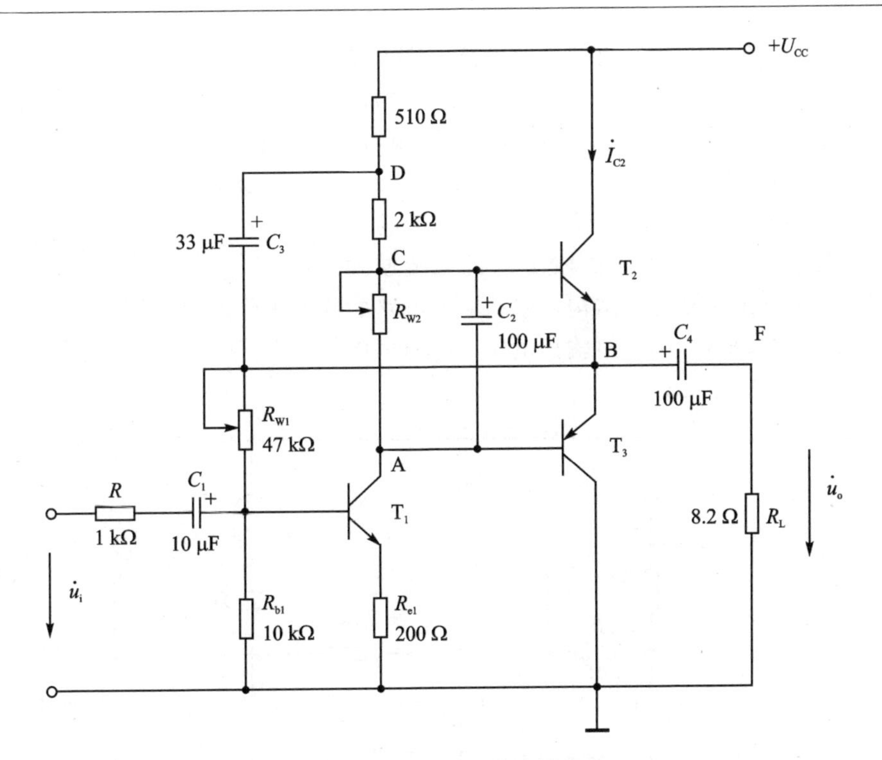

图 16-1　OTL 功率放大器电路

(2) 直流电源供电功率 P_E 的测量

测出直流稳压电源供给功率放大器的直流电流值 I_Q，然后计算，即

$$P_E = E_C I_Q$$

(3) 功率放大器的效率

功率放大器的效率是最大输出功率与供电功率之比，即

$$\eta = \frac{P_{max}}{P_E} \times 100\%$$

式中：P_E 是输出功率最大时所测的值。

16.2　LM386 低压音频功率放大器

半导体集成音频功率放大器的内部电路一般为 OTL 或 OCL (Output CapacitorLess)的电路形式。这类集成功放不仅有 OTL 或 OCL 音频功放的优点，而且还有体积小、工作电压低、效率高、可靠性好、应用方便等优点，已被广泛应用于收音机、电视机、录音机等音响产品中。

1. LM386 的引脚及其功能

如图 16-2 所示为 LM386 集成功率放大器的封装引脚图，如图 16-3 所示为

LM386集成功率放大器的内部等效电路。它由输入极、中间极和输出极组成。三极管 T_1、T_4 构成复合管,作为差动输入极;T_5、T_6 构成镜像电流源,作为有源负载,以提高电压放大倍数;T_7、T_8、T_9 和 D_1、D_2 组成互补对称输出极。T_8、T_9 等效为一个PNP管。由于集成电路中PNP管的电流放大系数较低,因此采用复合管结构。差动输入电路的静态工作电流分别由电源通过电阻 R_1、R_2 和 R_3 提供,静态时输出电压为电源电压的一半,使用6 V电池供电时,静态功耗为24 mW。

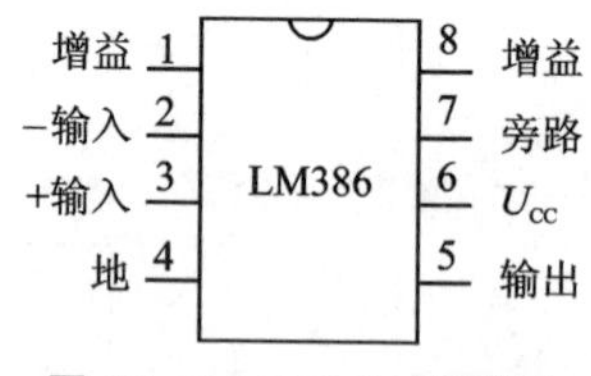

图16-2 LM386引脚图

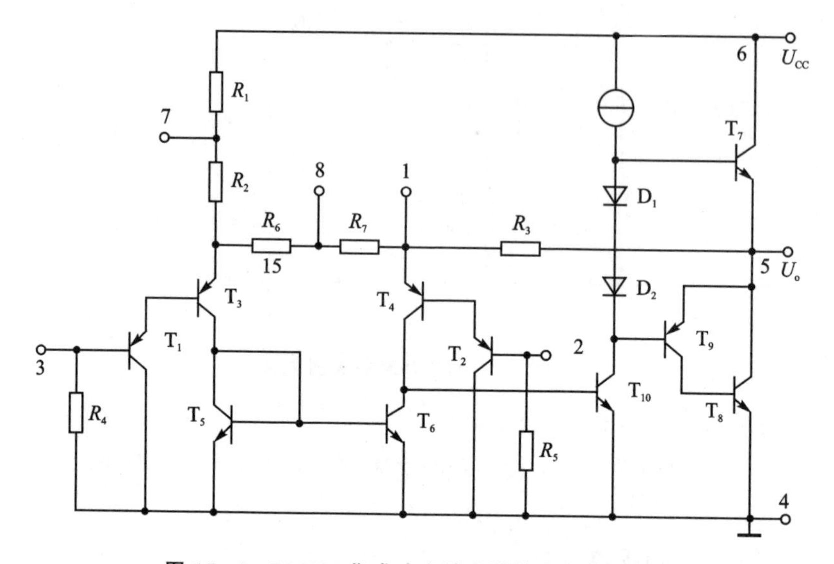

图16-3 LM386集成功率放大器的内部等效电路

为改善电路的性能,LM386引入了交、直流两种反馈。直流反馈是由输出端通过 R_3 到输入极,以保持输出电压 U_o 基本不变。交流反馈是由 R_3、R_6、R_7 引入深度电压串联负反馈。故放大器的增益主要由 R_3、R_6、R_7 的参数决定,增益控制端1、8开路时,电路增益为20(26 dB);若在引脚1、8之间接入电容则增益可增大到200(46 dB);若将电阻电容串联接在引脚1、8之间,则改变阻容参数可使增益在20~200之间任意调节。在引脚1对地之间接入阻容耦合元件也可用来进行增益控制。在引脚1与输出端5之间外接RC串联电路可以改变电路对不同频率信号的反馈系数,从而改变电路的频率响应。例如可以用此方法来补偿劣质喇叭的低频特性。

2. LM386的主要特性参数

LM386的主要特性参数如下:

① 电源电压:4~12 V;

② 静态电流:4 mA;

③ 电压增益：20～200；

④ 在 $U_{CC}=6$ V、$R_L=8$ Ω、$P=125$ mW、$f=1$ kHz 的条件下，总谐波失真(THD)为 0.2%；

⑤ 总谐波失真(THD)为 10%时，功率输出可达 300 mW；

⑥ 输入电阻 50 kΩ；

⑦ 在 $U_{CC}=6$ V，输入端 2、3 开路的条件下，输入偏置电流为 250 nA。

3. 实验参考电路

LM386 实验参考电路如图 16－4 所示。

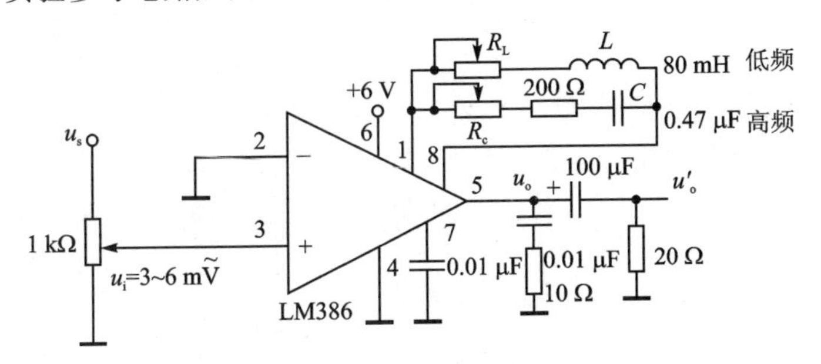

图 16－4　LM386 实验参考电路

16.3　实验十七　功率放大器的调整与测量

一、实验目的

1. 学习 OTL 功率放大器的调整和测试方法。
2. 学习集成功率放大器的使用方法。

二、预习要求

1. 复习互补对称射随器的工作原理。
2. 结合实验内容要求，拟定出正确的实验步骤。

三、实验设备及芯片

1. 双路可调直流稳压电源　　1 台；
2. 双踪示波器　　1 台；
3. 双路交流毫伏表　　1 台；
4. 函数信号发生器　　1 台；
5. 数字万用表　　1 块；
6. 专用实验板(含所需元器件)　　1 块；

7. LM386　　　　　　　　1片。

四、实验内容与步骤

1. OTL功率放大电路。

(1) 熟悉给定的实验电路板,结合原理图确定各元器件的位置和测试点。

(2) 调整静态工作点。

一般情况下,应使 $U_B=\frac{1}{2}U_{CC}$,I_{C2} 不应太大。本次实验中取 $U_{CC}=12\ V$,且应事先限定电源的输出电流,如限定为0.3 A,若电路电流过大,则电源可以起到保护电路的作用。

缓慢调整电位器 R_{W1},令 $U_B=6\ V$。**注意:**调整静态工作点必须要保证功率管不会过热损坏。先把电位器 R_{W2} 调至最小,即C点电位最低,保证 T_2、T_3 的偏置不会过大。然后调节 R_{W1},使 U_B 达到合适的值。(U_{CC} 上电前,R_{W1}、R_{W2} 的起始位置应逆时针旋转到底。)

(3) 测最大输出功率及电压放大倍数。

电路接入自举电容 C_3,函数信号发生器产生频率 $f=1.0\ kHz$ 的正弦波,作为电路输入信号 u_i,电路输出带上负载 R_L,示波器观测输出信号 u_o。从0 V缓慢增大 u_i,当输出波形 u_o 失真时,调节 R_{W2} 使得刚刚消除失真,然后测量静态工作点 U_B、U_C、U_A、U_D,计算 U_{CA}。

再增大 u_i 使得 u_o 尽可能大且不失真,记录输入、输出波形,测 U_i、U_o,计算电压放大倍数和最大输出功率。

(4) 测效率。**思考:**I_Q 应在什么位置测?

(5) 观察自举电容 C_3 的作用。将 C_3 断开,观察并记录 U_o 波形并与(3)中加入 C_3 观察到的 U_o 波形进行比较。

(6) 用示波器观察 C_3 抬高电位的作用。

提示:

① 要测出B点、D点及 U_{CC} 的直流电位值。

② 要观察F点、B点、D点、U_{CC} 的波形,并画在同一张图上。

思考:从什么现象观察到 C_3 抬高电位的作用?

(7) 用示波器观察、记录 T_2 管和 T_3 管的电流波形,判断放大器的工作状态。**思考:**如何用示波器两通道同时观察 T_2 管和 T_3 管的电流波形?

(8) 研究交越失真波形,记录波形及静态工作点 U_B、U_C、U_A,计算 U_{CA} 并与(3)中所测 U_{CA} 进行比较。**思考:**在什么情况下产生交越失真?拟定观察交越失真的步骤。

2. LM386音频功率放大器电路。

(1) 连接LM386低压音频功率放大器电路。

(2) 测量两条幅频特性曲线。

① $R_L=0\ \Omega$、$R_C=470\ k\Omega$，在 U_o 处测低频提升、高频衰减的幅频特性曲线。

② $R_L=470\ k\Omega$、$R_C=0\ \Omega$，在 U'_o 处测低频衰减、高频提升的幅频特性曲线。

注意： 保持 U_i 在 5 mV 左右，频率在 20 Hz～20 kHz，取 8～10 个点。

五、注意事项

1. 对于功放电路，最好对稳压电源的输出电流进行限定，以避免过流损坏电路器件。

2. 电路板上电前，OTL 电路 R_{W1}、R_{W2} 的起始位置应逆时针旋到底。

3. 在 LM386 电路中，注意适当减小输入信号大小，以防产生自激振荡或输出失真。

4. 为防止干扰，应避免输入与输出交叉，并尽量减少导线的使用量。

六、总结报告要求

1. 整理实验结果并以表格形式列出。

2. 说明产生交越失真的原因和实验过程中出现的现象。

第17章　直流数字电压表设计

17.1　数字电压表的主要指标及测试方法

1. 数字表的分类

数字仪表的分类方法繁多，如按显示位数分有三位、四位、五位等；按体积分有台式、便携式和袖珍式等，但较普遍的是采用按所测量的参数和工作原理进行分类的，如图17-1所示。

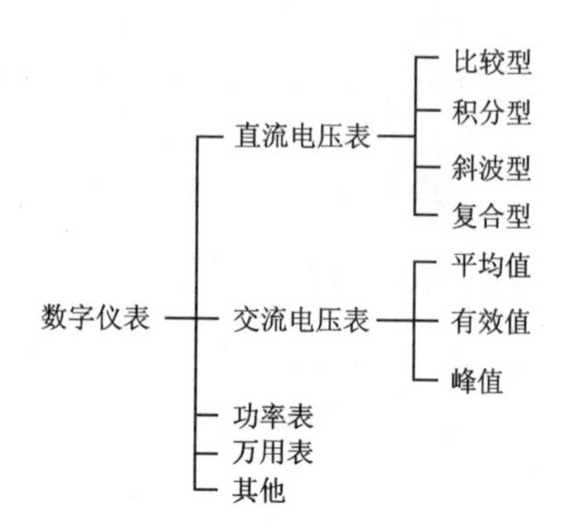

图17-1　数字仪表的分类

2. 数字表的特点

数字仪表与模拟仪表相比，具有以下特点：

① 读数清晰直观。

② 测量速度快，可由每秒0.1次到每秒几万次，控制灵活。

③ 测量准确度高，一般的直流数字电压表的准确度很容易达到±0.001%，而指针式仪表的最高准确度为0.1%。

④ 测量范围宽，灵敏度高，一般的数字电压表均能达到10 μV或1 μV。

⑤ 输入阻抗高，数字仪表的输入阻抗为几MΩ～几百MΩ，甚至1 000 MΩ以上，而指针式仪表的输入阻抗仅在几千kΩ～MΩ之间。

⑥ 使用方便，自动化程度高。

3. 数字表的基本结构

各种不同的数字式仪表，虽然它们的内部结构和工作原理各异，但从总体上说，都包含以下一些主要部件：衰减器、切换开关、前置放大器、基准电源、A/D或D/A转换器、时钟频率发生器、计数、译码、显示器以及逻辑控制电路等。例如，数字电压表结构框图如图17-2所示。

4. 数字电压表(DVM)的主要技术指标

① 测量范围：电压表所能达到的被测量的范围。能满足误差极限的那部分测量范围称为有效测量范围。为了扩大电压测量范围，一般的数字电压表都设几个量程，这些不同量程的设置通常是借用分压器和输入放大器来实现的。量程的选择有手动、自动等方式。

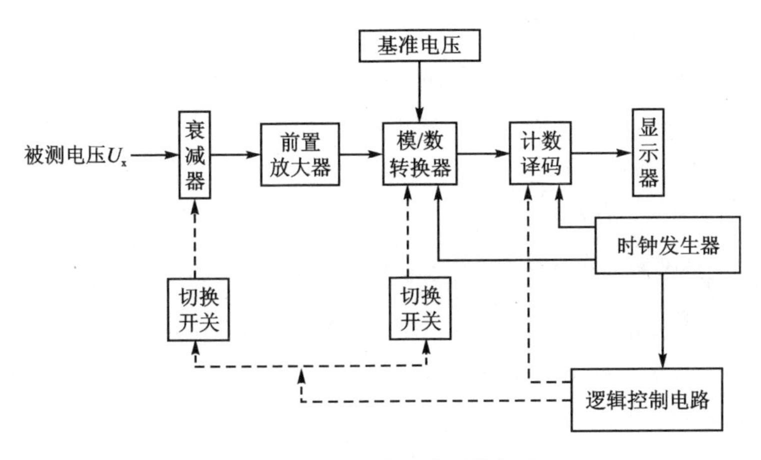

图 17-2　数字电压表结构框图

② 分辨率(灵敏度):表示电压表所能够显示出的被测电压的最小变化值,也就是数字电压表显示器末位一个数字所代表的输入电压值。显然,不同量程的分辨率是不同的,相应于最低量程的分辨率称为该数字电压表的最高分辨率,也叫灵敏度。通常以最高分辨率作为数字电压表的分辨率指标。

③ 基本量程:在多量程的 DVM 中测量误差最小的量程,一般是不加量程衰减器及量程放大器的量程。

④ 输入电阻:对于 DVM 来说,一般是指在工作状态下,从输入端看进去的输入电路的等效电阻。由于 DVM 在测量时需将被测电压经电子线路进行放大和转换,它对输入端的被测信号的影响可以等效为如图 17-3 所示的电路。这一电路由输入电阻 R_i 和零电流 I_o 并联表示,R_i 为电压表的等效输入电阻,用输入电压变化量和相应的输入电流变化量之比来表示。

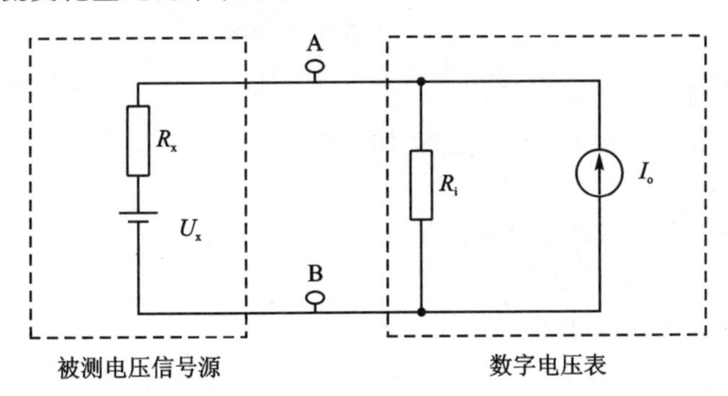

图 17-3　输入端等效电路

⑤ 零电流:又称输入偏置电流,是由仪器内部引起的在输入电路中流入或流出的电流。零电流与输入信号的大小无关,而决定于仪器的电路,零电流越小越好。

⑥ 测量速度:在单位时间内,以规定的准确度完成的最大测量次数,也就是仪表

每秒给出显示的次数。它主要取决于 DVM 所采用的 A/D 转换器的转换速率。

5. 三位半双积分型 A/D 转换器 MAX139

在数字电压表中,A/D 转换器是实现电压的数字化测量的重要组成部分,其种类繁多。本实验只介绍一种由 MAX139 构成的双积分式直流数字电压表。

(1) MAX139 引脚功能

MAX139 是带有面板驱动器(可驱动数码管显示器)的 $3\frac{1}{2}$ 位双积分型 A/D 转换器,它带有一个充电泵电压转换器。所以,当它仅用一个电压为+2.5～+7.0 V 的电源供电时,能够测量正的或负的输入电压。MAX139 采用双列直插式(DIP)40 引脚封装,其引脚分配如图 17－4 所示。

引脚名	引脚	引脚	引脚名
V+	1	40	CAP+
D1	2	39	GND
C1	3	38	CAP−
B1	4	37	TEST
A1	5	36	REF HI
F1	6	35	REF LO
G1	7	34	C_{+REF}
E1	8	33	C_{-REF}
D2	9	32	COMMON
C2	10	31	IN HI
B2	11	30	IN LO
A2	12	29	A/Z
F2	13	28	BUFF
E2	14	27	INT
D3	15	26	V−
B3	16	25	G2
F3	17	24	C3
E3	18	23	A3
1000S-AB4	19	22	G3
POL	20	21	BP

图 17－4　MAX139 引脚图

各引脚功能如下:

CAP+、CAP−——外接储能电容,用来产生负极性电源电压。

TEST——测试端。

REF HI、REF LO——基准电压输入端。

C_{+REF}、C_{-REF}——外接基准电容端。

IN HI、IN LO——被测模拟电压输入端。

COMMON——模拟地,常与输入信号的负端、基准电压的负端相连。

A/Z——积分器的反相输入端,接自动调零电容。

BUFF——输入缓冲器的输出端,接积分电阻。

INT——积分器的输出端,接积分电容。

V−——负电源端,使用时可接滤波电容。

V+——正电源端。

BP/DG——接电源地。

A1、B1、C1、D1、E1、F1、G1——个位引线端。

A2、B2、C2、D2、E2、F2、G2——十位引线端。

A3、B3、C3、D3、E3、F3、G3——百位引线端。

1000S－AB4——千位引线端。

POL——极性显示端。

(2) MAX139 的 DVM 应用电路

MAX139 的 DVM 应用电路如图 17－5 所示。在该电路的技术参数中，关键是积分电容、电阻和基准电容的选用。如积分电容选用 0.1 μF 的聚丙烯电容器，可保证积分器具有良好的线性。积分电阻可按最大电流 1.1 μA 计算，在基准源电压 $V_{REF}=100$ mV 时，按下式求得 $R_{INT}=2\times V_{REF}/1.1$ μA$=180$ kΩ。当 $V_{REF}=1\ 000$ mV 时，$R_{INT}=1.8$ MΩ。基准电容 C_{REF} 选 0.1 μF 就足够了。

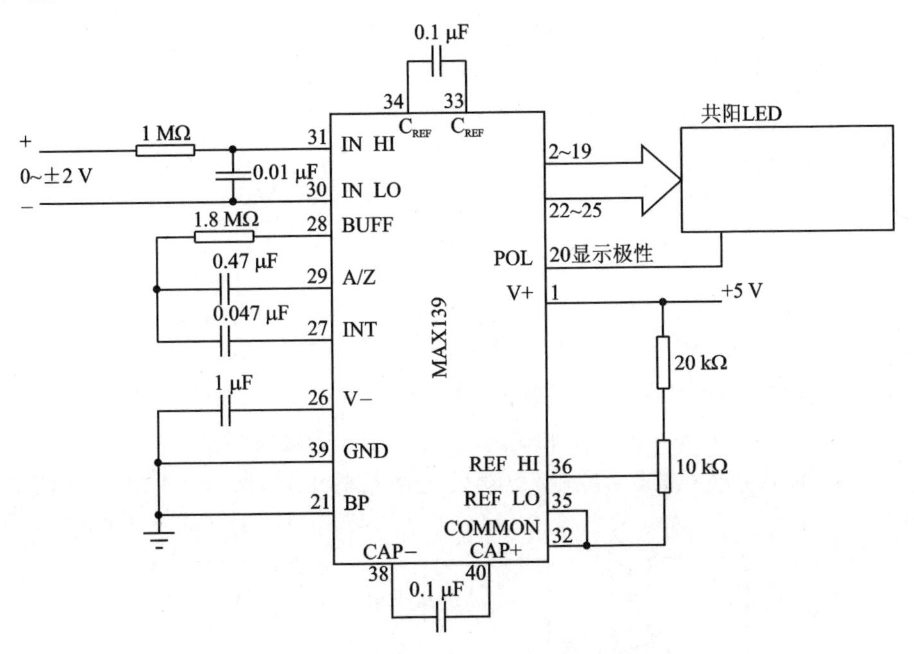

图 17－5　MAX139 的 DVM 应用电路图

对直流数字电压表(DC－DVM)的检定与测试是为了保证直流电压量值的准确一致，使 DC－DVM 随时处于良好状态，保证其技术指标准确可靠，必须对 DC－DVM 进行定期检定和测试。检定的方法有多种，这里不做介绍。

6. 基本技术指标的测试方法

(1) 工作状态下输入电阻和零电流的测试方法

测试电路如图 17－6 所示。图中 K_1、K_2 为双掷开关，E 为直流稳压电源。输入电阻的测试方法是，当改变开关 K_1 的位置时，可以使输入端电压产生一变化量 ΔU，在电压产生变化的过程中,流过电阻 R 的电流也要相应发生变化,这一变化量为 ΔI,定义 ΔU 与 ΔI 之比为工作状态下 DC-DVM 的输入电阻,以 R_{in} 表示为:$R_{in}=\Delta U/\Delta I$。测试方法如下:

① 按图 17-6 连接线路,将被测 DVM 预热;

② 把 K_1 打向 1 的位置,K_2 打向 3 的位置,读取 DVM 的显示值为 U_{13};

③ 把 K_1 打向 1 的位置,K_2 打向 4 的位置,读取 DVM 的显示值为 U_{14};

④ 把 K_1 打向 2 的位置,K_2 打向 3 的位置,读取 DVM 的显示值为 U_{23};

⑤ 把 K_1 打向 2 的位置,K_2 打向 4 的位置,读取 DVM 的显示值为 U_{24},

则

$$\Delta U=U_{24}-U_{14}$$

$$\Delta I=(U_{23}-U_{24})/R-(U_{13}-U_{14})/R$$

式中:U_{13} 为 DVM 输入端短路时的零位显示值;U_{14} 为把电阻 R 接入以后 DVM 的显示值。

被测 DVM 的零电流为

$$I_o=(U_{13}-U_{14})/R$$

测试时应注意:

① 所加的直流电压 E 应接近被测 DC-DVM 的测试量程的满度值 U_m,一般选 $E=\frac{2}{3}U_m$。

② 为了使 $U_{23}-U_{24}$ 和 $U_{13}-U_{14}$ 的差值明显一些,通常 R 取 0.1～1 MΩ 的阻值。

③ 在测试过程中,应将 E 的极性改变一次,这样可以测出两组数据,在进行测试结果计算时,应取 R_{in} 较小的一个和 I_o 较大的一个作为最终测试结果。

④ 测试时应对 R 加适当屏蔽,以避免电磁场的干扰,影响 DVM 显示值的稳定性。

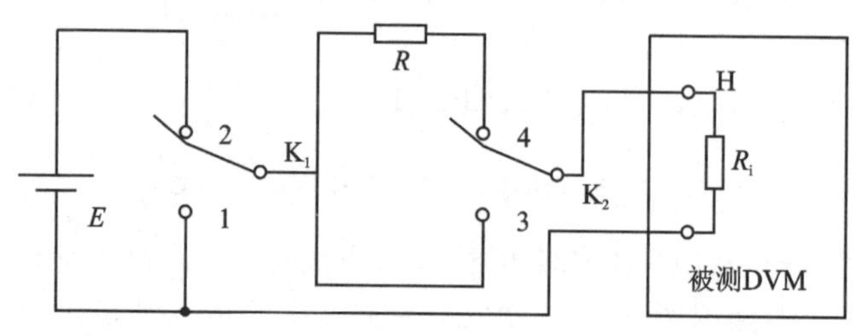

图 17-6　输入电阻和零电流的测试电路图

(2) 分辨率的测试方法

采用标准 DVM,一般只在最小量程进行测试,其测试框图如图 17-7 所示。

分辨率的测试方法是:测量时,先调节可调电压源使 DC-DVM 显示稳定值,此时,读取标准 DVM 的示值 U_1,然后调节直流稳压电源的输出电压,使被测 DVM 的

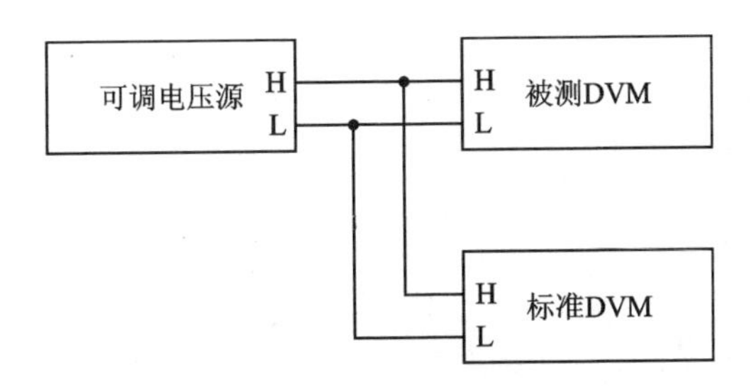

图 17-7 分辨率测试

末位显示增加或减少一个字，此时，读取标准 DVM 的示值 U_2，记录 U_1 与 U_2 的差值，在不同电压时多次测量这个差值，取平均值即为被测 DVM 的分辨率。

17.2 实验十八 简单的直流数字电压表

一、实验目的

1. 学会使用双积分型 A/D 转换器设计电路。
2. 了解数字电压表参数的测试方法。

二、预习要求

1. 了解双积分型 A/D 转换器的工作原理。
2. 了解数字电压表的基本结构。
3. 明确所用器件的引脚功能、使用条件及逻辑功能。

三、实验设备及芯片

1. 数字实验箱 1 套；
2. 数字万用表 1 块；
3. 3 位半双积分型 A/D 转换器 MAX139 芯片 1 片。

四、实验内容与步骤

1. 按图 17-5 所示的直流数字电压表电路接线，并进行调试。
2. 采用电阻分压的方法扩大其量程，并进行调试。
3. 测试该电路的输入电阻、分辨率。

4. 利用 LM35 系列集成电路温度传感器，将图 17-5 接的直流数字电压表电路改成温度监测器。已知 LM35CAZ 的工作电压范围为 4～30 V，温度范围为－40～＋110 ℃，其输出的电压线性地与摄氏温度成正比，为 10 mV/℃。其引脚分配如图 17-8 所示，与直流数字电压表的连接如图 17-9 所示，分别测量室温和体温两个温度。

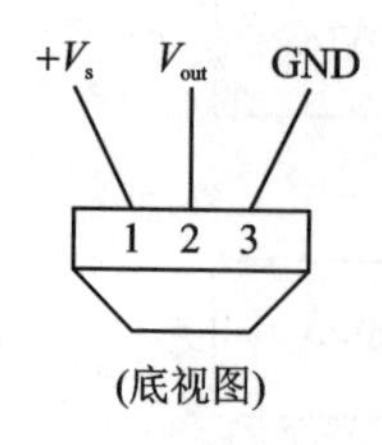

图 17-8 LM35CAZ 引脚分配

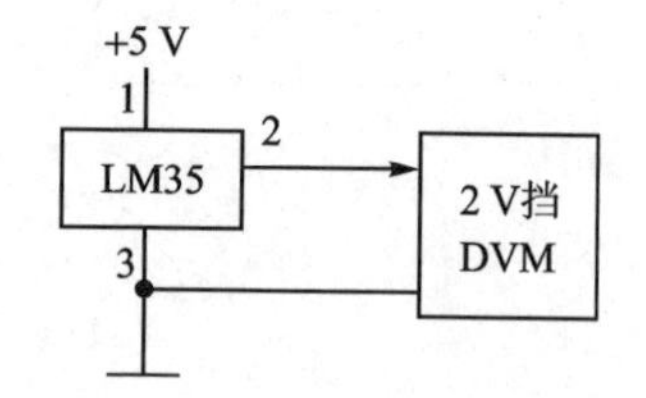

图 17-9 DVM 作温度检测器

五、注意事项

1. MAX139 的输入电压应限制在(V_+ −1.5 V)~(V_- +1.5 V)的范围内。
2. 测试分辨率时,标准 DVM 的位数比被测 DVM 至少多一位。

六、总结报告要求

1. 记录所测的数据。
2. 分析所测数据是否满足设计要求。
3. 谈谈本次实验的收获和体会。

第18章　电子仿真技术

18.1　Multisim电子仿真软件介绍

一、概　述

Multisim是加拿大图像交互技术(Interactive Image Technoligics,IIT)公司推出的以Windows为基础的仿真工具,适用于板级的模拟/数字电路板的设计工作。它包含了电路原理图的图形输入、电路硬件描述语言输入方式,具有丰富的仿真分析能力。

一台电子产品的设计过程,从概念的确立,到包括电路原理、PCB板图、单片机程序、机内结构、FPGA的构建及仿真、外观界面、热稳定分析、电磁兼容分析在内的物理级设计,再到PCB钻孔图、自动贴片、焊膏漏印、元器件清单、总装配图等生产所需资料全部在计算机上完成。电子设计自动化EDA(Electronic Design Automation)技术借助计算机存储量大、运行速度快的特点,可对设计方案进行人工难以完成的模拟评估、设计检验、设计优化和数据处理等工作。EDA已经成为集成电路、印制电路板、电子整机系统设计的主要技术手段。

Multisim相对于其他EDA软件,具有更加形象直观的人机交互界面,特别是其仪器仪表库中的各仪器仪表与操作真实实验中的实际仪器仪表相同,这些仪器仪表有万用表、信号发生器、功率表、示波器、波特仪(相当于实际中的扫频仪)、逻辑分析仪、逻辑转换仪、失真度分析仪、频谱分析仪、网络分析仪、电压表及电流表等。另外,它还提供了各种建模精确的元器件,比如电阻、电容、电感、三极管、二极管、继电器、可控硅、数码管等。模拟集成电路方面有各种运算放大器、其他常用集成电路。数字电路方面有74系列集成电路、4000系列集成电路等,还支持自制元器件。同时,它还能进行VHDL仿真和Verilog HDL仿真。

二、Multisim 7电子仿真软件简介

1. Multisim 7电子仿真软件的功能

Multisim 7 EDA软件功能主要包括电路设计、电路仿真和系统分析三部分。电路设计(含部件级电路和系统级电路)是指原理电路的设计、PCB设计、专用集成电路(ASIC)设计、可编程逻辑器件设计和单片机(MCU)的设计。电路仿真是利用EDA软件的模拟功能对电路环境(含电路元器件及测试仪器)和电路过程(从激励到响应的全过程)进行仿真。由于不需要真实电路环境的介入,实验环境是虚拟的,实

验过程也是理想化的模拟过程，没有真实元件参数的离散与变化，没有元件损坏与接触不良，没有操作者的错误操作损坏元件及仪器设备等。因此其花费少、效率高，而且结果快捷、准确、形象。正因为如此，电子仿真被许多高校引入到实验(含电子电工实验、电路分析实验、模拟电路实验、数字电路实验、电力电路实验等)的辅助教学中，形成虚拟实验和虚拟实验室。利用 EDA 软件能对电路进行直流工作点、交流、瞬态、傅里叶、噪声、失真、用户自定义等各种分析。

进入 Multisim 7 后，将出现如图 18－1 所示的用户界面。

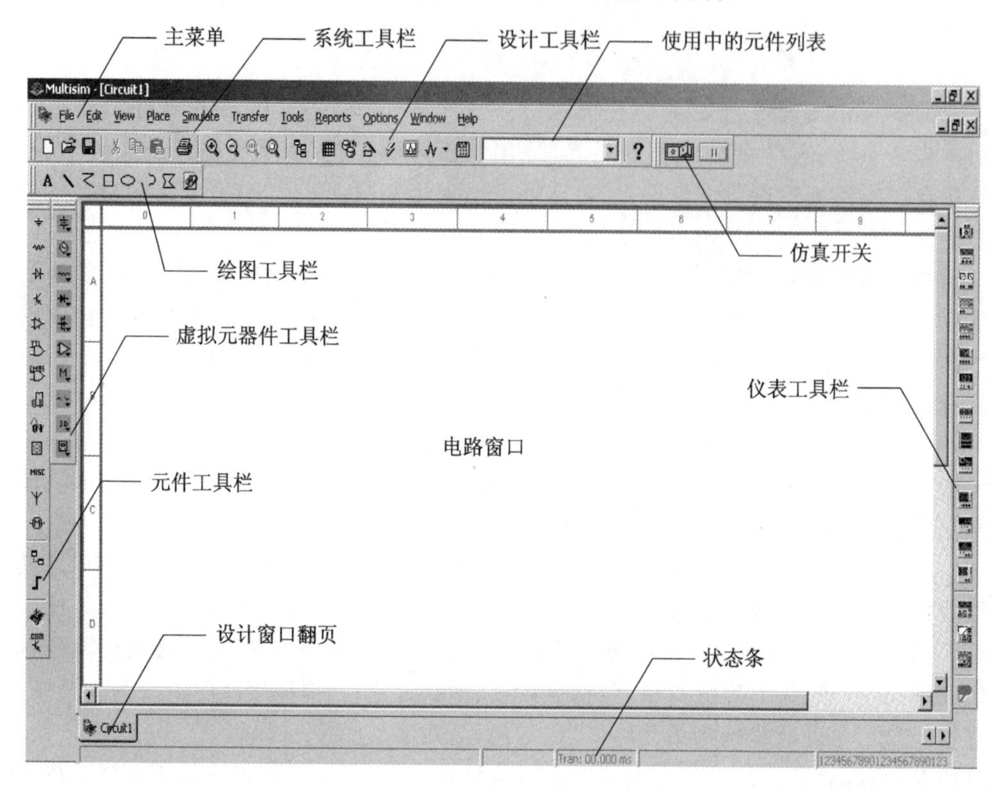

图 18－1　Multisim 7 的用户界面

(1) 主菜单

Multisim 7 的界面与所有的 Windows 应用程序类似，可在主菜单中找到所有功能的命令。

(2) 系统工具栏

它包含一些常用的基本功能按钮，与所有的 Windows 界面一样，在此不作详细介绍。

(3) 设计工具栏

层次项目栏按钮(Toggle Project Bar)，用于层次项目栏的开启。

层次电子数据表按钮(Toggle Spreadsheet View)，用于开关当前电路的电子数据表。

数据库按钮(Database Management),可开启数据库管理对话框,对元件进行编辑。

元件编辑器按钮(Create Component),用于调整或增加、创建新元件。

仿真按钮(Run/Stop Simulation (F5)),用于开始、结束电路仿真。

图形编辑器按钮(Show Grapher),用于显示分析图形结果。

分析按钮(Analysis),在出现的下拉菜单中可选择将要进行的分析方法。

后分析按钮(Postprocessor),用于进行对仿真结果的进一步操作。

(4) 使用中的元件列表

使用中的元件列表(In Use List)列出了当前电路所使用的全部元件。

(5) 仿真开关

它是运行、停止仿真的一个开关,原理图输入完毕,挂上虚拟仪器后(没挂虚拟仪器时开关为灰色,即不可用),用鼠标单击它,即可运行或停止仿真。

(6) 元件工具栏

元件工具栏如图 18-2 所示。

图 18-2　元件工具栏

① 电源按钮(Source),单击它将弹出如图 18-3 所示的窗口。

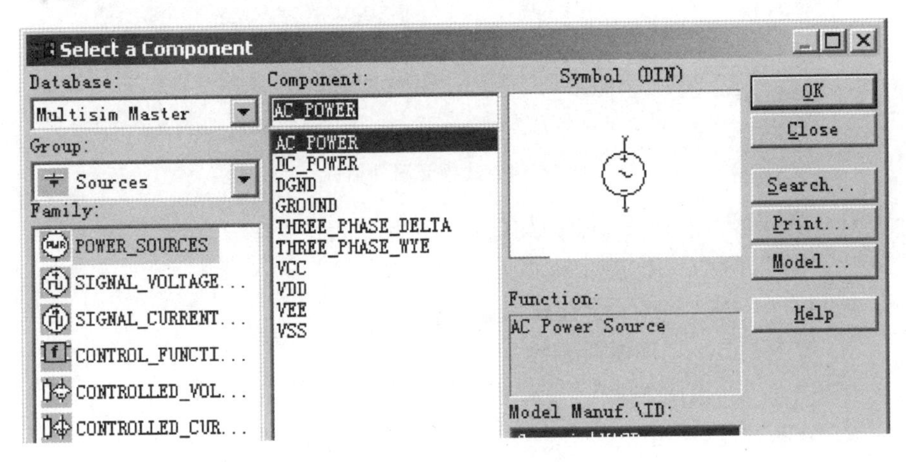

图 18-3　各种电源

其对应的元器件系列(Family)如下:

➢ POWER_SOURCES:电源;

➢ SIGNAL_VOLTAG:信号电压源;

➢ SIGNAL_CURREN:信号电流源;

➢ CONTROL_FUNCT:控制函数器件;

➢ CONTROLLED_VO:控制电压源;

➢ CONTROLLED_CU:控制电流源。

② 基本元器件按钮(Basic),单击它将弹出如图 18-4 所示的选择元器件窗口。

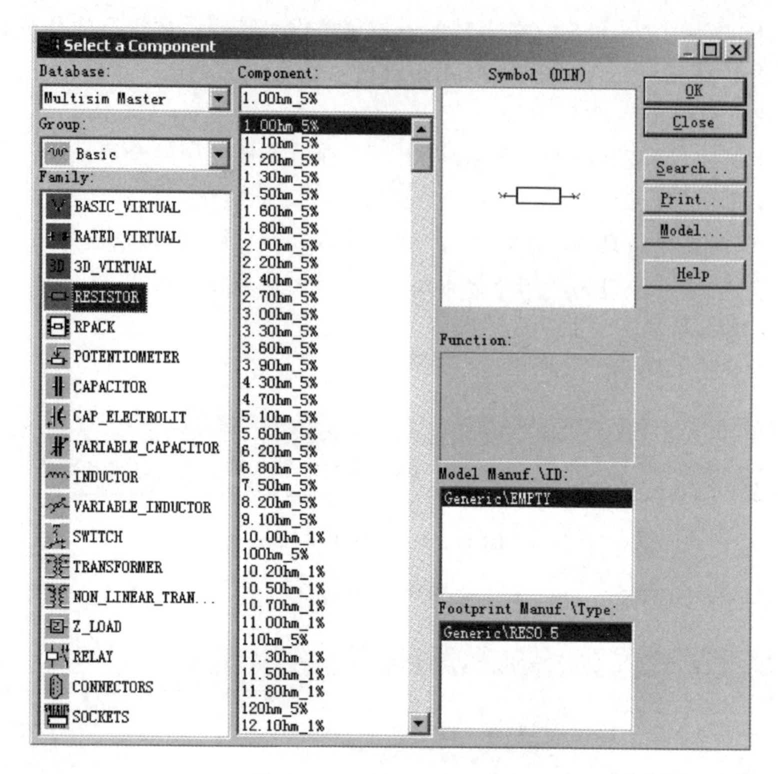

图 18-4 选择元器件窗口

其对应的元器件系列(Family)如下:

➢ BASIC_VIRTUAL:基本虚拟元件;

➢ RATED_VIRTUAL:定额虚拟元件;

➢ 3D_VIRTUAL:3D 虚拟元件;

➢ RESISTOR:电阻器;

➢ RPACK:电阻器组件;

➢ POTENTIOMETER:电位器;

➢ CAPACITOR:电容器;

➢ CAP_ELECTROLIT:电解电容器;

➢ VARIABLE_CAPACITOR:可变电容器;

➢ INDUCTOR:电感器;
➢ VARIABLE_INDUCTOR:可变电感器;
➢ SWITCH:开关;
➢ TRANSFORMER:变压器;
➢ NON_LINEAR_TRANSFORME:非线性变压器;
➢ Z_LOAD:复数(或 Z)负载;
➢ RELAY:继电器;
➢ CONNECTORS:连接器;
➢ SOCKETS:插座,管座。

③ 图 18-2 中其他按钮的使用,请同学们自己掌握。

(7) 虚拟元器件工具栏

虚拟元器件工具栏如图 18-5 所示。

图 18-5　虚拟元器件工具栏

虚拟元器件工具栏图标从左到右分别为:
➢ 电源按钮(Show Power Source Components Bar);
➢ 信号源元器件按钮(Show Signal Source Components Bar);
➢ 基本元器件按钮(Show Basic Components Bar);
➢ 二极管元器件按钮(Show Diodes Components Bar);
➢ FET 元器件按钮(Show Transistor Components Bar);
➢ 模拟元器件按钮(Show Analog Components Bar);
➢ 杂列(虚拟)元器件按钮(Show Miscellaneous Components Bar);
➢ 虚拟定值元器件按钮(Show Rated Virtual Components Bar);
➢ 3D 元器件按钮(Show 3D Components Bar);
➢ 测量元器件按钮(Show Measurement Components Bar)。

(8) 绘图工具栏

绘图工具栏如图 18-6 所示。

图 18-6　绘图工具栏

绘图工具栏图标从左到右分别为:
➢ 放置文字(Place Text);
➢ 直线(Line);

- 折线(MultiLine);
- 长方形、矩形或直角(Rectangle);
- 椭圆(Ellipse);
- 弧形(Arc);
- 多边形(Polygon);
- 图片(Picture)。

(9) 仪器仪表工具栏

仪器仪表工具栏如图 18-7 所示。

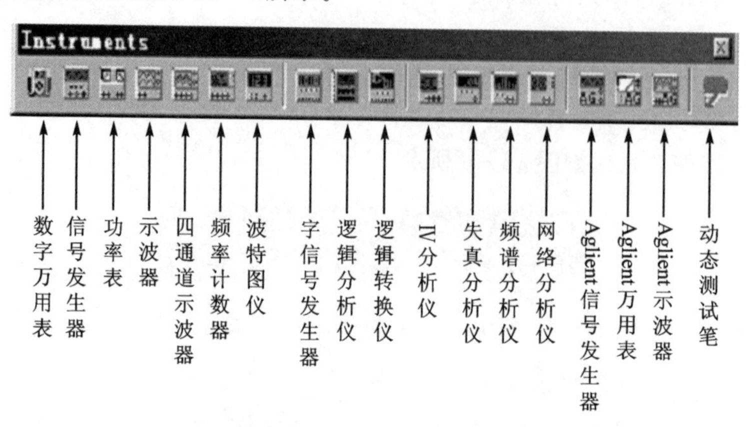

图 18-7 仪器仪表工具栏

仪器仪表工具栏是进行虚拟电子实验和电子设计仿真的最快捷而又形象的特殊窗口,也是 Multisim 7 最具特色的地方。Multisim 7 提供了一系列虚拟仪器仪表,这些仪器仪表的使用和读数与真实的相当,感觉就像在实验室中使用的仪器仪表。

(10) 电路窗口

电路窗口是进行电子设计的工作视窗。

(11) 设计窗口翻页

在窗口中允许有多个项目,单击翻页标签,可将其置于当前视窗。

(12) 状态条

状态条是显示有关当前操作以及鼠标所指条目的有用信息。

以上简单介绍了 Multisim 7 用户界面中显示出的主要按钮,实验中主要利用这些工具按钮建立电路并进行仿真,有关详细资料请参考 *Multisim 7 User Guide* 或 Multisim 7 界面中的 Help。

2. Multisim 7 电子仿真软件的使用

这里,以从建立到仿真发光二极管闪烁电路为例来介绍 Multisim 7 电子仿真软件的使用方法。发光二极管闪烁电路如图 18-8 所示。

(1) 开始建立电路文件

运行 Multisim 7,它会自动打开一个新的空白的电路文件(电路窗口)。

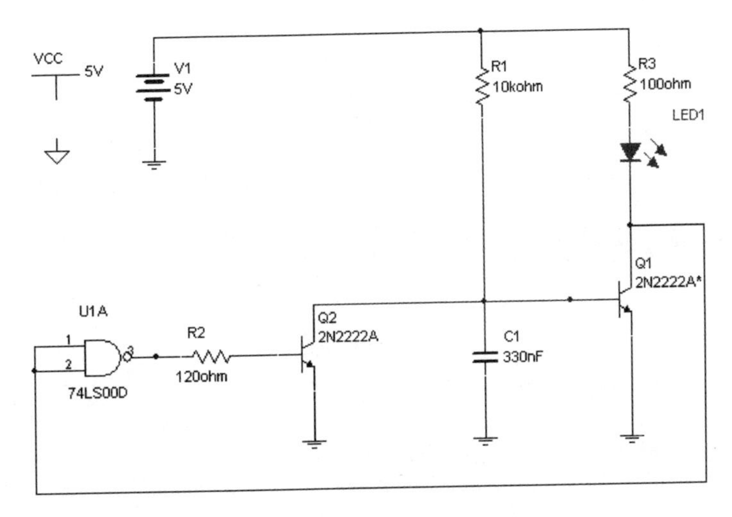

图 18-8 发光二极管闪烁电路(仿真图)

(2) 向电路窗口中放置元件

Multisim 7 提供了三个层次的元件数据库,即主数据库 Multisim Master、用户数据库 User、合作项目数据库 Corporate→Project。

1) 关于元件工具栏

元件工具栏的默认状态是可见的,如果不可见,请选择 View→Toolbars→Component Toolbar 或 Virual Toolbar(虚拟工具栏),即可打开相应的工具栏。在元件工具栏中选择所需的元器件按钮,即可打开相应的元器件系列窗口,进行相应的选择。也可以用 Place→Place Component 放置元件,当不知道要放置的元件包含在哪个元件箱中时,这种方法很有用。

2) 放置 5 V 电源

首先,用鼠标单击电源工具按钮,电源组工具栏显示如图 18-2 和图 18-3 所示;也可以在虚拟元件栏中选择所需要的电源,如图 18-5 所示。然后双击 DC_POWER(直流电压源)按钮,在电路窗口中出现电源图形,拖动鼠标将该元件放置在需要放置的位置即可。

其次,改变电源值。电源的默认值是 12 V,可以容易地将电压改为我们需要的 5 V。双击电源符号,出现电源特性对话框,电源值标签(Value)显示如图 18-9 所示。然后将 12 V 改为 5 V,单击"确定"按钮。

3) 放置电阻元件

将鼠标置于元件工具栏中,单击按钮,在出现的选择元件对话框(Family)中单击 RESISTOR 按钮,在该对话框中间(Component)出现的阻值中选择"10kohm"电阻,单击 OK 按钮,元件随鼠标箭头出现在电路窗口中,拖动鼠标,将元件放置在合适的位置,该电阻的标号为 R1。

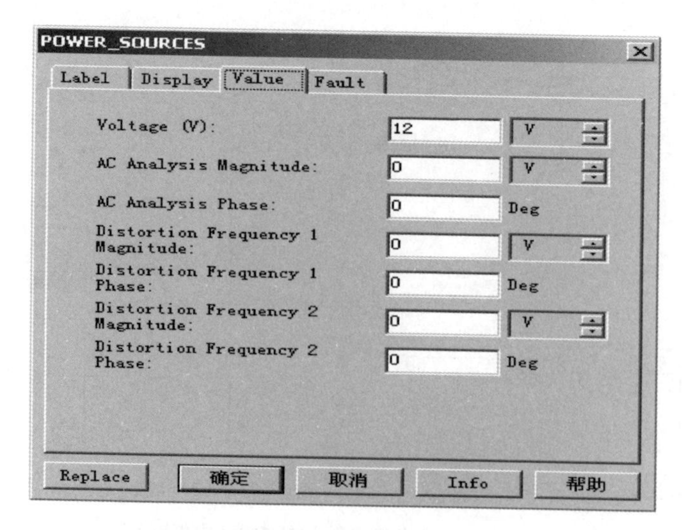

图 18-9　直流电源参数设置对话框

为了连线方便，需要旋转电阻时，右击电阻，出现弹出式菜单，选择菜单中的 90Clockwise/90CounterCW（顺时针旋转 90°或逆时针旋转 90°）命令，电阻旋转 90°。

也可以移动元件的标号，只需单击并拖动它即可。本电路还需要两个电阻，按照上述步骤，分别添加 R2（"120ohm"）和 R3（"100ohm"）。

设计工具栏右边的 In Use List 列表中列出了目前为止放置的所有的元件，单击列表中的元件可以简单地重复使用此元件。

4）放置其他元件

元件放置结果如图 18-10 所示。其中，一个发光二极管，取自于元件工具栏中二极管系列，标号为 LED1；一个 74LS00，取自于 TTL 组，由于此元件有 4 个双输入与非门，所以程序将提示确定使用哪个门，标号为 U1A；两个 2N2222A 双极型 NPN 三极管，取自于三极管组，标号为 Q1 和 Q2；一个 330 μF 的电容，取自于元件工具栏的基本元件系列，标号为 C1；接地 ⏚，取自于电源组；一个 5 V 的电源 VCC（VCC 5V），取自于电源组，放置在电路窗口的左上角；一个数字地，取自于电源组，放置在 VCC 下方。

（3）给元件连线

将所放置的元件进行连线，构成完整的电路图。Multisim 有自动和手工两种连线方法。自动连线为 Multisim 的默认方式，选择引脚间最好的路径可以自动完成连线，它可以避免连线穿过元件且避免连线重叠；手工连线要求用户控制连线路径。可以将自动连线与手工连线结合使用，比如，开始用手工连线，然后让 Multisim 自动地完成连线。对于本电路，大多数连线用自动连线完成。

1）自动连线

开始为 V1 和地连线。单击 V1 下边的引脚，拖动鼠标；然后再单击接地上边的

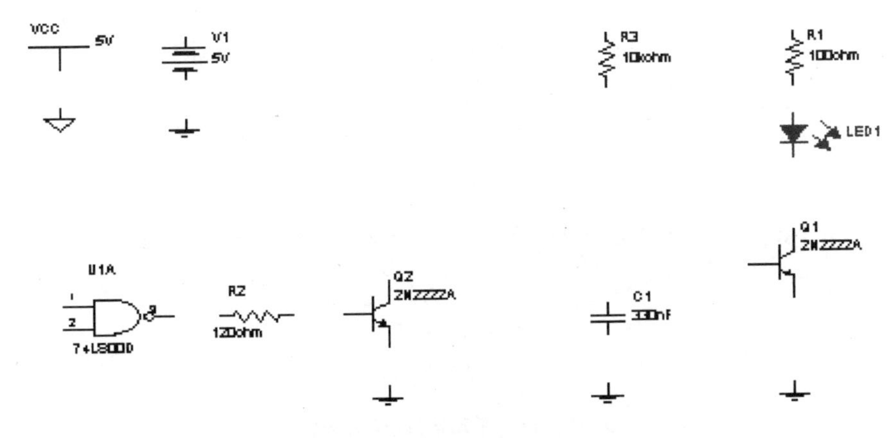

图 18 - 10　所有元件的位置摆放(仿真图)

引脚,两个元件就自动完成了连线,如图 18 - 11 所示。

其他元件间的连线可采用这种方法,同学们可按照图 18 - 8 所示的电路图自己进行元件间的连线。

2) 手工连线

使用手工连线可以人为控制路径,方法与自动连线相同。Multisim 7 具有防止两根连线连接到同一引脚的功能,如果确实要两根线连在一起,则必须在相交处放置节点,这样可以避免连线错误。如图 18 - 12 所示,U1A 的两个输入需要接在一起作为输入端,就要在连线上增加节点,方法如下:

首先,选择 Place Junction 菜单命令,鼠标指示已经做好放置节点的准备(也可以在窗口空白处右击,在弹出的窗口中选择 Place Junction)。其次,单击 U1A 输入间的连线放置节点,如图 18 - 12 所示,节点出现在连线上。

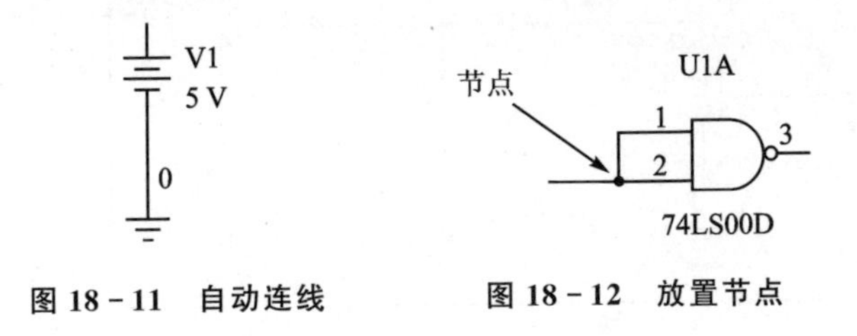

图 18 - 11　自动连线　　图 18 - 12　放置节点

图 18 - 10 的连线结果如图 18 - 13 所示。

(4) 给电路添加测试设备和仪表

给发光二极管闪烁电路添加测试设备仪表,并进行连接、仿真。

1) 添加示波器

在仪表工具栏中选择示波器按钮,鼠标显示表明已经准备好放置设备;移动鼠标至窗口电路右侧,然后单击鼠标,示波器图标出现在电路窗口中,就可以给示波

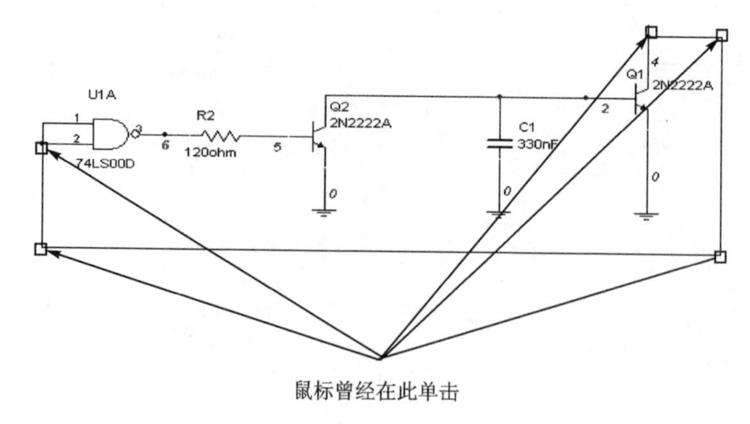

图 18-13 手动连线(仿真图)

器连线了。

2）给示波器连线

单击示波器图标的 A 通道，拖动连线到 U1A 与 R2 间；再单击图标的 B 通道，拖动连线到 Q2 与 Q1 间的连线上；然后将示波器上 G 端接地。电路连接结果如图 18-14 所示。

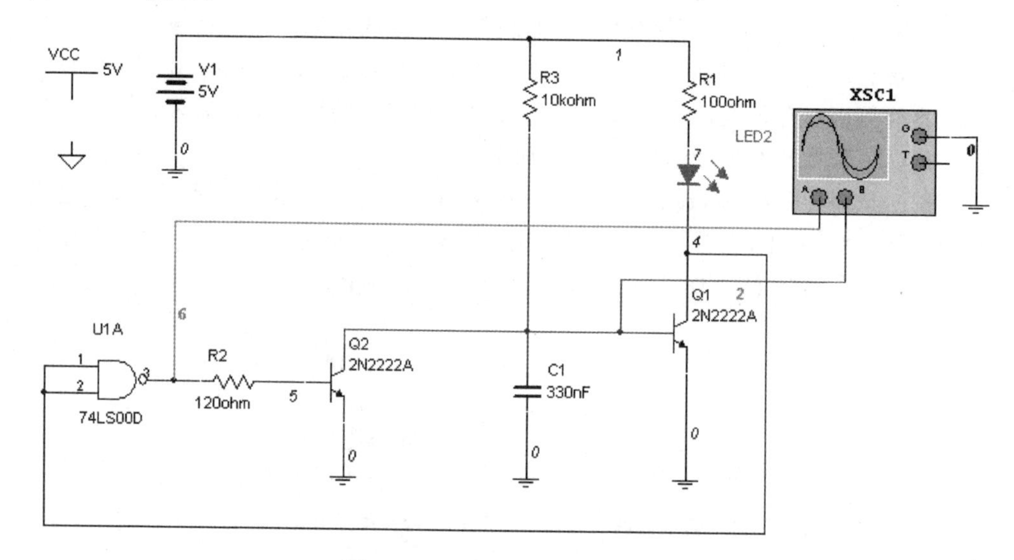

图 18-14 连接示波器(仿真图)

3）示波器设置

每种虚拟设备都包含一系列可选设置来控制它的显示。双击示波器图标，显示界面如图 18-15 所示。

选择 Y/T 时，时基(Timebase)控制示波器水平轴(X 轴)的幅度如图 18-16 所示。为了得到稳定的读数，时基设置应与频率成反比(频率越高时基越低)。

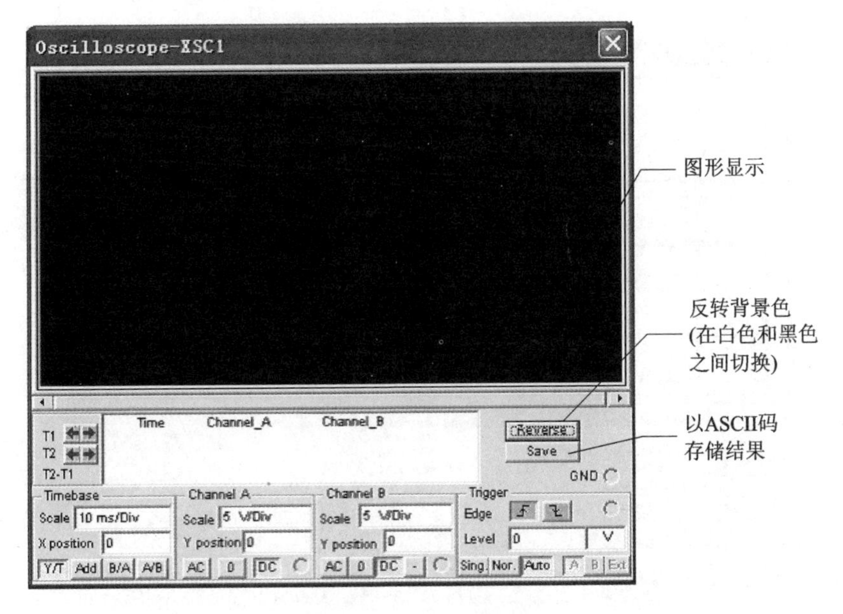

图 18－15　示波器界面

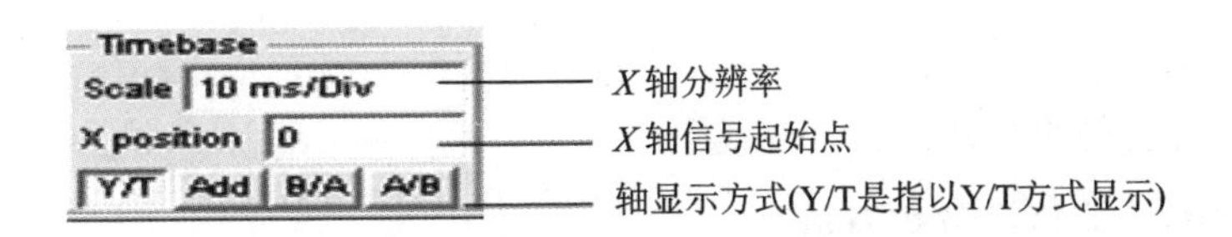

图 18－16　时基控制

为了很好地显示频率，将时基幅度设置(应该选择 Y/T)为 20 μs/Div，A 通道幅度设置为 5 V/Div，单击 DC 按钮。设置本电路分析参数的结果如图 18－17 所示。

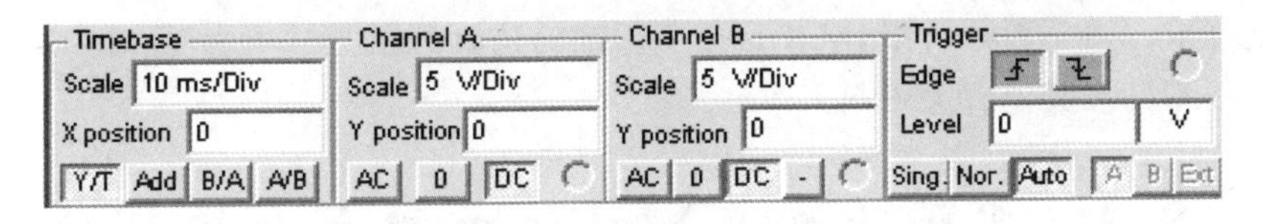

图 18－17　示波器设置结果

(5) 电路仿真

设置好示波器后，即可对电路进行仿真，在示波器上观察仿真结果。运行仿真电路，单击设计工具栏中的按钮(Run/Stop Simulate)，或选择主菜单中的 Simulate/Run 命令，也可以单击界面右上角的仿真开关，即。用示波器观察仿真结果。如果设备不处于打开状态，则可以双击图标打开它。如果示波器的设置正确，则可立即看到结果，如图 18－18 所示。

电路中的 LED 在闪烁，反映了仿真过程中电路的状态。要停止仿真，单击设计

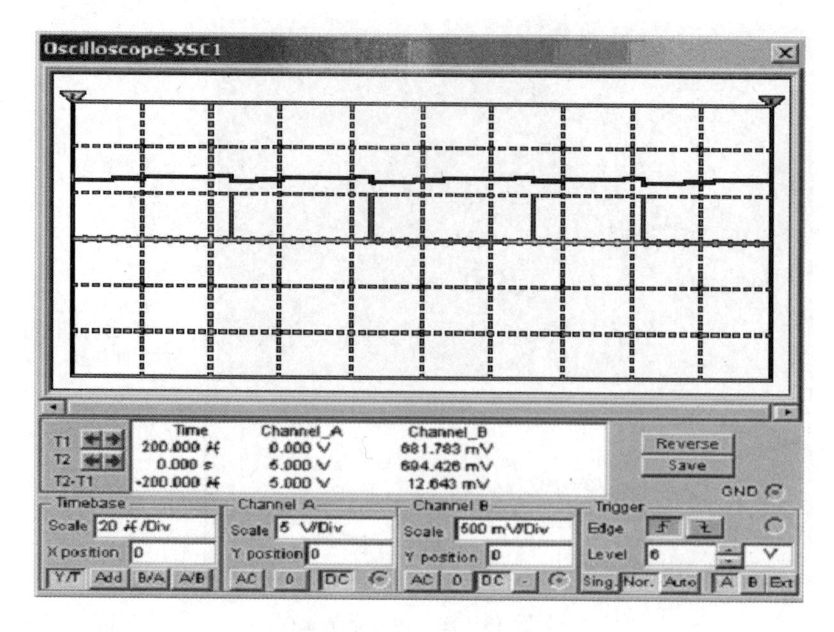

图 18－18　示波器仿真波形

工具栏中的 (Run/Stop Simulate)按钮，或选择主菜单中的 Simulate/Stop 命令，也可以单击界面右上角的仿真开关，即 。

3．Multisim 7 的仿真分析方法

进行电路设计时，除了要对电路进行电流、电压、波形等测试外，可能还要观察"温度对电路工作性能指标的影响"，或某"元件的精度对电路工作性能指标的影响"，晶体管的某项"参数的变化对电路工作性能指标的影响"等，这些分析如果用传统的实验方法完成，将是一项很费时的工作，用 Multisim 7 提供的分析方法则可以快捷、准确地完成。由于篇幅有限，Multisim 7 详细的仿真分析方法可参考 Multisim 7 提供的在线帮助和其他有关资料。

18.2　实验十九　Multisim 电子仿真实验

一、实验目的

1．学习用 Multisim 7 电子仿真软件实现电子电路仿真分析的主要步骤。

2．学习 Multisim 的交、直流分析(AC/DC Analysis)方法。

3．熟悉有源滤波器的结构和特性，用 Multisim 7 电子仿真软件对各种滤波电路的性能做较深入的研究。

二、预习要求

1. 预习 Multisim 7 电子仿真软件的使用。

2. 预习理论课中有关运算放大器的内容，复习运算放大器的工作原理。熟悉有源低通、高通、带阻和带通滤波器的工作原理。

三、实验设备

1. 硬件：微型计算机　　　　1 台；
2. 软件：Multisim 7 电子仿真软件　　1 套。

四、实验内容与步骤

1. 熟悉 Multisim 7 EDA 软件的使用

① 用 741 组成电压跟随器如图 18-19 所示，改变 U_i 值，记录万用表读数(U_o)，并填入表 18-1 中，断开 R1 再重复记录一次。

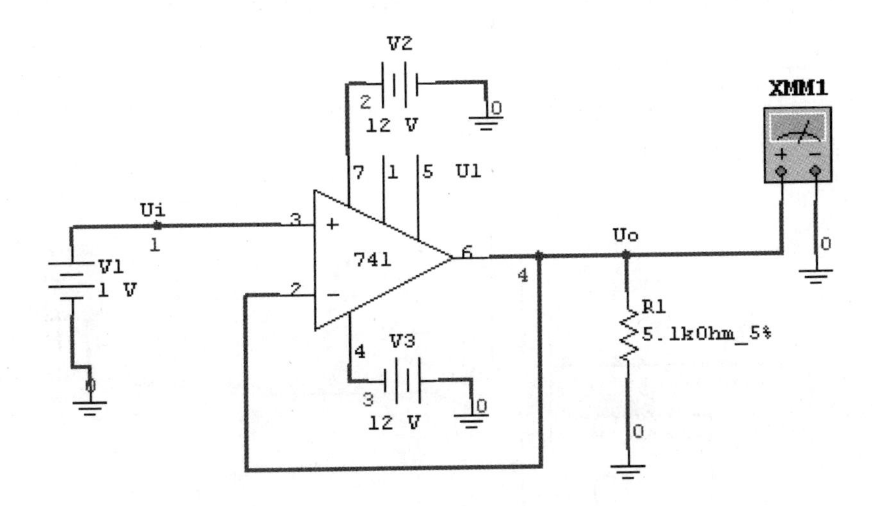

图 18-19　电压跟随器(仿真图)

表 18-1　电压跟随器数据记录

U_i/V		−1	−0.5	0	1	3
U_o/V	$R_1=5.1\ \text{k}\Omega$					
	$R_1=\infty$					

② 用 741 组成反相比例放大器如图 18-20 所示，改变 U_i 值，记录万用表读数(U_o)，并填入表 18-2 中。

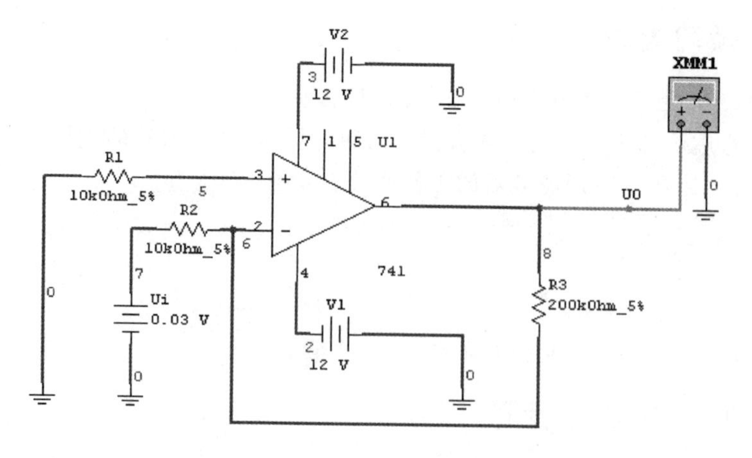

图 18-20 反相比例放大器(仿真图)

表 18-2 反相比例放大器数据记录

U_i	20 mV	100 mV	500 mV	1 V	2 V	3 V	5 V
U_o							

③ 用 741 组成同相比例放大器如图 18-21 所示,改变 U_i 值,记录万用表读数(U_o),并填入表 18-3 中。

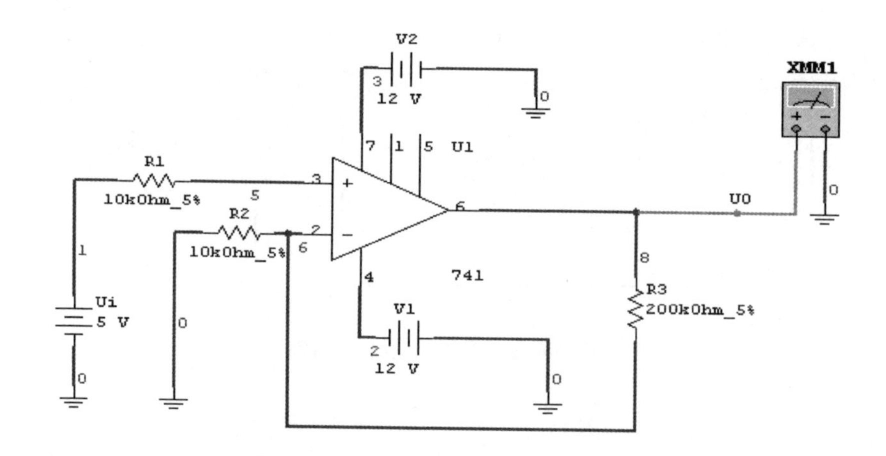

图 18-21 同相比例放大器(仿真图)

表 18-3 同相比例放大器数据记录

U_i	20 mV	100 mV	500 mV	1 V	2 V	3 V	5 V
U_o							

④ 用 741 组成反相求和放大器如图 18－22 所示，改变 U_i 值，记录万用表读数 (U_o)，并填入表 18－4 中。

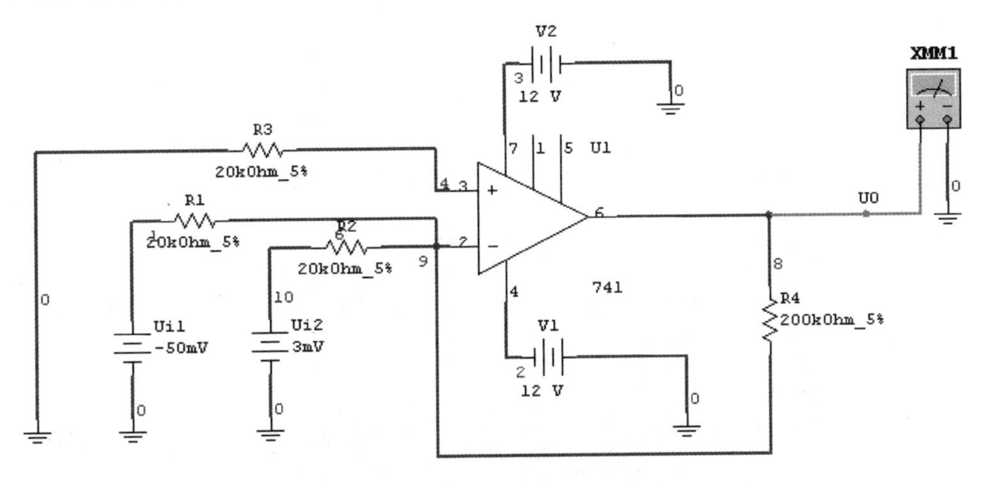

图 18－22　反相求和放大器(仿真图)

表 18－4　反相求和放大器

U_{i1}/mV	5	20	－50
U_{i2}/mV	10	－5	20
U_o/mV			

2. 用 Multisim 7 仿真软件分析不同性能的滤波器

① 有源低通滤波器电路如图 18－23 所示，求出其幅频特性曲线，找到上限频率。

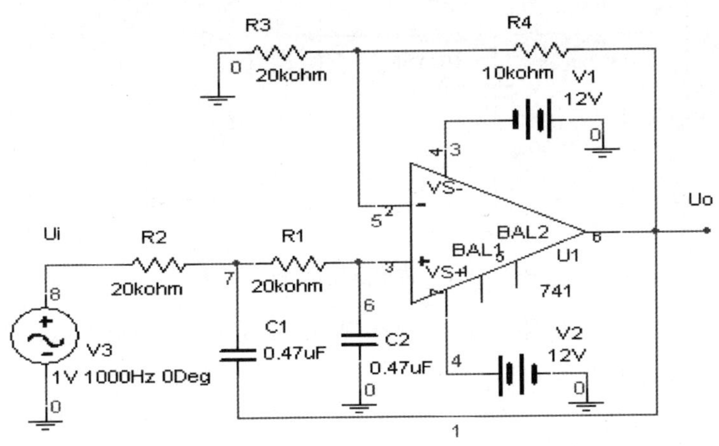

图 18－23　低通滤波电路(仿真图)

② 有源高通滤波器电路如图 18－24 所示，求出其幅频特性曲线，找到下限频率。

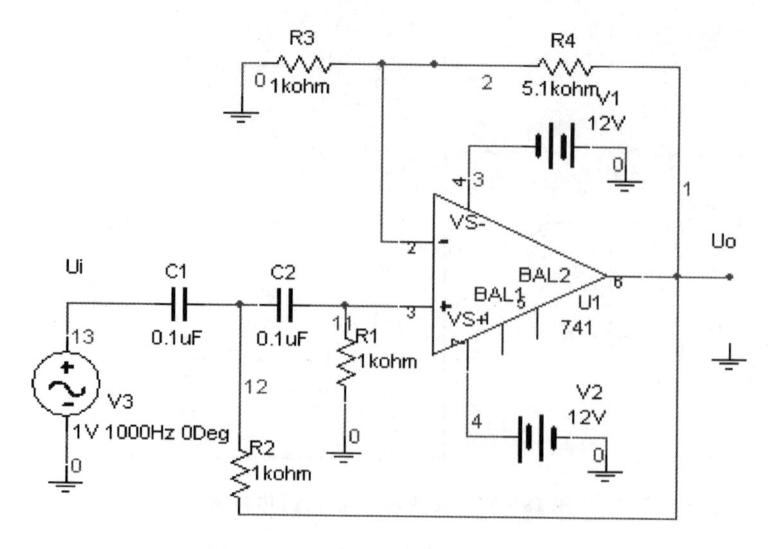

图 18－24　高通滤波电路(仿真图)

③ 有源带阻滤波器电路如图 18－25 所示，求出其幅频特性曲线，测出中心频率，测试带宽，分析结果。

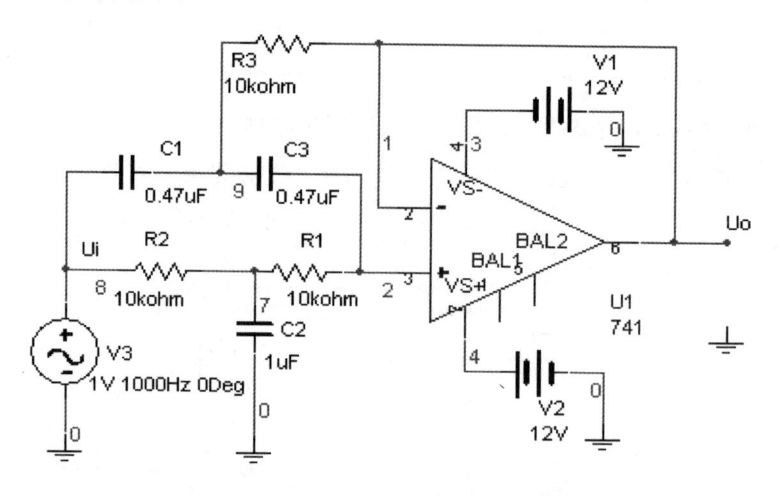

图 18－25　带阻滤波电路(仿真图)

④ 有源带通滤波器电路如图 18－26 所示，求出其幅频特性曲线，测出中心频率，测试带宽，分析结果。

3. 仿真研究分析

自己选择一个典型的数字电路进行仿真研究分析。

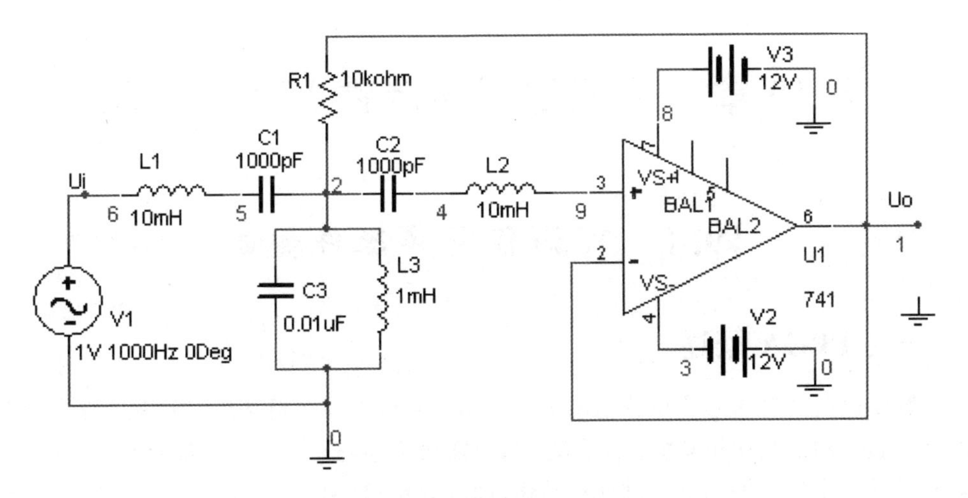

图 18－26　带通滤波电路(仿真图)

五、总结报告要求

1. 总结 Multisim 7 EDA 软件的主要操作步骤。
2. 记录、分析各种滤波器的幅频特性。

第 19 章　可编程逻辑器件 FPGA 实验

19.1　可编程逻辑器件概述

一、FPGA 概述

数字电路的逻辑芯片可分为固定逻辑芯片和可编程逻辑芯片。前面进行的数字电路实验使用的是逻辑功能固定的芯片，只需按不同需要选择不同功能的芯片即可。随着科学技术的发展和电子设计自动化(Electronic Design Automation, EDA)技术的出现，可编程逻辑芯片得到快速的发展，并在计算机硬件、自动化控制、智能仪表、数字电路系统等领域中得到了广泛应用。可编程逻辑芯片的应用和发展不仅简化了数字电路设计、降低了成本、提高了系统的可靠性和保密性，而且给数字电路系统设计方法带来了重大变化。

本实验的目的是将这种最新的数字电路学习环境——“FPGA 数字开发系统实验箱”和设计方法介绍给读者。这种环境是以个人计算机(PC)为平台，并结合软件的执行，使电路设计、仿真、下载验证、修改、烧录等过程一气呵成，不仅让学习变得有效率，而且也让自行设计开发逻辑芯片的梦想得以实现。让学生们从基本逻辑电路的设计出发，通过仿真结果观察、了解各个基本逻辑电路的特性，进而开发较复杂的数字逻辑电路，并将所设计的数字逻辑电路下载到 FPGA(Field Programmable Gate Array，现场可编程门阵列)中，再通过实验板上的拨动开关、发光二极管和七段显示器测试芯片功能，使学生具体体会到可编程数字逻辑电路的设计过程和设计成果。

FPGA 内部由门电路和触发器以及系统时钟等阵列构成，设计者可以通过原理图输入、硬件描述语言或混合编程等方式自由地设计一个数字系统，并对设计方案进行时序仿真和功能仿真，验证设计的正确性。在完成印刷电路板 PCB 后，还可以利用 FPGA 的在线修改能力，随时对功能软件进行修改设计而不必改动硬件电路。使用 FPGA 开发数字系统电路，可以大大缩短设计时间，减少 PCB 面积，提高系统的可靠性。FPGA 工作状态由存放在片内 RAM 中的程序来控制，其工作前需要对片内的 RAM 进行程序烧写。用户可根据不同的配置模式，采用不同的编程方式。加电时，FPGA 将 EPROM 中的数据读入片内 RAM 中，配置完成后，FPGA 进入工作状态。掉电后，FPGA 的数据丢失，可以再次给 FPGA 烧写程序，反复使用，烧写次数可达 10 万次之多。FPGA 编程无须专用的 FPGA 编程器，只需在 JTAG、PS 方式下载烧写程序即可。FPGA 是小批量系统提高系统集成度、可靠性的最佳选择之一。目前，FPGA 生产厂家很多，主要有 XILINX、TI 公司、ALTERA 公司等。

本实验所使用的可编程逻辑器件是 ALTERA 公司生产的 Cyclone 系列，这些器件产品可用于组合逻辑、时序逻辑、状态机、算法、双端口 RAM 和 FIFO 等的设计。在本实验中用到的可编程逻辑器件是 Cyclone 系列的 Cyclone Ⅲ EP3C55F484 器件。

在实验中，数字逻辑电路设计的开发环境是在 Windows 下，运行 Quartus Ⅱ 9.0 应用软件来进行数字电路设计的。设计完成以后，再下载到 FPGA 芯片中，然后通过 FPGA 实验箱验证所设计的电路是否完成所需要的逻辑功能。

二、可编程逻辑器件设计流程

1. 设计阶段的规划

先进行 Top - Down Design 顶层设计，然后进行 Bottom - Up Design 元素设计。

2. 描述设计流程

设计输入和语言描述→Compile 编译→Synthesis 综合→Place & Route 布局或布线→Timing Simulation 时序仿真或 Function Simulation 功能仿真→Configuration 配置和引脚绑定→再 Compile 编译生成下载文件→Download 下载烧写→Experiment 平台验证实验结果。针对不同的可编程逻辑器件选择各自的设计流程模式，设计流程图如图 19 - 1 所示。

3. 可编程逻辑器件数字系统的开发过程

可编程逻辑器件数字系统的开发过程包括规划分析、设计输入方式选择(包括文本、图形等几种形式)、编译、仿真(包括时序和功能仿真)、输入/输出信号绑定所选目标器件引脚、编译生成编程文件下载到所选目标器件、实验验证等步骤。

数字系统电路设计包括组合逻辑(Combinational Logic)、时序逻辑(Sequential Logic)、触发器(Flip - Flop)、状态机(State Machine)、SOPC (System On a Programmable Chip)等模式。另外，用可编程逻辑器件来设计数字电路系统要考虑的因素如下：

① 传输延迟：任何输入信号在通过逻辑电路后其输出信号不可能完全同步，所以会产生延迟。

② 门延迟(Gate Delay)和线延迟(Interconnect delay)：门与门间的延迟。

③ 输入偏斜和输出偏斜时间(Output Skew Time)：高电平到低电平或低电平到高电平等。

④ 建立时间(Setup Time)和保持时间(Hold Time)。

⑤ 脉冲宽度。

⑥ 输出延迟时间：输入信号通过时序电路，当触发信号触发时，输出信号会经过一段时间才会生效，这段时间称为输出延迟时间。

⑦ 工作电源。

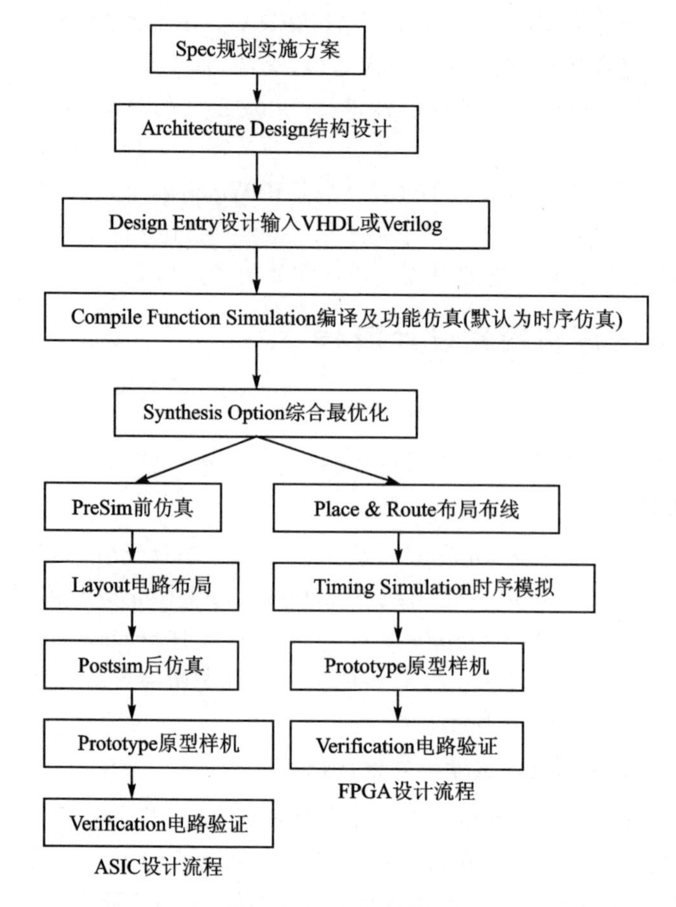

图 19-1　设计流程图

⑧ 工作频率。

⑨ 关键路径分析。

⑩ 功率损耗。

⑪ 扇入和扇出。

三、硬件描述语言种类

目前,有 VHDL 和 Verilog HDL 两种硬件描述语言模式,都可用于 FPGA 系统的设计。两种语言模式各有其特点,本书选择 VHDL 语言进行描述,它的特点如下:

① 能形式化地抽象表示电路的行为和结构。

② 支持逻辑设计中层次与范围的描述。

③ 可借用高级语言的精巧结构来简化电路行为和结构,具有电路仿真与验证机制以保证设计的正确性。

④ 支持电路描述由高层到低层的综合转换。

⑤ 硬件描述和实现工艺无关。

⑥ 便于文档管理。

⑦ 易于理解和设计重用。

四、可编程逻辑器件下载方式选择

现阶段可编程逻辑器件可分为复杂可编程逻辑器件 CPLD 和现场可编程逻辑器件 FPGA 两种，也可以把它们归类到可编程片上系统 SOPC 中。前者采用 EEPROM 存储器存储被下载的文件，这是一种非易失存储器，一旦完成设计文件的下载，即使系统断电也不会丢失数据。后者若采用 JTAG(Joint Test Action Group，联合测试工作组)方式 SRAM 存储器存储被下载的文件，则是一种易失性存储器，每次应用系统都要向可编程逻辑器件重新下载文件；若采用 PS(Passive Serial，被动串行加载方式)方式 EEPROM 存储器存储被下载的文件，则是一种非易失存储器，一旦完成设计文件的下载，即使系统断电也不会丢失数据，FPGA 上电工作时，EEPROM 程序会自动配置到 FPGA 的 SRAM 存储器中。

19.2　VHDL 程序设计基础

一、VHDL 程序设计基本结构

VHDL 程序设计基本结构图如图 19 - 2 所示，包括实体(entity)、结构体(architecture)、子程序(function procedure)、集合包(package)和库(library)，前四种称为可编译的设计单元，编译之后可将它们放在对应的库中共享。其中，实体用于描述数

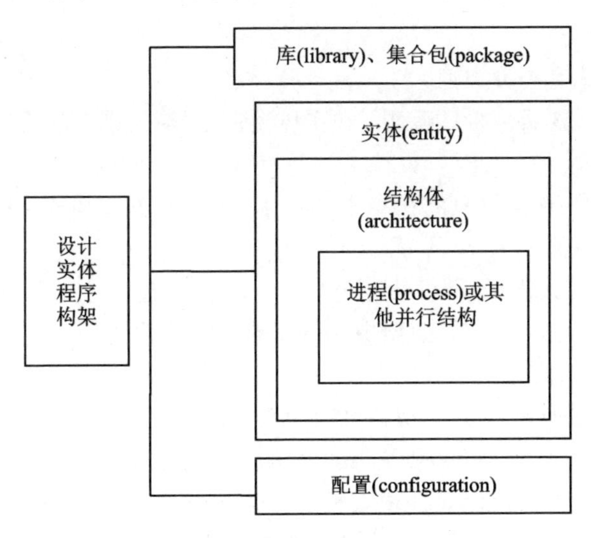

图 19 - 2　VHDL 程序设计基本结构图

字电路系统的对外接口信号,它指定端口数量、方向和类型,与数字硬件系统电路设计中的框图符号相对应。结构体指定了数字电路系统设计的真实任务、性能和结构,与硬件电路设计中的原理图和软件算法处理等功能相对应。子程序是可被调用的执行某一特定功能算法的集合。集合包则是为了使常用的数据类型、常数和子程序对于其他设计块可用而集中放置的批量设计单元和约定。

1. 实体(entity)

实体声明主要是描述数字电路系统的输入/输出端口。它定义了一个设计模块的输入和输出端口,即模块对外的特性。也就是说,实体声明给出了设计模块与外部的接口,如果是顶层模块,就给出芯片的引脚定义。一个数字电路系统设计可以包括多个实体,处于最高层的实体模块称为顶层模块,而处于底层的各个实体都将作为一个个组件,例化到高一层的实体中去。

实体(entity)声明的语法格式如下:

```
entity 实体名称 is
    generic (类属声明);
    port (端口声明);
end 实体名称;
```

port 端口声明确定了输入和输出端口的数量、类型和方向,其语法格式如下:

```
port(
    端口名称:端口方向 端口类型;--注释
    …
    );
```

端口声明模式有 4 种类型:

① in 输入型,该端口为只读型。在实体模型中,输入端口的值只能被读入,但是不能被赋值。

② out 输出型,该端口只能在实体内部对其赋值。在实体模型中,输出端口的值不能被读只能被赋值。

③ inout 输入/输出型,既可读也可赋值。可读的值是该端口的输入值,而不是内部赋值给端口的值。在实体模型中,inout 端口既可作为输入也可作为输出,其值能够被读,也能被赋值。

④ buffer 缓冲型,与 out 相似但可读。读的值即内部赋的值。它只能有一个驱动的源。若模式声明为 buffer,则它既可作为输入端口也可作为输出端口,其中的值能够被读也能够被更新,与 inout 模式不同的是 buffer 只能有一组来源。

端口类型是预先定义好的数据类型。“--”为注释符,表示其后面的内容为注释。

类属声明是实体说明组织中的可选项,放在端口说明之前。类属必须在实体声明区域中声明，主要用来定义元件的参数。类属与常数不同，常数只能从设计实体的内部得到赋值，且一旦赋值就不能再改变，而类属的值可以由设计实体外部提供。类属声明用来确定实体或组件中定义的局部常数。模块化设计时多用于不同层次模块之间信息的传递。

类属声明的语法格式如下：

```
generic(
    常数名称：类型：=值；
    …
    )；
```

例如：

```
generic(trise,tfall: time: = 1ns;
    datawidth: integer: = 16
    );
port(a0,b0:in std_logic;
    add_out:out std_logic_vector(addwidth - 1 downto 0)
    );
```

【实例 19－1】 定义实体 scan0 电路框图如图 19－3 所示，实体 scan0 定义如下：

```
library ieee;
use ieee.std_logic_1164.all;
use ieee.std_logic_unsigned.all;
entity scan0 is
    port(clk:in std_logic;                      --clk 为输入信号
        a: in std_logic_vector(15 downto 0);
        aa: in std_logic_vector(3 downto 0);
        ctr: out std_logic_vector( 0 to 2); --ctr 为输出信号，其顺序为 ctr0、ctr1、ctr2
        q:out std_logic_vector(3 downto 0)); --q 为输出信号，其顺序为 q3、q2、q1、q0
end scan0;
```

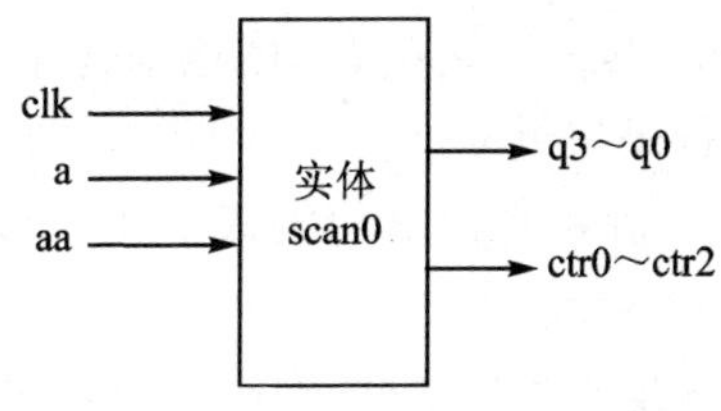

图 19－3　定义实体 scan0 电路框图

2. 结构体(architecture)

实体只描述了模块对外的特性，而未给出模块具体实现的目标任务。模块具体实现的目标任务或内容描述由结构体来完成。它具体指出了基本设计单元的任务、元件及内部连接的关系，即定义了该设计实体的功能，指定了该设计实体的数据流程和实体中内部元件的连接关系。

结构体对其基本设计单元的输入和输出关系可以用三种方式进行描述，即任务描述 behavior（基本设计单元的数学模型描述）、寄存器传输描述 dataflow（数据流描述）和机构描述 structural（逻辑元件连接描述）。不同的描述方式连接语句不同，但构造体结构是完全一样的。

结构体是对实体功能的具体描述，所以它一定在实体的后面，先编译实体之后才能对构造体进行编译。每个实体可以有多个结构体，每个结构体对应着实体的不同的结构和算法实现方案，其间的各个结构体的地位是同等的，可完整地实现结构体的行为。但同一结构体不能为不同的实体共有。具有多个结构体的实体，可利用 configuration 配置语句制定用于综合的结构体和用于仿真的结构体。

在实际电路中，如果实体代表一个器件的符号，则结构体描述了这个符号的内部功能。

结构体的语法格式如下：

```
architecture  结构体名称  of  实体名称 is
    {块声明语句或定义语句}
    begin
        {并行处理语句或功能描述语句}
    end  结构体名称;
```

块声明语句或定义语句必须放在关键词 architecture 和 begin 之间，用于对结构体内部将要使用的信号、常数、数据类型、元件、函数和过程等加以说明。

注意：这些定义是在结构体内部，而不是在实体内部。实体中定义的信号为外部信号，而结构体定义的信号为内部信号，它只能用于该结构体中。如果希望这些定义能用于其他的实体或结构体中，则需要将其在程序包中进行处理。

在结构体中信号定义（signal or variable）和端口定义一样，应有信号名称和数据类型。由于它是结构体内部连接用的信号，是临时变量，因此不需要方向说明。

功能描述语句位于 begin 和 end 之间，具体地描述了构造体的行为及其连接关系，其由 5 种不同类型的并行语句组成。

① 块语句（block）。由一系列并行语句构成的组合体，它的功能是将结构体中的并行语句组成一个或多个子模块。

② 进程语句（process）。定义顺序语句模块，用于将外部获得的信号值或内部运算数据向其他的信号进行赋值。

③ 信号赋值语句。将设计实体内的处理结果向定义的信号或界面端口进行复制赋值。

④ 子程序调用。可以调用进程或函数,并将获得的结果赋值于信号。

⑤ 元件例化语句。对其他的设计实体做元件调用说明,并将此元件的端口与其他的元件、信号或高层实体的界面端口进行连接。

【实例 19－2】 结构体 scan 功能描述。

```
architecture scan of scan0 is
    begin
    process(clk)
        variable count:std_logic_vector(0 to 2);
        begin
            if(clk'event and clk = '1')then
                if(count = "101")then
                    count: = (others =>'0');
                    ctr <= count;
                else count: = count + 1;
                    ctr <= count;
                end if;
                case count is
                    when "001"  => q <= a(15 downto12);
                    when "010"  => q <= a(11 downto 8);
                    when "011"  => q <= a(7 downto 4);
                    when "100"  => q <= a(3 downto 0);
                    when "101"  => q <= aa;
                    when others  => q <= (others =>'0');
                end case;
            end if;
        end process;
    end scan;
```

实例 19－2 结构体 scan 功能描述电路框图如图 19－4 所示。

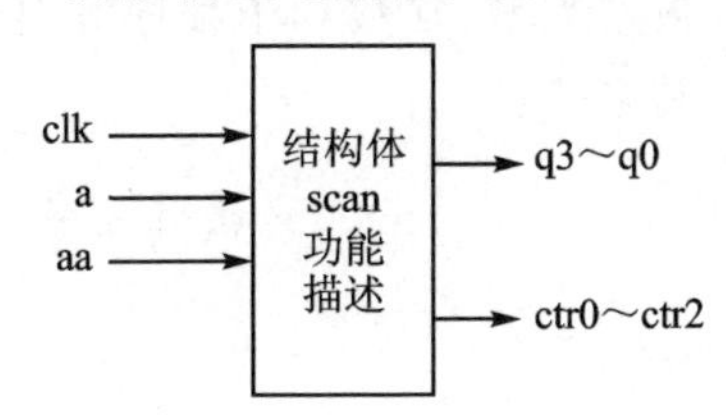

图 19－4　结构体 scan 功能描述电路框图

3. 子程序(function procedure)

子程序是可被调用的执行某一特定功能算法的集合,有过程(procedure)和函数(function) 两种类型。其包括过程(或函数)名和过程(或函数)体两部分。“名”定义过程(或函数)接口,“体”描述具体算法。

在进程或结构体中不必定义函数名，而在程序包中必须定义函数名。函数的语言表达格式如下：

```
FUNCTION 函数名(参数表) RETURN  数据类型      -- 函数名
FUNCTION 函数名(参数表) RETURN  数据类型 IS  -- 函数体
    说明部分
    BEGIN
    顺序语句;
    END FUNCTION 函数名;
```

过程的语言表达格式如下：

```
PROCEDURE 过程名(参数表)      -- 定义过程名
PROCEDURE 过程名(参数表)IS   -- 定义过程体
    过程说明部分;
    BEGIN
    顺序语句;
    END   PROCEDURE 过程名;
```

子程序与进程(process)的区别：进程可以从本结构体的其他模块或进程结构体中直接读取信号或者向信号赋值，而子程序不行。子程序的特点如下：

① 一般在程序包中调用，这样可以在几个不同的设计中调用(可在结构体、进程及程序包中调用)。

② 可重载，几个同名，但返回值类型不同。

③ 过程可返回多个值，而函数只能返回一个值。

④ 函数所有参数为输入参数，过程有输入参数、输出参数，还有双向参数。

4. 集合包(package)

集合包是为了使常用的数据类型、常数和子程序等对于其他设计实体可用而集中放置以方便访问和共享。其格式如下：

```
PACKAGE 集合包名 IS            --定义集合包名
    集合包名说明部分
END 集合包名;
PACKAGE  BODY 集合包名 IS   --定义集合包体
    集合包体说明部分以及包体内
END 集合包名;
```

【实例 19－3】 4 输入与非门过程函数定义与调用。

```
library ieee;
```

```
use ieee.std_logic_1164.all;
    package exp is                  --过程名定义
        procedure nand4(signal a,b,c,d:in std_logic;
                        signal y:out std_logic);
    end exp;
    package body exp is             --过程体定义
        procedure nand4(signal a,b,c,d:in std_logic;
                        signal y:out std_logic) is
            begin
                y <= not(a and b and c and d);
            return;
        end nand4;
    end exp;
library ieee;                       --主程序
use ieee.std_logic_1164.all;
use work.exp.all;
    entity ex is
        port(e,f,g,h:in std_logic;
            x :out std_logic);
    end entity ex;
architecture bhv of ex is
    begin
        nand4(e,f,g,h,x);       --并行调用过程
end architecture bhv;
```

5. 库(library)

其作用是用于存放定义好的数据单元、子程序等设计单元。

(1) 库的语句格式

LIBRARY 库名;

USE 库名.包集合名.范围(或项目名);

如 LIBRARY IEEE;--表示打开 IEEE 库,设计的实体可以利用其中的软件包。

(2) 库的种类

IEEE 库 -- VHDL 设计中最为常见的库。

STD 库 -- 直接使用,无需调用。

WORK 库 -- 用于存放设计者描述的 VHDL 语句。现行工作库,需要为此
-- 设置目录。

VITAL 库 -- 仿真器使用,用以 VHDL 门级时序模拟精度。

用户自定义库 -- 将自己使用的包集合和实体等汇集在一起,定义成的一个库。

在上述几种库中，除了 STD 库和 WORK 库以外，其他库均属于资源库，使用时都需要进行说明。

(3) 库的调用实例

```
LIBRARY IEEE;
USE IEEE.STD_LOGIC_1164.ALL;
USE IEEE.STD_LOGIC_UNSIGNED;
```

6. 配置(congifuration)

其功能是把特定的结构体关联到一个确定的实体，是为较大的系统设计提供管理和工程组织服务的。在仿真一个实体时可以利用配置进行不同结构体的对比实验。其语法格式如下：

```
CONFIGURATION 配置名  OF  实体名 IS
    FOR 选配结构体名
    END FOR;
END 配置名;
```

二、VHDL 语法和语句简介

1. 数据类型

(1) 标准数据类型

① Integer(整型)，取值范围：$-(2^{31}-1)\sim(2^{31}-1)$。

② Bit(位)，只取 0 或 1，描述信号取值。

③ Bit_Vector(位矢量)，每位只取 0 或 1。

④ Boolean(布尔量)，取 TRUE 或 FALSE，常用来表示关系运算和关系运算结果。

⑤ Character(字符)，ASCII 码的 128 个字符，书写时用单引号，区分大小写。

⑥ String(字符串)，双引号括起来的一串字符，如“abcd”。

(2) 标准逻辑类型

① 标准逻辑位数据类型 STD_LOGIC。

在使用 STD_LOGIC 类型时，直接定义 BIT 就可以。如：

“a: in STD_LOGIC;”或“signal a: STD_LOGIC;”，取值范围为

‘U’——初始值　‘X’——不定态　‘0’——强制 0

‘1’——强制 1　‘Z’——高阻态　‘W’——弱信号不定态

‘L’——弱信号 0　‘H’——弱信号 1　‘_’——不可能情况(可忽略值)

② 标准逻辑矢量数据类型 STD_LOGIC_VECTOR。

在使用 STD_LOGIC_VECTOR 类型时，必须注明其数组宽度即位宽。如：

"a: in STD_LOGIC_VECTOR(7 down to 0);"或"signal a: STD_LOGIC_VECTOR(0 to7);"。

注意:矢量位必须加双引号,如"01"。单一二进制数则用单引号,如'1'。

(3) 用户自定义数据类型

① 枚举(Enumerated)。

TYPE STD_LOGIC IS ('U','X','0','1','Z','W','L','H','_');

② 数组(ARRAY)。

TYPE 数据类型名 IS ARRAY (范围) OF 元素类型名;

③ 子类型(SYBTYPE) 用来定义含有限制条件的数据类型。

SYBTYPE 类型名 IS 数据类型名【约束范围】

2. 运算符

在 VHDL 语言中有四类运算符,如表 19-1~表 19-4 所列。

表 19-1 逻辑运算符

运算符	说明
NOT	非
OR	或
AND	与
NOR	或非
NAND	与非
XOR	异或

表 19-2 关系运算符

运算符	说明
=	等于
/=	不等于
<	小于
<=	小于或等于
>	大于
>=	大于或等于

表 19-3 算术运算符

运算符	说明
+	加
/	除
SLL	逻辑左移
ROR	逻辑循环右移
—	减
MOD	求模
SRL	逻辑右移
ABS	取绝对值
*	乘
REM	取余
SLA	算术左移

表 19-4 其他运算符

运算符	说明
<=	信号赋值
:=	变量赋值
—	负
+	正
&	并置运算符,用于位的连接
=>	并联运算符,在元件例化时可用于形参倒实参的映射

运算符在操作时需注意：

①“&”：并置运算符。前后的数组长度应该一致，例如“abc<=‘1’&‘0’&‘1’;”，其结果是“101”。

②“**”：乘方。左边可以是整数或浮点数但右边一定是整数。

③ 操作符能够产生逻辑电路，但就效率而言使用常数或简单的一位数据类型能够产生较为紧凑的电路。

3. 赋值语句

① 变量赋值语句“:=”。在 VHDL 中进程语句可以声明变量，若要对变量赋值，则需使用变量赋值语句。其表达式可为常数，也可是运算后的结果。如：

```
variable 变量名:数据类型;
         变量名:=表达式;
```

② 信号赋值语句“<=”。在 VHDL 中信号赋值语句可以在进程之外，若在进程之外，则为并发性语句；若信号赋值语句在进程之内，则为顺序性语句。如果信号要赋值，则需使用信号赋值语句，在进程中若有信号赋值，则只有在进程整个执行完毕之后，信号才可以被更新。如：

```
signal 信号名:数据类型;
       信号名<=表达式;
```

赋值语句归纳说明如表 19-5 所列。

表 19-5 赋值语句说明

项　目	信　号	变　量
赋值方式	<=	:=
功能	电路单元间的互联	电路单元内部的操作
有效范围	整个系统，所有进程有效	所定义的进程内有效
响应	每个进程结束后更新数据	立即更新数值

4. if 语句

在 VHDL 中为顺序性描述，只能用在进程或是子程序内部使用，用来描述电路的行为。if 语句是根据所指定的条件来判断执行哪些语句，每个条件必须是一个布尔表达式。其格式有三种如下：

第一种 if 语句选择控制，其格式如下：

```
if 条件 then
    顺序语句
end if;
```

第二种 if 语句选择控制，其格式如下：

```
if 条件 then
    顺序处理语句;
else
    顺序处理语句;
end if ;
```

第三种 if 语句选择控制，if 语句的多选择控制又称 if 语句的嵌套，其格式如下：

```
if 条件 then
    顺序处理语句;
elsif 条件 then
    顺序处理语句;
……
else
    顺序处理语句;
end if ;
```

【实例 19－4】 if 语句在结构体中的应用。

```
if(clk'event and clk = '1')then        --判别系统时钟是否为上升沿
    if(count = "101")then              --判别 count 矢量是否等于"101"3 位二进制数
        count: = (others => '0');
        ctr <= count;
    else count: = count + 1;           --count 加 1
        ctr <= count;                  --count 赋值给 ctr 输出
    end if;
end if;
```

5. case 语句

case 语句常用来描写总线行为、编码器和译码器的结构。case 与 if 语句相比较可读性好，非常简洁。其格式如下：

```
case  表达式  is
    when 条件表达式=>顺序处理语句;
end case;
```

case 条件分支中的“=>”不是操作符，只相当于“then”的作用。可以将上面的格式展开书写，格式如下：

```
case  表达式  is
    when 分支条件 1=> 一组顺序语句 1;
```

```
    ……
    when 分支条件 n－1＝＞ 一组顺序语句 n－1；
    when others＝＞ 一组顺序语句 n；
end case；
```

注意：表达式求值结果必须是一个整型或一个枚举类型或一个枚举类型的数组。分支条件必须是一个静态表达式或是一个静态范围。

其中 when 选择值可以有以下几种表达式：

① 单个普通数值，比如 5。如 when 分支条件＝＞一组顺序语句。

② 并列数值，比如 3|6，表示 3 或 6。如 when 分支条件|分支条件|分支条件＝＞一组顺序语句。

③ 数值选择范围，比如(1 to 5)，表示 1、2、3、4、5。如 when 分支条件 to 分支条件＝＞一组顺序语句。

④ when others＝＞一组顺序语句。others 表示其他任何值时，执行一组顺序语句。

当执行到 case 语句时，首先计算 case 和 is 之间的表达式的值，然后根据条件语句中与之相同的选择值，执行对应的顺序语句，最后结束 case 语句。

使用 case 语句需注意以下几点：

① 条件语句中的选择值必须在表达式的取值范围内。

② case 语句中每一语句的选择值只能出现一次，即不能有相同选择值的条件语句。

③ case 语句执行中必须选中，且只能选中所列条件语句中的一条，即 case 语句至少包含一个条件语句。

④ 除非所有条件语句中的选择值能完整覆盖 case 语句中表达式的取值，否则最末一个条件句中的选择必须用“others”表示，它代表已给的所有条件句中未能列出的其他可能的取值。关键词“others”只能出现一次，且只能作为最后一种条件取值。使用“others”是为了使条件语句中的所有选择值能覆盖表达式的所有取值，以免综合过程中插入不必要的锁存器。

【实例 19－5】 case 语句在结构体中应用部分的使用范例。

```
case count is --根据 3 位 count 数组的取值，把 32 位 a 数组的 8 位赋给 8 位 q 数组。
    when "001"  => q <= a(31 downto 24);
    when "010"  => q <= a(23 downto 16);
    when "011"  => q <= a(15 downto 8);
    when "100"  => q <= a(7 downto 0);
    when "101"  => q <= aa;
    when others  => q <= (others =>'0');
end case;
```

6. 进程(process)语句

在进程语句中,VHDL 语言会按照顺序一步一步地去执行 process 中的语句。其格式如下:

```
进程名:process(敏感信号参数表)
    进程说明部分;
    begin
        顺序描述语句;
end process 进程名;
```

进程语句是组成程序结构中一系列语句之一,主要由敏感信号表中的信号来启动进程的执行,当敏感信号表列出的信号发生变化就将启动进程中顺序语句的执行。其特点如下:

① 一个结构体中的多个进程可以并发地执行,并可存取结构体或实体所定义的信号。

② 进程中所有语句都是顺序执行的。

③ 必须包含一个显示的敏感信号表或者一个 wait 语句。

④ 进程之间的通信是通过信号变量传递实现的。

进程说明部分用于定义该进程所需要的变量、数据类型、属性、子程序等,但不能定义信号及共享变量。进程的激活必须有敏感信号的变化或者相应的 wait 语句。如

```
wait; --永远挂起,无限等待
wait on 敏感信号表; ---一旦变化,进程启动
wait until 条件表达式; --条件等待、变化
wait for 时间表达式; --等待时间
```

进程(process) 是无限循环语句;process 中的顺序语句具有明显的顺序/并行运行双重性;必须由敏感信号的变化来启动;其本身是并行语句;一个进程中只允许描述对应于一个时钟的同步时序逻辑。

【实例 19-6】 process 语句在结构体中应用部分的使用范例。

```
architecture scan of scan is
    begin
        process(clk)
            variable count:std_logic_vector(2 downto 0);
            begin
                if(clk'event and clk = '1')then
                    if(count = "101")then
```

```
                    count: = (others => '0');
                    ctr <= count;
                else count: = count + 1;
                    ctr <= count;
                end if;
            end if;
        end process;
end architecture scan;
```

【实例 19-7】 4 位二进制计数器。

```
library ieee;
use ieee.std_logic_1164.all;
use ieee.std_logic_unsigned.all;
entity count4 is                --4 位二进制计数器
port(clk:in std_logic;          --in bit;
    rst:in std_logic;           --外控复位按键,可选定义是否高或低有效
    q :out std_logic_vector( 3 downto 0));
end entity count4;
architecture jsq of count4 is
    signal q1:std_logic_vector( 3 downto 0);
    begin
        process(rst,clk)    --rst 是否检测,可自行添加检测条件
            begin
                if(clk'event and clk = '1')then     --rising_edge(clk)
                    q1 <= q1 + 1;
                end if;
            end process;
        q <= q1;
end architecture jsq;
```

7. 并行过程调用语句 concurrent procedure calls statement

并行语句是指在结构体中同步执行的语句。并行语句之间可以有信息往来,也可以是相互独立、互不相关、异步执行的(如多时钟情况)。

(1) 并行信号赋值语句

并行信号赋值语句的格式如下:

目标信号<=表达式;

该语句实际上是一个进程的缩写,当信号赋值符号"<="右边的信号发生任何变化时,该信号赋值语句就执行一次。如"q<=tmp;",这里 tmp 就相当于进程括号

中的敏感信号,当它发生变化时就开始执行该语句。

(2) 条件信号赋值语句

条件信号赋值语句,根据不同的条件,将不同的值赋给信号。其格式如下:

```
目标信号<=表达式 1 when 赋值条件 1 else
          表达式 2 when 赋值条件 2 else
          ……
          表达式 n;
```

(3) 选择信号赋值语句

选择信号赋值语句的格式如下:

```
with  选择表达式   select
目标信号<=表达式 1 when 选择条件值 1,
          表达式 2 when 选择条件值 2,
          ……
          表达式 n when 选择条件值 n;
--式中选择表达式用来控制语句的执行。
--当选择表达式的值是选择值时,将子句中的表达式的值赋给赋值目标。
```

8. 子程序调用语句

VHDL 子程序包括过程(PROCEDURE)和函数(FOUNCTION)两类。过程定义语句的语法格式如下:

```
PROCEDURE 过程名 (参数表) IS
    begin
        顺序语句;
    end 过程名;
```

过程的参数可以为 IN、OUT 和 INOUT 方式,在进行参数说明时除了说明其名称、数据类型以外,还要说明其端口方式。过程调用语句的语法格式如下:

```
过程名(实际参数表);
```

函数定义语句的语法格式如下:

```
FOUNCTION 函数名 (参数表) RETURN 数据类型 IS
    begin
        顺序语句;
        RETURN 变量名;
    end 函数名;
```

函数的参数只能是方式为 IN 的输入信号，函数只能有一个返回值。

函数调用语句的语法格式如下：

```
函数名(实际参数表);
```

9. 元件例化语句 component instantiations

声明一个元件的格式如下：

```
component 组件名称
    geneic(类属声明);
    port(端口名称：端口方向 端口类型);
end component 组件名称;
```

例化一个元件的格式如下：

```
例化模块名称：元件名称 port map(形参=>实参);
```

元件例化语句部分包括两个步骤即元件的声明和元件的调用。声明一个元件可以在应用程序中声明或者在包集中声明。元件的调用称为元件实例化，语句前面必须加标号。语句中的端口表把元件声明的端口和元件实际的端口联系起来。

10. loop 语句

① 单个 loop 语句的格式如下：

```
标号:loop
     顺序处理语句;
     end loop 标号;
```

② for loop 循环语句用于规定重复次数的情况，其格式如下：

```
标号:for 循环变量 in 循环次数范围 loop
            顺序处理语句;
     end loop 标号;
```

③ while loop 循环语句的格式如下：

```
标号:while 循环条件 loop
           顺序处理语句;
     end loop 标号;
```

11. 跳出循环语句(next、exit 语句)

① next 语句的三种格式：

```
next;
next  循环(loop)标号;
```

```
next  循环(loop)标号 when 条件表达式; --有条件或者无条件地结束当前
                                   --循环,开始下一次循环。
```

② exit 语句的三种格式:

```
exit;
exit  loop 标号;
exit  loop 标号 when 条件表达式; --当条件为真时跳出 loop 至程序标号处。
                                 --如果后面什么都没有,则无条件跳出,继
                                 --续执行后续语句。
```

12. return 语句

return 语句只能用在函数和过程当中,用来结束当前最内层的函数或过程体的执行。其格式如下:

```
return 表达式;  --只能用在函数体中,必须返回一个值。
return;         --只能用在过程体中。
```

13. null 语句

null 语句常用在 case 语句中 others 的后面,即其他的情况什么都不做。其格式如下:

```
null;
```

三、状态机

1. 状态机简介

状态机是一种具有指定数目的状态的概念术语。它在某个指定的时刻仅处于一种状态,状态的改变是对输入事件的响应。状态机有三个要素:状态、输入和输出。根据状态机的状态数是否有限,可分为有限状态机(Finite State Machine,FSM)和无限状态机(Infinite State Machine,ISM)。逻辑设计中一般涉及的状态数都是有限的,用 FSM 表示。目前,很多 EDA 工具可以很方便地将状态图描述转换成已综合的 VHDL 程序代码。状态机总框图如图 19-5 所示。

根据状态机的功能是否与外部输入信号有关,有限状态机被分为 Mealy 型和 Moore 型两种。Moore 型状态机的特点是输出仅与现态有关而与输入无关,Mealy 型状态机的特点是输出不仅与现态有关而且还与输入有关。需注意的是 Mealy 状态机和输入有关,输出会受到输入的干扰,可能会产生毛刺等现象。

从输出时序来分,状态机可分为 Moore 型同步输出状态机(其输出仅为当前状态的函数,这类状态机在输入发生变化时必须等待时钟的到来后状态发生变化导致输出的变化)和 Mealy 型异步输出状态机(其输出是当前状态和所有输入信号的函

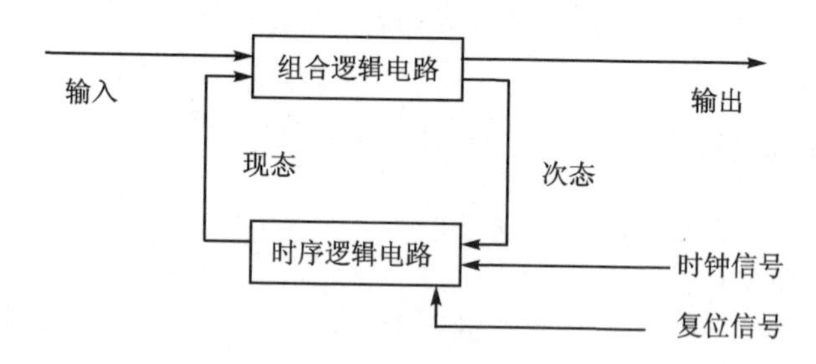

图 19－5 状态机总框图

数，其输出是在输入发生变化后立即发生的，不依赖时钟的同步）。

Moore 型有限状态机的输出信号仅与当前状态有关，因此可以把 Moore 型有限状态的输出看成是当前状态的函数，其结构框图如图 19－6 所示。Mealy 型有限状态机的输出信号不仅与当前状态有关，而且还与所有的输入信号有关，因此可以把 Mealy 型有限状态机的输出看成是当前状态和所有输入信号的函数，其结构框图如图 19－7 所示。

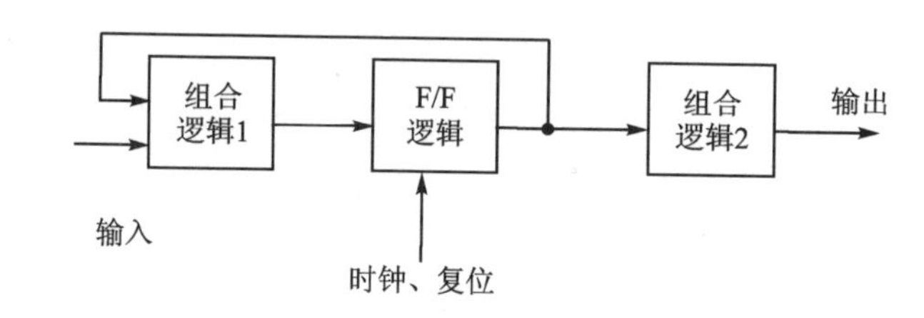

图 19－6 Moore 型状态机结构框图

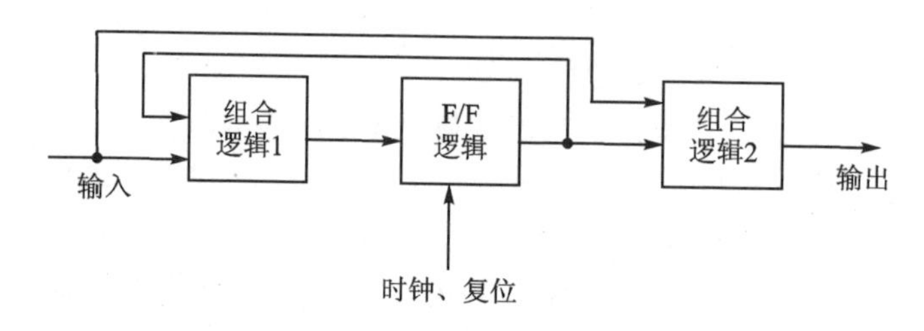

图 19－7 Mealy 型状态机结构框图

状态机的描述方法有状态转移图、状态转移表、HDL 语言描述三种。

状态机的 HDL 设计步骤如下：

① 分析系统设计指标，建立系统算法模型图即状态转移图。

② 分析被控对象的时序状态，确定系统状态机的各个状态及输入、输出条件。

③ 用 HDL 语言完成状态机的描述。

描述状态机（FSM 描述方法）可从状态机的三个基本模块入手，分为一段式、二段式和三段式，也称为单进程、两进程和三进程。单进程（一段式）是将整个状态机的三个模块合并起来，写到一个进程里，在该进程中既描述状态的转移又描述状态的输入和输出；两进程（二段式）是用两个进程来描述状态机的，其中状态寄存器用一个同步时序进程来描述，输出逻辑和刷新逻辑合并起来用另一个组合逻辑集成来描述；三进程（三段式）是将状态机的三个模块分别用三个进程来描述，一个同步时序集成描述状态寄存器，一个组合逻辑集成描述刷新逻辑，最后输出逻辑单独用一个进程来描述。推荐采用两段式和三段式 FSM 描述方法。

状态机的优点如下：

① 根据输入信号按照预先设定的状态进行顺序运行；

② 结构简单，设计方案相对固定，尤其是枚举类的状态；

③ 易构成性能良好的同步时序逻辑模块；

④ 表述多样、程序层次分明、结构清晰、易读易懂；

⑤ 在高速运算和控制方面，具有巨大的优势；

⑥ 可靠性高；

⑦ 一个状态机可以有多个进程，一个结构体中可以包含多个状态机。

2. 状态机类型的定义及使用

在使用状态机之前应该定义状态的枚举类型。定义可以在状态机描述的源文件中，也可以在专门的程序包中。其格式如下：

```
type 数据类型名  is  数据类型定义  of  基本数据类型；
```

或

```
type 数据类型名  is  数据类型定义；
```

例如：

```
type s_state is (s0,s1,s2,s3,s4);
```

上面的定义是将状态机的每一个状态用文字符号来表示即符号化的状态机，也可直接在程序或开发软件中自命状态机的编码方式。例如：

```
reg [2:0] s_state;
parameter s0  = 3'b011;
parameter s1  = 3'b001;
```

可将定义的常量 s0 和 s1 作为 s_state 的状态使用。

状态机有两个特殊状态变量即当前状态和下一个状态（现态和次态）。例如：

```
signal pre_state,next_state:s_state; --定义两个状态信号,类型为自定义枚举类型
```

状态机的具体描述模式分以下几步：

① 实体部分：输入、输出端口。

② 定义说明部分：有相应的方式方法、声明状态名及对应状态。

③ 状态转换进程：根据外部输入的控制信号和当前状态确定下一状态的去向。

④ 时序控制进程：说明状态何时转换的进程。

⑤ 辅助进程：配合状态机工作的组合或时序进程。

以 VHDL 编程为例，介绍状态机的三个模块进程描述语句，如实例 19－8、实例 19－9 和实例 19－10 所示。

【实例 19－8】 状态寄存器的进程描述。

```
process(reset,clk)
    begin
        if(reset = '1')then
            current_state  <= 初态;
        elseif (clk'event and clk = '1') then
            current_state  <= next_state;
        endif;
    end process;
```

【实例 19－9】 刷新逻辑的进程描述。

```
process(current_state,x 输入信号)
    begin
        next_state  <= current_state;
            case current_state is
                when s0 =>
                    ……
                    next_state  <= 次态;
                    ……
                when s1 =>
                    ……
            end case;
    end process;
```

【实例 19－10】 输出逻辑的进程描述。

```
process(current_state,x 输入信号)
    begin
        output  <= '0';
        case current_state is
            when s0 =>
                output  <= xx;
                ……
        end case;
    end process;
```

19.3　实验平台简介

实验室采用 Altera 公司 Cyclone Ⅲ系列的 FPGA EP3C55F484 芯片为核心实验平台，外围接口电路与核心平台某些引脚已经连接，在进行引脚绑定时需参看 FPGA 引脚与各接口电路之间的资源配对关系表。下面将对实验平台进行详细介绍。

一、EP3C55F484 芯片特性

Cyclone Ⅲ FPGA 是 Altera Cyclone 系列的第三代产品，是一款低功耗、低成本和高性能的 FPGA，其进一步扩展了 FPGA 在成本和功耗敏感领域中的应用。Cyclone Ⅲ FPGA 采用 65 nm 低功耗工艺技术，对芯片和软件采取了更多的优化措施，提供丰富的特性，推动宽带并行处理的发展。该系列产品共包括 8 个型号，容量为 5K 至 120K 逻辑单元，最多 534 个 I/O 引脚用户，4 Mbit 嵌入式存储器、288 个嵌入式 18×18 乘法器、专用外部存储器接口电路、锁相环(PLL)以及高速差分 I/O 等。EP3C55F484 属于 Altera Cyclone Ⅲ系列之一，其封装外形如图 19－8 所示，引脚分布如图 19－9 所示。

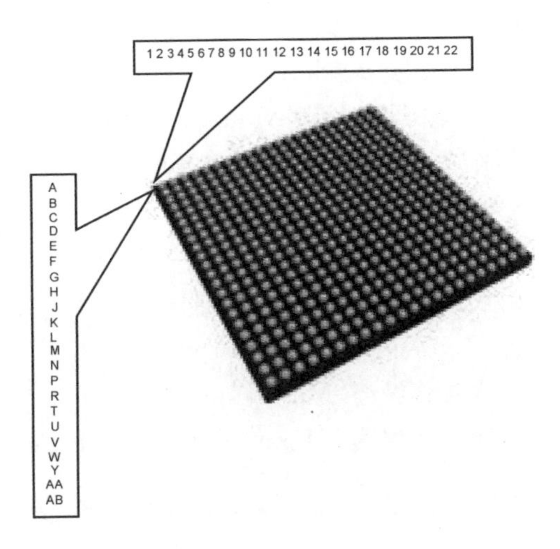

图 19－8　Cyclone Ⅲ EP3C55F484 封装外形图

EP3C55F484 芯片的参数说明如下：

制造商(Manufacturer)：Altera。

产品种类(Product Category)：FPGA 现场可编程门阵列。

产品(Product)：Cyclone Ⅲ RoHS：No。

逻辑元件数量(Number of Logic Elements)：55 856。

逻辑数组块数量(Number of Logic Array Blocks)：3 491。

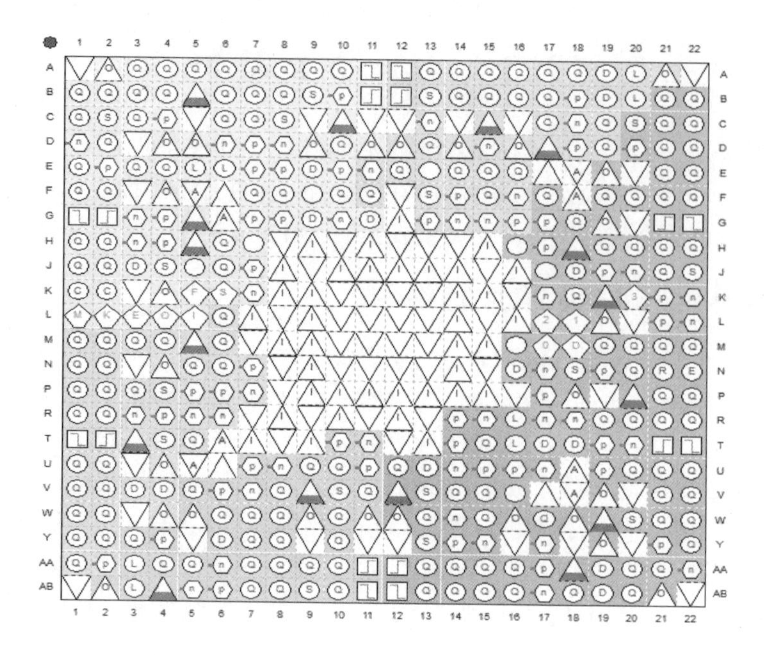

图 19-9 CycloneⅢ EP3C55F484 引脚分布图

总内存(Total Memory):2 396 160 bit。

输入/输出端数量(Number of I/O):327。

工作电源电压(Operating Supply Voltage):1.15～1.25 V。

最大工作温度(Maximum Operating Temperature):+70 ℃。

安装类型(Mounting Style):SMD/SMT。

封装/箱体(Package / Case):FBGA-484。

商标(Brand):Altera Corporation。

最大工作频率(Maximum Operating Frequency):315 MHz。

最小工作温度(Minimum Operating Temperature):0 ℃。

二、实验平台硬件电路功能简介

实验平台硬件核心板与接口电路功能面板实验箱结构布局如图 19-10 所示。FPGA 核心板 I/O 引脚与各接口电路负载区对照分配表如附录 B 所列。

1. 信号输入电路

(1) 逻辑电平开关

逻辑电平开关 SW1～SW16:"向上推"为高电平,"向下推"为低电平。逻辑电平输入电路布局如图 19-11 所示,与 FPGA 的 I/O 引脚连接关系如表 19-6 和表 19-7 所列。

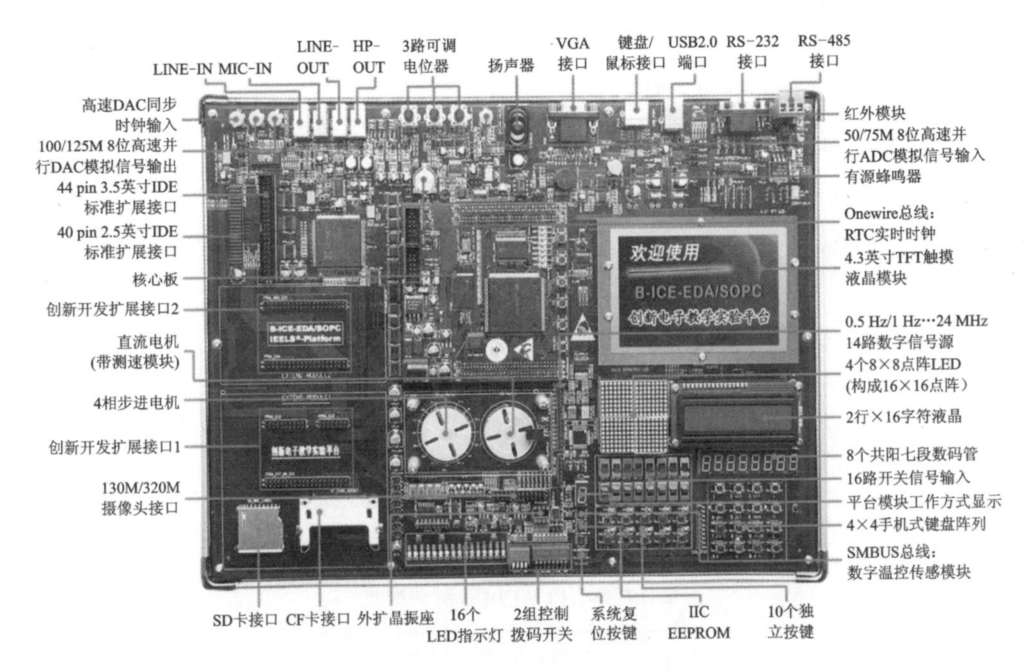

图 19-10　功能面板实验箱结构布局

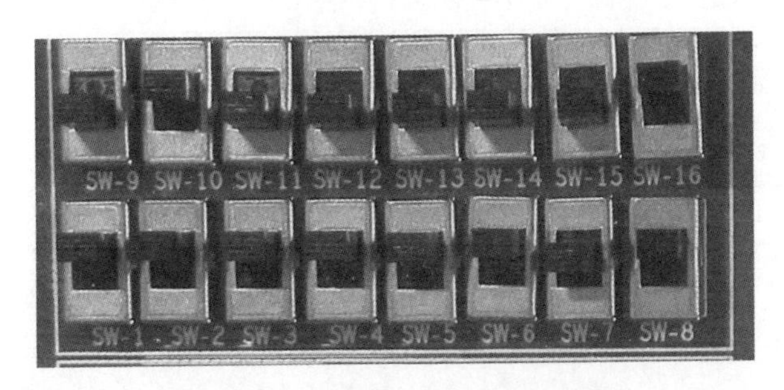

图 19-11　逻辑电平输入电路布局图

表 19-6　SW1～SW8 引脚分配表

SW1	SW2	SW3	SW4	SW5	SW6	SW7	SW8
N18	M20	AA15	V13	D6	C8	E7	F8

表 19-7　SW9～SW16 引脚分配表

SW9	SW10	SW11	SW12	SW13	SW14	SW15	SW16
AB17	AB18	C3	E5	C7	E6	F7	A3

其中，逻辑电平输入 SW5～SW8 由 LCD_ALONE_CTRL_SW 拨码开关控制选择，当开关 TOS 拨置于上方时，可以使用 SW5～SW8。逻辑电平输入 SW9～SW16 由 CPRL_SW 拨码开关控制是否选通，选通为工作模式 1，拨码开关设置如下：

SEL1	SEL2	TLS	TLEN	=	0	0	X	X

(2) 单脉冲按键

单脉冲按键 F1～F10:按下时产生高电平脉冲。单脉冲按键实物布局如图 19-12 所示,与 FPGA 的 I/O 引脚连接关系如表 19-8 所列。

图 19-12 单脉冲按键实物布局图

表 19-8 F1～F10 引脚分配表

F1	F2	F3	F4	F5	F6	F7	F8	F9	F10
AB15	AA16	AB19	W19	U19	AA22	W21	V21	U21	R18

单脉冲按键输入 F1～F10 由 CPRL_SW 拨码开关控制是否选通,选通为工作模式 1,拨码开关设置如下:

SEL1	SEL2	TLS	TLEN	=	0	0	X	X

其中,按键 F7～F10 还由 LCD_ALONE_CTRL_SW 拨码开关控制选择,当开关 TLAE 拨置于下方时,可以使用 F7～F10。

(3) 连续脉冲

连续时钟分频由实验平台排针组“CLK_OUT”提供,可以输出不同的时钟频率,共有 14 个引针即 14 组输出。连续脉冲信号实物布局如图 19-13 所示,排针组提供的具体输出频率如表 19-9 所列。

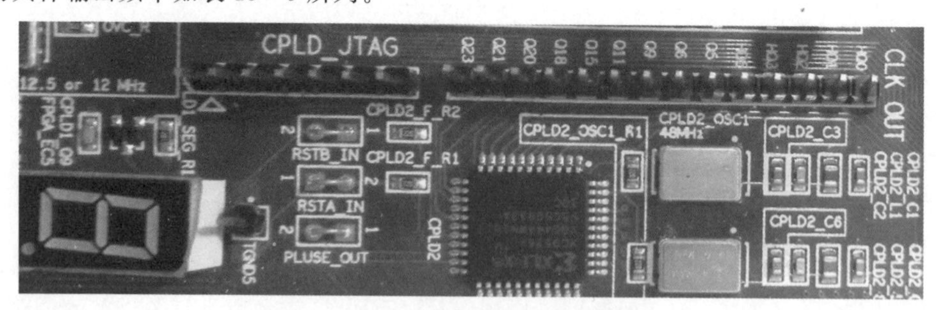

图 19-13 连续脉冲信号实物布局图

表 19-9　连续脉冲频率分频表

引脚序号	引脚名称	输出频率/Hz
1	FRQH_Q0	24 000 000
2	FRQH_Q1	12 000 000
3	FRQH_Q2	6 000 000
4	FRQH_Q3	3 000 000
5	FRQH_Q5	750 000
6	FRQ_Q5	65 536
7	FRQ_Q6	32 768
8	FRQ_Q9	4 096
9	FRQ_Q11	1 024
10	FRQ_Q15	64
11	FRQ_Q18	8
12	FRQ_Q20	2
13	FRQ_Q21	1
14	FRQ_Q23	0.25

(4) 4×4 键盘

4×4 键盘实物布局如图 19-14 所示，电路原理图如图 19-15 所示。**注意：**键盘按键对应字符的实际排列顺序应以电路图为准，即各行依次为：0、1、2、3；4、5、6、7；8、9、A、B；C、D、E、F。键盘的行、列扫描信号与 FPGA 的 I/O 引脚连接关系如表 19-10 所列。列信号应定义为输入信号，上拉到高电平；行信号应定义为输出信号，低电平有效，用于按键扫描检测。

图 19-14　4×4 键盘实物布局图

表 19-10　键盘行列扫描线引脚分配表

SWC0	SWC1	SWC2	SWC3	SWR0	SWR1	SWR2	SWR3
B10	D10	F9	A13	A14	A15	A16	C4

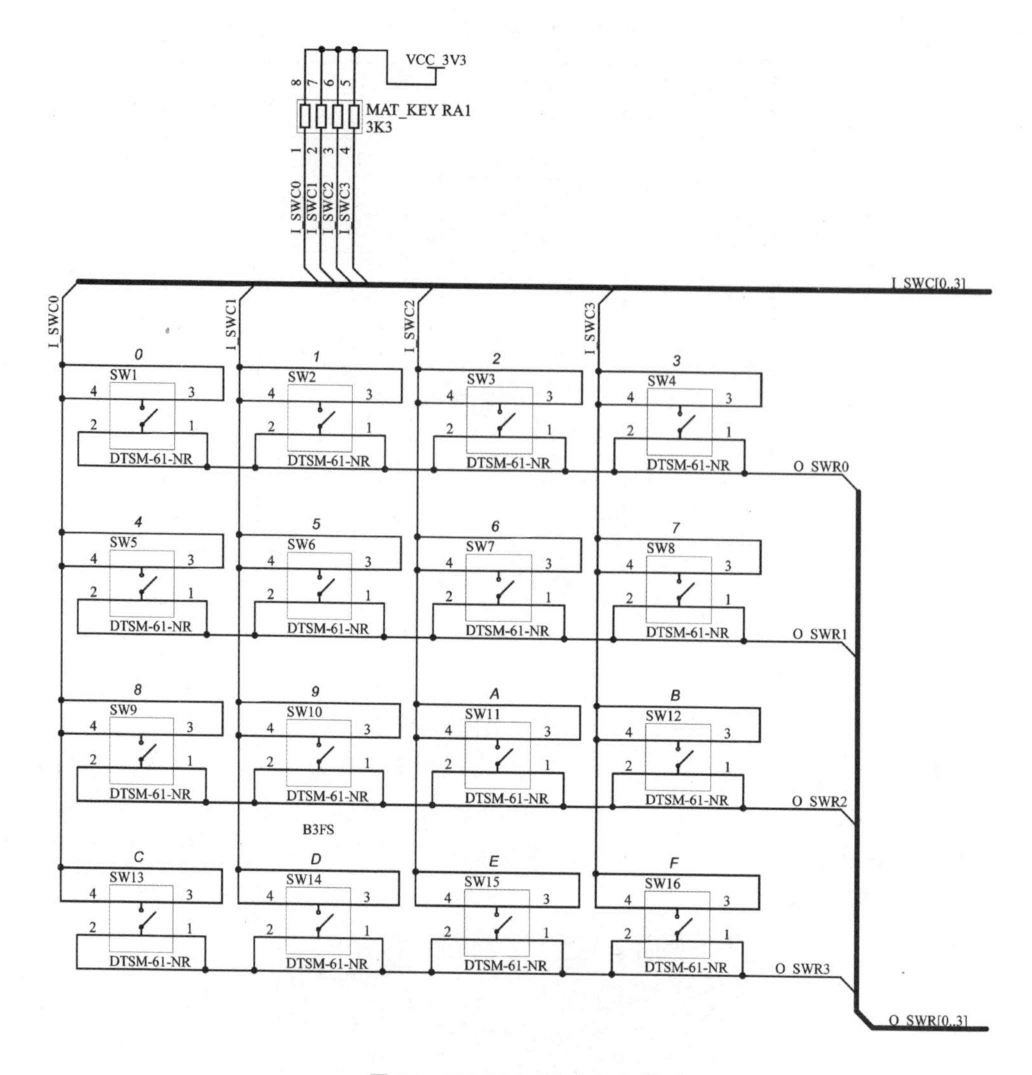

图 19-15　4×4 键盘电路图

4×4 键盘由 CPRL_SW 拨码开关控制是否选通，选通为工作模式 2，拨码开关设置如下：

SEL1	SEL2	TLS	TLEN	=	1	0	X	X

2. 信号输出电路

(1) LED 发光二极管

发光二极管 LED1～LED16 实物布局图如图 19-16 所示，与 FPGA 的 I/O 引脚连接关系如表 19-11 和表 19-12 所列。当对应引脚输出低电平时，LED 点亮。

图 19－16　LED 实物布局图

表 19－11　LED1～LED8 引脚分配表

LED1	LED2	LED3	LED4	LED5	LED6	LED7	LED8
U12	V12	V15	W13	W15	Y17	R16	T17

表 19－12　LED9～LED16 引脚分配表

LED9	LED10	LED11	LED12	LED13	LED14	LED15	LED16
E11	C13	F11	C15	E14	B7	B8	B9

其中，LED1～LED8 由拨码开关 LCD_ALONE_CTRL_SW 和 CPRL_SW 共同控制选择，当其中开关 TIS 拨置于下方且选择工作模式 1 时，可以使用 LED1～LED8，CPRL_SW 拨码开关设置如下：

SEL1	SEL2	TLS	TLEN	＝	0	0	X	X

LED9～LED16 由 CPRL_SW 拨码开关控制是否选通，选通为工作模式 2，拨码开关设置如下：

SEL1	SEL2	TLS	TLEN	＝	1	0	X	X

(2) 七段数码管

共阳极七段数码管 DP1～DP8 实物布局如图 19－17 所示，数码管段驱动端和位驱动端与 FPGA 的 I/O 引脚连接关系如表 19－13 所列。段驱动端和位驱动端均为低电平有效。

图 19－17　七段数码管实物布局图

表 19-13 8位七段数码管引脚分配表

FPGA_PIN	功能说明	FPGA_PIN	功能说明
AA20	8xSEG LA A段	AB20	8xSEG DS1 位选1
W20	8xSEG LB B段	Y21	8xSEG DS2 位选2
R21	8xSEG LC C段	Y22	8xSEG DS3 位选3
P21	8xSEG LD D段	W22	8xSEG DS4 位选4
N21	8xSEG LE E段	V22	8xSEG DS5 位选5
N20	8xSEG LF F段	U22	8xSEG DS6 位选6
M21	8xSEG LG G段	AA17	8xSEG DS7 位选7
M19	8xSEG LH H段	V16	8xSEG DS8 位选8

8位七段数码管由CPRL_SW拨码开关控制是否选通，选通为工作模式1，拨码开关设置如下：

SEL1	SEL2	TLS	TLEN	=	0	0	X	X

(3) 8×8和16×16点阵

8×8点阵内部结构如图19-18所示，可以看出，8×8点阵共需要64个发光二极管，且每一个二极管均放置在行线和列的交叉点上。当对应的某一列电平置1、某一行电平置0时，相应的二极管点亮。将图19-18中对应的一列二极管称为一根竖柱，一行二极管称为一根横柱，则实现柱点亮的方法如下：

- 一根竖柱：对应的列置1，行采用扫描的方法来实现。
- 一根横柱：对应的行置0，列采用扫描的方法来实现。

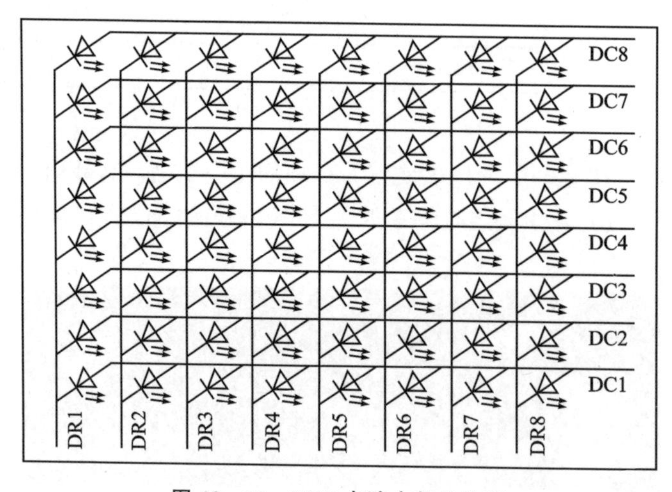

图 19-18 8×8点阵内部结构图

实验平台 16×16 LED 点阵由 4 个 8×8 的 LED 点阵级联构成，共有 256 个发光二极管，实物布局图如图 19－19 所示，控制布局图如图 19－20 所示。从理论上说，不论是显示图形还是显示文字，只要控制各个点所在位置相对应的 LED 器件发光，就可以得到想要的显示结果。这种同时控制各个发光点亮灭的方法称为静态驱动显示方式。如果用这种方式实现，则需要的 I/O 端口数庞大，且在实际应用中，显示屏往往要比 16×16 点阵大得多，因此在实际中大多采用动态扫描的显示方法。

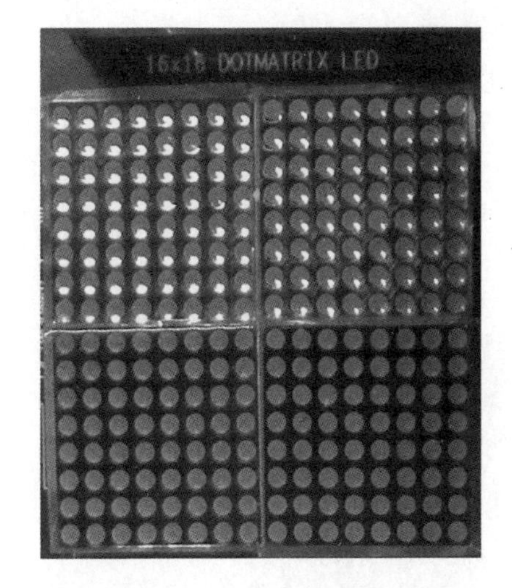

图 19－19　16×16 点阵实物布局图

Row(　)
R1 R2 … R8
R9 … R16
Q1 Q2 … Q8
Q9 … Q16
L1　L3
L2　L4
C1…C8　C9…C16
Column(　)

图 19－20　16×16 点阵控制布局图

动态扫描就是逐行轮流点亮，这样扫描驱动电路就可以实现多行（比如 16 行）的同名列共用一套驱动器。针对 16×16 的点阵来说，把所有同一行的发光管的阳极连在一起，把所有同一列的发光管的阴极连在一起（共阳极的接法），先送出对应第一行发光管亮灭的数据并锁存，然后选通第 1 行使其点亮一定时间后熄灭；再送出第二行的数据并锁存，然后选通第 2 行使其点亮相同的时间后熄灭；以此类推，第 16 行之后，又重新点亮第 1 行，反复循环。当这样循环的速度足够快时（每秒 24 次以上），由于人眼的视觉暂留现象，就能够看到显示屏上稳定的图形。

16×16 点阵显示器与 FPGA 的 I/O 引脚连接关系如表 19－14 所列。16 个行控制信号直接由 ROW1～ROW16 产生，高电平有效；16 个列控制信号由 COL1～COL4 通过译码器产生，0000～1111 分别对应 16 个列。

表 19－14　16×16 点阵引脚分配表

接口定义	ROW1	ROW2	ROW3	ROW4	ROW5	ROW6	ROW7	ROW8	ROW9	ROW10
FPGA_PIN	A4	A5	A6	B6	E11	C13	F11	C15	E14	B7
接口定义	ROW11	ROW12	ROW13	ROW14	ROW15	ROW16	COL1	COL2	COL3	COL4
FPGA_PIN	B8	B9	B10	D10	F9	A13	A14	A15	A16	C4

16×16 点阵由 CPRL_SW 拨码开关控制是否选通，选通为工作模式 1，拨码开关设置如下：

SEL1	SEL2	TLS	TLEN	=	0	0	X	X

(4) 16×2 字符 LCD

实验平台采用 HD44780U 点阵液晶控制器来驱动 16 × 2 液晶模块。HD44780U 是常用的字符型液晶显示驱动控制器，能驱动液晶显示文字、数字、符号等。其引脚与 HD44780S 兼容，通过配置可以连接 8 位或 4 位的 MCU。单片 HD44780U 可驱动 1 行 8 字符或 2 行 16 字符显示。HD44780U 的字形发生 ROM 可产生 208 个 5×8 点阵的字体样式和 32 个 5×10 的字体样式，共 240 种不同的字体样式。液晶模块实物布局图如图 19 - 21 所示，与 FPGA 引脚的连接关系如表 19 - 15 所列，模块引脚功能如表 19 - 16 所列。

图 19 - 21　液晶模块实物布局图

表 19 - 15　LCD 模块引脚分配表

FPGA_PIN	接口定义	FPGA_PIN	接口定义
AB17	LCD_D0	F7	LCD_D6
AB18	LCD_D1	A3	LCD_D7
C3	LCD_D2	A4	LCD_ES
E5	LCD_D3	A5	LCD_R_nW
C7	LCD_D4	A6	LCD_R_nS
E6	LCD_D5		

表 19-16　LCD 模块引脚功能

引　脚	位　数	输入/输出	交互对象	功能描述
R_nS	1	输入	MPU	寄存器选择信号。 0:指令寄存器(写);1:数据寄存器(读/写);忙标志位:地址计数器(读)
R_nW	1	输入	MPU	读/写选择。0:写;1:读
ES	1	输入	MPU	读/写使能
DB4～DB7	4	输入/输出	MPU	高四位双向数据引脚。DB7 可作为忙标志位
DB0～DB3	4	输入/输出	MPU	低四位双向数据引脚。4 位操作时这些引脚不用
CL1	1	输出	扩展驱动	锁存送往扩展驱动串行数据 D 的时钟
CL2	1	输出	扩展驱动	移位串行数据的时钟
M	1	输出	扩展驱动	转换液晶驱动波形到 AC 的切换信号
D	1	输出	扩展	符合每个段信号的字符模式数据
COM1～COM16	16	输出	LCD	16 位信号,接公共端
SEG1～SEG40	40	输出	LCD	段信号
V1～V5	5	—	电源	V_{CC}－V5＝11 V(最大)
V_{CC},GND	2	—	电源	V_{CC}:2.7～5.5 V;GND:0 V
OSC1,OSC2	2	—	振荡电阻时钟	当晶振工作时,必须外接一个电阻。若输入引脚为外部时钟,则必须连接到 OSC1

16×2 字符 LCD 模块由拨码开关 LCD_ALONE_CTRL_SW 和 CPRL_SW 控制是否选通,当开关 EO 拨置于上方、KSI 拨置于下方,且 CPRL_SW 的设置如下时,可以使用 LCD 模块。

SEL1	SEL2	TLS	TLEN	=	0	1	1	0

(5) TFT-LCD

实验平台上的 4.3 英寸 TFT 彩色触摸液晶模块,由夏普 LQ043T3DX04 4.3 英寸 TFT-LCD(LCD 驱动控制器为 ICE9863)、四线电阻触摸屏以及一片专用触摸屏控制芯片 ADS7843 等组成。实验平台接口预留电容式触摸屏接口,可以选配相应的电容式触摸屏。电容式触摸屏由电容屏和驱动芯片(如 Pixcir 公司的 Tango)组成。TFT-LCD 实物布局图如图 19-22 所示,与 FPGA 的 I/O 引脚连接关系如表 19-17 所列。

图 19-22　TFT-LCD 实物布局图

表 19-17　TFT-LCD 模块引脚分配表

FPGA_PIN	接口定义	FPGA_PIN	接口定义
AB17	LCD_D0	F7	LCD_D6
AB18	LCD_D1	A3	LCD_D7
C3	LCD_D2	A4	LCD_ES
E5	LCD_D3	A5	LCD_R_nW
C7	LCD_D4	A6	LCD_R_nS
E6	LCD_D5		

TFT-LCD 模块由拨码开关 LCD_ALONE_CTRL_SW 和 CPRL_SW 控制是否选通，当 LCD_ALONE_CTRL_SW 均拨置于下方，且 CPRL_SW 设置如下时，可以使用 TFT-LCD 模块。

SEL1	SEL2	TLS	TLEN	=	0	1	0	0

(6) 直流电机模块

实验平台上装有 RF-310T-11400 型号的直流电机，同时配有光耦测速模块，其实物布局图如图 19-23 所示。在直流电机轴上装有圆盘，圆盘上开有 4 个光栅孔，圆盘嵌套于光耦测速模块的 U 形槽里。当电机转动时，光耦测速模块产生脉冲信号，经 CD40106 缓冲整形后作为最终的测速脉冲输出信号(标记为 O_DC_MOTOR_SPEED)与 FPGA 引脚相连。

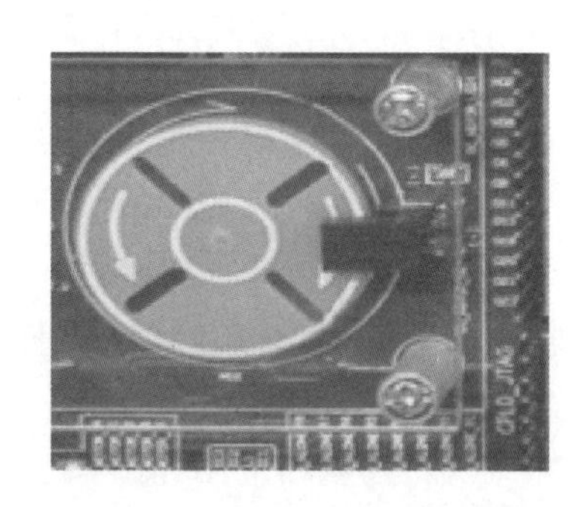

图 19-23　直流电机实物布局图

直流电机有两根控制线：DC_MOTOR_A 和

DC_MOTOR_B,由两者之间电压差控制电机转动。通过改变输入电压的正负方向就可以改变直流电机的转速方向,通过改变输入电压的大小就可以改变直流电机的转速。在直流电机模块中,H 桥驱动电路的电源由 DC_MOTOR_MGV+1 端口控制,使用时应将端口上的 1 和 2 引脚短接。直流电机模块与 FPGA 的 I/O 引脚连接关系如表 19-18 所列。

表 19-18　直流电机模块引脚分配表

FPGA_PIN	接口定义	说　明
V14	I_DC_MOTOR_A	直流电机控制端 A
W17	I_DC_MOTOR_B	直流电机控制端 B
U14	O_DC_MOTOR_SPEED	转速脉冲信号

直流电机模块由 CPRL_SW 拨码开关控制是否选通,选通为工作模式 2,拨码开关设置如下:

SEL1	SEL2	TLS	TLEN	=	1	0	X	X

3. 拨码控制电路

4 位 CPRL_SW 和 8 位 LCD_ALONE_CTRL_SW 的拨码开关实物图如图 19-24 所示。CPRL_SW 控制 FPGA 核心板的 I/O 引脚与实验平台接口模块的连接,设置方式如下:

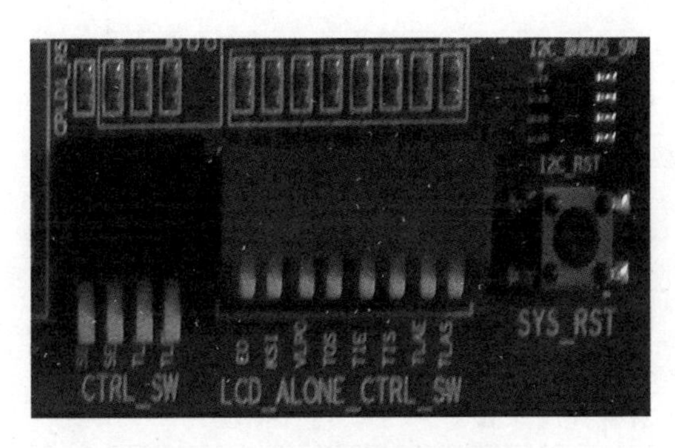

图 19-24　拨码开关实物图

模式 1:当开关 SEL1、SEL2 拨置于下方时,逻辑电平为 00,DP9 数码管显示 1。在该模式下可以使用 SW9～SW16 逻辑电平开关和 16×16 LED 点阵,FPGA 的I/O 引脚连接如表 19-7 和表 19-14 所列,拨码开关 CPRL_SW 设置如下:

SEL1	SEL2	TLS	TLEN	=	0	0	X	X

模式 2:当开关 SEL1 拨置于上方、SEL2 拨置于下方时,逻辑电平为 10,DP9 数

码管显示 2。在该模式下可以使用步进电机、Audio 音频模块、4×4 键盘模块、8 个发光二极管(LED9～LED16),FPGA 的 I/O 引脚连接如表 19－19 所列,拨码开关 CPRL_SW 设置如下:

SEL1	SEL2	TLS	TLEN	=	1	0	X	X

表 19－19　模式 2 接口模块引脚分配表

BTB_CON_PIN	FPGA_PIN	平台接口模块名称	备　注
CON1.57	AB17	STEP_MOTOR_A	步进电机模块
CON1.56	AB18	STEP_MOTOR_B	
CON2.1	C3	STEP_MOTOR_C	
CON2.3	E5	STEP_MOTOR_D	
CON2.4	C7	AIC_SDIN	Audio 音频模块
CON2.5	E6	AIC_ACLK	
CON2.6	F7	AIC_DIN	
CON2.8	A3	AIC_LRCIN	
CON2.9	A4	AIC_LRCOUT	
CON2.10	A5	AIC_BCLK	
CON2.11	A6	AIC_DOUT	
CON2.13	B6	BZSP	蜂鸣器
CON2.14	E11	LED9	发光二极管模块
CON2.15	C13	LED10	
CON2.16	F11	LED11	
CON2.18	C15	LED12	
CON2.19	E14	LED13	
CON2.20	B7	LED14	
CON2.21	B8	LED15	
CON2.23	B9	LED16	
CON2.24	B10	SWC0	4×4 键盘模块
CON2.25	D10	SWC1	
CON2.26	F9	SWC2	
CON2.28	A13	SWC3	
CON2.29	A14	SWR0	
CON2.30	A15	SWR1	
CON2.31	A16	SWR2	
CON2.64	C4	SWR3	

模式 3：当开关 SEL1 拨置于下方、SEL2 拨置于上方、TLS 拨置于上方、TLEN 拨置于下方时，DP9 数码管显示 3。在该模式下可以使用 16×2 LCD（液晶）、并行 A/D 模块、并行 D/A 模块，FPGA 的 I/O 引脚连接如表 19－20 所列，拨码开关 CPRL_SW 设置如下：

SEL1	SEL2	TLS	TLEN	=	0	1	1	0

当开关 SEL1 拨置于下方、SEL2 拨置于上方、TLS 拨置于下方、TLEN 拨置于下方时，DP9 数码管显示 3。该模式下可以使用 TFT－LCD（液晶）模块，FPGA 的 I/O 引脚连接如表 19－20 所列，拨码开关 CPRL_SW 设置如下：

SEL1	SEL2	TLS	TLEN	=	0	1	0	0

表 19－20　模式 3 接口模块引脚分配表

BTB_CON_PIN	FPGA_PIN	平台接口模块名称	备　注
CON1.57	AB17	LCD_D0	16×2 LCD 或 TFT－LCD
CON1.56	AB18	LCD_D1	
CON2.1	C3	LCD_D2	
CON2.	E5	LCD_D3	
CON2.4	C7	LCD_D4	
CON2.5	E6	LCD_D5	
CON2.6	F7	LCD_D6	
CON2.8	A3	LCD_D7	
CON2.9	A4	LCD_ES	
CON2.10	A5	LCD_R_nW	
CON2.11	A6	LCD_R_nS	
CON2.13	B6	ADC_D0	A/D 模块
CON2.14	E11	ADC_D1	
CON2.15	C13	ADC_D2	
CON2.16	F11	ADC_D3	
CON2.18	C15	ADC_D4	
CON2.19	E14	ADC_D5	
CON2.20	B7	ADC_D6	
CON2.21	B8	ADC_D7	
CON2.23	B9	ADC_Noe	

续表 19-20

BTB_CON_PIN	FPGA_PIN	平台接口模块名称	备　注
CON2.24	B10	DAC_D0	D/A 模块
CON2.25	D10	DAC_D1	
CON2.26	F9	DAC_D2	
CON2.28	A13	DAC_D3	
CON2.29	A14	DAC_D4	
CON2.30	A15	DAC_D5	
CON2.31	A16	DAC_D6	
CON2.64	C4	DAC_D7	

模式4：当开关SEL1拨置于上方、SEL2拨置于上方、TLEN拨置于上方时，DP9数码管显示4。在该模式下可以使用CF卡接口和其他控制接口模块，FPGA的I/O引脚连接如表19-21所列，拨码开关CPRL_SW设置如下：

SEL1	SEL2	TLS	TLEN	=	1	1	X	1

表 19-21　模式4接口模块引脚分配表

BTB_CON_PIN	FPAG_PIN	平台接口模块名称	备　注
CON1.57	AB17	CF_data[7]	CF 接口信号
CON1.56	AB18	CF_data[8]	
CON2.1	C3	CF_data[6]	
CON2.	E5	CF_data[9]	
CON2.4	C7	CF_data[5]	
CON2.5	E6	CF_data[10]	
CON2.6	F7	CF_data[4]	
CON2.8	A3	CF_data[11]	
CON2.9	A4	CF_data[3]	
CON2.10	A5	CF_data[12]	
CON2.11	A6	CF_data[2]	
CON2.13	B6	CF_data[13]	
CON2.14	E11	CF_data[1]	
CON2.15	C13		
CON2.16	F11		

续表 19-21

BTB_CON_PIN	FPAG_PIN	平台接口模块名称	备　注
CON2.18	C15	CF_data[15]	CF接口信号
CON2.19	E14		
CON2.20	B7	CF_iowr	
CON2.21	B8	CF_iord	
CON2.23	B9	CF_iordy	
CON2.24	B10		
CON2.25	D10	CF_intrq	
CON2.26	F9	CF_iocs16	
CON2.28	A13	CF_addr[1]	
CON2.29	A14	CF_addr[10]	
CON2.30	A15	CF_addr[2]	
CON2.31	A16	CF_ce0	
CON2.64	C4		

19.4　软件开发环境简介

本书采用Quartus Ⅱ 9.0应用软件开发环境，Quartus Ⅱ是一款功能强大的EDA软件，可以完成编辑、编译、仿真、综合、布局布线、时序分析、生成编程文件、编程等全套PLD开发流程。该软件提供的设计数字逻辑电路的编辑方法有三种：电路图编辑法(Graphic Editor)、文本编辑法(Text Editor)、混合编辑法。下面将分别进行介绍。

1. 电路图编辑法设计实例

以两输入与门(AND)电路为例，要求：输入线2条(A、B)，输出线1条(C)，布尔方程式C=A·B，两输入与门真值表见表19-22，使用电路图编辑法设计步骤如下：

表19-22　两输入与门真值表

输　入		输　出
A	B	C
0	0	0
0	1	0
1	0	0
1	1	1

【实例19-11】 用电路图编辑法设计一个两位与门电路。

(1) 建立新工程

① 以Windows 10系统为例，运行Quartus Ⅱ 9.0程序，弹出如图19-25所示的开发环境开始界面，关闭欢迎窗口后，界面如图19-26所示。(**提示：**若关闭欢迎窗口前勾选了“Don't show this screen again”，则再运行程序时将不出现该欢迎

窗口。)

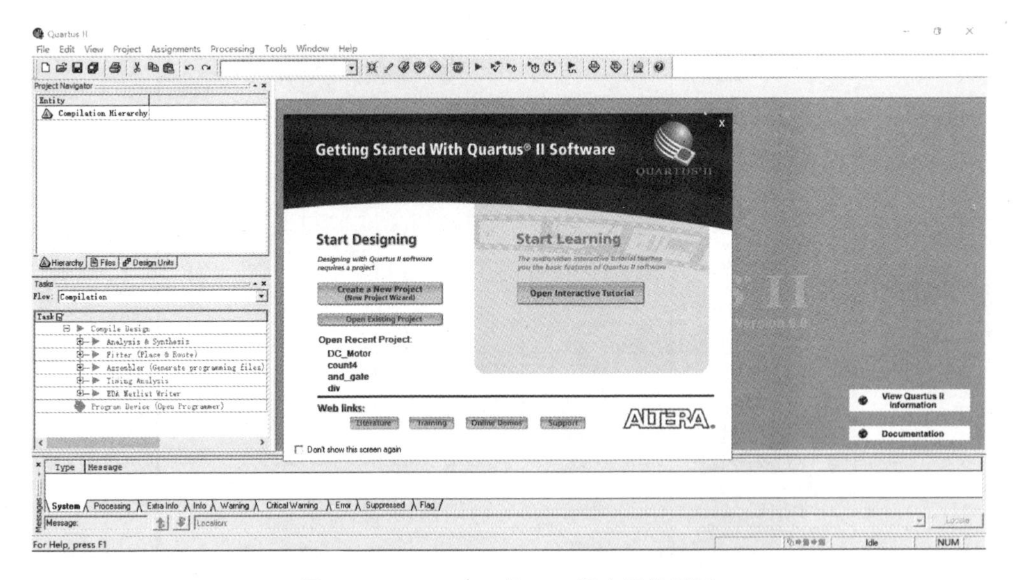

图 19-25　Quartus Ⅱ 9.0 程序开始界面

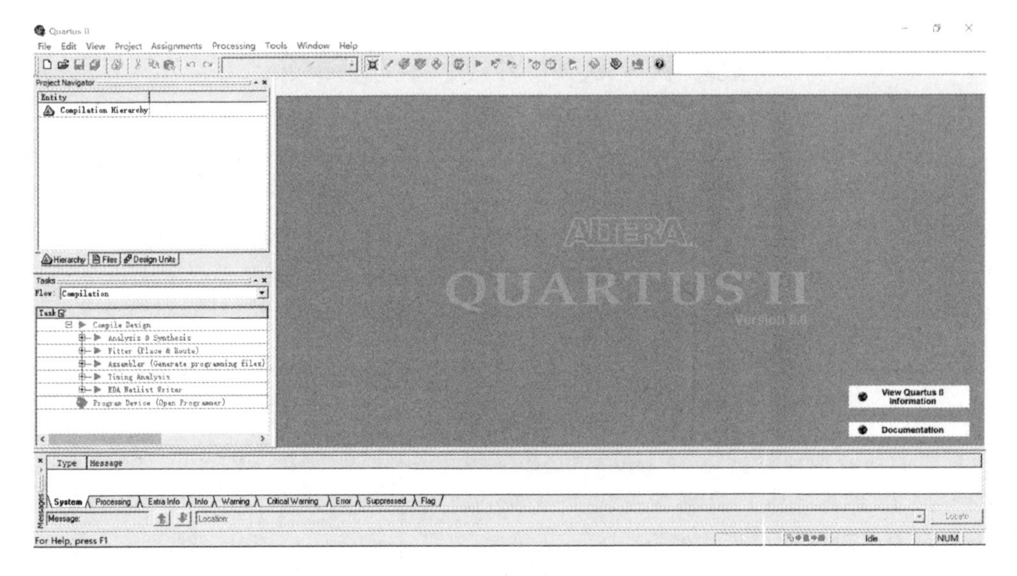

图 19-26　关闭欢迎窗口后的界面

如图 19-27 所示，选择 File→New Project Wizard 命令，弹出如图 19-28 所示的新建工程向导对话框。

单击 Next 按钮，弹出如图 19-29 所示的对话框，设置路径并输入新工程名（例如：and_gate）。

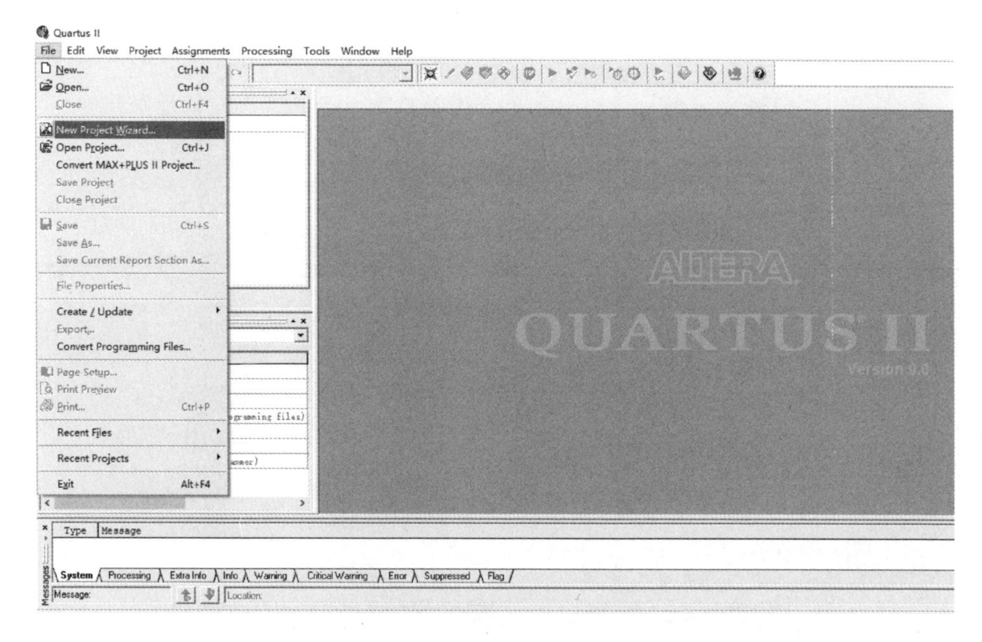

图 19－27　建立新工程

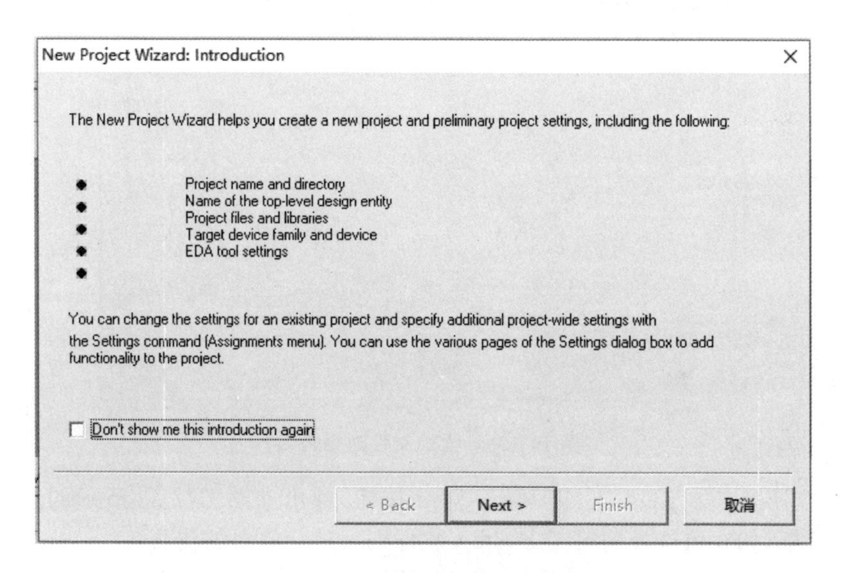

图 19－28　新建工程向导对话框

单击 Next 按钮，弹出如图 19－30 所示的对话框，输入源文件名（例如：and_gate）。

单击 Add 按钮，添加文件对话框如图 19－31 所示。

② 选择目标器件。单击 Next 按钮，弹出如图 19－32 所示的选择目标器件对话框，选择 FPGA 类型 Cyclone Ⅲ EP3C55F484C8 及其他特性。

New Project Wizard: Directory, Name, Top-Level Entity [page 1 of 5]
What is the working directory for this project?
D:\05_Projects\Quartus\and_gate
What is the name of this project?
and_gate
What is the name of the top-level design entity for this project? This name is case sensitive and must exactly match the entity name in the design file.
and_gate
Use Existing Project Settings ...
< Back
Next >
Finish
取消

图 19-29　设置路径及工程名对话框

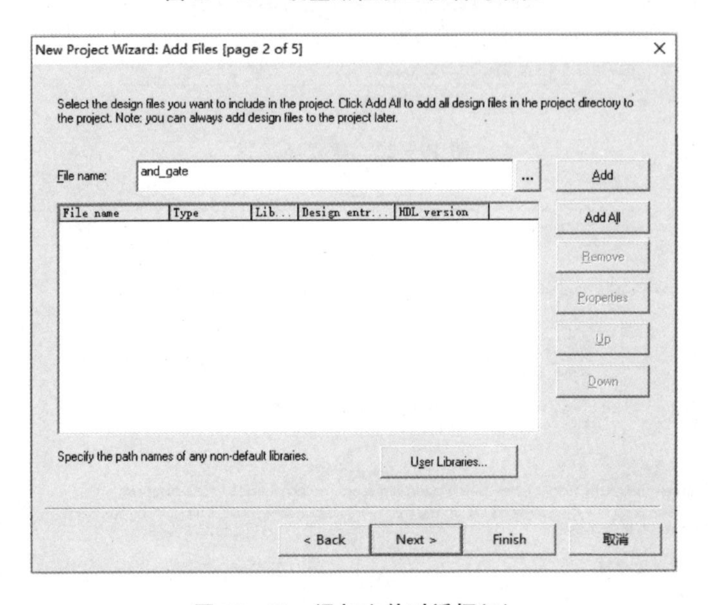

图 19-30　添加文件对话框(1)

③ 选择第三方 EDA 工具。单击 Next 按钮,弹出如图 19-33 所示的选择目标器件对话框,如有可选择的第三方 EDA 软件则可进行必要的仿真。

④ 结束设置。单击 Next 按钮,弹出如图 19-34 所示的对话框,显示新建工程的完整信息,单击 Finish 按钮结束设置。

(2) 建立图形文件

如图 19-35 所示,选择 File→New 命令,弹出如图 19-36 所示的新建文件对话框。设计文件的类型有 AHDL File、Block Diagram/Schematic File、EDIF File、State Machine File、SystemVerilog HDL File、Tcl Script File、Verilog HDL File、VHDL File 等可供选择。我们选中 Block Diagram/Schematic File,单击 OK 按钮。

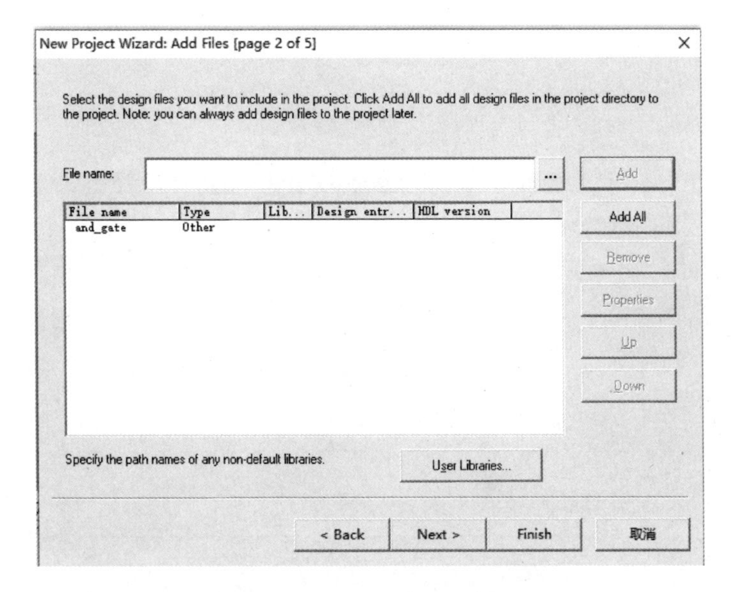

图 19 - 31　添加文件对话框(2)

New Project Wizard: Family & Device Settings [page 3 of 5]

Select the family and device you want to target for compilation.

Device family

Family: Cyclone III

Devices: All

Target device

Auto device selected by the Fitter

Specific device selected in 'Available devices' list

Show in 'Available device' list

Package: Any

Pin count: 484

Speed grade: 8

Show advanced devices

HardCopy compatible only

Available devices:

Name	Core v...	LEs	User I/...	Memor...	Embed...	PLL	Global ...
EP3C16F484C8	1.2V	15408	347	516096	112	4	20
EP3C16U484C8	1.2V	15408	347	516096	112	4	20
EP3C40F484C8	1.2V	39600	332	1161216	252	4	20
EP3C40U484C8	1.2V	39600	332	1161216	252	4	20
EP3C55F484C8	1.2V	55856	328	2396160	312	4	20
EP3C55U484C8	1.2V	55856	328	2396160	312	4	20
EP3C80F484C8	1.2V	81264	296	2810880	488	4	20
EP3C80U484C8	1.2V	81264	296	2810880	488	4	20
EP3C120F484C8	1.2V	119088	284	3981312	576	4	20

Companion device

HardCopy:

Limit DSP & RAM to HardCopy device resources

< Back　Next >　Finish　取消

图 19 - 32　选择目标器件对话框

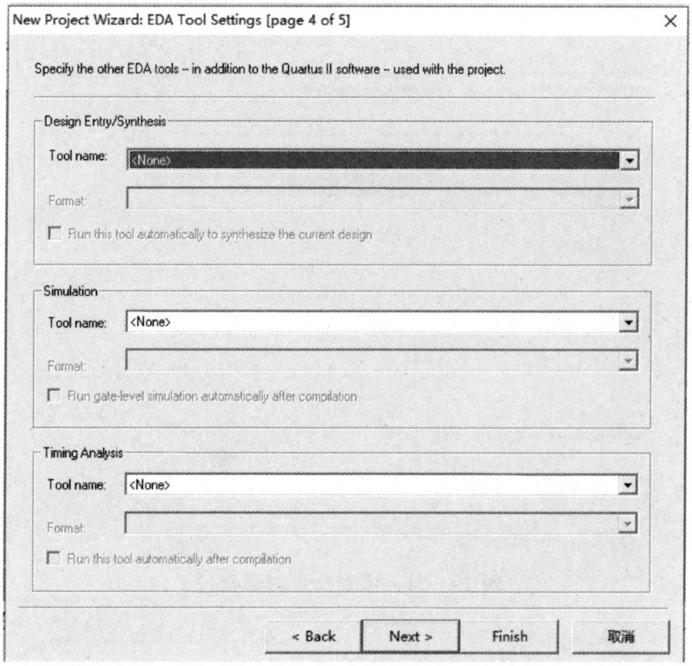

New Project Wizard: EDA Tool Settings [page 4 of 5]

Specify the other EDA tools -- in addition to the Quartus II software -- used with the project.

Design Entry/Synthesis

Tool name: <None>

Format:

Run this tool automatically to synthesize the current design

Simulation

Tool name: <None>

Format:

Run gate-level simulation automatically after compilation

Timing Analysis

Tool name: <None>

Format:

Run this tool automatically after compilation

< Back　Next >　Finish　取消

图 19－33　选择第三方 EDA 工具对话框

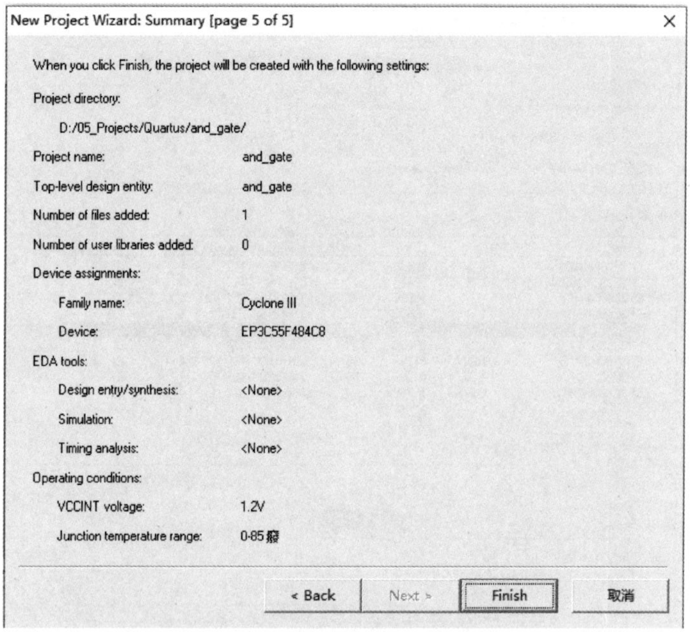

New Project Wizard: Summary [page 5 of 5]

When you click Finish, the project will be created with the following settings:

Project directory:

D:/05_Projects/Quartus/and_gate/

Project name:	and_gate
Top-level design entity:	and_gate
Number of files added:	1
Number of user libraries added:	0
Device assignments:	
Family name:	Cyclone III
Device:	EP3C55F484C8
EDA tools:	
Design entry/synthesis:	<None>
Simulation:	<None>
Timing analysis:	<None>
Operating conditions:	
VCCINT voltage:	1.2V
Junction temperature range:	0-85 [illegible]

< Back　Next >　Finish　取消

图 19－34　新工程建立后的完整信息

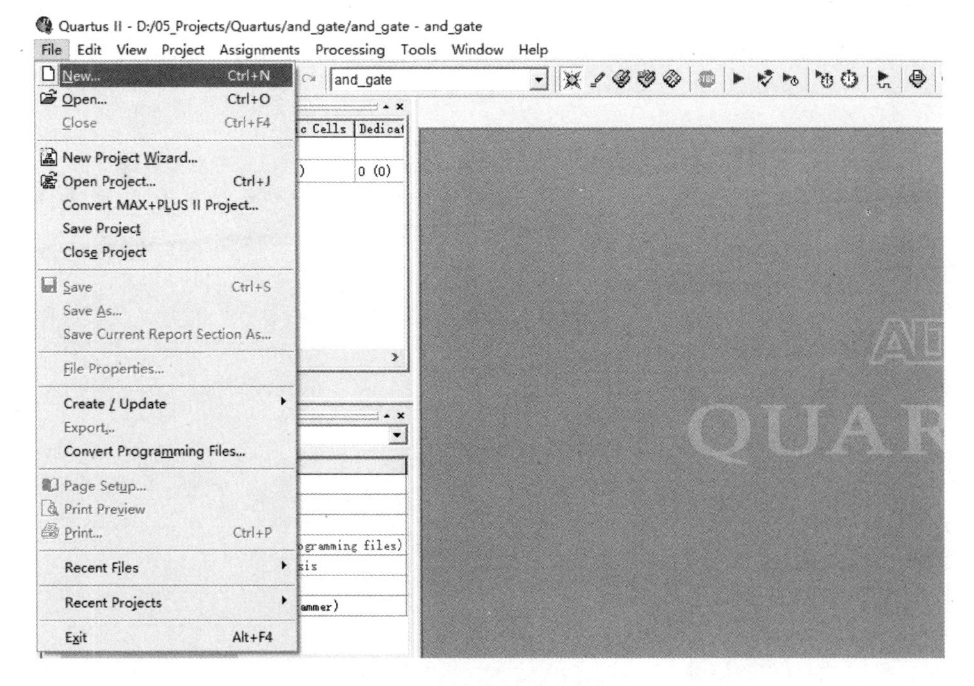

图 19-35　建立新文件(1)

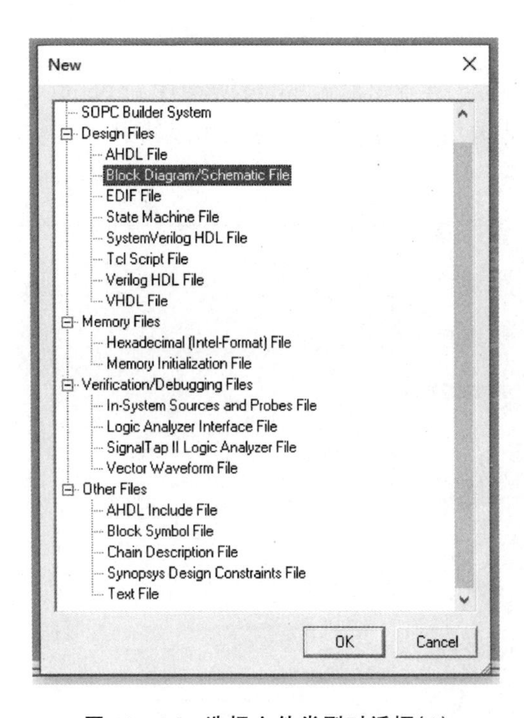

图 19-36　选择文件类型对话框(1)

(3) 放置元件符号

① 如图 19－37 所示，选择 Edit→Insert Symbol 命令或在空白区域右击插入符号。

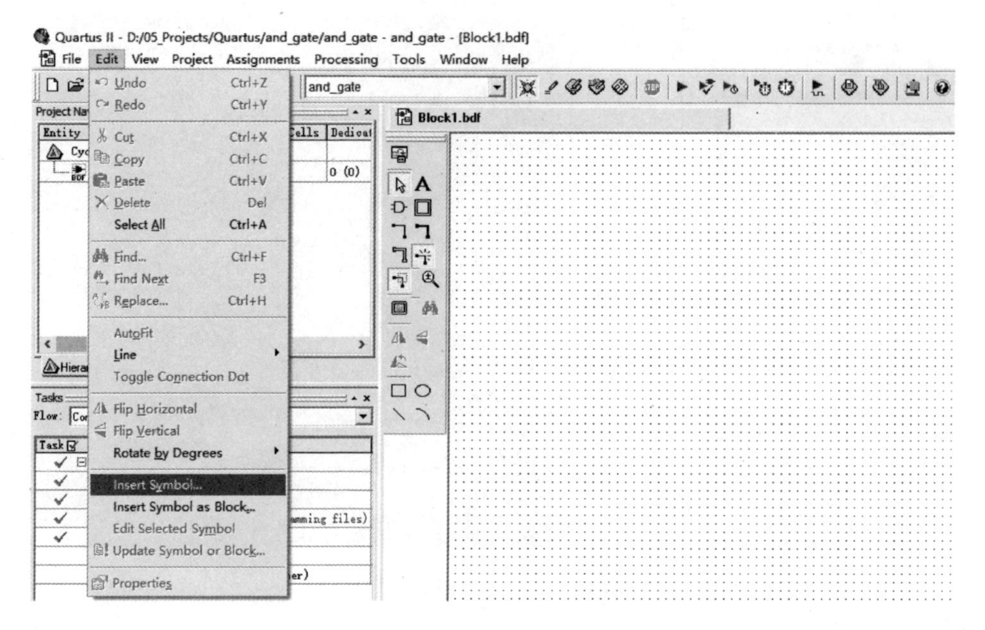

图 19－37　插入符号

② 如图 19－38 所示，在弹出的 Symbol 界面中的 Name 文本框输入“and2”，单击 OK 按钮，将两输入与门图形符号放置在工作区域中。

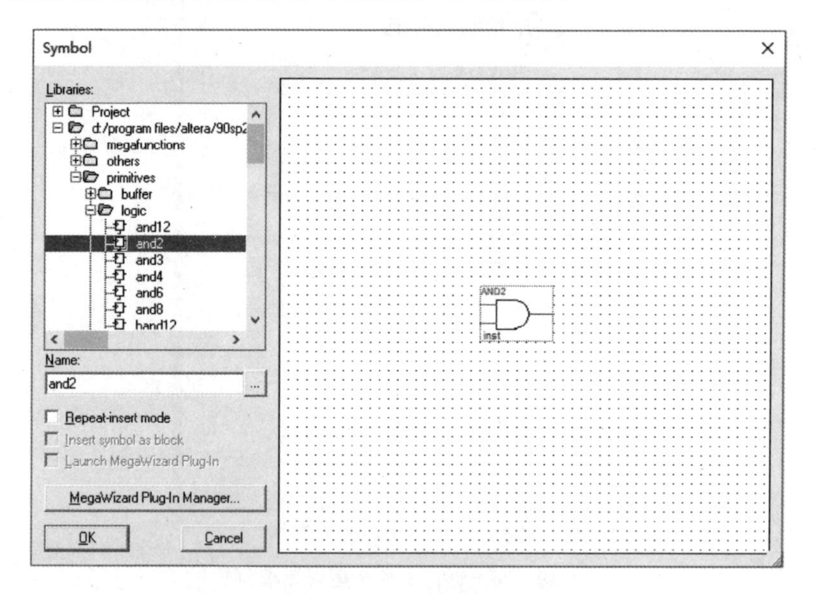

图 19－38　符号界面工作区

③ 以同样的方式输入“input”“output”，单击 OK 按钮，将 input、output 图形符号放置在工作区域中，如图 19－39 所示。

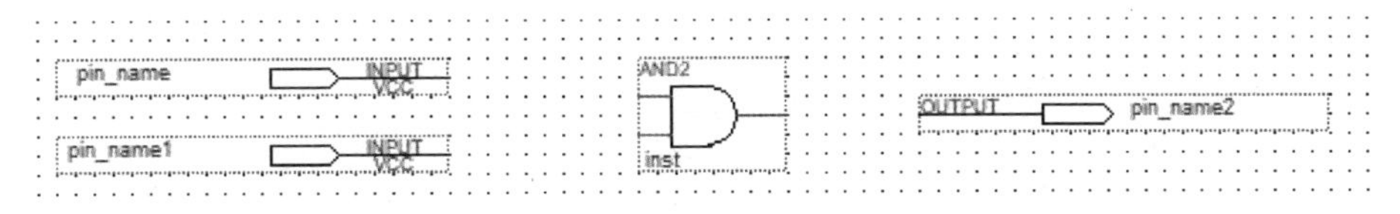

图 19－39　放置好的符号

(4) 连接各元器件并命名

① 在工作区域左边有一个工具栏，单击连线快捷键，移动鼠标选择开始点，当光标位于一个图形符号引脚上或图形模块边沿时将变为十字形，按住鼠标左键拖动到终止点放开，线路连接完成，如图 19－40 所示。

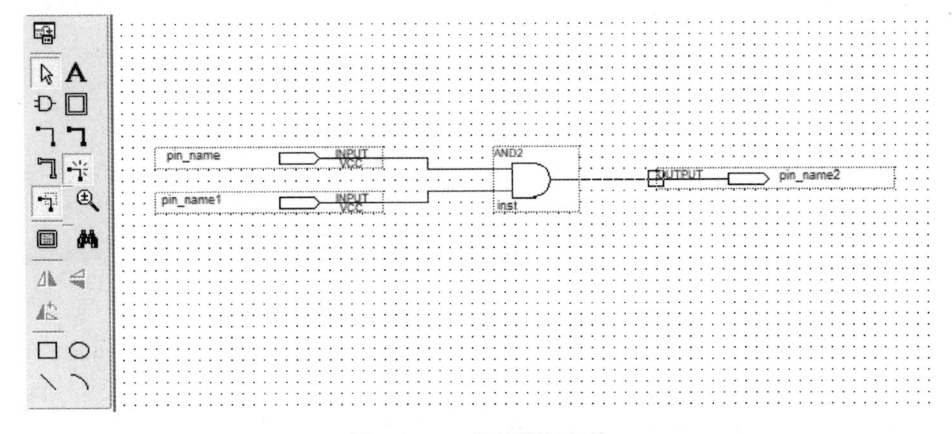

图 19－40　连接符号元件

② 引脚重命名。双击 input 输入端符号，弹出如图 19－41 所示的对话框，把 Pin name(s)文本框中的内容修改成 a，单击“确定”按钮。以同样的方式修改其他输入、输出端名，如 b、c 等。

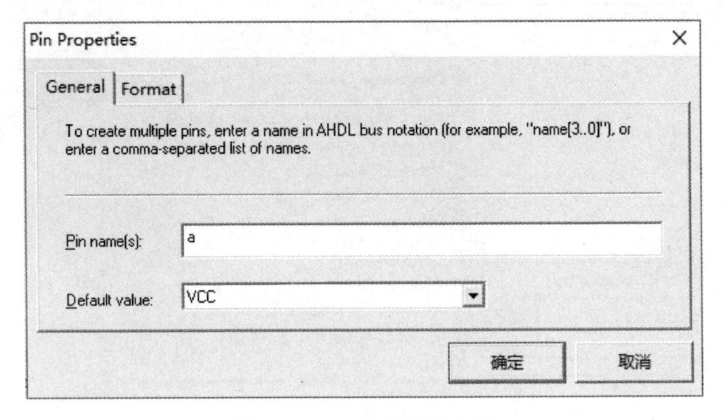

图 19－41　修改符号名称

(5) 保存文件

单击菜单栏上的“保存”按钮,保存文件,如图 19-42 所示。**注意:**保存的图形文件名应与工程名一致。

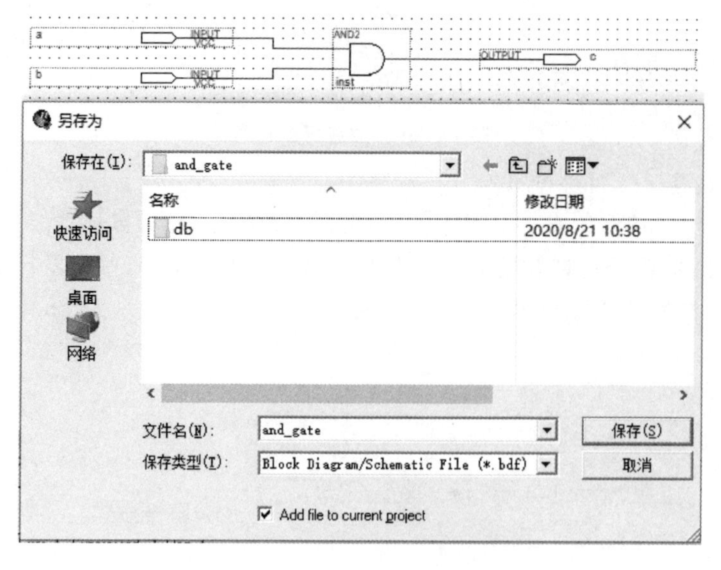

图 19-42 保存文件对话框(1)

(6) 编译工程

保存完成后,就可以对图形文件进行编译了。其方法是选择 Processing→Start Compilation 命令后开始编译,如图 19-43 所示。编译成功后,弹出如图 19-44 所示的对话框,单击“确定”按钮,编译完成。

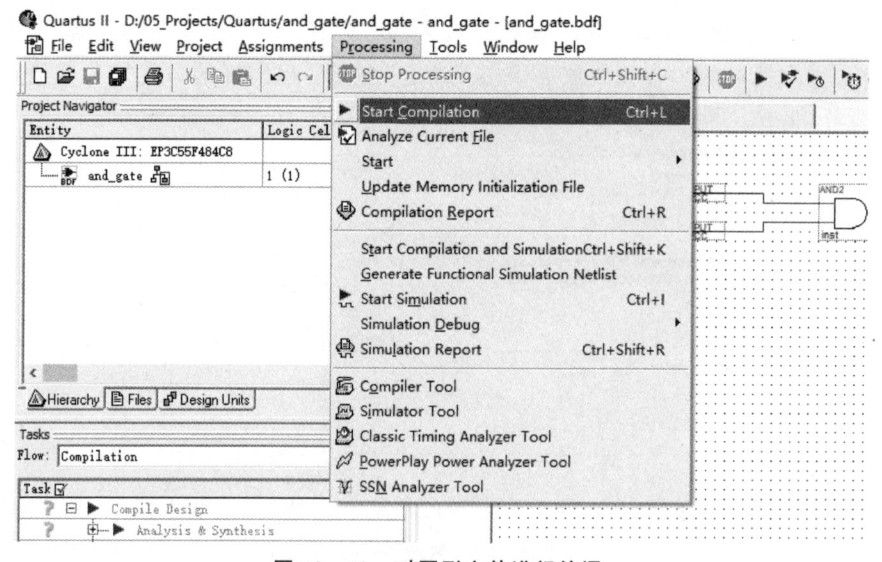

图 19-43 对图形文件进行编译

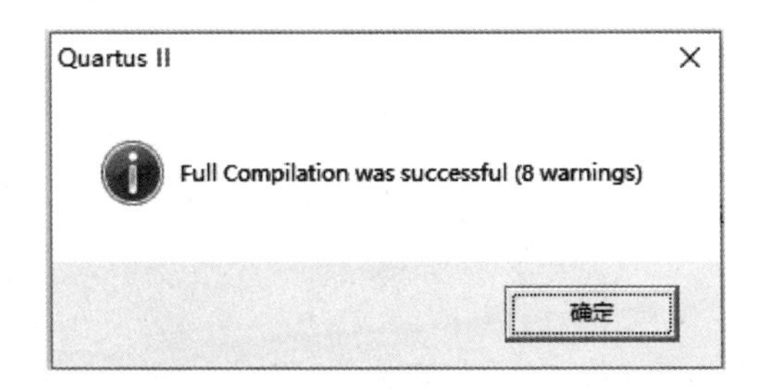

图19-44　编译成功提示框(1)

下面可以进行时序仿真和功能仿真,仿真步骤(7)～(10)是可选的。

(7) 建立矢量波形文件

选择File→New命令,弹出如图19-45所示的对话框,选择Vector Waveform File命令并单击OK按钮。

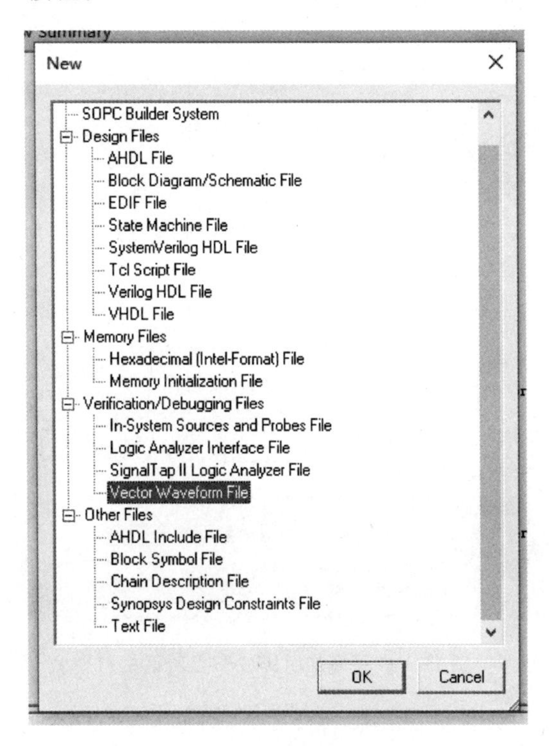

图19-45　建立矢量波形文件(1)

(8) 添加引脚或节点

① 如图19-46所示,选择Edit→Insert→Insert Node or Bus命令或双击文件右下方的空白区域,弹出如图19-47所示的对话框。

② 单击Node Finder按钮,弹出如图19-48所示的对话框。在Filter的下拉列表框中选择“Pins: all”,然后单击List按钮,选中界面左边出现的变量信息,再单击“ >>”

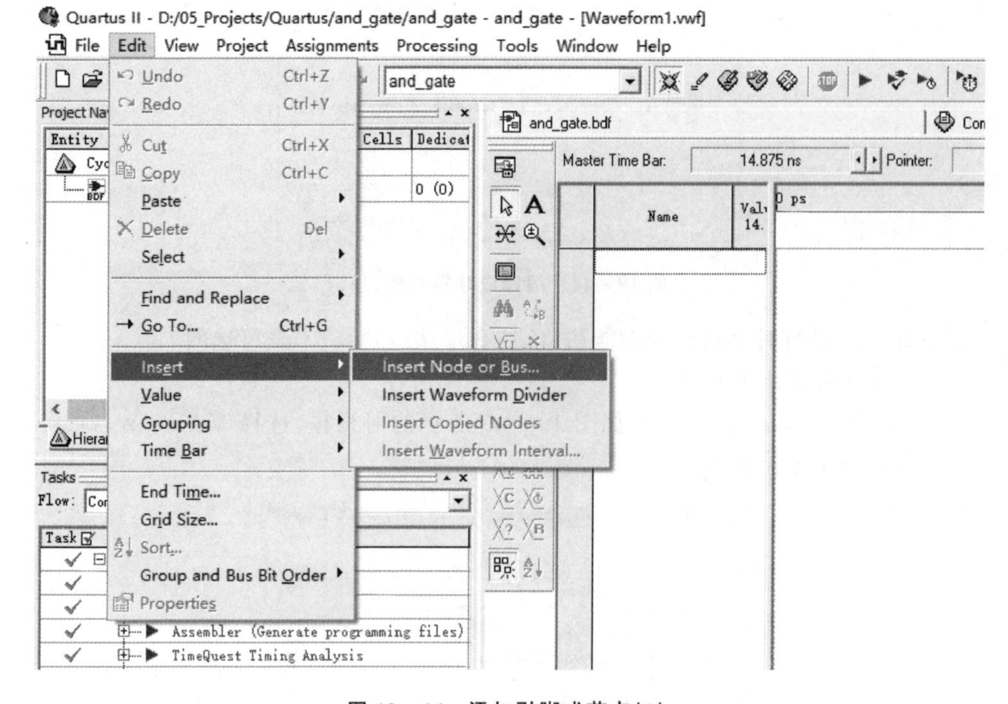

图 19－46 添加引脚或节点(1)

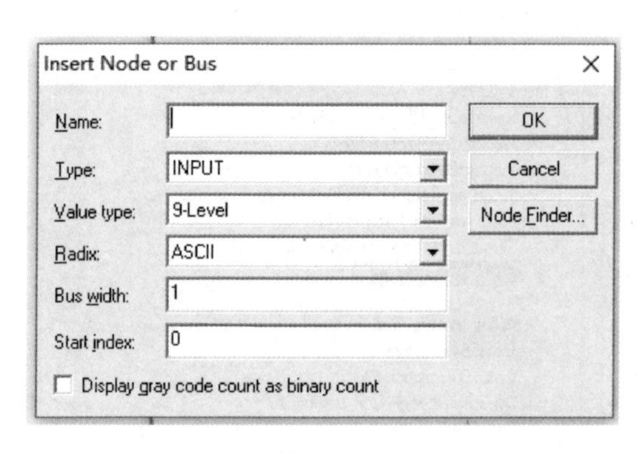

图 19－47 添加引脚或节点对话框(1)

按钮,就可以把选中的变量信息复制到右边区域,如图 19－48 所示。

③ 单击 OK 按钮,退回到如图 19－49 所示的对话框,再次单击 OK 按钮。

(9) 编辑输入信号并保存文件

① 在显示的变量区域用鼠标选中某一变量(如 a)后,左边的快捷功能区域变为有效。然后给选中的变量指定相应的信号,如高电平、低电平、时钟等信号。本实验给变量 a 指定时钟信号,如图 19－50 所示。设置完成后单击 OK 按钮。

② 以同样的方式设置变量 b,如图 19－51 所示。

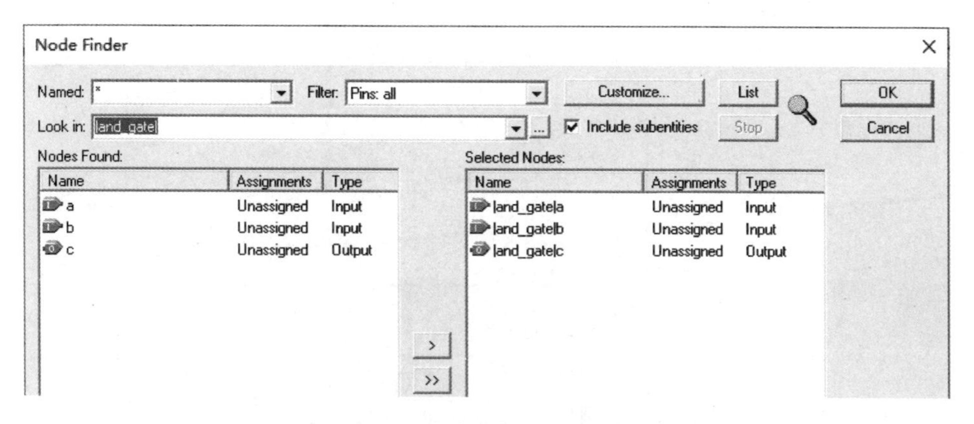

图 19－48　添加变量信息对话框(1)

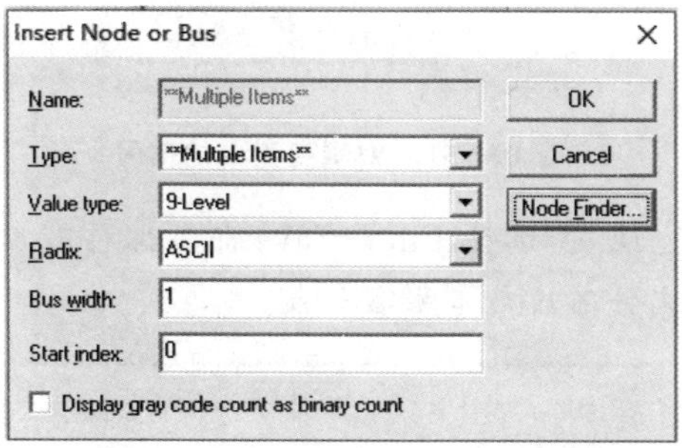

Insert Node or Bus

Name: **Multiple Items**　　OK

Type: **Multiple Items**　　Cancel

Value type: 9-Level　　Node Finder...

Radix: ASCII

Bus width: 1

Start index: 0

Display gray code count as binary count

图 19－49　添加引脚或节点对话框(2)

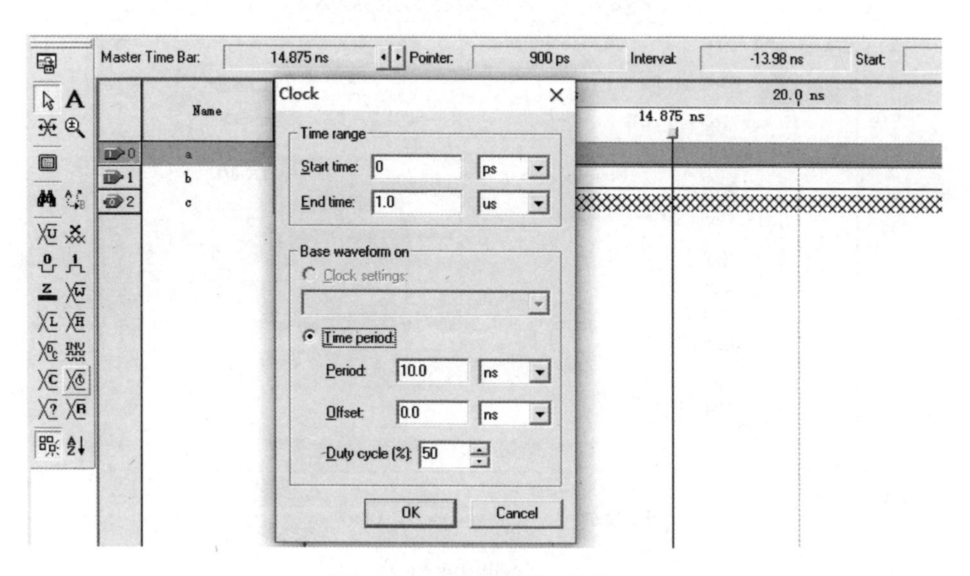

图 19－50　编辑变量 a 的信号

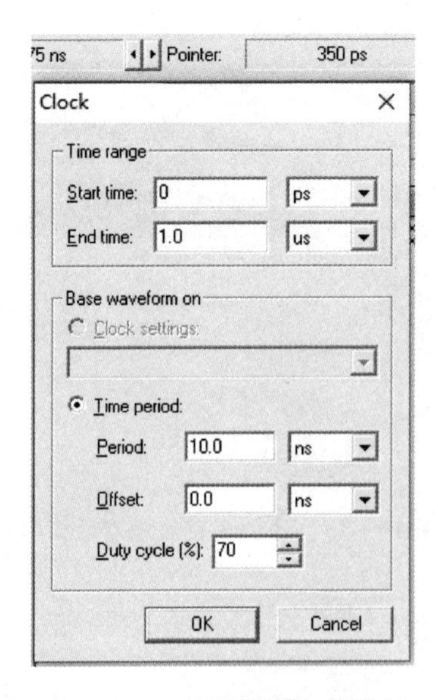

图 19-51　编辑变量 b 的信号

③ 变量参数设置完成后，选择 File→Save 命令保存波形文件，如图 19-52 所示。**注意**：保存的波形文件名应与工程名一致。

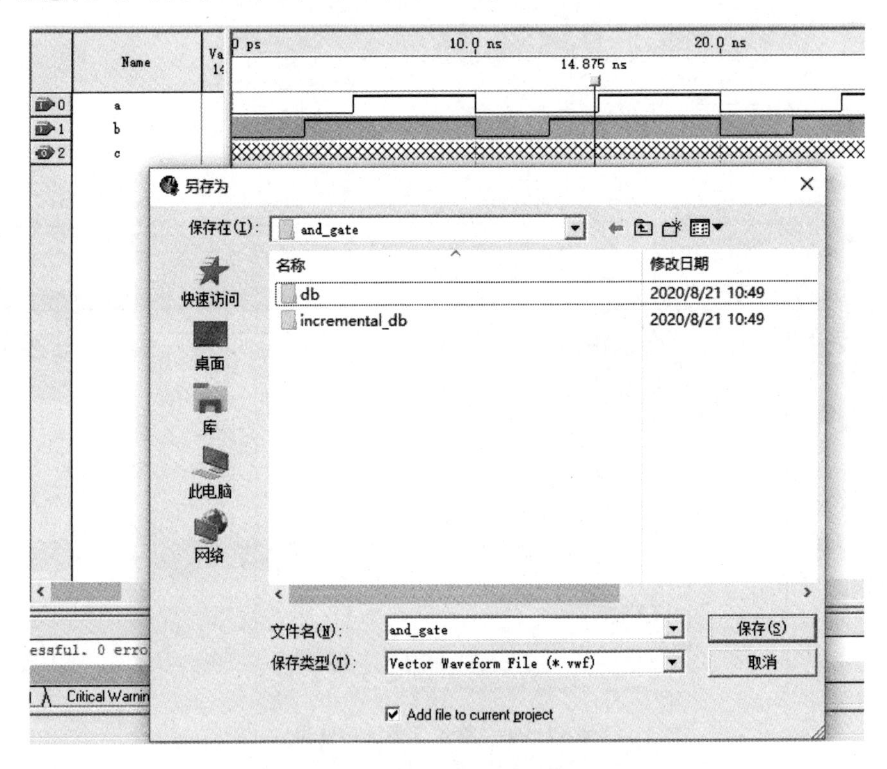

图 19-52　保存波形文件对话框(1)

(10) 仿　真

① 系统默认为时序仿真。如图 19－53 所示，选择 Processing→Start Simulation 命令开始模拟时序仿真。

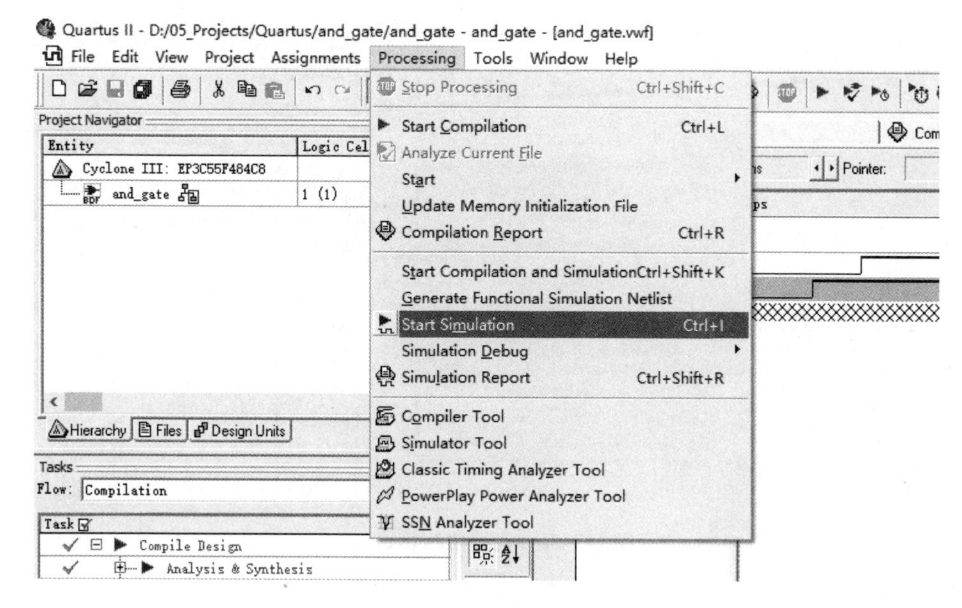

图 19－53　选择仿真命令(1)

若模拟仿真成功，则将弹出如图 19－54 所示的对话框。单击“确定”按钮后，在工作区域空白处右击出现 Zoom 菜单界面，修改 Zoom 中的 Scale of 参数值，就可以观察到显示区域波形周期数量的变化，如图 19－55 所示。对比输入、输出信号之间的关系，看结果是否满足要求。

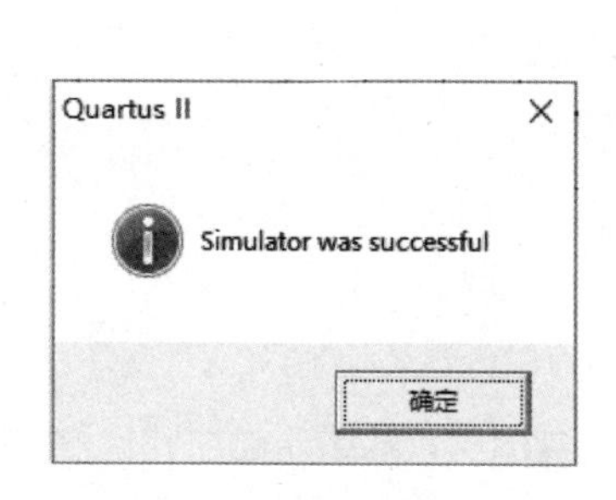

图 19－54　仿真成功提示框(1)

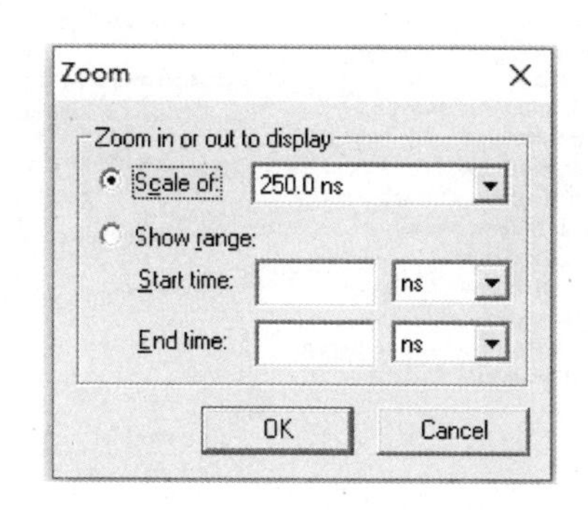

图 19－55　调整显示区域波形

② 功能仿真。如图 19－56 所示，选择 Assignments→Settings 命令，弹出如图 19－57 所示的界面。从左侧选择 Simulator Settings 选项，然后在右侧的 Simulation mode 下拉列表框中选择 Functional，单击 OK 按钮完成配置。

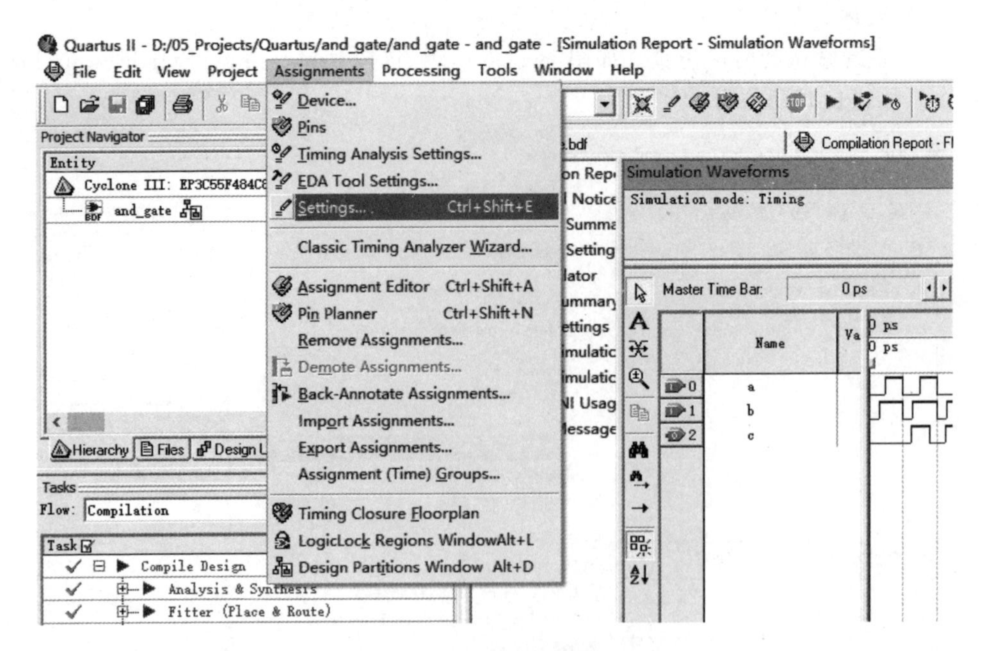

图 19－56　设置仿真模式(1)

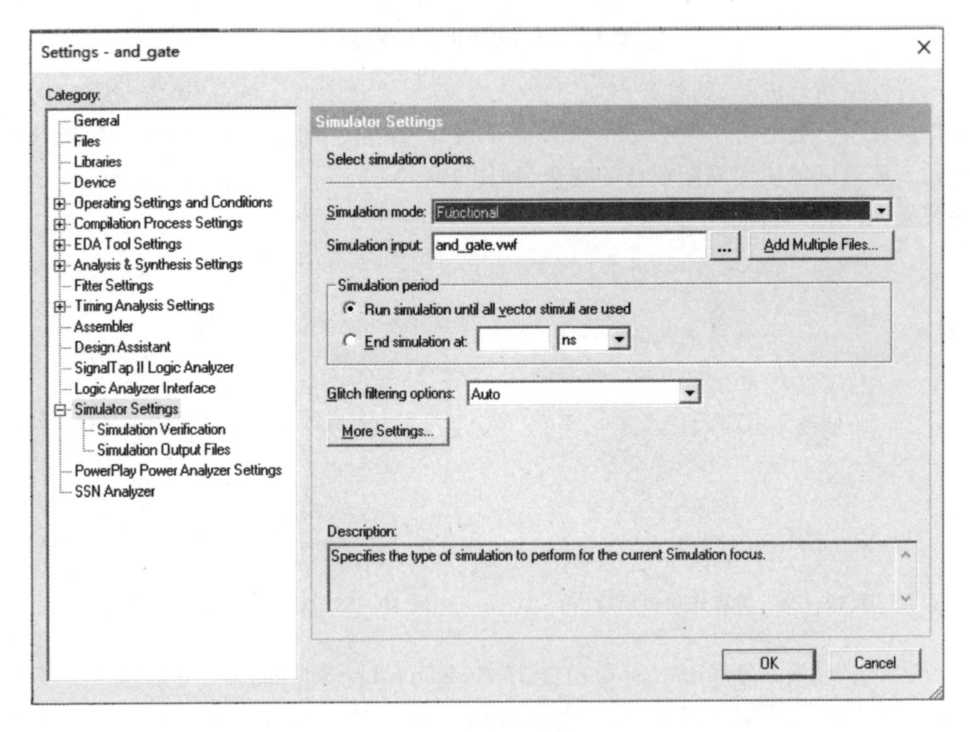

图 19－57　选择功能仿真(1)

如图 19 - 58 所示，选择 Processing→Generate Functional Simulation Netlist 命令，创建功能仿真列表。创建成功后弹出如图 19 - 59 所示的提示框，单击“确定”按钮。

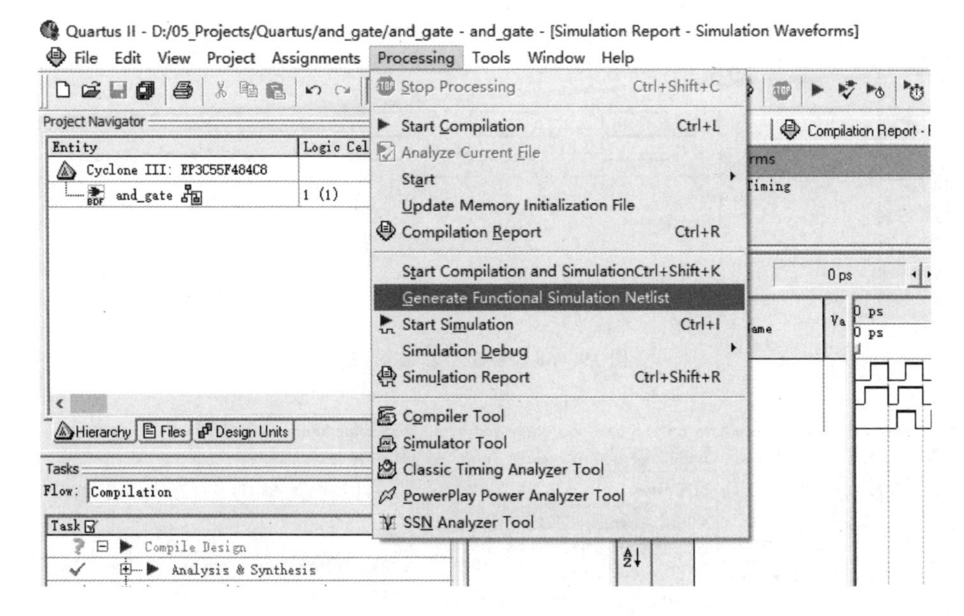

图 19 - 58　创建功能仿真列表(1)

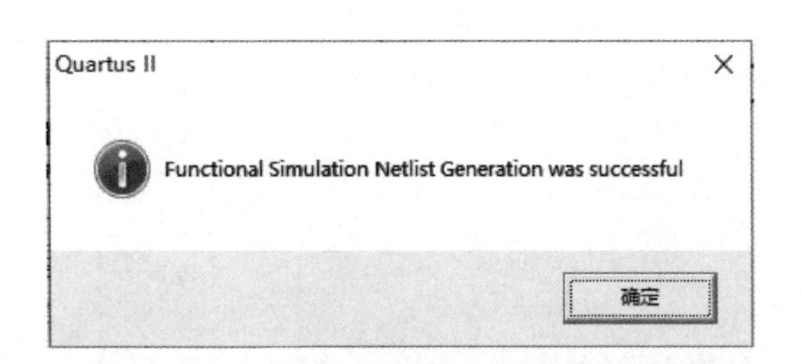

图 19 - 59　创建功能仿真列表成功提示框(1)

选择 Processing→Start Simulation 命令，开始模拟功能仿真。仿真成功后，在工作区域空白处右击出现 Zoom 菜单界面，修改 Zoom 中的 Scale of 参数值，就可以观察到显示区域波形周期数量的变化，如图 19 - 60 所示。对比输入、输出信号之间的关系，看结果是否满足要求。

思考：仔细观察功能仿真与时序仿真波形是否一样？

(11) 引脚分配

如图 19 - 61 所示，选择 Assignment→Pins 命令，弹出引脚绑定界面。双击 Location 列，在下拉菜单中选择合适的引脚，如图 19 - 62 所示。具体绑定方案参看“附录 B　FPGA 核心板 I/O 引脚与各接口电路负载区对照分配表”。

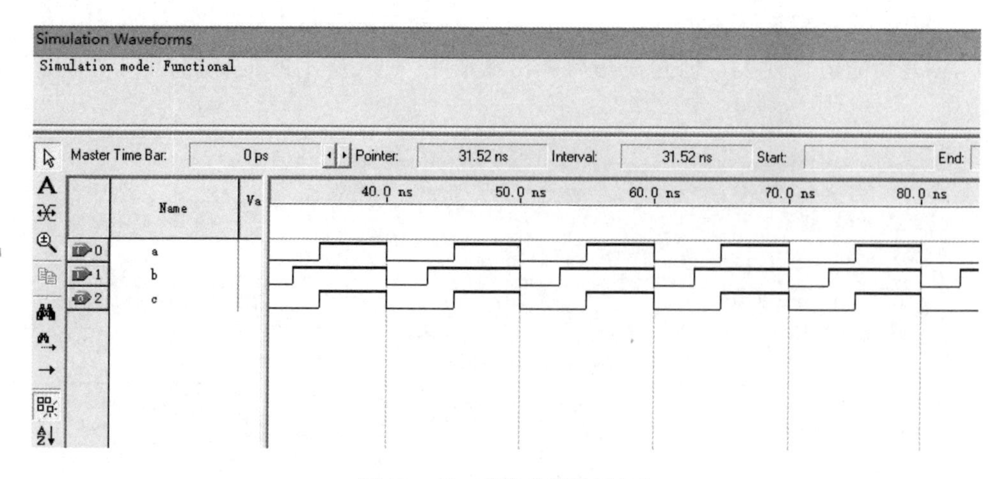

图 19－60　功能仿真波形(1)

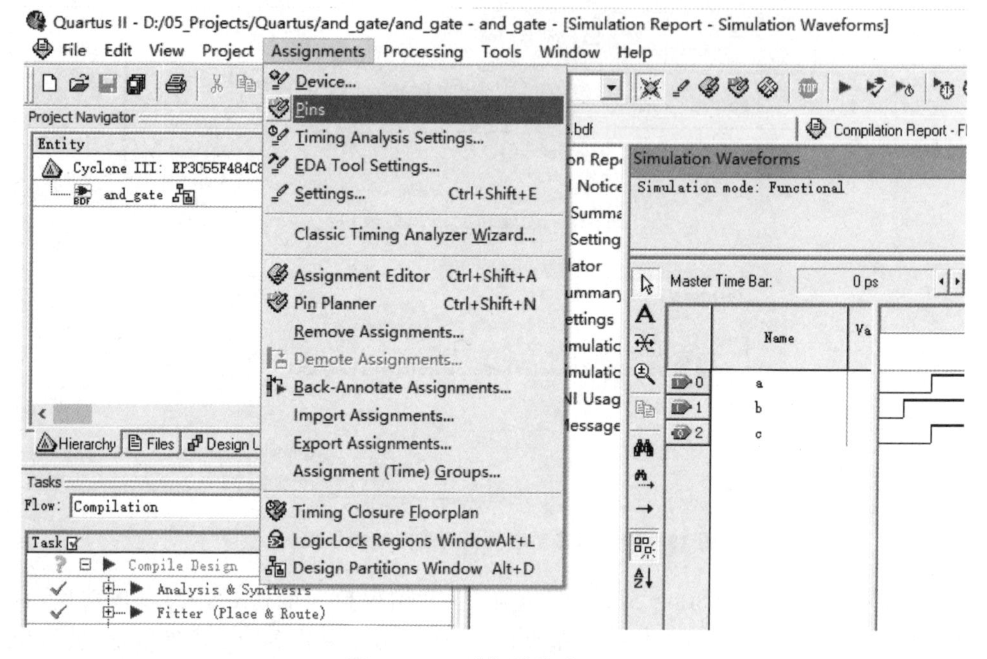

图 19－61　选择引脚分配(1)

(12)下载验证

① 引脚分配后必须重新编译生成待下载的对象文件。如图 19－63 所示，选择 Processing→Start Compilation 命令开始编译。编译成功后，弹出如图 19－64 所示的提示框，单击“确定”按钮。编译后，已经绑定好引脚的电路图如图 19－65 所示。

② 下载程序。如图 19－66 所示，选择 Tools→Programmer 命令，弹出如图 19－67 所示的程序下载窗口。

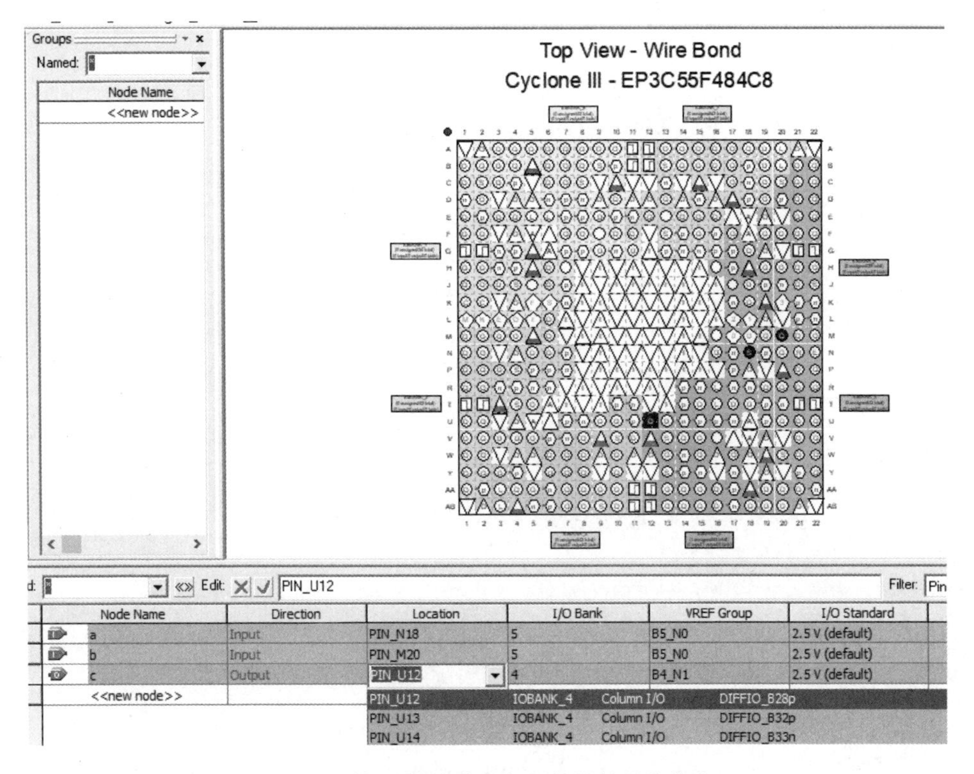

图 19-62　输入、输出变量与目标器件引脚绑定(1)

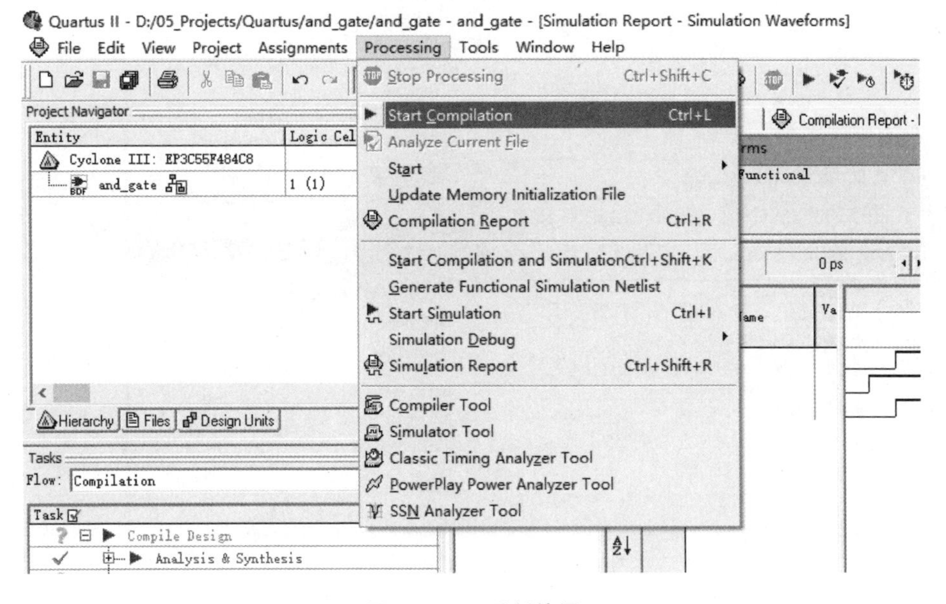

图 19-63　重新编译

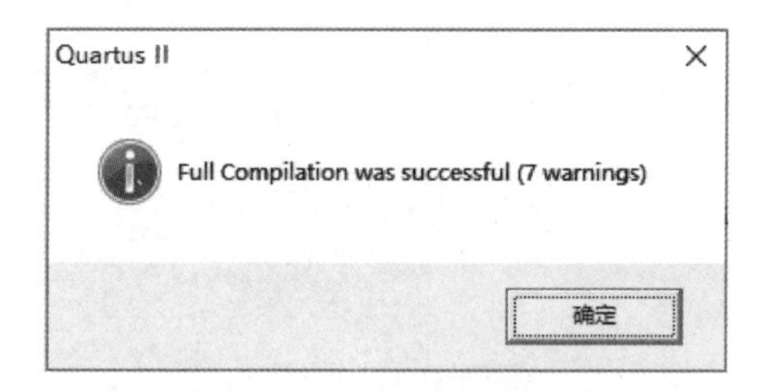

图 19－64　编译成功提示框(2)

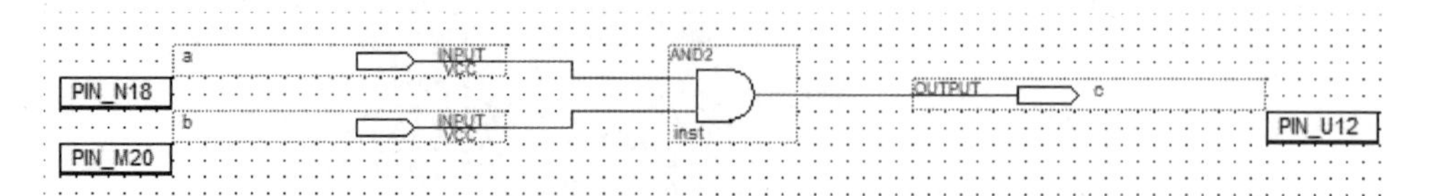

图 19－65　绑定好引脚的电路图

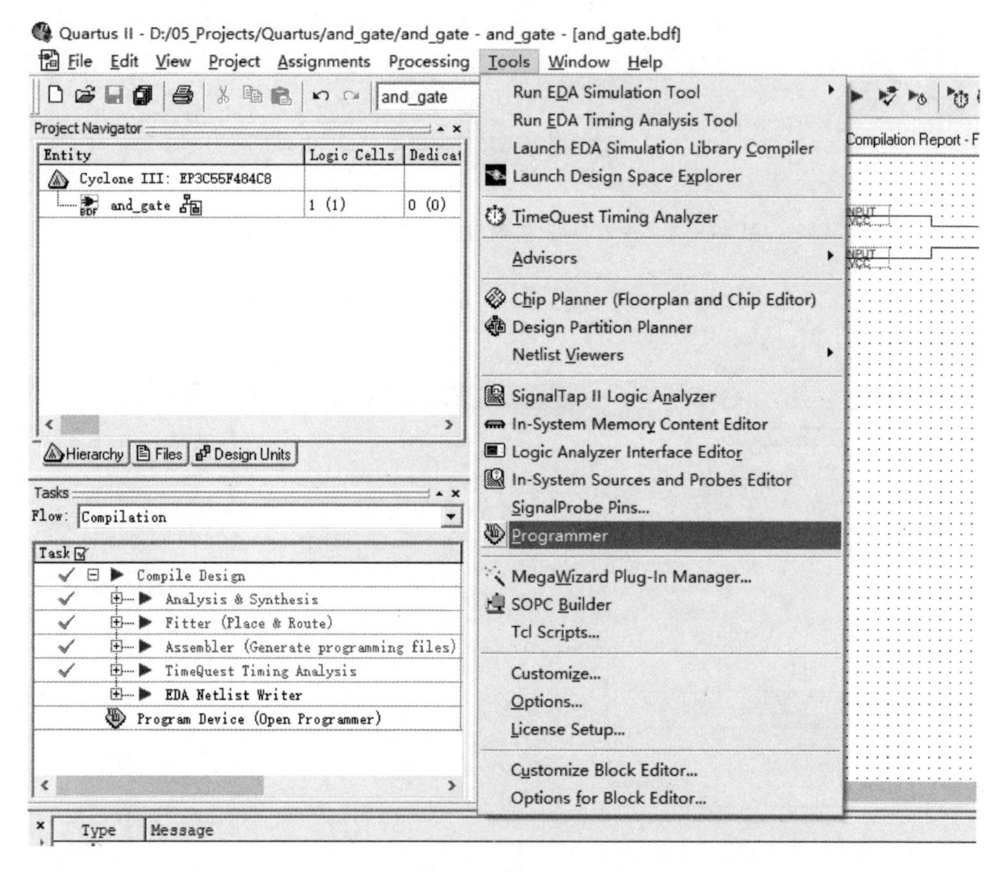

图 19－66　选择程序下载功能

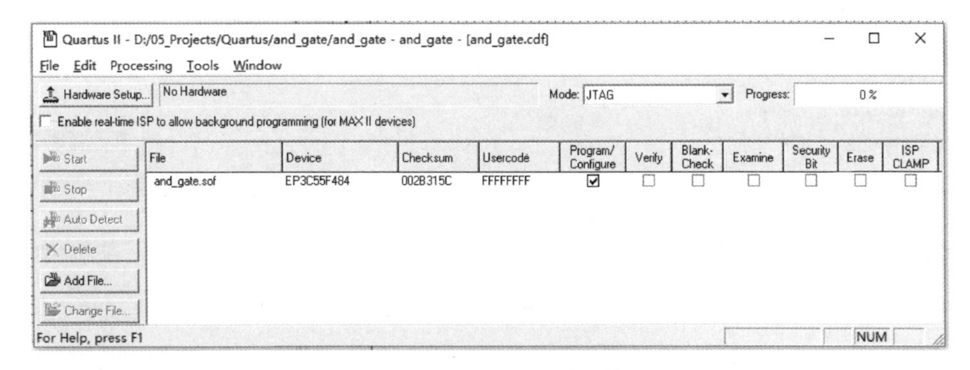

图 19－67　程序下载窗口

硬件设置按钮 Hardware Setup 右边显示的是当前采用的烧录设备。单击 Hardware Setup 按钮，弹出如图 19－68 所示的对话框，可选硬件有 ByteBlasterMV (LPT1)、USB-Blaster(USB-0)等。根据实验平台实际提供的下载电缆方式，在这里选择 USB-Blaster(USB-0)，随后单击 Close 按钮关闭窗口。

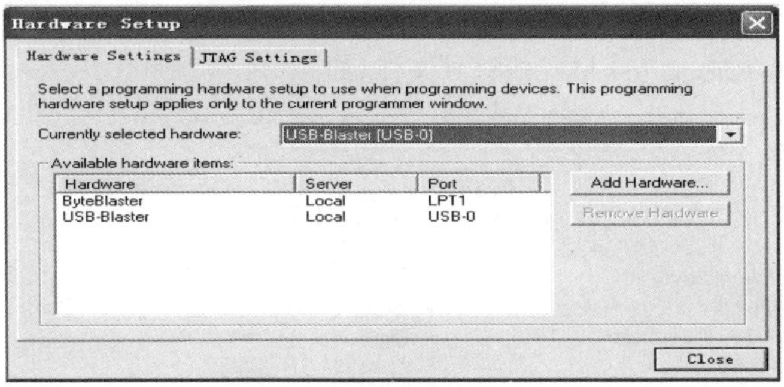

图 19－68　选择下载电缆硬件

下载电缆设置完成后，接着选择 Mode 模式，如图 19－69 所示，有 JTAG、Active Serial Programming、In-Socket Programming、Passive Serial 四种模式。针对不同模式选择不同的下载文件，如选则 JTAG 模式下载则其下载文件为 *.sof，如选择 Active Serial Programming 模式下载则其下载文件为 *.pof。本实验选择 JTAG 模式。

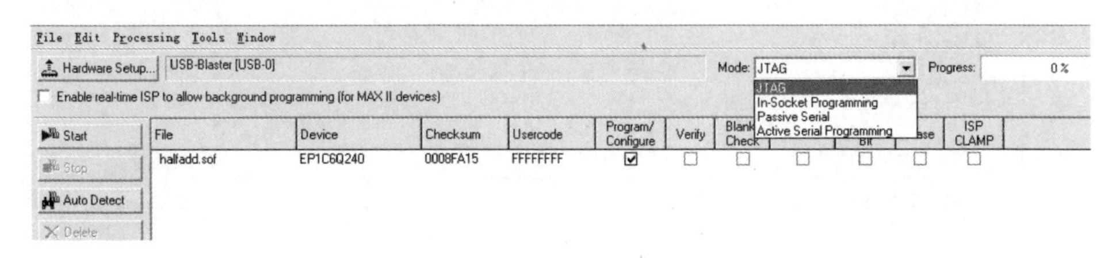

图 19－69　选择下载模式

单击 Start 按钮，Progress 进度条将发生变化。当 Progress 进度条由 0%变成 100%时，文件下载完成，如图 19-70 所示。

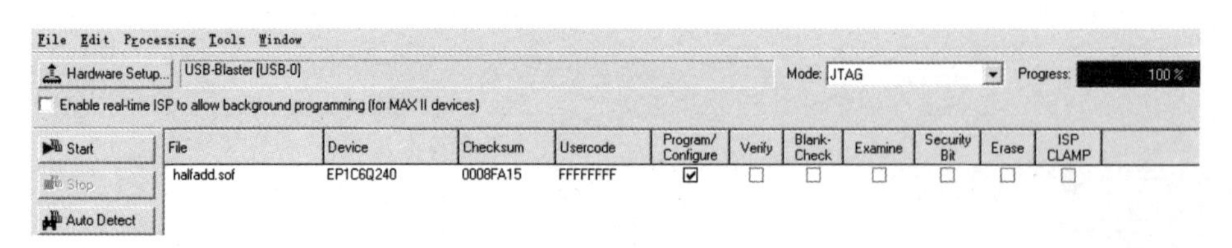

图 19-70 文件下载完成

③ 实验验证。输入信号 a→N18(SW-1)、b→M20(SW-2)对应实验箱右下部分“逻辑开关组”左下边开始的第一个和第二个开关，输出信号 c→U12(LED1)对应实验箱中下部分“发光二极管组”左边第一个发光二极管。改变输入信号 a、b 的值，验证输出结果是否正确(**注意**：LED 为低电平点亮)。

至此，本实例已操作完成，用户可以根据需要实现其他功能，如将自己设计的电路创建成为一个元件，今后可直接调用。其步骤如下：

① 如图 19-71 所示，选择 File→Create/Update→Create Symbol Files for Current File 命令，生成 *.bsf 格式的符号文件，如图 19-72 所示。

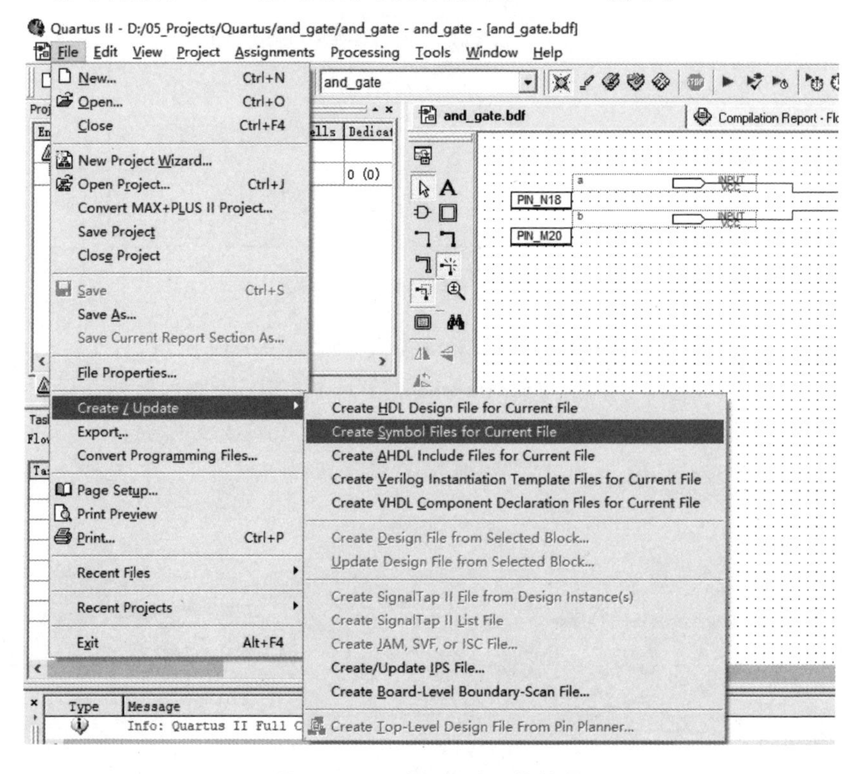

图 19-71 选择创建元件符号

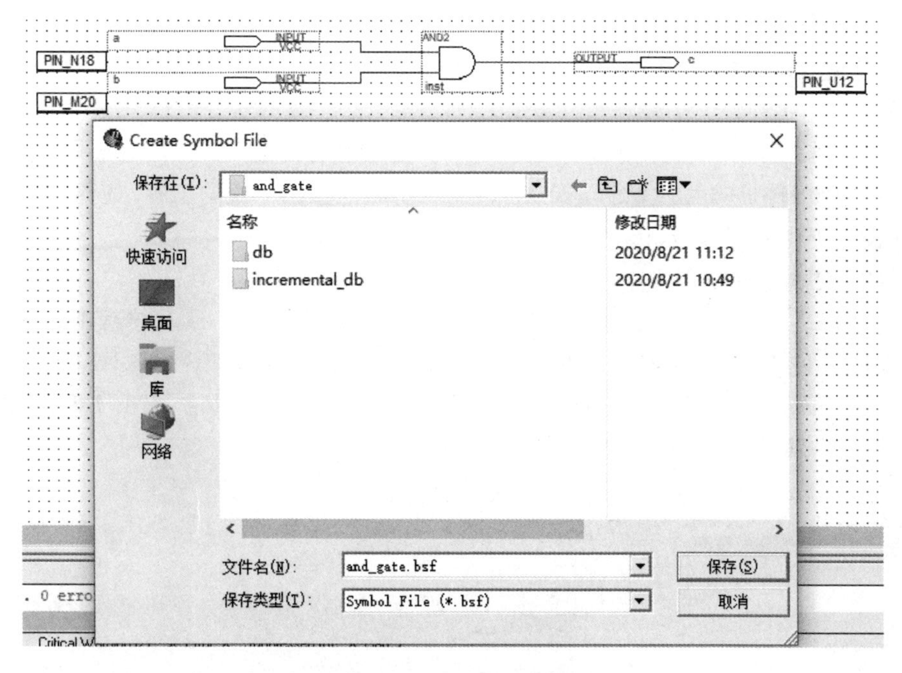

图 19-72　保存符号文件

② 生成了符号文件后，可在文件编辑状态下直接插入符号，如图 19-73 所示。

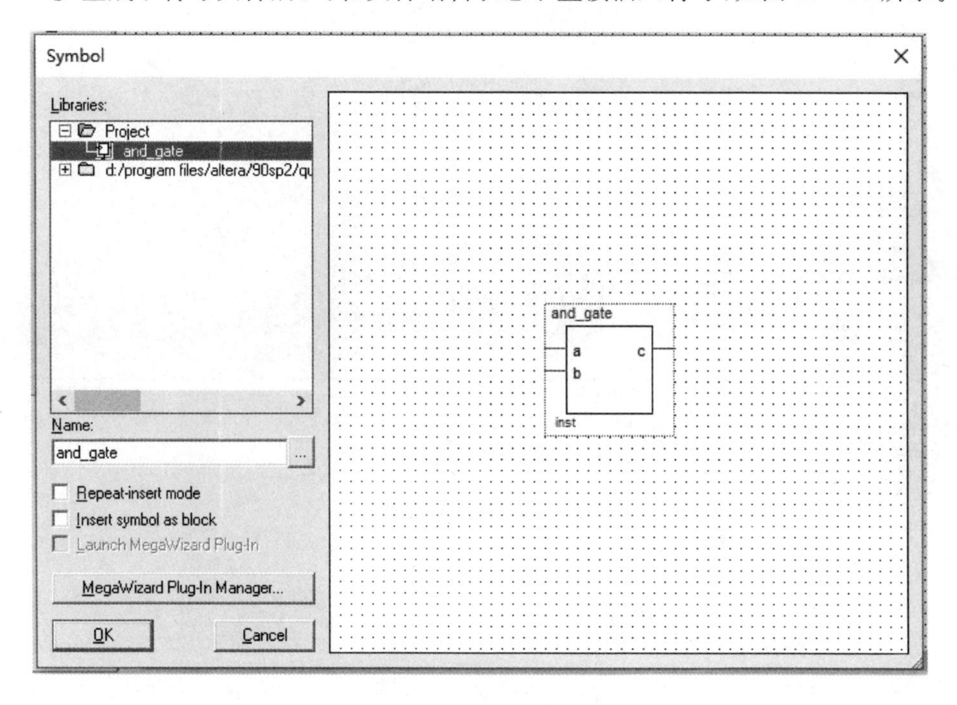

图 19-73　插入元件符号

2. 文本编辑法实例(VHDL 语言编程)

【实例 19-12】 用文本编辑法设计一个 4 位二进制加法计数器,具有清零功能。

(1) 建立新工程

参考实例 19-11 中"(1) 建立新工程"的步骤建立一个新的工程,选择合适的路径并输入工程名(例如 count4)。

(2) 建立源程序文件

如图 19-74 所示,选择 File→New 命令,弹出如图 19-75 所示的新建文件对话框,设计文件类型有 AHDL File、Block Diagram/Schematic File、EDIF File、State Machine File、SystemVerilog HDL File、Tcl Script File、Verilog HDL File、VHDL File 等可供选择。选中 VHDL File,单击 OK 按钮。

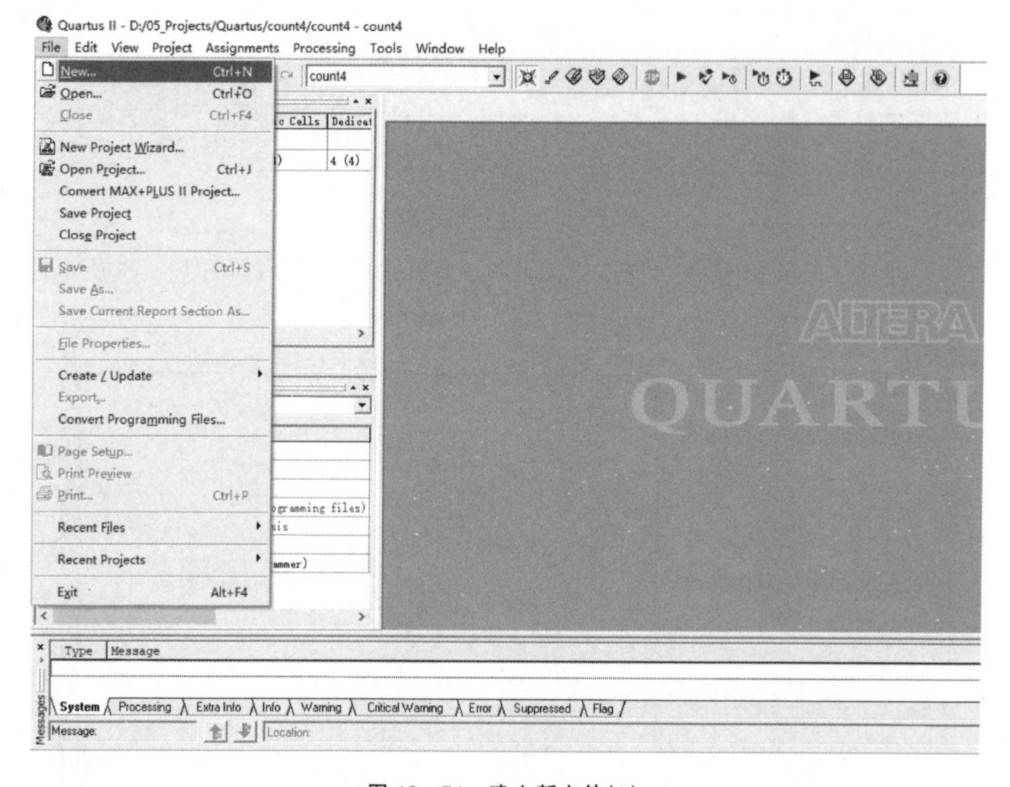

图 19-74 建立新文件(2)

(3) 输入代码

输入 VHDL 语言源程序代码,如图 19-76 所示。

(4) 保存文件

单击菜单栏上的"保存"按钮,将文件保存,如图 19-77 所示。**注意:**文件名应与顶层文件中实体名一致,否则软件编译会出错。

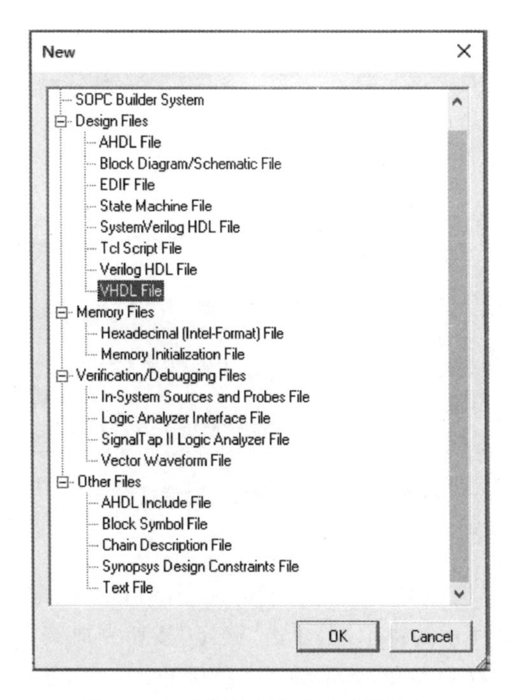

图 19－75　选择文件类型对话框(2)

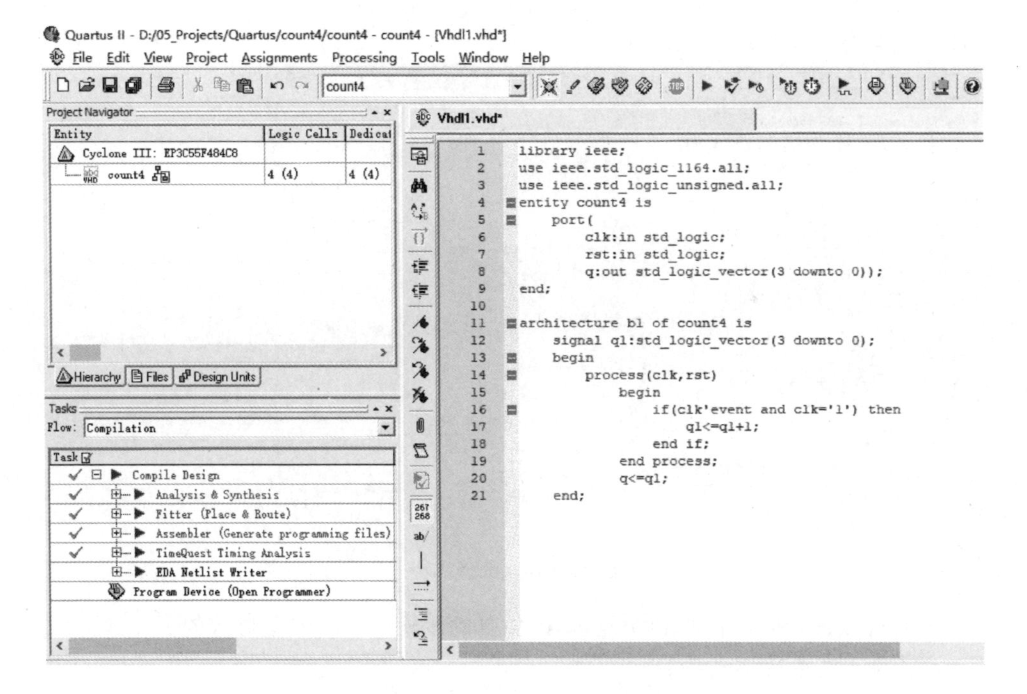

图 19－76　源文件代码编辑窗口

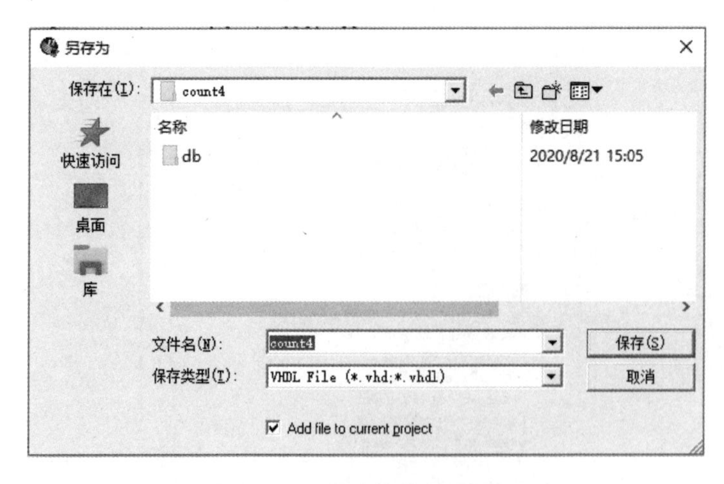

图 19-77 保存文件对话框(2)

(5) 编译工程

如图 19-78 所示,选择 Processing→Start Compilation 命令开始编译。编译成功后弹出如图 19-79 所示的提示框,单击“确定”按钮完成编译;否则按照编译出错信息进行修改,重新保存和编译,直到编译正确为止。

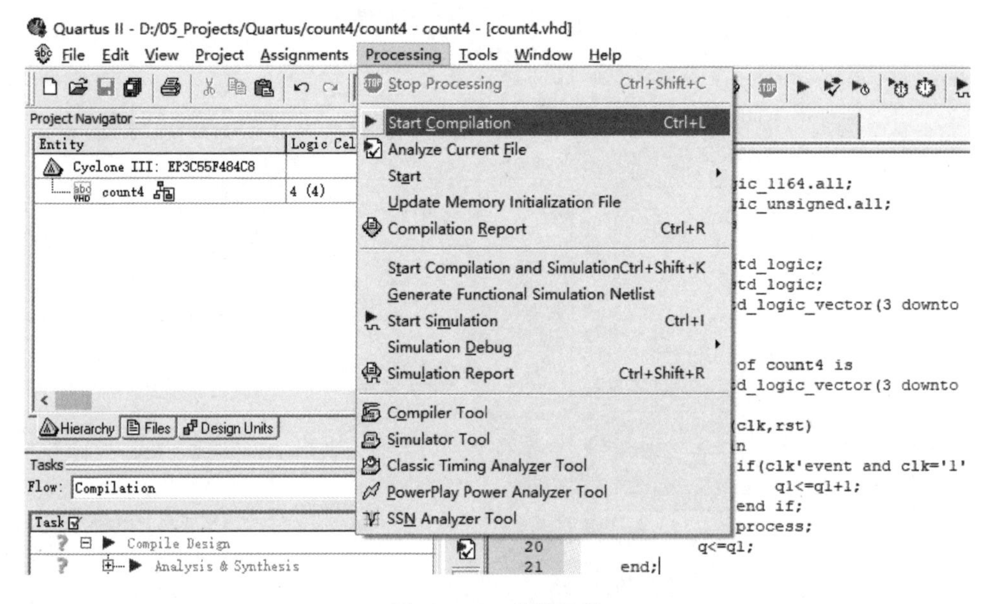

图 19-78 编译工程

下面可以进行时序仿真和功能仿真,仿真的步骤(6)~(9)是可选的。

(6) 建立矢量波形文件

选择 File→New 命令,弹出如图 19-80 所示的对话框,选择 Vector Waveform File 并单击 OK 按钮。

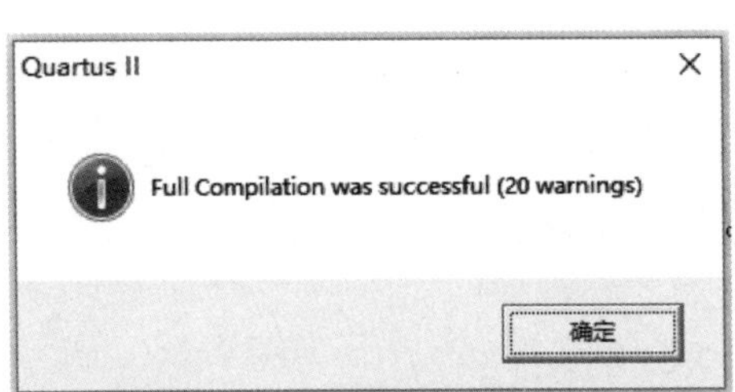

图 19－79　编译成功提示框(3)

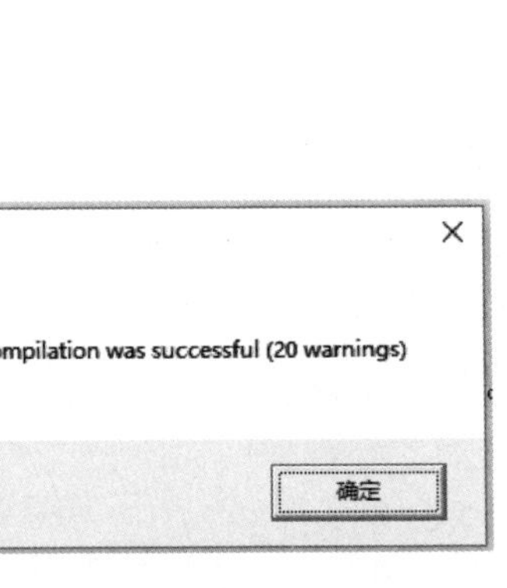

图 19－80　建立矢量波形文件(2)

(7) 添加引脚或节点

① 如图 19－81 所示，选择 Edit→Insert→Insert Node or Bus 命令或双击文件右下方的空白区域，弹出如图 19－82 所示的对话框。

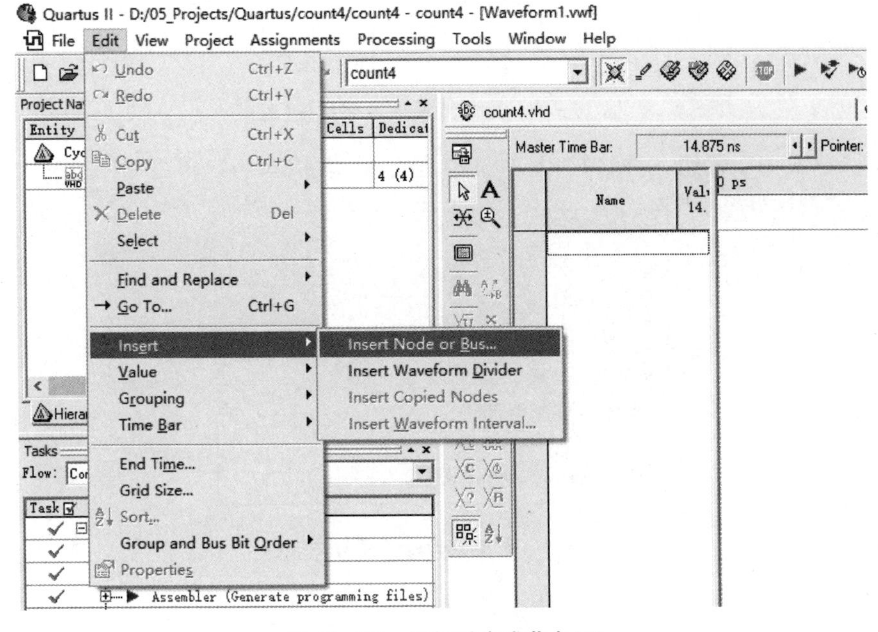

图 19－81　添加引脚或节点(2)

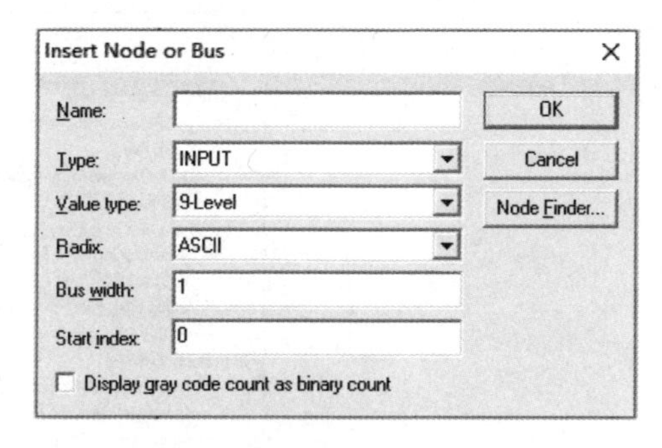

图 19-82 添加引脚或节点对话框(3)

② 单击 Node Finder 按钮，弹出如图 19-83 所示的对话框。在 Filter 的下拉列表框中选择“Pins: all”，然后单击 List 按钮，选中界面左边出现的变量信息，再单击“ >> ”按钮，就可以把选中的变量信息复制到右边区域，如图 19-83 所示。

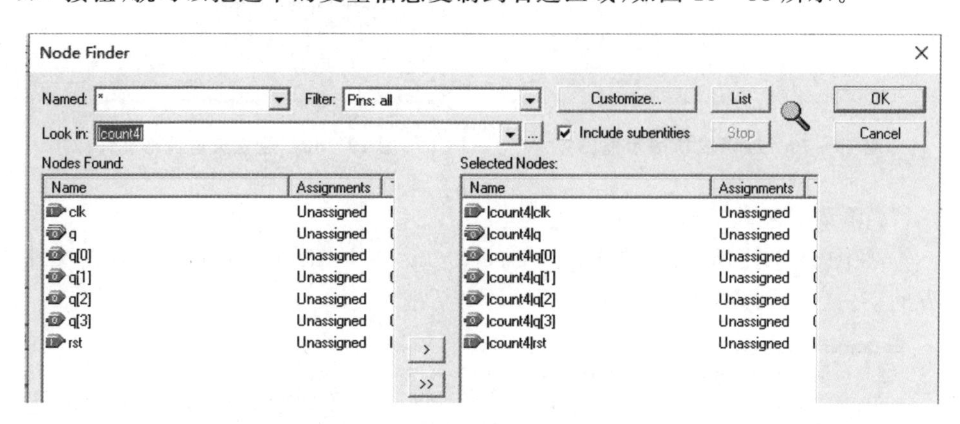

图 19-83 添加变量信息对话框(2)

③ 单击 OK 按钮，退回到如图 19-84 所示的对话框，再次单击 OK 按钮。

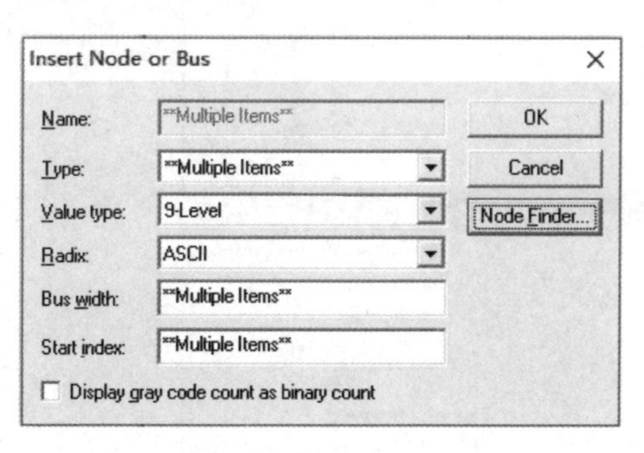

图 19-84 添加引脚或节点对话框(4)

(8) 编辑输入信号并保存文件

① 在显示的变量区域用鼠标选中某一变量(如 clk)后，左边的快捷功能区域变

为有效。然后给选中的变量指定相应的信号，如高电平、低电平、时钟等信号。本实验给变量 clk 指定时钟信号，如图 19－85 所示。设置完成后单击 OK 按钮。

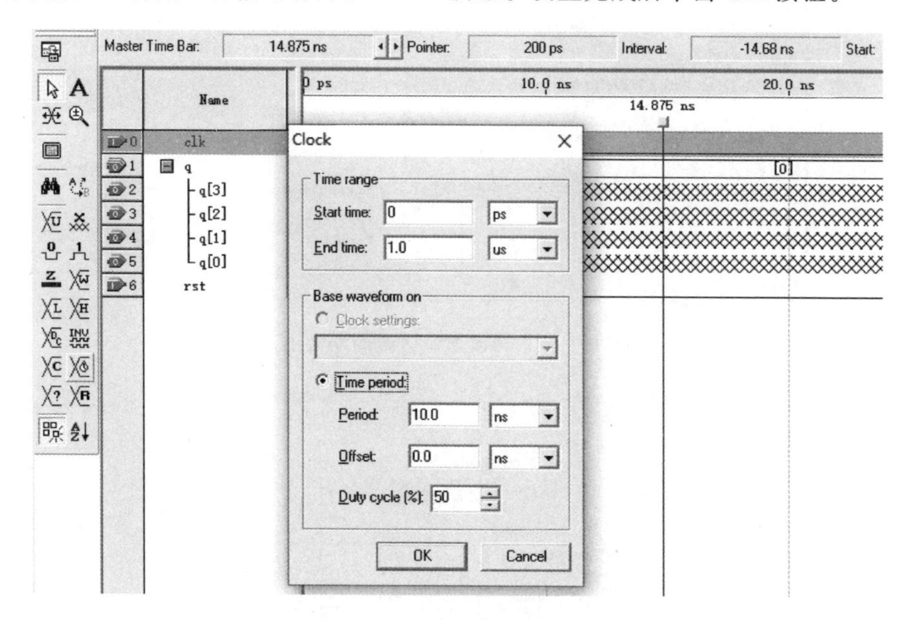

图 19－85　编辑变量 clk 的信号

② 以同样的方式设置其他输入变量，如图 19－86 所示。（**提示：**输出变量不需要设置。）

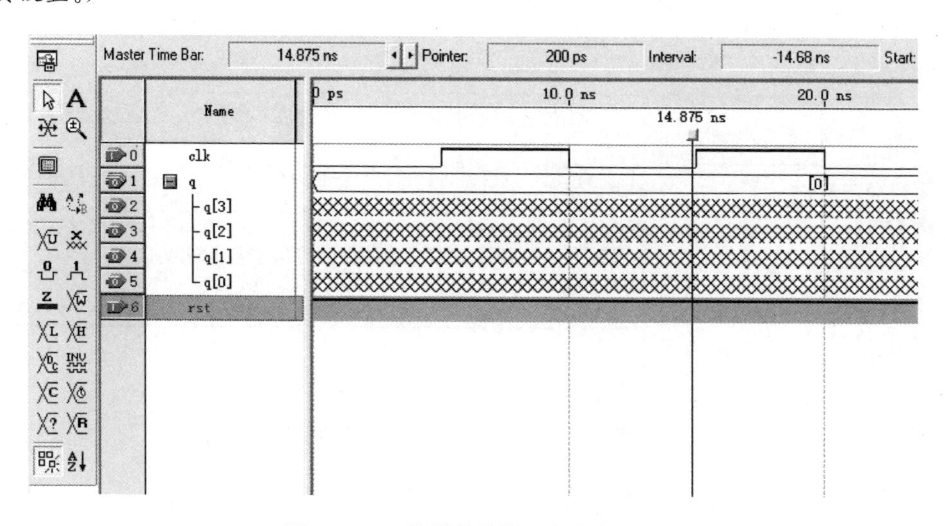

图 19－86　编辑其他输入变量的信号

③ 如图 19－87 所示，在工作区域空白处右击，选择 Zoom 就可以修改显示区域周期大小。Zoom 修改参数信息对话框如图 19－88 所示，修改其中的 Scale of 参数值，就可以观察到 clk 波形周期数的变化，如图 19－89 所示。

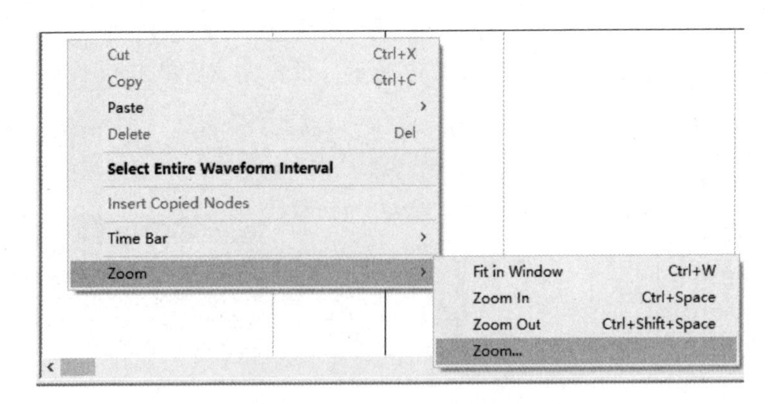

图 19-87 修改显示区域周期大小

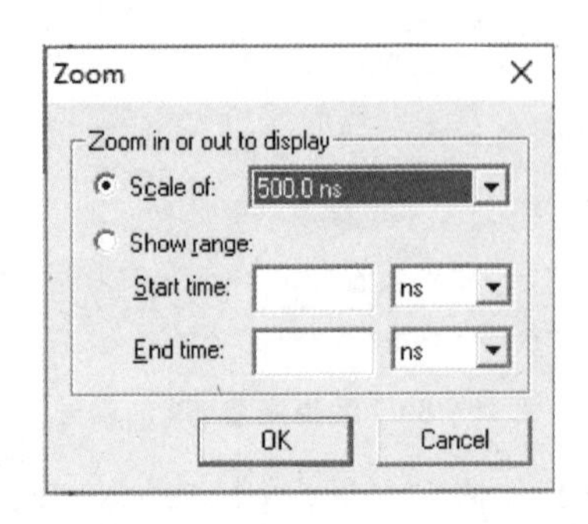

图 19-88 Zoom 修改参数信息对话框

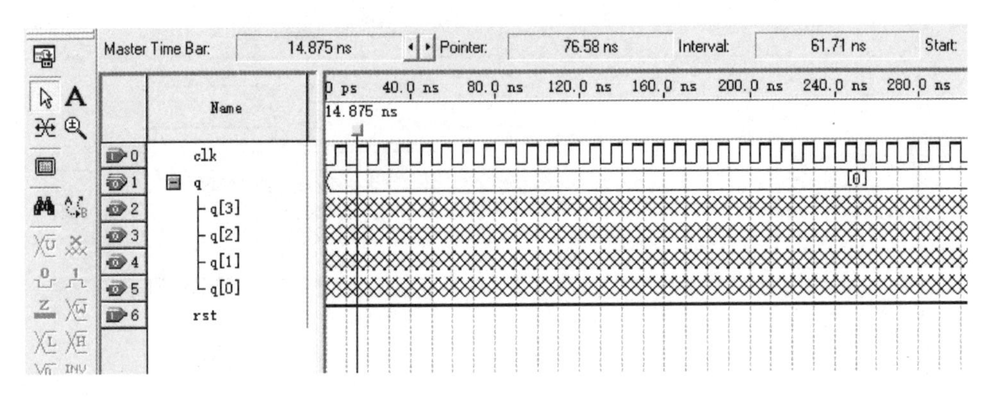

图 19-89 修改后的 clk 波形图

④ 变量参数设置完成后，选择 File→Save 命令或单击菜单栏上的“保存”按钮保存波形文件，如图 19-90 所示。**注意**：保存的波形文件名应与工程名一致。

(9) 仿 真

① 仿真分为时序仿真和功能仿真，系统默认为时序仿真。如图 19-91 所示，选择 Processing→Start Simulation 命令开始模拟时序仿真。

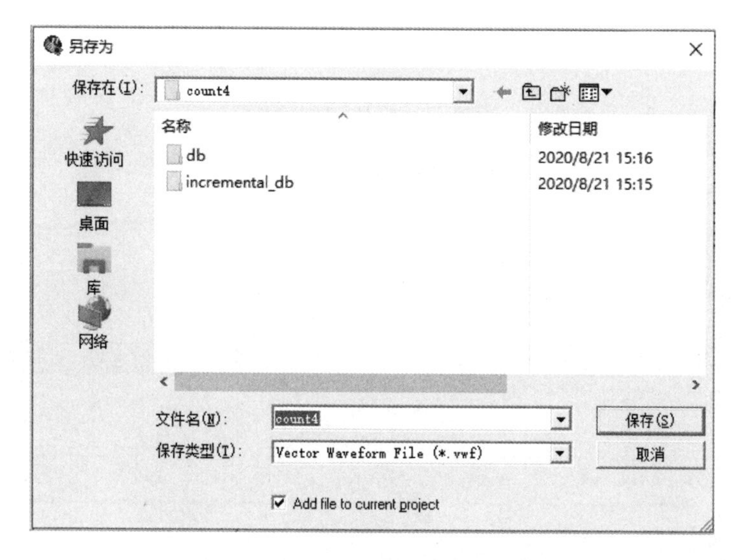

图 19－90　保存波形文件对话框(2)

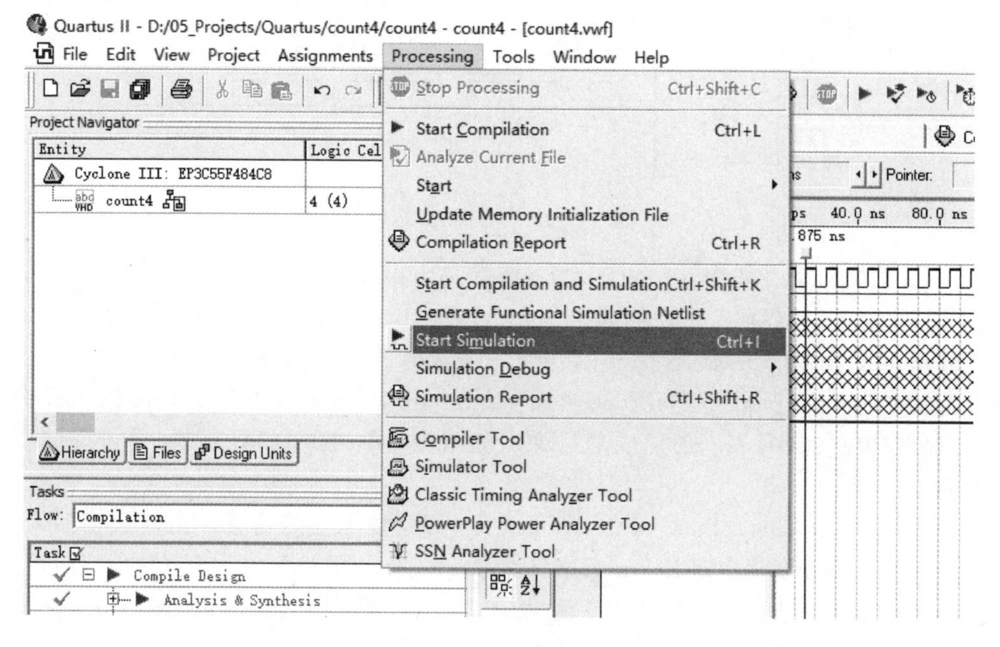

图 19－91　选择仿真命令(2)

若模拟仿真成功,将弹出如图 19－92 所示的提示框。单击“确定”按钮后,在工作区域空白处右击出现 Zoom 菜单界面,修改 Zoom 中的 Scale of 参数值,就可以观察到显示区域波形周期数量的变化,如图 19－93 所示。对比输入、输出信号之间的关系看结果是否满足要求。

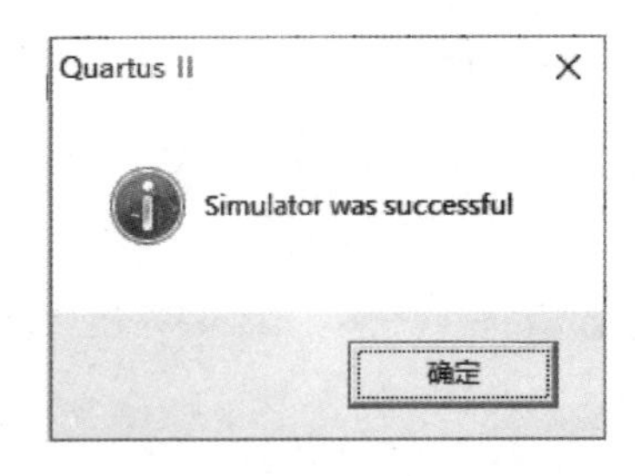

图 19－92　仿真成功提示框(2)

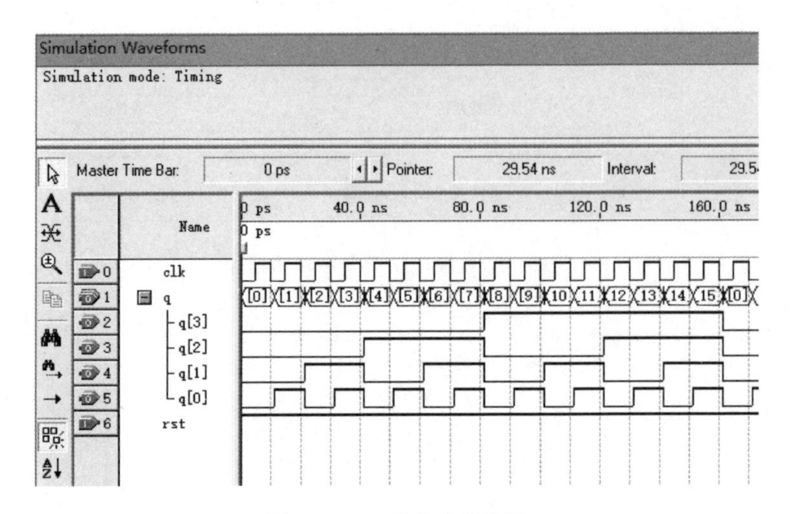

图 19－93　时序仿真结果

② 功能仿真。如图 19－94 所示，选择 Assignments→Settings 命令，弹出如图 19－95 所示的界面。从左侧选择 Simulator Settings 选项，然后在右侧的 Simulation mode 下拉列表框中选择 Functional，单击 OK 按钮完成配置。

如图 19－96 所示，选择 Processing→Generate Functional Simulation Netlist 命令，创建功能仿真列表。创建成功后弹出如图 19－97 所示的提示框，单击“确定”按钮。

选择 Processing→Start Simulation 命令，开始模拟功能仿真。仿真成功后，在工作区域空白处右击出现 Zoom 菜单界面，修改 Zoom 中的 Scale of 参数值，就可以观察到显示区域波形周期数量的变化，如图 19－98 所示。对比输入、输出信号之间的关系看结果是否满足要求。

思考：仔细观察功能仿真与时序仿真波形是否一样？

(10) 引脚分配

如图 19－99 所示，选择 Assignments→Pins 命令，弹出引脚绑定界面。双击 Location 列，在下拉菜单中选择合适的引脚，如图 19－100 所示。具体绑定方案参看“附录 B　FPGA 核心板 I/O 引脚与各接口电路负载区对照分配表”。

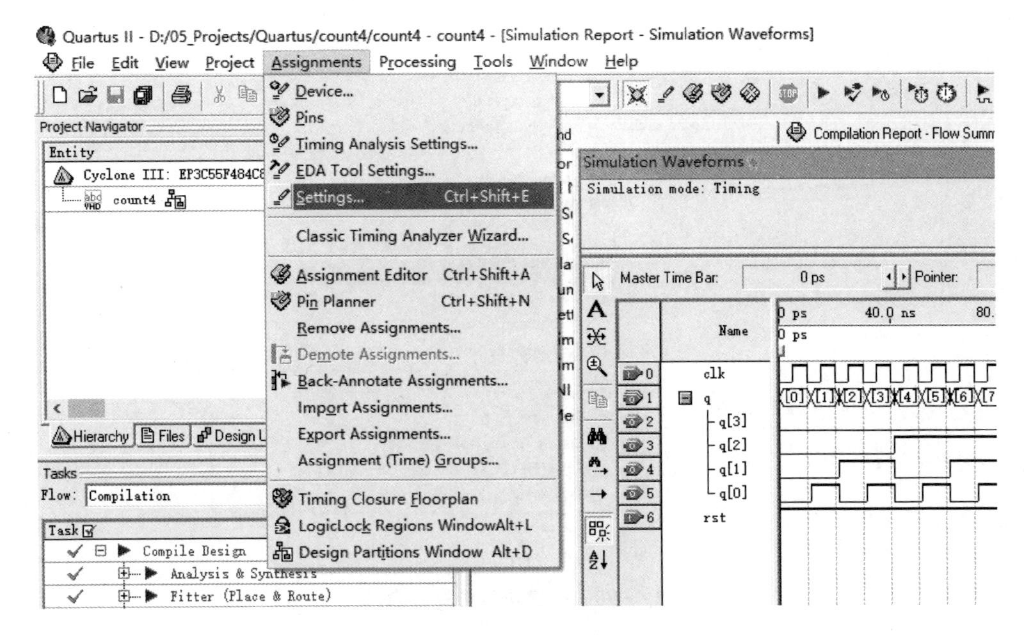

图 19－94　设置仿真模式(2)

Settings - count4
Category:
General
Files
Libraries
Device
Operating Settings and Conditions
Compilation Process Settings
EDA Tool Settings
Analysis & Synthesis Settings
Fitter Settings
Timing Analysis Settings
Assembler
Design Assistant
SignalTap II Logic Analyzer
Logic Analyzer Interface
Simulator Settings
Simulation Verification
Simulation Output Files
PowerPlay Power Analyzer Settings
SSN Analyzer
Simulator Settings
Select simulation options.
Simulation mode: Functional
Simulation input: count4.vwf ... Add Multiple Files...
Simulation period
Run simulation until all vector stimuli are used
End simulation at: ns
Glitch filtering options: Auto
More Settings...
Description:
Specifies the type of simulation to perform for the current Simulation focus.
OK Cancel

图 19－95　选择功能仿真(2)

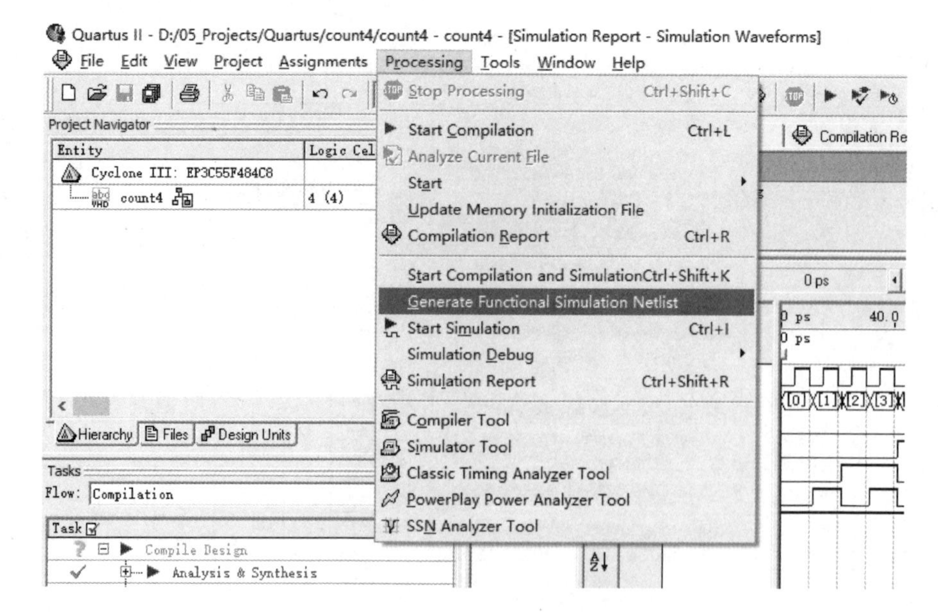

图 19－96　创建功能仿真列表(2)

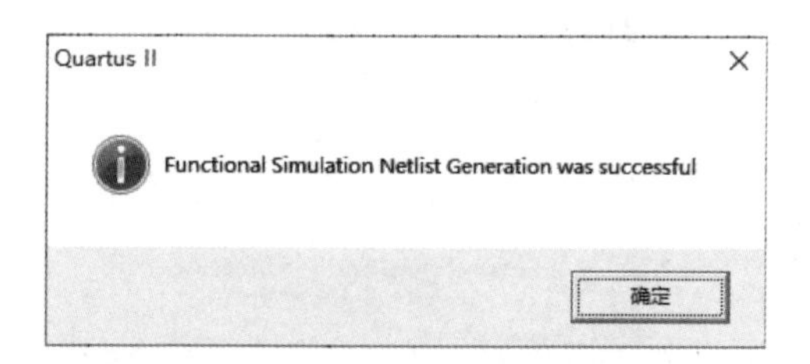

图 19－97　创建功能仿真列表成功提示框(2)

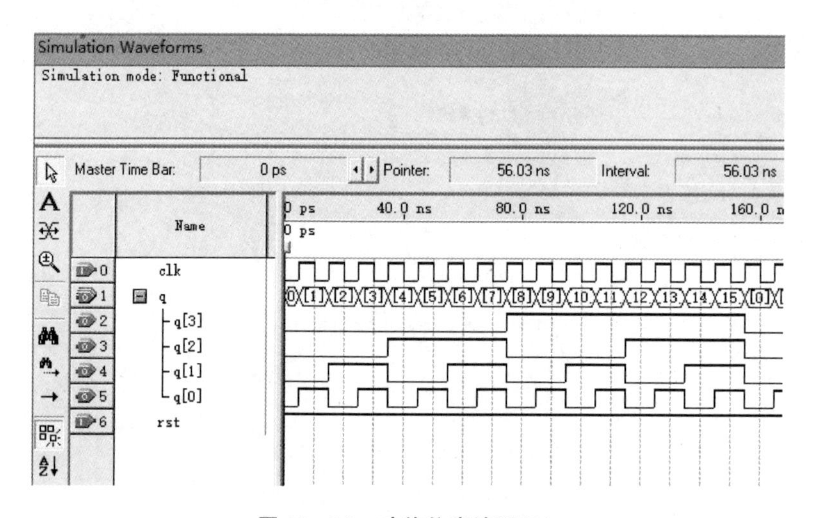

图 19－98　功能仿真波形(2)

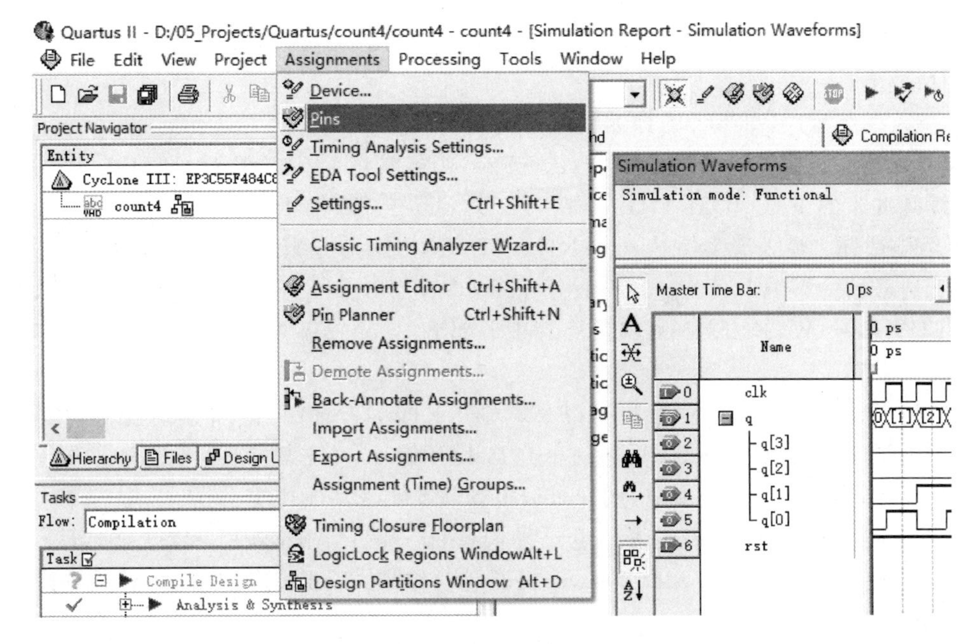

图 19 - 99　选择引脚分配(2)

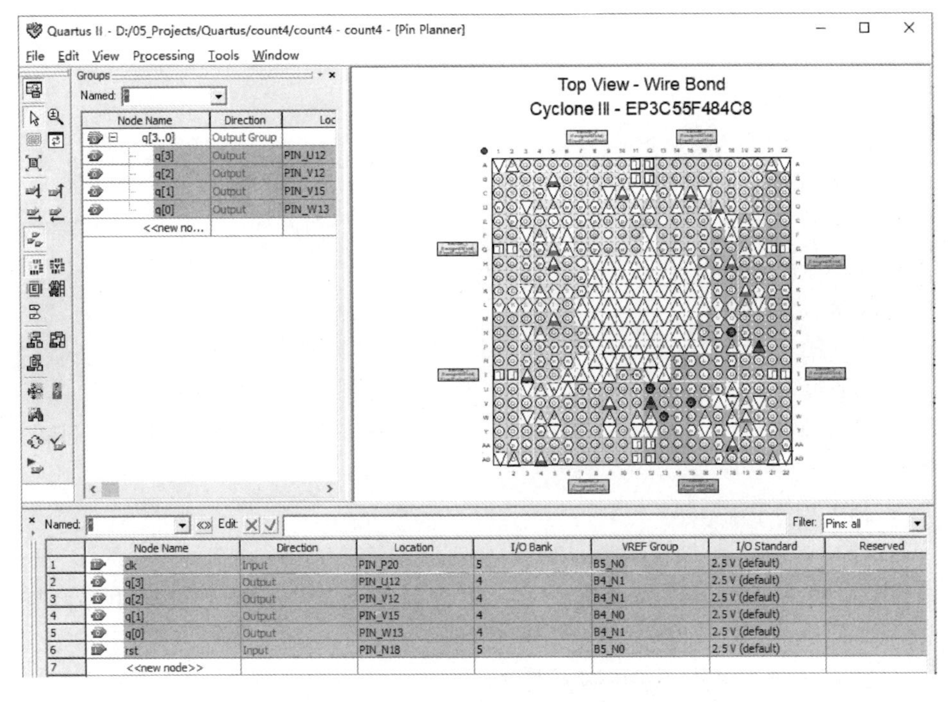

图 19 - 100　输入、输出变量与目标器件引脚绑定(2)

(11) 下载验证

① 引脚分配后必须重新编译生成待下载的对象文件,可参考图像编辑法完成编译。

② 下载程序,可参考图像编辑法完成下载。

③ 实验验证。输入时钟信号 clk→P20,用导线将 FPGA_EA2_p6(Pin_P20)与连续脉冲中的 FRQ_Q21 1 Hz 连接,FRQ_Q21 1 Hz 位于实验箱 LED 点阵左边 14 个排针处。输入清零信号 rst→N18(SW-1),对应实验箱右下部分“逻辑开关组”左下边开始的第一个开关。输出信号 q3→U12(LED1)、q2→V12(LED2)、q1→V15(LED3)、q0→W13(LED4)对应实验箱中下部分“发光二极管组”左边第一～第四个发光二极管。

将 rst 设为“1”、clk 设为 1 Hz(FRQ_Q21 1 Hz),验证输出结果是否正确,4 个发光二极管应按照 0000→0001→……→1111 循环显示。(**注意**:LED 为低电平点亮。)

至此,本实例已操作完成,用户可以根据需要实现其他功能,例如:

① 使用 RTL Viewer 分析综合结果:Tools→Netlist Viewers→RTL Viewer。

② 使用 Technology Map Viewer 分析综合结果:Tools→Netlist Viewers→RTL Technology Map Viewer。

③ 创建图元:File→Create/Update→Create Symbol Files for Current File→生成 *.bsf 格式的图形文件。

3. 混合编辑法

(1) 自底向上法

自底向上法的步骤如下:

① 建立新工程。

- 指定新工程名称;
- 选择需要加入的文件路径和工程名;
- 选择目标器件;
- 选择第三方 EDA 工具;
- 结束设置。

② 建立文件。选择 File→New→Device Design Files 命令,建立多个 VHDL 文本文件。

③ 输入程序代码。

④ 创建图元。选择 File→Create/Update→Create Symbol Files for Current File 命令生成 *.bsf 格式的图形文件。生成的图元符号在顶层设计中作为模块使用。

⑤ 建立原理图文件并添加图元符号。

⑥ 连接各模块并命名。

⑦ 编译工程。

⑧ 仿真(可以不做仿真)。

➢ 时序仿真。系统默认为时序仿真。

➢ 功能仿真。选择 Assignments→Settings→Simulator Settings 命令,选择功能仿真;选择 Processing→Generate Functional Simulation Netlist 命令,生成功能仿真列表;单击波形仿真按钮进行功能仿真。

⑨ 引脚分配。选择 Assignments→Pins 命令。

⑩ 下载验证。

➢ 引脚分配后必须再重新编译一次;

➢ 配置下载电缆:Tools→Programmer;

➢ JTAG 模式下载,下载文件为 *.sof;Active Serial 模式下载,下载文件为 *.pof。

(2) 自顶向下法

自顶向下法的步骤如下:

① 建立新工程。

➢ 指定新工程名称;

➢ 选择需要加入的文件路径和工程名;

➢ 选择目标器件;

➢ 选择第三方 EDA 工具;

➢ 结束设置。

② 建立文件。选择 File→New→Device Design Files 命令,建立多个 VHDL 文本文件。

③ 创建图标模块。单击 Block Tool 按钮,在适当的位置放置一个符号块。

④ 设置模块。在符号块上右击,从弹出的菜单中选择 Block Properties 命令。

⑤ 添加模块引线并设置属性。

⑥ 创建设计文件。

⑦ 输入程序代码。

⑧ 添加其他模块并完成顶层电路设计。

⑨ 编译工程。

⑩ 仿真(可以不做仿真)。

➢ 时序仿真。系统默认为时序仿真。

➢ 功能仿真。选择 Assignments→Settings→Simulator Settings 命令,选择功能仿真;选择 Processing→Generate Functional Simulation Netlist 命令,生成功能仿真列表;单击波形仿真按钮进行功能仿真。

⑪ 引脚分配。选择 Assignments→Pins 命令。

⑫ 下载验证。

➢ 引脚分配后必须再重新编译一次;

➢ 配置下载电缆：Tools→Programmer；

➢ JTAG 模式下载，下载文件为 *.sof；Active Serial 模式下载，下载文件为 *.pof。

4. 补充说明

(1) 配置文件格式说明

① SRAM Object File(.sof)：在 JTAG 或者 PS 模式下使用 Altera 专用下载电缆对 FPGA 进行配置时需要用到 *.sof 文件。Quarters Ⅱ在编译过程中自动生成这个文件，并利用它转换产生其他类型的配置文件。

② Programmer Object File(.pof)：*.pof 文件是对 Altera 的 CPLD 或专用配置芯片进行编程的文件。在使用配置芯片时，对于规模较小的 FPGA 可以将多个 *.pof 合并到一个 *.pof 中，利用一枚配置芯片配置多片 FPGA。对于规模较大的 FPGA，如果一枚配置芯片不够，则可以将 *.pof 采用多枚配置芯片对 FPGA 进行配置。

(2) 下载线驱动程序说明

在 Hardware Setup 中选择下载电缆的方式有 ByteBlasterMV(LPT1)、USB Blaster(USB 0)等，可选并口(打印机口)下载或 USB 下载模式，但应分别有相应的驱动程序，否则无法使用。① 在控制面板中"添加硬件"，选择"添加硬件向导"，单击 Next 按钮；② 屏幕显示"是，硬件已连接好"，单击 Next 按钮；③ 选择"添加新的硬件设备"；④ 选择"安装我手动从列表中选择的硬件"；⑤ 选择"声音、视频和游戏控制器"，单击 Next 按钮；⑥ 选择"从磁盘安装"，单击 Next 按钮；⑦ 选择 winXX.inf 安装；⑧ 不同系统版本和下载模式有不同的驱动安装程序需谨慎选择。

(3) Quartus Ⅱ文件类型说明

QuartusⅡ以工程(Project)为单位管理文件，保证了设计文件的独立性和完整性。Quartus Ⅱ功能众多，每一项功能都对应一个甚至多个文件类型。在使用中，如果需要转移或备份某一工程对应的文件，那么对众多文件的取舍就成了一个令人头痛的问题。

QuartusⅡ的文件类型可以分为以下五类：

第一类文件，编译必需的文件→设计文件(.gdf、.bdf、EDIF 输入文件、.tdf、Verilog 设计文件、.vqm、.vt、VHDL 设计文件、.vht)、存储器初始化文件(.mif、.rif、.hex)、配置文件(.qsf、.tcl)、工程文件(.qpf)。

第二类文件，编译过程中生成的中间文件(.eqn 文件和 db 目录下的所有文件)。

第三类文件，编译结束后生成的报告文件(.rpt、.qsmg 等)。

第四类文件，根据个人使用习惯生成的界面配置文件(.qws 等)。

第五类文件，生成的编程文件(.sof、.pof、.ttf 等)。

第一类文件是一定要保留的；第二类文件在编译过程中会根据第一类文件生成，不需要保留；第三类文件会根据第一类文件的改变而变化，反映了编译后的结果，可以视需要保留；第四类文件保存了个人使用偏好，也可以视需要保留；第五类文件是编译的结果，一定要保留。

在开发过程中，通常保留第一类、第三类和第五类文件。但是第三类文件通常很少被反复使用。为了维护一个最小工程，第一类文件和第五类文件是一定要保留的。

19.5　实验二十　FPGA基础应用实验

一、实验目的

1. 熟悉使用可编程逻辑器件：Altera公司的FPGA Cyclone Ⅲ系列EP3C55。

2. 掌握FPGA集成开发环境：Altera公司的FPGA Quartus Ⅱ 9.0设计数字电路的流程和调试方法。

3. 学习FPGA数字开发系统实验箱的使用及文件下载烧录过程。

4. 熟悉并掌握核心板与接口电路等工作原理及其功能模块绑定信息。

5. 练习自己设计芯片的方法。

二、实验要求

1. 学习并掌握图形编辑输入方法。

2. 学习并熟悉门电路、组合电路、时序电路等单一模块功能。

3. 学习并选择多种显示模式，如发光二极管显示、七段数码管显示（动态扫描或静态扫描）、LED点阵显示（各种字符、图形、静止或移动等）、LCD字符液晶显示（各种字符、图形、静止或移动）、TFT-LCD触摸屏液晶显示（各种信息方式）。

4. 同组实验者应轮流操作实例实验流程，并实施源程序编写、编译、调试、下载和验证实验结果等实践环节。

三、实验设备

1. 可编程逻辑EDA/SOPC实验箱　　1台；

2. 计算机及开发软件Quartus Ⅱ　　1套。

四、实验内容与步骤

1. 详细阅读Quartus Ⅱ 9.0软件开发环境使用简介，按其操作说明设计出电路原理图，实现电路图编辑法实例19-13全过程。文本编程实例19-14作为选作。

2. ① 用电路图编辑法设计基本逻辑门：与门（and）、或门（or）、非门（not）和异或门（xor），并在实验箱上实现逻辑功能。要求如下：

输入线2条：A、B

输出线4条：C1、C2、C3、C4

布尔方程式：C1＝A·B　　;与门

C2＝A＋B　　;或门

C3＝ A　　;非门

C4＝A⊕B　　;异或门

② 用两个逻辑电平开关作为输入 A、B；用 4 个发光二极管作为输出 C1、C2、C3、C4。

③ 芯片引脚自己定义，请参见“附录 B　FPGA 核心板 I/O 引脚与各接口电路负载区对照分配表”。

④ 用 FPGA 实验箱的逻辑电平开关作为输入，发光二极管或七段数码管作为输出，检查设计电路的结果。

3. 用电路图编辑法设计十进制计数器，计数结果用 FPGA 实验箱的任意一个数码管显示。

① 使用库中已有的 IC 芯片，例如可用熟悉的 74161 芯片设计计数器电路，用 7447 作为七段译码器，其功能表请查阅相关数据手册。

② 芯片引脚自己定义，请参见“附录 B　FPGA 核心板 I/O 引脚与各接口电路负载区对照分配表”。

③ PIN－20 为时钟 Clock 引脚端，频率范围：0.2 Hz～24 MHz。

4. 自行设计一个二-四译码器芯片并放入元件库。

① 列出二-四译码器的功能表。

② 用仿真的方法测试电路功能，定义芯片引脚，再下载到 FPGA 实验箱中。

③ 译码器的输入用逻辑电平开关。

④ 译码器的输出状态用发光二极管显示，检查验证所设计芯片的正确性。

⑤ 检验结果正确后，选择 File→Create/Update→Create Symbol Files for Current File 命令建立一个新的电路方块图符号，方便以后编辑电路时使用。

为快速掌握开发流程，书中给出了电路图编辑法和文本编程输入法两个实例，电路图编辑法是必须要掌握的，文本编程输入法作为选作，操作过程请参看 Quartus Ⅱ 集成开发环境使用简介。

特别提示：文件名与顶层实体名必须一致，工程名也可以与它们一致。

【实例 19－13】 采用电路图编辑法设计一个两位与门电路。

逻辑分析：输入信号 a、b；输出信号 c(两输入相与的结果)。

逻辑方程：c＝a * b。

接口信号与目标器件引脚连接：输入信号 a→N18(SW－1)、b→M20(SW－2)；输出信号 c→U12(LED1)。

下载烧写配置文件格式：*.sof 或 *.pof。

实验验证操作如下：

① 输入信号 a→N18(SW－1)、b→M20(SW－2)对应实验箱右下部分“逻辑开关

组”左下边开始第一个和第二个开关,输出信号 c→U12(LED1)对应实验箱中下部分左边开始第一个发光二极管。

② 改变输入信号 a、b 的值(00、01、10、11),验证输出结果是否正确。(**注意**:LED 为低电平点亮。)

采用图形编辑法画出逻辑方程电路图,两位与门电路框图如图 19 - 101 所示。

a
b
2位与门
C

图 19 - 101　两位与门电路框图

【实例 19 - 14】　采用文本编辑法设计一个 4 位二进制加法计数器,具有清零等功能。(选作)

逻辑分析:输入信号 clk 时钟、rst 清零控制;输出信号 q3、q2、q1、q0。

接口信号与目标器件引脚连接:输入信号 clk→P20、rst→N18(SW - 1);输出信号 q3→U12(LED1)、q2→V12(LED2)、q1→V15(LED3)、q0→W13(LED4)。

下载烧写配置文件格式:*.sof 或 *.pof。

实验验证操作如下:

① 输入时钟信号 clk→P20,用导线将 FPGA_EA2_p6(Pin_P20)与连续脉冲中的 FRQ_Q21 1 Hz 连接,FRQ_Q21 1 Hz 位于实验箱 LED 点阵左边 14 个排针处。输入清零信号 rst→N18(SW - 1),对应实验箱右下部分“逻辑开关组”左下边开始的第一个开关。输出信号 q3→U12(LED1)、q2→V12(LED2)、q1→V15(LED3)、q0→W13(LED4)对应实验箱中下部分“发光二极管组”左边第一～第四个发光二极管。

② 将 rst 设为“1”、clk 设为 1 Hz(FRQ_Q21 1 Hz),验证输出结果是否正确,4 个发光二极管应按照 0000→0001→……→1111 循环显示。(**注意**:LED 为低电平点亮。)

该例程的 VHDL 源程序如下:

```
library ieee;
use ieee.std_logic_1164.all;
use ieee.std_logic_unsigned.all;
entity count4 is                                  --4 位二进制计数器
port(clk:in std_logic ;                           --in bit;
    rst:in std_logic;                             --复位按键,高电平有效
    q :out std_logic_vector( 3 downto 0));
end entity count4;
architecture bhv of count4 is
    signal q1:std_logic_vector( 3 downto 0);      --中间变量,4 位
        begin
            process(rst,clk)                      --是否有敏感信号
                begin
                    if(clk'event and clk = '1')then rising_edge(clk)
                        q1 <= q1 + 1;
                    end if;
            end process;
            q <= q1;                              --把中间结果赋值给对外输出变量 q
```

```
end architecture bhv;
```

思考 1: 输出信号 q3q2q1q0 绑定接口电路的七段数码管或 LED 点阵显示。

思考 2: 如何把计数器修改成 4 位二进制减法计数器,并具有清零控制等功能。

思考 3: 如何把计数器修改成两位或更多位十进制计数器,再用七段数码管进行显示。

4 位二进制加法计数器电路框图如图 19 - 102 所示。

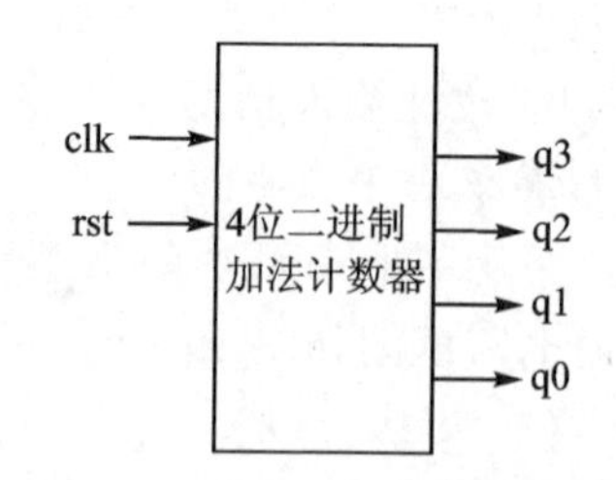

图 19 - 102　4 位二进制加法计数器电路框图

五、注意事项

1. 保存工程文件时,顶层文件的文件名需要跟文件中模块实体名一致,而工程名没有此要求,可以与其一致,也可以不一致。

2. 在实验箱断电的情况下插拔下载器 JTAG 接口端,避免带电插拔导致下载器或 FPGA 下载电路损坏。

3. 操作实验箱上的硬件端口时,先采取措施消除身体静电(如触摸其他金属),再操作硬件,避免静电损坏接口电路。

4. 未经老师许可,不得擅自改动硬件电路,不得随意使用设备检测硬件电路。

5. 在程序编译和仿真成功后,需要把顶层文件对外输入/输出端口信号与 FPGA 的 I/O 引脚进行绑定,并重新编译生成 *.sof 和 *.pof 等系列编程文件后,采用 JTAG 方式下载到实验箱 FPGA 目标器件中,验证实验结果。

6. 在 FPGA 引脚绑定过程中仔细检查引脚位置是否正确,避免输入/输出信号绑定引脚混淆导致 FPGA 引脚内部电路损坏。接口电路与 FPGA 目标器件 EP3C55F484C8 引脚绑定信息详见附录 B。

7. 编写程序时,外部接口信号的输入/输出方向要清晰,避免出现输出短接情况。

8. FPGA 目标器件 EP3C55F484C8 系统时钟为 50 MHz,即核心板时钟为 50 MHz,称为内时钟,由 FPGA 的 T1 和 T2 引脚输入。设计人员可以将此时钟作为模块触发信号使用。

接口电路系统时钟信号频率为 48 MHz,经 XiLinx 芯片编程分频后从引针组 CLK_DIV 引脚输出 14 种不同频率的信号(具体输出频率如表 19 - 9 所列)。通过外接导线与 FPGA 目标器件 EP3C55F484C8 扩展接口 FPGA_EA1、FPGA_EA2 有关引脚进行绑定,从而在程序中可以使用这些周期性信号。接口电路系统时钟最大输出 24 MHz,此多组时钟称为外时钟,由引针组 CLK_OUT 引脚输出。

注意: 在更换不同频率的时钟信号时,一定要在实验箱断电情况下进行导线的切换连接,禁止带电操作,否则容易损坏 FPGA 时钟引脚。

六、总结报告要求

1. 参考实例 19-13 和实例 19-14 的书写格式，写出实验报告。
2. 谈谈学习、使用可编程逻辑器件 FPGA 的心得和体会。

19.6　实验二十一　FPGA 综合应用实验

一、实验目的

1. 学习直流电机的工作原理和控制方式，了解 PWM 控制原理。
2. 熟悉 Quartus Ⅱ软件的相关操作，掌握混合编辑法的基本流程。
3. 掌握 Quartus Ⅱ软件的基本设计思想，软件环境的参数配置、仿真、引脚分配、下载等基本操作。

二、实验要求

1. 用 VHDL 语言设计一个直流电机控制器，要求方向可控，速度细分。
2. 用 Quartus 软件进行编译，下载到实验平台上进行验证。

三、实验设备

1. 可编程逻辑 EDA/SOPC 实验箱　　1 台；
2. 计算机及开发软件 Quartus Ⅱ　　1 套。

四、实验内容与步骤

1. 实验准备。

该实验需要使用 F1～F6 按键模块、SW1～SW8 逻辑开关模块、LED1～LED8 发光二极管模块、数码管显示模块、直流电机模块。其中 F1～F6 已固定连接到实验平台中的 FPGA_CON1 处；SW1～SW8 已固定连接到实验平台中的 FPGA_CON1 和 FPGA_CON2 处；请把控制拨码开关 LCD_ALONE_CTRL_SW 中的开关 VLPO 拨置于下方（低电平）来使用 LED 模块；直流电机的 I/O 已固定连接到实验平台中的 FPGA_CON1 处。DC_MOTOR_MGV+1 中的 1 和 2 引脚已经连在一起。

请把控制拨码开关 CTRL_SW 中的开关 SEL1 拨置于上方（逻辑电平为 1），其余 3 个拨码开关拨置于下方（逻辑电平为 0），使 DP9 数码管显示 2，如图 19-103 所示。

2. 找到本次实验的源程序，厘清各部分代码的功能，仿真并将程序下载到实验平台上（**提示：根据仿真或实验调节相关参数**）。接口信号与目标器件引脚连接关系如表 19-23 所列。

图 19-103　控制拨码开关设置情况

表 19-23　接口信号与目标器件引脚连接关系

设计端口	芯片引脚 EP3C16/40/55/80	开发平台模块
clk	T1	
key_speed_up	AB15	F1
speed_down	AA16	F2
start	N18	SW1
direct	M20	SW2
en	V13	SW4
A	AA20	8xSEG LA
B	W20	8xSEG LB
C	R21	8xSEG LC
D	P21	8xSEG LD
E	N21	8xSEG LE
F	N20	8xSEG LF
G	M21	8xSEG LG
dot	M19	8xSEG LH
ds[2]	Y22	8xSEG DS3
ds[1]	Y21	8xSEG DS2

续表 19－23

设计端口	芯片引脚 EP3C16/40/55/80	开发平台模块
ds[0]	AB20	8xSEG DS1
speed_max	U12	LED1
speed_min	V15	LED3
en_led	T17	LED8
oc_pulse	U14	DC_MOTO_SPEED
motorA	V14	DC_MORORA
motorB	W17	DC_MORORB

3. 将 en 置高(SW4 拨上)，LED8 亮表示可以调速；将 start 置高(SW1 拨上)电机开始工作，调节 direct(拨动 SW2)控制电机转动方向；按 F1 键电机加速，当达到最大速度时，LED1 指示灯亮；按 F2 键电机减速，当降到最小速度时，LED3 指示灯亮；在调节转速时，观察数码管上显示的电机转速，单位为 r/min。

五、注意事项

由于电机驱动电流的原因，在刚开始的增速过程中，要增加到一定程度时，输出的电流才能驱动电机，即刚开始按下 F1 键的几次，电机会没有反应。

六、总结报告要求

1. 给出仿真波形，并详细分析各信号变化的含义。
2. 结合源程序，说明混合编辑法中自底向上法和自顶向下法的区别。

第20章 电工电子技术综合应用系统设计

一、设计目的

1. 加深对电路测试课程体系的认识。

2. 学会对电路测试课程中典型电路的灵活应用。

3. 加深对电路、模拟电子技术、数字电子技术课程有关理论知识的理解，培养实践应用能力。

4. 通过电路测试课程体系的学习，每个小组自行讨论，选择研究内容、功能、分工、调试、答辩，培养团队合作精神和汇报演讲能力。

二、准备工作

1. 在电路测试课程的第一次课中，任课教师讲解并布置综合设计任务，在后续课程实验中，学生应及时做好总结归纳，积累资料，为最后综合设计做好准备。

2. 课程结束前，回顾电路测试课程的架构体系，结合理论课程有关知识，掌握典型电路的工作原理，为综合应用做好基础准备。

3. 根据所学知识选择研究课题，梳理基本框架。

4. 广泛查阅相关资料，充实研究课题内容，分析其可实施性。

三、设计资料

1. 电路测试课程实验中所用的典型电路、元器件、仪器设备。

2. 其他类型的元器件或模块。

3. 开发所需的软件，如电路仿真软件 Multisim、Proteus、Cadence，FPGA 开发软件 Quartus Ⅱ，单片机开发软件 Keil、CCS，PCB 绘图软件 Altium Designer。

4. 硬件实验所需的开发板、面包板，焊接所需的焊台、焊锡、吸锡器、洞洞板等材料。

四、内容与要求

1. 要求：

要求学生根据自己的兴趣和自主学习能力自拟“应用系统综合设计”项目，可以与老师探讨技术问题和工程实现问题，以小组的形式开展自主学习，独立设计制作，自行调试成品并形成总结报告。整个过程主要利用课外时间，老师适时开放实验室，对有需求的小组成员做辅导、答疑。最后进行答辩验收，把验收的结果计入课程的成绩。另外，系统至少采用5个已学过的模块并适当添加其他典型电路，组成具有综合化、智能化、信息化功能的电路。

2. 综合设计流程：

设计方案→论述过程→实现过程→提交文案→审核→答辩。

3. 报告要求：

综合设计报告应至少包括封面、目录、意义或背景、系统设计思路和原理、各个模块的具体设计和实现（包括参数选择）、测试方法和调试步骤、实验运行结果展示（附上运行结果图片）、总结分析等，并附上必要的程序或软件流程图、PCB 原理图等。

4. 答辩汇报：

制作答辩 PPT，每组答辩时间不超过 15 分钟。答辩结束后，有条件的组可以展示实物，演示效果。

附录A　常用芯片引脚图及功能表

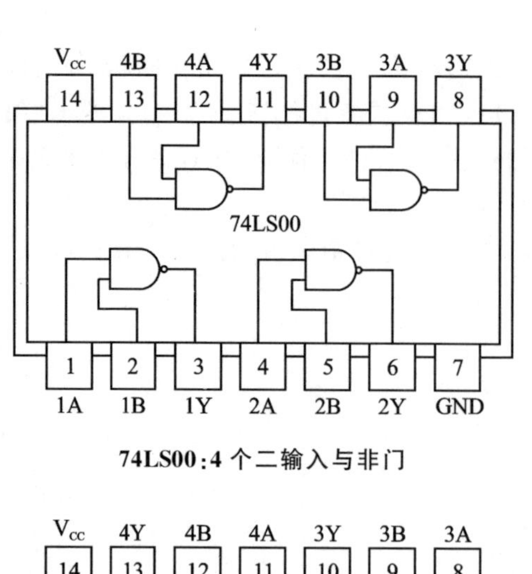

74LS00:4 个二输入与非门

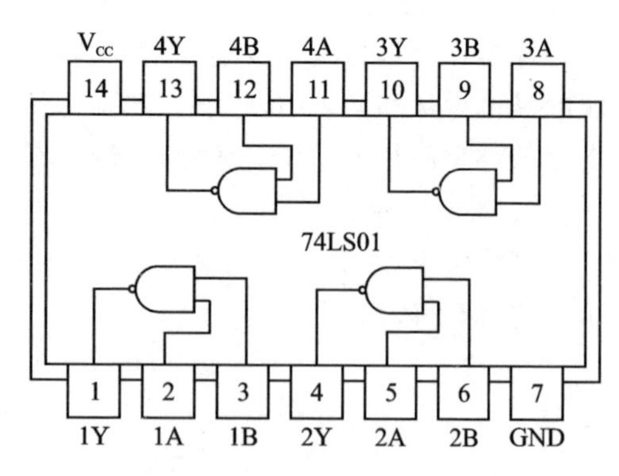

74LS01:4 个二输入与非门(OC)

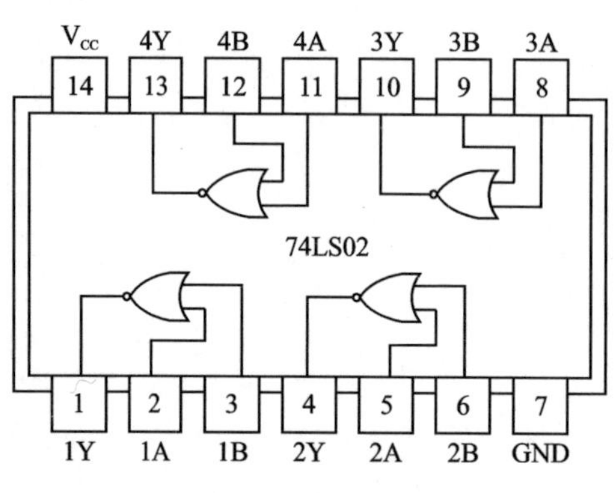

74LS02:4 个二输入或非门

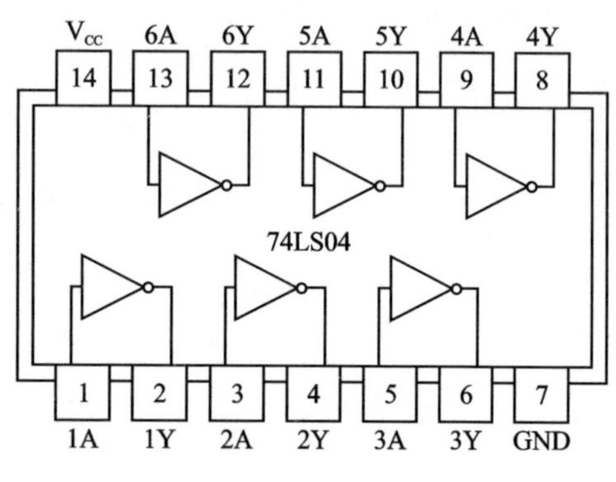

74LS04:六反相器

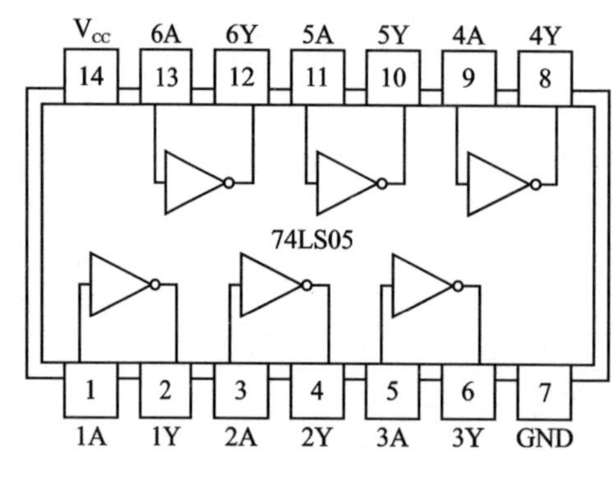

74LS05:六反相器(OC)

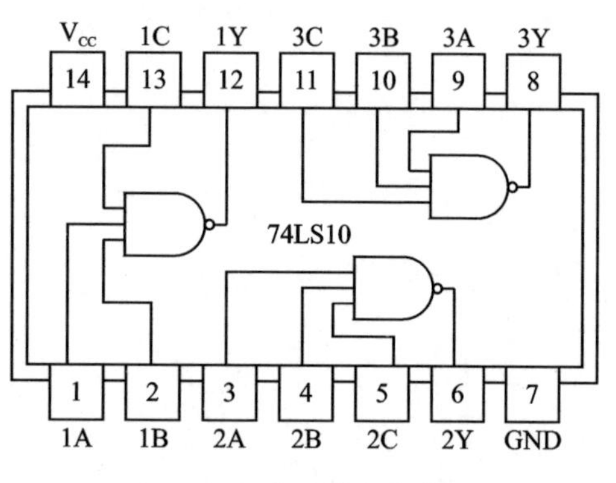

74LS10:3 个三输入与非门

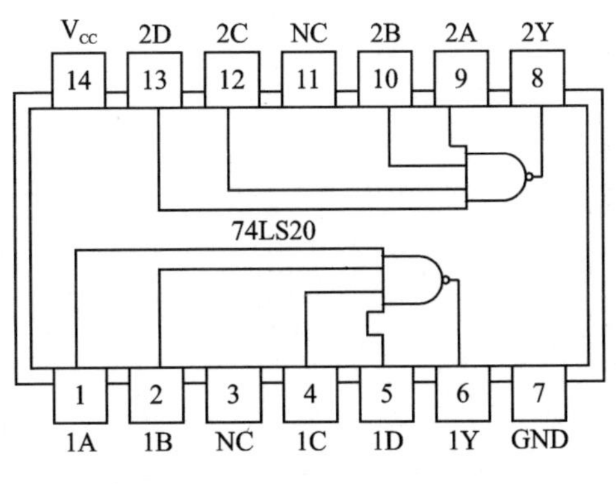

74LS20:2 个四输入与非门

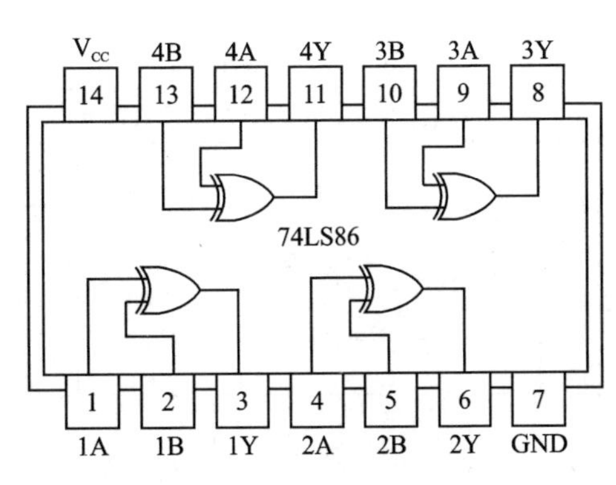

74LS86:四个二输入异或门

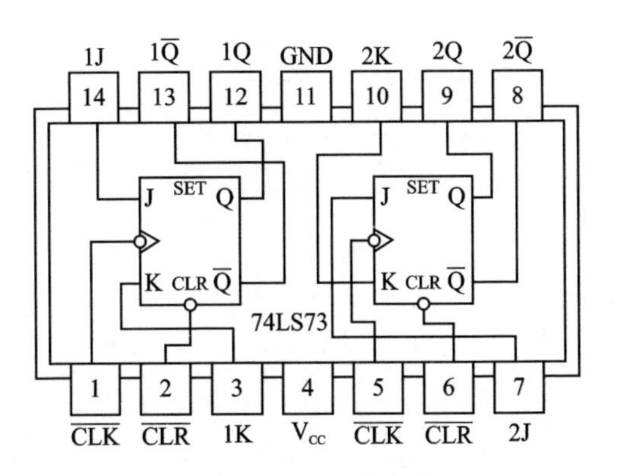

74LS73:双 JK 触发器

74LS73 功能表

输入				输出	
$\overline{CLR}$	$\overline{CLK}$	J	K	Q_{n+1}	$\overline{Q}_{n+1}$
L	×	×	×	L	H
H	↓	L	L	Q_n	$\overline{Q}_n$
H	↓	H	L	H	L
H	↓	L	H	L	H
H	↓	H	H	$\overline{Q}_n$	Q_n
H	H	×	×	Q_n	$\overline{Q}_n$

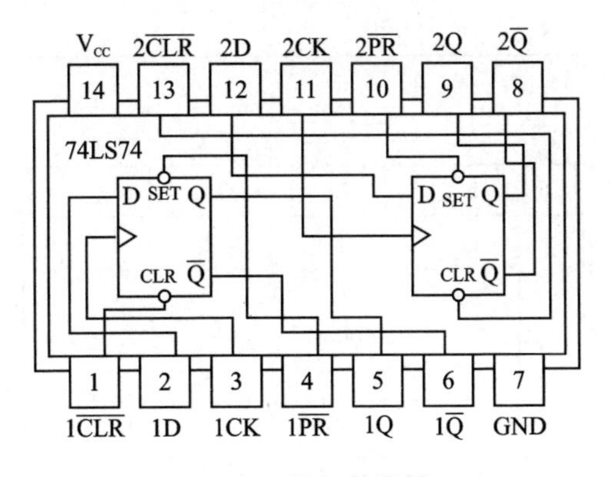

74LS74:双 D 触发器

74LS74 功能表

输入				输出	
$\overline{PR}$	$\overline{CLR}$	CK	D	Q_{n+1}	$\overline{Q}_{n+1}$
L	H	×	×	H	L
H	L	×	×	L	H
L	L	×	×	不定 *	不定 *
H	H	↑	H	H	L
H	H	↑	L	L	H
H	H	L	×	Q_n	$\overline{Q}_n$

注:* 这种情况禁止出现,因为正负逻辑输出端都为 H,破坏了逻辑关系。

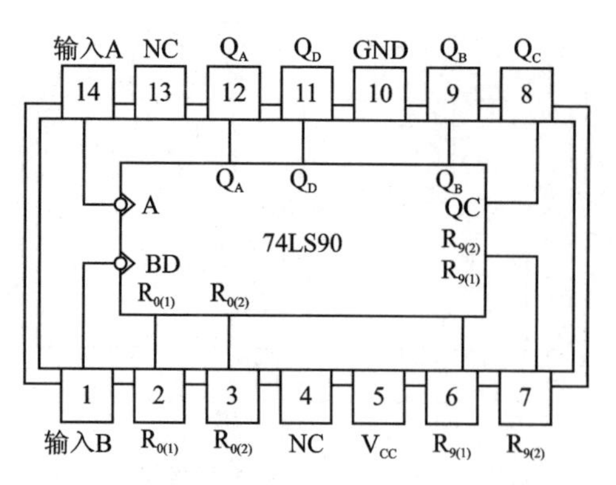

74LS90：十进制计数器(二分频和五分频)

74LS90 功能表

复位输入				输　出			
$R_{0(1)}$	$R_{0(2)}$	$R_{9(1)}$	$R_{9(2)}$	Q_D	Q_C	Q_B	Q_A
H	H	L	×	L	L	L	L
H	H	×	L	L	L	L	L
×	×	H	H	H	L	L	H
×	L	×	L	计数			
L	×	L	×	计数			
L	×	×	L	计数			
×	L	L	×	计数			

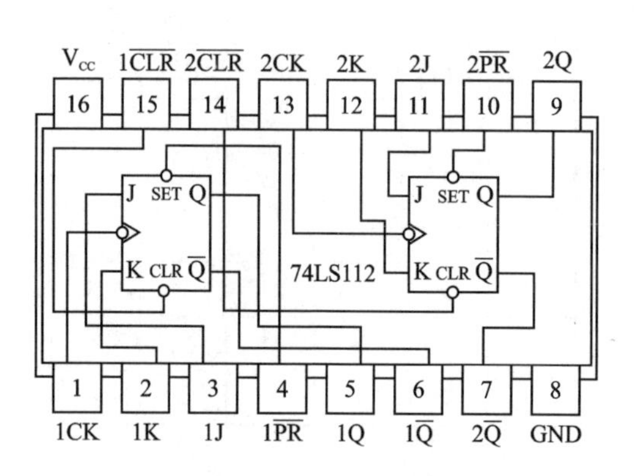

74LS112：双 JK 触发器

74LS112 功能表

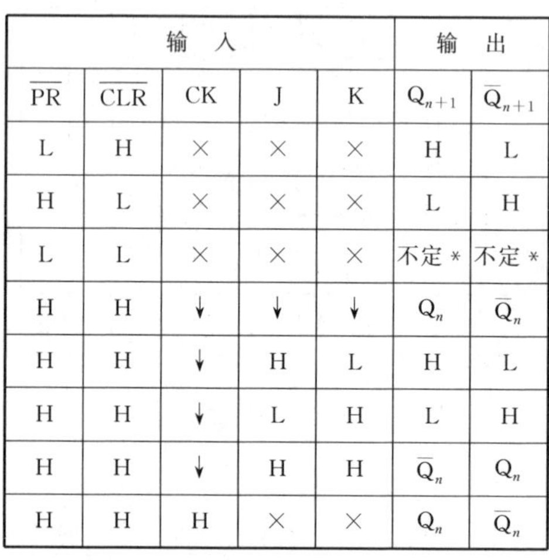

输　入					输　出	
$\overline{PR}$	$\overline{CLR}$	CK	J	K	Q_{n+1}	$\overline{Q}_{n+1}$
L	H	×	×	×	H	L
H	L	×	×	×	L	H
L	L	×	×	×	不定 *	不定 *
H	H	↓	↓	↓	Q_n	$\overline{Q}_n$
H	H	↓	H	L	H	L
H	H	↓	L	H	L	H
H	H	↓	H	H	$\overline{Q}_n$	Q_n
H	H	H	×	×	Q_n	$\overline{Q}_n$

注：* 同 74LS74。

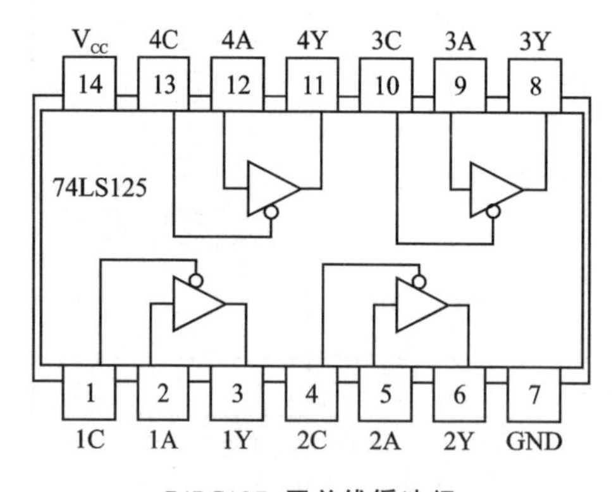

74LS125：四总线缓冲门

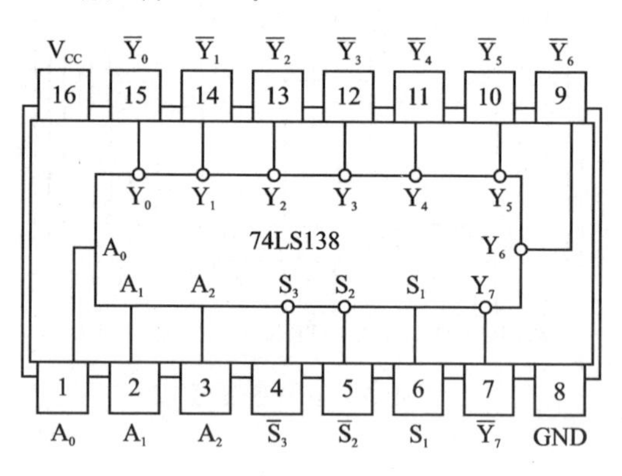

74LS138：3－8 线译码器

74LS138 功能表

输　入					输　出							
S_1	$\overline{S}_3+\overline{S}_2$	A_2	A_1	A_0	$\overline{Y}_0$	$\overline{Y}_1$	$\overline{Y}_2$	$\overline{Y}_3$	$\overline{Y}_4$	$\overline{Y}_5$	$\overline{Y}_6$	$\overline{Y}_7$
×	H	×	×	×	H	H	H	H	H	H	H	H
L	×	×	×	×	H	H	H	H	H	H	H	H
H	L	L	L	L	L	H	H	H	H	H	H	H
H	L	L	L	H	H	L	H	H	H	H	H	H
H	L	L	H	L	H	H	L	H	H	H	H	H
H	L	L	H	H	H	H	H	L	H	H	H	H
H	L	H	L	L	H	H	H	H	L	H	H	H
H	L	H	L	H	H	H	H	H	H	L	H	H
H	L	H	H	L	H	H	H	H	H	H	L	H
H	L	H	H	H	H	H	H	H	H	H	H	L

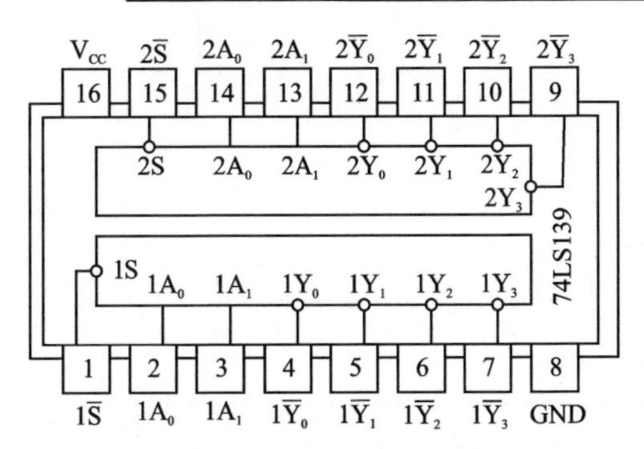

74LS139:双 2－4 线译码器

74LS139 功能表

控制端	数据输入		数据输出			
$\overline{S}$	A_1	A_0	$\overline{Y}_0$	$\overline{Y}_1$	$\overline{Y}_2$	$\overline{Y}_3$
1	×	×	1	1	1	1
0	0	0	0	1	1	1
0	0	1	1	0	1	1
0	1	0	1	1	0	1
0	1	1	1	1	1	0

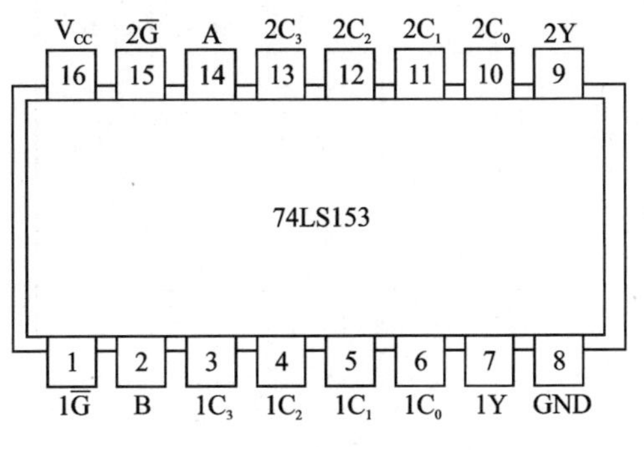

74LS153:双四选一数据选择器

74LS153 功能表

选择输入端		选　通	数据输入				输　出
B	A	$\overline{G}$	C_3	C_2	C_1	C_0	Y
×	×	1	×	×	×	×	0
0	0	0	×	×	×	0	0
0	0	0	×	×	×	1	1
0	1	0	×	×	0	×	0
0	1	0	×	×	1	×	1
1	0	0	×	0	×	×	0
1	0	0	×	1	×	×	1
1	1	0	0	×	×	×	0
1	1	0	1	×	×	×	1

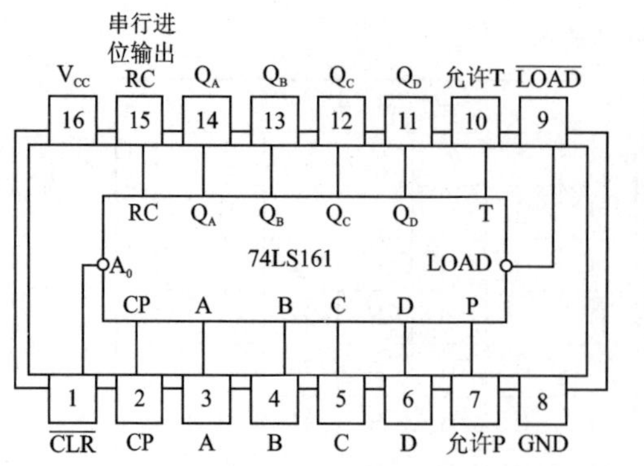

74LS161:4 位同步二进制计数器

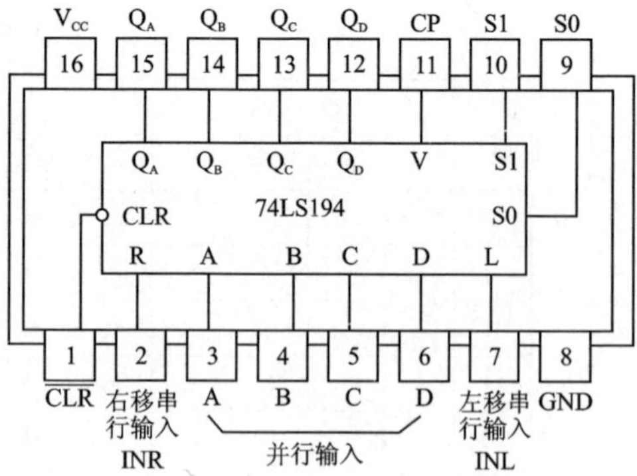

74LS194:4 位双向移位寄存器

74LS161 功能表

输　入									输　出			
CP	$\overline{CLR}$	$\overline{LOAD}$	P	T	A	B	C	D	Q_A	Q_B	Q_C	Q_D
×	0	×	×	×	×	×	×	×	0	0	0	0
↑	1	0	×	×	A	B	C	D	A	B	C	D
×	1	1	0	1	×	×	×	×	保持			
×	1	1	1	0	×	×	×	×	保持(RC=0)			
↑	1	1	1	1	×	×	×	×	计数			

74LS194 功能表

输　入										输　出			
$\overline{CLR}$	模　式		CP	串　行		并　行				Q_A	Q_B	Q_C	Q_D
	S1	S0		INL	INR	A	B	C	D				
L	×	×	×	×	×	×	×	×	×	L	L	L	L
H	×	×	L	×	×	×	×	×	×	Q_{AO}	Q_{BO}	Q_{CO}	Q_{DO}
H	H	H	↑	×	×	×	×	×	×	a	b	c	d
H	L	H	↑	×	H	×	×	×	×	H	Q_{AO}	Q_{BO}	Q_{CO}
H	L	H	↑	×	L	×	×	×	×	L	Q_{AO}	Q_{BO}	Q_{CO}
H	H	L	↑	H	×	×	×	×	×	Q_{BO}	Q_{CO}	Q_{DO}	H
H	H	L	↑	L	×	×	×	×	×	Q_{BO}	Q_{CO}	Q_{DO}	L
H	L	L	×	×	×	×	×	×	×	Q_{AO}	Q_{BO}	Q_{CO}	Q_{DO}

注：a,b,c,d=输入 A,B,C,D 端相应的稳定态输入电平；

Q_A、Q_B、Q_C、Q_D=在规定的稳态输入条件建立之前，Q_{AO}、Q_{BO}、Q_{CO}、Q_{DO} 相应的电平；

Q_A、Q_B、Q_C、Q_D=在最近的时钟↑跳变之前，Q_{AO}、Q_{BO}、Q_{CO}、Q_{DO} 相应的电平。

附录B　FPGA核心板I/O引脚与各接口电路负载区对照分配表

实验平台硬件接口信息			BTB_CON_PIN	FPGA_PIN	核心板器件
固定连接负载信息	共享连接由拨码开关D_ALONE_CTRL_SW控制。0为固定连接,1为共享连接;拨置于下为0,拨置于上为1		对应核心板信息	EP3C55-FBGA484	
LED1	OV_D5	VLPO选择	CON1.2	U12	
LED2	OV_D6	VLPO选择	CON1.3	V12	
LED3	OV_D7	VLPO选择	CON1.4	V15	
LED4	OV_D8	VLPO选择	CON1.5	W13	
LED5	OV_D9	VLPO选择	CON1.6	W15	
LED6	VSYNC	VLPO选择	CON1.7	Y17	
LED7	PCLK	VLPO选择	CON1.8	R16	
LED8	OV_RES	VLPO选择	CON1.9	T17	
F1			CON1.10	AB15	
F2			CON1.11	AA16	
F3			CON1.12	AB19	
F4			CON1.13	W19	
F5			CON1.14	U19	
F6			CON1.15	AA22	
F7	SMBUS_SDA	KSI选择	CON1.16	W21	
F8	SMBUS_SCL	KSI选择	CON1.17	V21	
F9	I2C_SCL	KSI选择	CON1.18	U21	
F10	I2C_SDA	KSI选择	CON1.19	R18	
DC_MOTORA			CON1.20	V14	
DC_MOTORA_SPEED			CON1.21	U14	
DC_MOTORB			CON1.22	W17	
KBDTAT	SIO_C	VLPO选择	CON1.23	T15	

续表

实验平台硬件接口信息			BTB_CON_PIN	FPGA_PIN	核心板器件
KBCLOCK	SIO_D	VLPO 选择	CON1.24	R14	
8xSEG LA			CON1.25	AA20	
8xSEG LB			CON1.26	W20	
8xSEG LC			CON1.27	R21	
8xSEG LD			CON1.28	P21	
8xSEG LE			CON1.29	N21	
8xSEG LF			CON1.30	N20	
8xSEG LG			CON1.31	M21	
8xSEG LH			CON1.32	M19	
8xSEG DS1			CON1.51	AB20	
8xSEG DS2			CON1.50	Y21	
8xSEG DS3			CON1.49	Y22	
8xSEG DS4			CON1.48	W22	
8xSEG DS5			CON1.47	V22	
8xSEG DS6			CON1.46	U22	
8xSEG DS7			CON1.45	AA17	
8xSEG DS8			CON1.44	V16	
VGA LS	OV_D4	VLPO 选择	CON1.35	M22	
VGA HS	OV_D3	VLPO 选择	CON1.36	N22	
VGA BLUE	OV_D2	VLPO 选择	CON1.37	P22	
VGA GREEN	OV_D1	VLPO 选择	CON1.38	R22	
VGA RED	OV_D0	VLPO 选择	CON1.39	U20	
RS232 RTS			CON1.40	AA21	
RS232 RXD			CON1.41	AA19	
RS232 CTS			CON1.42	AA18	
RS232 TXD			CON1.43	U15	
SW1			CON1.33	N18	
SW2			CON1.34	M20	
SW3			CON1.54	AA15	
SW4			CON1.61	V13	
SW5			CON2.62	D6	

续表

实验平台硬件接口信息			BTB_CON_PIN	FPGA_PIN	核心板器件
SW6			CON2.61	C8	
SW7			CON2.60	E7	
SW8			CON2.59	F8	
			CON1.53	B20	
			CON1.58	AB16	
			CON1.59	W14	
			CON1.60	Y13	
			CON1.57	AB17	
			CON1.56	AB18	
			CON2.1	C3	
			CON2.3	E5	
			CON2.4	C7	
			CON2.5	E6	
			CON2.6	F7	
			CON2.8	A3	
			CON2.9	A4	
			CON2.10	A5	
			CON2.11	A6	
			CON2.13	B6	
			CON2.14	E11	
			CON2.15	C13	
			CON2.16	F11	
			CON2.18	C15	
			CON2.19	E14	
			CON2.20	B7	
			CON2.21	B8	
			CON2.23	B9	
			CON2.24	B10	
			CON2.25	D10	
			CON2.26	F9	
			CON2.28	A13	

续表

实验平台硬件接口信息			BTB_CON_PIN	FPGA_PIN	核心板器件
			CON2.29	A14	
			CON2.30	A15	
			CON2.31	A16	
			CON2.64	C4	
			CON2.34	B15	
			CON2.35	B14	
			CON2.36	B13	
			CON2.37	E12	
			CON2.39	E9	
			CON2.40	C10	
			CON2.41	A10	
			CON2.42	A9	
			CON2.44	A8	
			CON2.45	A7	
			CON2.46	F13	
			CON2.47	E13	
			CON2.49	B16	
			CON2.50	D13	
			CON2.51	F10	
			CON2.52	G7	
			CON2.54	C6	
			CON2.55	B5	
			CON2.56	B4	
			CON2.57	B3	
			CON2.59	F8	
			CON2.60	E7	
			CON2.61	C8	
			CON2.62	D6	
			CON2.63		
			CON3.26	T18	
			CON3.27	R20	

续表

实验平台硬件接口信息			BTB_CON_PIN	FPGA_PIN	核心板器件
			CON3.30	R17	
			CON3.35	N19	
			CON3.36	P20	
			CON3.38	R19	
			CON3.39	T16	
			CON3.46	AA18	
			CON3.47	AA17	
			CON3.49		
			CON3.50		
			CON3.52	A12	
			CON3.53	B12	
			CON3.55	A11	
			CON3.56	B11	
			CON3.58	G1	
			CON3.59	G2	
			CON3.61	AB14	
			CON4.2(D0)	D19	SRAM_FLASH_D0
			CON4.4(D1)	B22	SRAM_FLASH_D1
			CON4.6(D2)	C22	SRAM_FLASH_D2
			CON4.8(D3)	F19	SRAM_FLASH_D3
			CON4.10(D4)	D22	SRAM_FLASH_D4
			CON4.12(D5)	E22	SRAM_FLASH_D5
			CON4.14(D6)	F22	SRAM_FLASH_D6
			CON4.16(D7)	F20	SRAM_FLASH_D7
			CON4.18(D8)	F21	SRAM_FLASH_D8
			CON4.20(D9)	F15	SRAM_FLASH_D9
			CON4.22(D10)	E21	SRAM_FLASH_D10
			CON4.24(D11)	D21	SRAM_FLASH_D11
			CON4.26(D12)	C21	SRAM_FLASH_D12
			CON4.28(D13)	B21	SRAM_FLASH_D13
			CON4.30(D14)	C20	SRAM_FLASH_D14

续表

实验平台硬件接口信息			BTB_CON_PIN	FPGA_PIN	核心板器件
			CON4. 32(D15)	A20	SRAM_FLASH_D15
			CON3. 2(A0)	H21	SRAM_FLASH_A0
			CON3. 3(A1)	A17	SRAM_FLASH_A1
			CON3. 4(A2)	C19	SRAM_FLASH_A2
			CON3. 5(A3)	D20	SRAM_FLASH_A3
			CON3. 6(A4)	A19	SRAM_FLASH_A4
			CON3. 7(A5)	B19	SRAM_FLASH_A5
			CON3. 8(A6)	J22	SRAM_FLASH_A6
			CON3. 9(A7)	K21	SRAM_FLASH_A7
			CON3. 10(A8)	H19	SRAM_FLASH_A8
			CON3. 11(A9)	L22	SRAM_FLASH_A9
			CON3. 12(A10)	L21	SRAM_FLASH_A10
			CON3. 13(A11)	H17	SRAM_FLASH_A11
			CON3. 14(A12)	H18	SRAM_FLASH_A12
			CON3. 15(A13)	K19	SRAM_FLASH_A13
			CON3. 16(A14)	J21	SRAM_FLASH_A14
			CON3. 17(A15)	H20	SRAM_FLASH_A15
			CON3. 18(A16)	B17	SRAM_FLASH_A16
			CON3. 19(A17)	D17	SRAM_FLASH_A17
			CON3. 20(A18)	C17	SRAM_FLASH_A18
			CON3. 21(A19)	G18	FLASH_A19
			CON3. 22(A20)	K18	FLASH_A20
			CON3. 23(A21)	J18	FLASH_A21
			CON3. 24(A22)	F14	FLASH_A22
				M16	FLASH_nCS1
				F17	FLASH_nCS2
				T2	SYS_CLK
				T1	SYS_CLK
				T22	SYS_nRST
				D1	CFG_ASDO
				E2	CFG_nCSO

续表

实验平台硬件接口信息			BTB_CON_PIN	FPGA_PIN	核心板器件
				K1	CFG_DATA
				AB14	FPGA_AB14/LED1
				F2	ETH_SD0
				G3	ETH_SD1
				F1	ETH_SD2
				H1	ETH_SD3
				J2	ETH_SD4
				J4	ETH_SD5
				J3	ETH_SD6
				H2	ETH_SD7
				H7	ETH_GP1_SD8
				H6	ETH_GP2_SD9
				E3	ETH_GP3_SD10
				G5	ETH_GP4_SD11
				G4	ETH_GP5_SD12
				H5	ETH_GP6_SD13
				J6	ETH_LED3_SD14
				B2	ETH_nIOR
				B1	ETH_nPWRST
				E4	ETH_nIOW
				C2	ETH_nCS
				C1	ETH_INT
				E1	ETH_WAKE_SD15
				D2	ETH_CMD
				H4	FPGA_H4
				H3	FPGA_H3
				J5	FPGA_J5
				Y2	SDRAM_D0
				W2	SDRAM_D1
				V2	SDRAM_D2
				U2	SDRAM_D3

续表

实验平台硬件接口信息			BTB_CON_PIN	FPGA_PIN	核心板器件
				T3	SDRAM_D4
				R2	SDRAM_D5
				P2	SDRAM_D6
				M6	SDRAM_D7
				L6	SDRAM_D8
				P1	SDRAM_D9
				R1	SDRAM_D10
				T4	SDRAM_D11
				U1	SDRAM_D12
				V1	SDRAM_D13
				W1	SDRAM_D14
				Y1	SDRAM_D15
				V5	SDRAM_A0
				R5	SDRAM_A1
				P5	SDRAM_A2
				N5	SDRAM_A3
				N6	SDRAM_A4
				M3	SDRAM_A5
				P4	SDRAM_A6
				T5	SDRAM_A7
				V4	SDRAM_A8
				Y3	SDRAM_A9
				V3	SDRAM_A10
				AA4	SDRAM_A11
				AA2	SDRAM_A12
				M2	SDRAM_nCAS
				M1	SDRAM_CKE
				M4	SDRAM_DQML
				AA1	SDRAM_nCS1
				J1	SDRAM_nCS2
				N2	SDRAM_nRAS

续表

实验平台硬件接口信息			BTB_CON_PIN	FPGA_PIN	核心板器件
				N1	SDRAM_BA0
				M5	SDRAM_DQMH
				P3	SDRAM_nWE
				Y4	SDRAM_BA1
				AA3	SDRAM_CLK
				R4	FPGA_R4
				R3	FPGA_R3
				V9	OTG_D0
				U11	OTG_D1
				AB13	OTG_D2
				U10	OTG_D3
				AA13	OTG_D4
				V10	OTG_D5
				V11	OTG_D6
				Y10	OTG_D7
				W10	OTG_D8
				AB10	OTG_D9
				AA10	OTG_D10
				AA9	OTG_D11
				AA8	OTG_D12
				AB8	OTG_D13
				Y7	OTG_D14
				W7	OTG_D15
				U9	OTG_A0
				AA14	OTG_A1
				AA7	OTG_nINT1
				AB7	OTG_nINT2
				W8	OTG_LSPEED
				Y8	OTG_HSPEED
				Y6	OTG_nDACK2
				AA5	OTG_DREQ1

续表

实验平台硬件接口信息			BTB_CON_PIN	FPGA_PIN	核心板器件
				AB3	OTG_DREQ2
				W6	OTG_nOE
				AB4	OTG_nWE
				AB5	OTG_nDACK1
				V8	OTG_nCS
				AB9	OTG_nRESET

注:BTB_CON_PIN 中 CON1.56～CON2.64 共 28 个 I/O,由拨码开关 CPRL_SW 来选择模式工作方式,共有 4 种方式;CON3.26～CON3.61 可以直接连接到控制模块接口 FPGA_EA2。

参考文献

[1] 吴星明. 电子电路实验基础教程. 北京:北京航空航天大学出版社,2014.
[2] 杨军,蒋光卉,等. 基于 FPGA 的数字系统设计与实践. 北京:电子工业出版社,2014.
[3] 申文达. 电工电子技术系列实验. 北京:国防工业出版社,2011.
[4] 北京航空航天大学电工电子中心电气技术实践基础教学小组. 电气技术实践基础. 北京:高等教育出版社,2003.
[5] 叶挺秀. 电工电子学. 北京:高等教育出版社,1999.
[6] 吴道悌,王建华. 电工学实验. 北京:高等教育出版社,2005.
[7] 朱承高,陈钧娴. 电工及电子实验. 上海:上海交通大学出版社,1997.